PEIDIAN ZIDONGHUA
YUNWEI JISHU

配电自动化运维技术

国家电网有限公司运维检修部　组编

中国电力出版社
CHINA ELECTRIC POWER PRESS

内 容 提 要

目前国内投运配电自动化系统（DAS）已逾百套，遍及百余座大中及部分县级城市，展露出需求和行业发展良好发展前景。但目前国内配电自动化（DA）总体实用化水平还不高。

本书由国家电网有限公司运维检修部组织专家研究和编写。全书共 9 章。总结、分享多年来国内配电自动化建设、运维实践经验，进一步传递配电自动化新思想、新应用、新要求，特别在加强信息安全、运行监控以及拓展对配电网设备运维管控实用功能等方面给予了重点阐述。

在编排体例上考虑不同层次和专业读者水平，顾及专业性、技术互补性、技术系统性、可读性，突出配电自动化系统及其相关设备的运维技术特点，面向行业，立足生产、研发、产品供应等企业发展和实际应用，内容翔实。

本书可供配电自动化专业相关研发、制造、运行维护技术人员及管理者学习使用，也可供大专院校相关专业师生阅读参考。

图书在版编目（CIP）数据

配电自动化运维技术 / 国家电网有限公司运维检修部组编 . —北京：中国电力出版社，2018.6（2025.9重印）
ISBN 978-7-5198-2024-4

Ⅰ . ①配… Ⅱ . ①国… Ⅲ . ①配电自动化–电力系统运行②配电自动化–检修　Ⅳ . ①TM76

中国版本图书馆 CIP 数据核字（2018）第 090767 号

出版发行：中国电力出版社
地　　址：北京市东城区北京站西街 19 号（邮政编码 100005）
网　　址：http://www.cepp.sgcc.com.cn
责任编辑：罗翠兰　邓慧都（010-63412428/2636）
责任校对：闫秀英
装帧设计：郝晓燕
责任印制：石　雷

印　　刷：北京雁林吉兆印刷有限公司
版　　次：2018 年 6 月第一版
印　　次：2025 年 9 月北京第十次印刷
开　　本：787 毫米×1092 毫米　16 开本
印　　张：18.5
字　　数：441 千字
印　　数：11001—12000 册
定　　价：86.00 元

前　言

国内新一轮配电自动化（DA）建设和应用，已取得较大的进步。目前国内投运配电自动化系统（DAS）已逾百套，遍及百余座大中城市及部分县级城市，展露出需求和行业发展良好发展前景，同时配电自动化已经成为城市配电网智能化领域不可或缺的有力抓手。但是配电自动化系统建设难，运维和应用更难，需要持之以恒地发展，尤其是应用。目前国内配电自动化总体实用化平均水平还不高，影响其实用化的因素很多，包括技术、管理、应用、产品质量等，而配电自动化系统运行维护技术水平是提升实用化水平的关键。

本书由国家电网有限公司运维检修部组织专家编写而成，希望通过总结、分享多年来国内配电自动化建设、运维实践经验，传递配电自动化新思想、新应用、新要求。面向行业，立足生产、研发、产品供应等企业发展和实际应用，切实提高配电自动化工程专业技术水平，使我们能够做到建而有成，用而有效。助推配电自动化规划、设计以及建设，夯实"十三五"配电自动化建设基础。

在编排体例上考虑不同层次和专业环节读者水平，内容编写顾及专业性、技术互补性、技术系统性、可读性，突出运维技术及其管理特点。

本书共9章，包括配电自动化发展与应用、配电自动化与配电网、配电一次设备与二次回路、配电主站、配电终端、配电通信、配电网故障与处理、信息交互及应用、系统验收与运维。

国家电网有限公司运维检修部组织专家对本书进行了审查，编写组根据审查意见进行了多次修改订正。由于时间仓促，技术发展很快，限于编写人员水平，疏漏之处在所难免，恳请读者批评指正。

编　者
2018年2月

目　录

前言

第1章　配电自动化发展与应用 ··· 1
　1.1　配电自动化定义和整体结构 ·· 1
　1.2　国内外配电自动化基本现状 ·· 2
　1.3　国内配电自动化建设与主要成果 ·· 8
　1.4　国内配电自动化新思想与设计框架 ······································ 12

第2章　配电自动化与配电网 ··· 14
　2.1　配电网基础 ·· 15
　2.2　配电自动化与配电网规划建设 ·· 20
　2.3　配电自动化与配电网检修抢修 ·· 22
　2.4　配电自动化与配电网调度运行 ·· 26
　2.5　配电网设备新投异动管理 ·· 31

第3章　配电一次设备与二次回路 ·· 33
　3.1　配电一次设备 ··· 33
　3.2　配电二次回路 ··· 59
　3.3　配电一、二次设备成套化 ·· 65
　3.4　配电设备与二次回路运维 ·· 70

第4章　配电主站 ··· 77
　4.1　配电主站系统硬件平台 ··· 77
　4.2　配电主站系统基础平台 ··· 80
　4.3　主要应用软件 ··· 86
　4.4　配电主站运行维护 ·· 102

第5章　配电终端 ··· 114
　5.1　配电终端分类 ·· 114
　5.2　配电终端功能构造 ·· 118
　5.3　配电终端参数配置 ·· 126
　5.4　配电终端运维 ·· 140

第6章　配电通信 ··· 146
　6.1　电力通信网结构及承载业务 ·· 146

6.2 配电骨干通信网 ·· 148

6.3 配电终端通信接入网 ·· 148

6.4 配电通信系统运维 ·· 158

第 7 章 配电网故障与处理 ·· 180

7.1 配电网故障特征 ·· 181

7.2 配电网继电保护 ·· 185

7.3 配电网馈线自动化 ·· 189

7.4 馈线自动化运维 ·· 212

第 8 章 信息交互及应用 ·· 223

8.1 信息交互意义与应用框架 ·· 224

8.2 配电网图形与模型 ·· 231

8.3 配电网信息交互运维 ··· 238

第 9 章 配电自动化系统验收和运维 ································· 259

9.1 系统验收准备 ·· 259

9.2 配电自动化系统验收 ··· 271

9.3 配电自动化系统运维技术管理 ··································· 280

参考文献 ··· 287

第1章 配电自动化发展与应用

首先以 Q/GDW 382/1382《配电自动化技术导则》为先导，提出配电自动化及其系统的基本定义，明确业务需求的主要目标，突出配电网调控和配电网运维检修、抢修业务多应用主体，了解整体配电自动化系统的框架结构。

介绍国内外配电自动化基本现状和发展趋势，作为后续篇章基础。回顾历史、记取教训、学习典型、了解实情、引导发展。中西方国情不同，开展配电自动化的起点不同，因而形成不同的配电自动化理念和应用模式，各国发展脉络、技术框架和应用现状作为借鉴。

国外配电自动化起始于 20 世纪 50 年代初期，这与调度自动化的发展史基本一致，在工业发达国家已经有四十多年的发展历史。近 20 年来，配电自动化已经成为世界各大电力公司配电网管理不可缺少的重要组成部分和专业发展领域。亚洲、欧洲、美洲都有很好的典型案例国家。其中可以看到各国公司的技术和应用特点，以及各个时期不同技术路线的历史烙印。各国虽建设模式不尽相同，技术也不一定最先进，但满足需求，持续应用并发挥作用，这是共性。本章简要给予介绍，以便思考自身发展路线和建设方案。

1999～2000 年，我国也曾轰轰烈烈开展过配电自动化新技术推广，史称第一次浪潮，积累了丰富的经验，更有深刻的教训。2009 年以来，在智能电网新时代推动下，国家电网公司和南方电网公司"两网"公司重启配电自动化建设和应用航船，几年来"两网"试点和推广城市已逾百座，展示了新的配电自动化成果和业绩，包括建设管理、技术框架、系统功能、信息交互、通信、运维管理等。探索了符合国情的技术路线，强化了实事求是的发展理念。本章介绍相关工程推动以及主要技术路线的制订、执行概貌。

最后概要国家电网公司配电自动化新的总体框架思路，表达业内落实国家"十三五"行动计划、展示技术创新与应用拓展相结合的新思想，包括信息安全与新的应用技术对接等相关内容。

1.1 配电自动化定义和整体结构

在 Q/GDW 382—2009《配电自动化技术导则》（简称《导则》）基础上，2013 年国家电网公司经过修订，重新发布对配电自动化 DA（Distribution Automation）的相关技术规定——Q/GDW 1382—2013《配电自动化技术导则》。Q/GDW 1382—2013 对配电自动化的定义是：配电自动化以一次网架和设备为基础，综合利用计算机、信息及通信等技术，并通过与相关应用系统的信息集成，实现对配电网的监测、控制和快速故障隔离。

配电自动化系统是实现配电网运行监视和控制的自动化系统，具备监测控制和数据采集 SCADA（Supervisory Control and Data Acquisition）、故障处理、分析应用及与相关应用系统互联等功能，主要由配电自动化系统主站、配电自动化系统（子站）、配电自动化终端和通信网络等部分组成。

配电自动化系统以配电网调控和配电网运维检修为应用主体，整体满足配电运维管理抢修管理和调度监控等功能应用需求，以及与配电网相关的其他业务协同需求，提升配电网精益化管理水平。配电自动化系统整体结构示意图如图 1–1 所示。

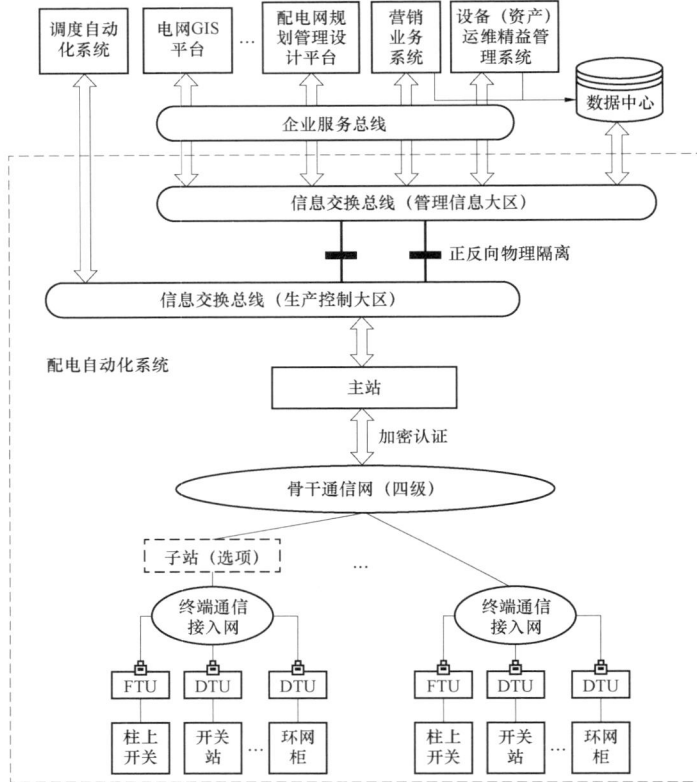

图 1–1　配电自动化系统整体结构示意图

图 1–1 表达了配电自动化系统的一般结构存在形态，与具体系统体系结构内外部以及信息安全的具体措施部署无关，重点关注信息分区隔离、分区管控、信息交互、总线技术、SCADA 以及馈线自动化 FA（Feeden Autonation）可能存在的各种模式，配电自动化系统涉及的各个层级以及各个环节都包含其中，如一次、二次、通信、信息、主站、安全分区及其不同的系统等，而实际系统可能是一套更加完整和多变结构的设计方案。

1.2　国内外配电自动化基本现状

国外配电自动化起始于 20 世纪 50 年代初期，这与调度自动化的发展史一致，在工业发达国家已经有 40 多年的发展历史。不过与调度自动化发展史不同，国内调度自动化系统——能量管理系统 EMS（Energy Management System）基本保持与国外同步发展的趋势，70 年代以及后期发力，至 80 年代引进四大电网 EMS，如今完全赶上甚至超越了国外。而国内的配电自动化在 90 年代后期才有了较为广泛的认知和实践，差距显而易见，同时配电自动化的发展又极其依赖管理及多专业业务的共同支撑，因此配电自动化在国内的发展更具有中国特色。

1.2.1　国外基本现状

20 世纪初期，英国、日本、美国等国家开始使用时间顺序送电装置自动隔离故障区间、恢复非故障区段的供电，从而减少故障停电范围，加快查找馈线故障地点。而在此之前配电变电站以及线路开关设备的操作与控制均采用人工方式。20 世纪七八十年代开始应用电子及自动控制技术，开发出智能化自动重合器、自动分段器及故障指示器，实现故障点自动隔离及非故障线路的恢复供电，推动馈线自动化的发展。

20 世纪 80 年代，随着计算机及通信技术的发展，形成了包括远程监控、故障自动隔离及恢复供电、电压调控、负荷管理等实时功能在内地配电自动化技术。1988 年，国际电气和电子工程师协会 IEEE（Institute of Electrical and Electronics Engineers）编辑出版了配电自动化教程，标志着配电自动化技术趋于成熟，已发展成为一项独立的电力自动化技术。这一阶段成为系统监控自动化阶段。

20 世纪 90 年代开始，地理信息系统 GIS（Geographic Information System）技术有了很大发展，开始应用于配电网管理，形成了离线的自动化绘图机设备管理 AM/FM（Automated Mapping/Facilities Management）系统、停电管理系统 OMS（Outage Management System）等，并逐步解决了管理的离线信息与实时监控信息的集成，进入了配电网监控与管理综合自动化阶段，有了配电管理系统 DMS（Distribution Management System）。

发展至今，随着智能电网的兴起，配电自动化系统 DAS（Distribution Automation System）功能与技术内容面临了新的革命性进步，高级配电自动化 ADA（Advanced Distribution Automation）应运而生，成为配电自动化发展的新方向。ADA 的概念最早由美国 EPRI 在其"智能电网体系"（IntelliGrid ArchiteTAure）研究报告中提出，其功能与技术特点主要是满足有源（主动）配电网运行监控与管理的需要，充分发挥分布式电源的作用，优化配电网运行；提供丰富的配电网实时仿真分析和运行控制与管理辅助决策工具，具备包括配电网自愈控制、经济运行、电压无功优化在内的各种高级应用功能；支持在智能终端上完成的基于本地测量信息的就地控制应用和基于相关终端之间对等交换实时数据的分布式智能控制应用，为各种配电网自动化及保护与控制应用提供统一的支撑平台，优化自动化系统的结构与性能；采用标准的信息交换模型与通信规约，支撑自动化设备与系统的即插即用，解决自动化"孤岛"问题，实现软硬件资源的高度共享。

近十多年来，配电自动化成为世界各大电力公司配电网管理不可缺少的重要组成部分和专业发展领域。

1.2.1.1　亚洲

东亚的一些国家与地区在配电自动化应用方面走在了世界前列。中国香港中华电力公司、新加坡与日本的配电网实现了全面自动化，在韩国、中国台湾、泰国，配电自动化也有大面积的应用。

其中，中国香港中华电力公司（China Light&Power，CLP），1996 开始建设集成型配电自动化系统（DAS），2003 年基本建成，安装各类远程测控终端 RTU（Remote Terminal Units）近 1 万套。其主站系统由 1 个系统控制中心 SCC（System Control Center）、1 个备用控制中心（BCC）和 3 个区域控制室组成，通过企业内部通信网连接。DAS 与能量管理系统（EMS）、用户投诉管理系统 TC&OMS（Trouble Call &Outage Management System）通信，交换变电站和配电网实时监控信息，同时，DAS 每天与用户服务信息系统 CIS（Consumer Information System）通信，读取更新的用户信息。柱上开关监控终端 ORTU（Overhead RTU）采用一点多址 MAS（One Point Multiple Access）无线通信方式。该系统在提高可靠性方面发挥了重要作用，其用户年平均停电时间已由 1994 年的 20min 缩短至 2.7min。CLP 通信网络结构示意图如图 1-2 所示。

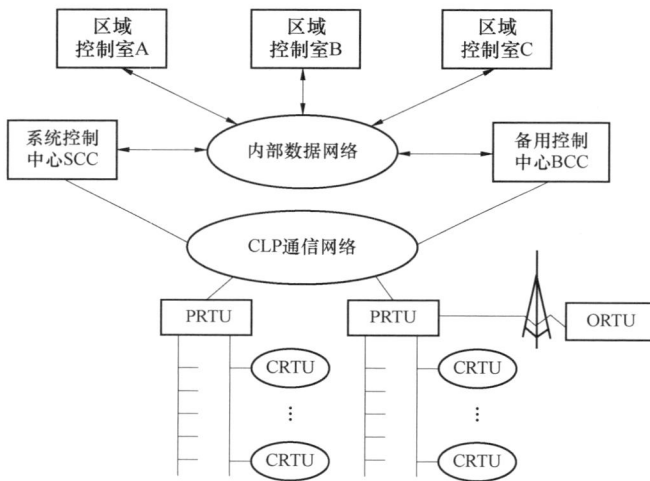

图 1-2 CLP 通信网络结构示意图

中国台湾台电公司拥有近万条中压馈线，1995 年之后陆续开展配电自动化建设，自动化馈线约占 70%。通信系统以光纤为主，部分架空线路采用无线通信或租用电信线路方式。架空开关采用负荷开关，电操/手动机构，电缆环网开关 2 路进线采用负荷开关，出线开关采用断路器。系统在提高可靠性方面发挥了重要作用，其用户年平均停电时间已由 20 世纪初的近 70min 缩短至 20min 以内。

日本东京电力公司（Tokyo Electric Power Co.，TEPCO）供电可靠性世界领先，用户年平均停电时间只有几分钟，配电自动化发挥了重要作用。

东京中压配电网每条线路有 6 个分段，3 个与其他电源的联络开关，TEPCO 中压配电网的典型结构示意图如图 1-3 所示。

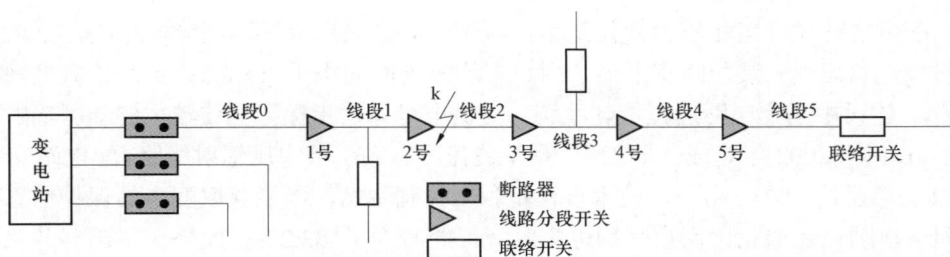

图 1-3 TEPCO 中压配电网的典型结构示意图

图 1-4 进一步说明了 TEPCO 配电网自动化提高线路负载率的途径。线路设计容量是 600A，线路分为 6 个区段，每个区段的额定负荷电流为 85A，正常运行时，线路负载电流为 510A，负载率达到 85%。在线路 2 上 k 点故障时，下游的两个非故障区段的负荷分别由线路 3 与对端线路转带，线路 3 与对端线路负载电流达到 595A，负载率接近 100%。

在实施配电自动化之前，TEPCO 变电站负载率设定为 50%。实施配电自动化之后，由于变电站出线上的负荷可由其他变电站出线转带，因此降低了对其备用容量的要求。同时通过主站的遥控操作，两个非故障区段的负荷由两条相邻线路转带，进一步减少了对线路备用容量的要求。

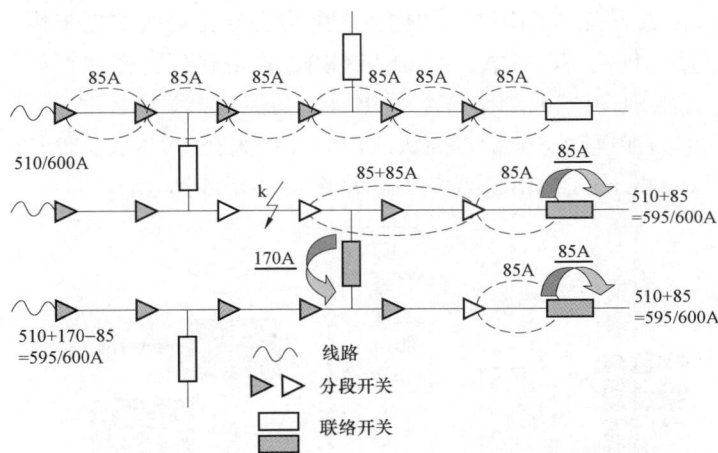

图 1-4 TEPCO 配电网自动化提高线路负载率示意图

1.2.1.2 欧洲

欧洲发达国家的配电自动化应用得比较好，基本实现了配电变电站出线断路器、线路分段开关的远程监控，做到了配电网故障及时检测、处理及修复，且配电 GIS 获得了广泛应用，配电调度、停电投诉处理、故障抢修流程的管理基本都实现了计算机化。

奥地利 EVN 维也纳地区配电网负责区域的高压变电站全部实现了远程监控，部署 12 000 多个馈线终端单元 FTU（Feeder Terminal Unit）负责中压配电网环网柜与柱上开关的监控，采用集中型配电自动化技术路线；意大利 ENEL 公司全国有 8 万多个中压/低压开闭所实现了远程遥控；法国 20kV 中压配电网全部实现了自动化，法国配电公司 eRDF 运营约占国土面积的 95% 的配电网，供电区域从大城市核心区、大城市郊区与中小城市及农村地区规划电网并运行管理，配电自动化方案相应差异化配套，城市核心区采用双环网四分段结构，分段开关全部实现遥控，负荷点安装故障指示器，用户平均停电时间小于 15min；英国伦敦电网公司自1998 年起，建设中压配电网远程控制系统，对供电可靠性指标影响比较大的郊区辐射性线路上实施了自动化，2002 年完成一期工程，系统覆盖所有 861 条中压辐射线路，配电站安装 RTU5200 多套，惠及约 180 万用户，技术设计是独立控制主站，不能获取变电站保护信息，不过与投运配电自动化之前相比用户平均停电时间已经减少了 33.2%；此外在德国、芬兰、葡萄牙、丹麦等国馈线自动化都有一定的应用。

1.2.1.3 美国

美国长岛地区 LILCO 公司自 1994 年起对 120 条故障易发的配电线路进行自动化改造，成为美国最早建设的 DAS；卡罗兰纳 Progress Energy 供电公司馈线自动化覆盖率在美国是最高的，包括 1000 多条配电线路；南加州 Edison 公司有 3100 多台中压线路开关、7500 台线路无功补偿电容器实现了远方遥控。德州 Oncor 公司、Albama 电力公司等先后建设了 DAS。

Albama 电力公司拥有配电线路里程 7.8 万英里，担负 4.55 万平方英里的供电任务，占Albama 州南部区域的 2/3，服务 140 万家庭商业和工业用户。Albama 电力公司 1991 年开始实施配电自动化，现已经覆盖 645 座变电站（占全部变电站的 96.6%），648 个柱上开关，190个环网柜，818 个线路补偿电容器装置和 82 个应急电源。2009 年底建设综合配电管理系统（IDMS），通过高级读表系统、变电站自动化系统配电自动化系统数据来优化配电网系统运行性能，提高服务质量。包括 SCADA、AM/FM/GIS、停电管理、作业管理、用户投诉处理等诸多子系统，同时还实现馈线自动化（FA）、电压无功控制、培训管理、潮流分布分析、停电分析、停电预警、电力涉笔动态分析等高级应用。多年来在 99% 以上时间内保持了售电价格低于全美平均水平。Albama IDMS 系统构成示意图如图 1-5 所示。

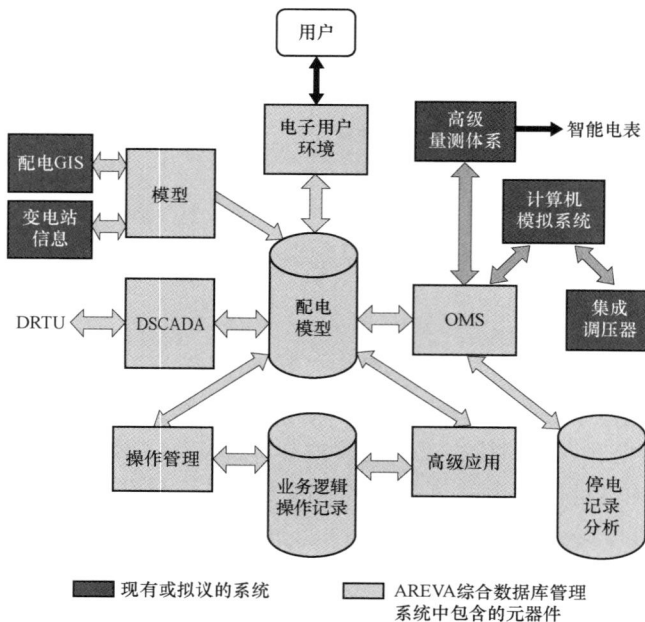

图 1-5　Albama IDMS 系统构成示意图

1.2.2　国内基本现状

1.2.2.1　起步探索

我国在 20 世纪 90 年代后期开展了配电自动化建设与应用的尝试，先后有 100 多座大小城市不同程度地开展了配电自动化，为今天的发展积累了宝贵的经验。比较有典型意义的项目主要有：

（1）1996 年，在上海浦东金藤工业区建成基于全电缆线路的馈线自动化系统。这是国内第一套投入实际运行的案例。

（2）1999 年，在江苏镇江试点以架空和电缆混合线路为主的 DAS，并以此为主要应用实践起草了我国第一个配电自动化功能规范。

（3）2002～2003 年，世界银行贷款的配电网项目——杭州、宁波配电自动化工程及南京城区配电网调度自动化系统，是当时投资规模最大的配电自动化项目。

（4）2003 年，青岛配电自动化工程通过国家电力公司验收，并在青岛召开了实用化验收现场会。

1.2.2.2　沉寂与反思

由于认识的偏差、配电网网架和设备基础较差以及技术和管理等方面原因，早期的配电自动化工程投运后很多都没有发挥应有的作用。2004～2009 这几年内，国内除了个别研究和案例还在零星开展外，原有大多配电自动化工程相继下马或退出运行，应用未常态。个别亮点仅有上海市电力公司牵头研究适合于城市配电网自动化的建设模式项目、中国电力科学研究院牵头研究适合于县城配电网自动化的建设模式项目、全国电力系统管理及信息交换标准化委员会配电网工作组翻译 IEC 61968 标准并完成 DL/T 1080《电力企业应用集成配电管理的系统接口》项目以及四川双流"县级电网调度/配电/集控/GIS 一体化系统"工程项目等，后者曾作为国家电网公司农电典型推广项目之一。

这段时期留下的成果除了试验性、探索性经验外，主要是深刻的反思和教训，宝贵的财富至今受用：

（1）技术方面，客观上条件还不够成熟、设计理念与实际需求错位。早期配电网架相对今天比较薄弱，辐射状配电网架比较普遍，转供容量不足；研究配电系统自身特点不足，主站系统对馈线故障处理策略单一，配电终端质量普遍不高，恶劣环境下运行缺陷多，影响"三遥"质量；对工程实施难度估计不足，通信支撑技术带宽不足、速率低、误码高，投资占比较大；配电网管理信息化缺乏系统支撑，信息人工维护，效率低难准确，无法实现配电网图模数据信息化的同步高效管理，配电主站系统性能限制处理全景配电网信息化的任务；信息模型与交互规范私有化，信息集成几乎不能实施；配电 GIS 技术尚在起步探索，其实用化程度低等等。

（2）管理方面，认识不足。配电自动化在管理上涉及多个部门，非联动而不能成。事实上，缺乏行业或企业高一层统一领导以协调各地市因配电网规模和管理机制不同出现的问题；应用主体和定位比较模糊，配电网调度、生产运行和管理的需求没有兼顾。

很多供电公司没有建立配电网调度，也没有生产或配电网运行指挥中心，配电自动化作为新的专业没有一个明确的归属；专业困难认识不足，初期配电自动化建设追求过高的技术指标，大而全，应用功能设想得太理想，与实际管理模式脱节，使得配电自动化的作用展示得十分有限，缺陷也多；规划建设中对日后实用化考虑不深，整体规划和分步实施计划难以保持一致性，遇阻搁浅案例多多；行业缺少整体规划设计、建设及验收的标准或规范，无序建设；建设的延续性差，试点多，但后劲不足；系统运维缺乏机制保障，重建设而轻维护等。

1.2.2.3　重启与发展

2009 年国家电网公司开始全面建设智能电网，提出了"在考虑现有网架基础和利用现有设备资源基础上，建设满足配电网实时监控与信息交互、支持分布式电源和电动汽车充电站接入与控制，具备与主网和用户良好互动的开放式 DAS，适应坚强智能电网建设与发展"的配电自动化总体要求，并积极开展试点工程建设。标志着我国重启新的配电自动化建设序幕。南方电网公司提出以配电自动化和配用电智能化应用为突破口，研究制订相关方案，全面推进智能电网建设。2009 年先期在深圳、广州两个重点城市进行了配电自动化试点，以集中式配电自动化为主，建成并陆续投运，在建设成果上取得了显著成效。国家电网公司提出了三段式发展目标，技术路线主要采用集中式模式建设，计划宏大。

（1）第一阶段：2009～2011 年，技术准备阶段。主要目标是初步形成配电自动化技术标准体系，规范配电自动化技术开发、设计、建设和运行；形成针对各种不同需求的配电自动化典型模式系列，完善配电自动化检验和测试方法等。

通过在北京城区、杭州、厦门、银川、上海、成都、宁波等 30 余个供电公司进行试点工程建设，取得了显著成果，初步形成了一套满足推广需求的配电自动化技术标准体系。

（2）第二阶段：2011 年～2015 年，示范完善阶段。主要目标是基本实现 DAS 主要功能实用化，运行稳定，发挥作用；基于 IEC 61968 标准实现 DAS 与其他信息和管理系统的接口规范化和应用的实用化；确保配电自动化技术具备大面积推广条件。

该阶段承上启下，非常关键，决定了今后配电自动化工作的走向。其任务仍处于实施过程中，困难很大，需要通过不断对一些目标和计划做出相应的调整，确保建设工作能够满足实用化功能需求，管理工作能够细致全面，系统运行维护能够及时有效。该阶段继续领先的城市主要包括厦门、杭州、成都、宁波、南昌等城市及山东省。而且成都案例作为智能电网的"中国实践典范"，影响广泛。

（3）第三阶段：2016～2020 年，配电自动化新的设计路线的探索和系统研究，并逐步推广阶段，也是国家能源局配电网建设改造"十三五"行动计划的具体实施实践阶段。主要目标是重点开展配电自动化和智能配电各项相关技术的完善工作，积极推进实用化，并在国网公司系统全面推广应用。

1.3　国内配电自动化建设与主要成果

2009 年以来国家电网公司完成了以《导则》为代表的配套标准，在实践中得到较好贯彻，成果显著，最主要是确定了适合我国发展的系统技术路线以及形成了业界良好的发展氛围；2013 年以来继续修订和新增实施配电自动化的技术标准体系及配套标准体系，涉及 20 余个方向，包括配电自动化规划、设计、研造和标准的修编、继续实用化应用和进一步推广建设覆盖建设区域等，成果是积极的，直接促进了 2015 年国家能源局关于配电网建设改造行动计划的发布，明确了"十三五"配电网的发展方向。

1.3.1　建设规模效果与主要经验

至 2013 年底，国家电网公司已经批复配电自动化项目 65 个（至 2016 年底，已突破 80 座城市），其中 12 座城市的试点区域项目已经通过实用化验收，18 座城市试点区域项目通过工程验收。配电终端覆盖配电网供电面积 2518km², 共改造配电线路 6186 条。第一批试点城市利用 DAS 在所辖区域内共减少停电 16 402.15 时户，所在区域配电网平均配电网故障处理时间由 68.25min 降低至 9.5min（理论统计）。展示了智能电网中配电领域智能化国内发展水平。其中不乏优秀建设和应用的试点工程，值得总结学习，对于站在智能电网的高度研究中国模式，探索配电自动化发展具有新的意义。主要建设经验如下：

（1）企业有组织地统筹建设管理。企业从上到下成立建设组织机构，按照项目管理要求对试点工程进行全过程管理，建设有序、管理规范。

（2）技术框架符合国情。建设或改造的 DAS 改变了单一馈线自动化实现方式，采用智能电网标准的信息架构整合相关信息资源，突显了开放性和互动性的智能电网特征，实现 DAS 与其他相关应用系统的信息共享与应用集成，技术上有力支撑"大运行""大检修"体系建设。

（3）系统功能定位实用显效。明确主站系统面向配电网运行和管理，是实现配电网调控运维管控一体化的配电主站系统基础平台，并进一步明确配电网调控、抢修与运检应用主体。配电 SCADA、FA 和网络分析应用等功能的实现，改变了配电网调度、配电网运检巡视、抢修手段落后的局面，加快了配电故障响应及处理速度，提高了配电管理工作效率和工作质量。

（4）信息交互实践可行。遵循或参照 IEC 61968 标准构架和接口方式，实现 DAS 与相关系统信息交互，确保主站系统数据标准性和功能开放性。充分利用企业现有数据资源，扩大DAS 信息覆盖范围，为互动化应用创造条件。

（5）光纤无线多种通信结合优化通道。采用多种通信方式，以光纤和无线作为主要通信手段，中压配电载波作为补充。电力 EPON 技术得到大面积成功应用，以太网交换机通信也在配电网通信方面积累的应用经验，各种通信手段有了相互比较和促进发展的应用环境。技术更加可靠，性能更加优化的通信技术和设备，以及配合建立的综合网管和光缆链路监测系统等，为配电网通信系统的可靠运行提供了保障。

（6）配电网运维精益管理支撑。重视配电自动化运维管理，建立健全运维体系，明确岗位职责，完善管理制度，保证 DAS 运行规范化。梳理配电网调度机构调整和业务流程，构建配电网运检支撑新体系，推动配电网调度和运检的集约化和精细化。

总结起来目前国内配电自动化技术发展和应用的主要特征可以表述为：实时数据和非实时数据高度融合、自动化和信息化相互支撑，电网运行和设备管理同时并举，技术提升和管理配套同步发展。

尚需改善的方面主要体现在以下方面：

（1）主站系统智能化与创新性还需进一步提升发展。包括提升系统维护管理的智能化水平，提高运维智能化和系统管控智能化水平。

（2）配电终端可维护性和智能化有待改进。高可靠、智能化、易管理，从而解决成本与质量之间矛盾，减少现场维护工作量。

（3）信息交互标准化有待进一步深化。规范化与应用实践相结合，信息共享成为广泛共识。

（4）通信网络信息安全措施技术人才匮乏，安全措施的执行细则亟待完善。

（5）分布式电源/电动汽车接入与控制越来越成为配电自动化的重要服务或者新生应用的领域，技术规范，操作规程等配套成为一项较长时期的任务。

（6）配电自动化涉及的各类技术标准尚不完善甚至空缺较大。通过不断推动行标、国标的建立，形成技术体系，在领域内外各个环节配套推动，实现包括输变配用自动化、信息化、配电一次设备配套等从标准上的相互衔接。

与此同时，南方电网公司中深圳供电局和广州供电局实施规模最大，其他省市也积极开展，配电自动化已经发展成为南方电网配电网新技术应用的制高点。广州供电局从 2008 年开始启动，至 2013 年结束，完成主要城区 A 类、B 类、部分 C 类供电区自动化覆盖率达到 100%。南方电网公司现在也在积极推广配电自动化建设成果，已经将建设范围扩大到中山、佛山、贵阳、南宁、昆明、玉溪、东莞等 15 个城市，从建设开展的城市数量上取得了建设的初步成效，应用的成效正在努力实践与总结。

1.3.2　DAS 运用中尚需改进的问题与分析

自 2013 年以来，国家电网公司对 42 个城市开展了不少于 60 次的离线数据采集与测试统计，对其中 54 家通过实用化验收的供电公司进行统计。整体运行指标和效果基本符合实际情况，比如终端在线率达到在 90% 以上；遥控成功率 95% 以上；遥控使用率 90% 以上，遥信动作正确率 90% 左右。目前配电终端共计接入近 7 万台，终端在线率平均为 94.86%，"三遥"开关数目前共计 12 万台，开关设备"三遥"比例达到 67.8%，2015 年前 7 个月共计产生遥信变位记录 17 万余条等。在提高配电运检现场抢修故障处理、实现远方调控、减少配电网现场操作劳动强度、快速巡视运行状态、提高供电服务质量和工作效率，较大幅度提高配电网操作和配电网运行的安全性、供电可靠性等方面取得了显著成效。在监管配电自动化系统实时运行方面有了较大突破，如国家电网公司在中国电力科学研究院建立了数据抽取平台，对几十家获批建设并验收通过的省、地（市）配电自动化系统进行运行数据的定时抽取和评估，公开运行比对情况，促进缺陷消除和应用的实用化；山东省电力公司构建全省数据评估和监管中心，利用电科院专业机构对供电企业进行技术支撑和业务指导等，为建设和应用提供的一个第三方监管机制，促进应用并掌控系统的运行趋势。存在的主要问题如下：

（1）主站应用及在线率。主站应用问题集中在功能实用化方面普遍不够智能化，包括运维技术的智能化、方便性，自学习自适应等；应用功能精益化、智能化不足，还不能更贴近配电网调控运行和配电网运维管理新机制、新用户、现代配电网的特殊需要；通过在线监管主站运行以及从主站抽取配电网运行数据分析，仍有若干不相容的信息，涉及系统误发抖动、主站维护、应用操作、系统调试试验等多类信息。

主站在线率总体非常高，但实际运行中个别主站系统出现前置机宕机，以及主站前后台服务通信机制配合出现数据读取的不顺畅，造成主站数据时钟错位，或相关类信息不匹配等。比如时钟不同步，对于同一操作的数据时标不一致，给应用造成疑惑；或因主电源掉电引起在线率降低等问题。

（2）终端故障。

1）连续投退现象。某些终端出现连续退出或连续投入的现象，应用无所适从。而实际侦测工具可以将其进行统计分析，以便给运维人员提供监管依据，比如根据离线时长来认定，或对其进行折中处理。即根据连续"退出"（或"投入"）的两个运行状态的时标，取其中间时间点判定存在一次"投入"（或"退出"）状态，连续"退出"或连续"投入"的时间阶段最终将会被认定为有一半的时长为终端离线时长。这种现象比较普遍，属于重点关注和处理的缺陷之一，一、二次和配电终端是重点。

2）大范围退出现象。DAS 在运行过程中，一些地区的某些主干通信网中断包括变电站电源失电，汇聚站失电，光缆断裂等、无线公网运营商服务异常或偶然会出现主站前置宕机的现象，因此大范围配电终端会在同一时刻形成"退出"状态。这对各专业运维人员应急水平是个很大的考验，也是较难防备的，突发性强。

3）配电子站。虽然大多 DAS 建设模式采用《导则》"主站+终端"两层建设模式，但也有部分单位采用"主站+子站+终端"三层建设模式。由于配电子站及其所辖终端对于主站而言是同一个通道，因此三层结构中配电子站的缺陷和终端在线率影响很大。随着一些新的应用领域将子站的部署局部化，即汇集功能覆盖范围控制在几个或一个变电站区域，这种影响会大大降低。

（3）遥控使用率。

1）遥控无法正常操作。日常应用过程中，对某些"三遥"开关进行遥控时，由于现场开关机构卡涩、辅助接点质量差等原因的存在，导致了遥控命令无法正常执行，造成了遥控执行不成功。当这种情况发生后，调度人员需要应急通知配电班组人员现场操作，并发起消缺工作流程。但可能由于挂牌操作措施不到位，部分主站记录的现场人工操作遥信变位信息与实际遥控执行产生的遥信信息无法自动甄别，影响遥控成功率。

2）其他原因造成的遥信变位。各地 DAS 建设与应用中，由于技术方案不同而存在一些特殊的情况，如应用较多的 VSP5 等电磁型开关，因开关特性（失电分闸，来电合闸，闭锁控制）导致产生大量开关变位遥信记录以及一些闭锁控制记录，需要对这些因设备自生遥信进行分类管理，比如打上特殊标识，以便与遥控后的遥信区别处理，如将该类开关闭锁操作控制作为"遥控成功"加以定性认定。此外，对于保护动作等策略动作性开关变位遥信信号，配电主站同样要加以识别与区分，否则因分类不细或没有足够的运维经验和应用体会，将导致应用中的遥控、遥信信息将难以实用化。

3）遥信误发、丢失情况。由于产品质量、施工工艺、调试水平等方面存在的一些缺陷，可能会产生较多的开关变位遥信记录的误发与丢失情况；当某一开关出现连续分闸-分闸（或合闸-合闸）的变位遥信记录时，系统或检测工具采用的策略可以是多选的，比如可以是：判定在两次变位过程中至少发生了一次合闸（或分闸）变位遥信记录，同时计入一次信息丢失。目的是避免不相容数据恢复"原貌"。这类缺陷属于常见。

（4）遥控成功率。一般依据"三遥"开关的遥控操作记录成功与否进行统计计算遥控成功率，从而监管应用水平促进使用化提升，然而在现实生产过程中下面一些缺陷或问题数据可能影响遥控成功率。

1）调试等产生遥控记录影响应用。现场，计划或临时检修调试二次终端设备工作中远动遥控调试是重要环节之一，但调试过程无法避免遥控失败，这些失败信息非主观运行数据，标识并过滤是必要的，但实际运用中仍有未做标识处理的系统或是拥有处理的功能工具但用户化未设置。

2）多次遥控失败的影响。在对"三遥"开关进行遥控操作过程中，一旦出现遥控失败的情况时，通常会进行多次遥控操作，即同一开关短时间内可能多次重复遥控。处理该类遥控并与真正调控的遥控操作相区别是一件实用技术，否则遥控失败的统计直接对系统实用化水平影响巨大。

（5）遥信动作正确率。遥信动作正确率是衡量系统应用的重要内容，尤其是开关遥信需要高可信度。遥信动作记录信息可信度的判断和确认是个问题，有几种典型情况可能对运行不利：

1）配电终端无事件顺序记录 SOE（Special Operations Executive）功能或拥有但与遥信不匹配。遥信动作正确率可以通过配电终端现场产生的 SOE 记录作为判断标准源，并通过遥信与 SOE 匹配来确认遥信正确性，即便可以采用另外方式来提高遥信可信度，比如双位置遥信、多次发送等，但 SOE 也是必要的实用功能。顺便指出，目前主站对 SOE 的综合处理手段相对简单，仅仅维持调用这种简单的应用，远远不能满足实际需要，甚至因为信息量大，而无法筛选得到有效信息，需要智能处理工具并给出分析多重结果，指导应用。

2）系统对时准确性的影响。配电主站与配电终端之间严格对时与守时机制是系统运行的先决条件之一，但部分终端与配电主站的时间严重不同步，遥信不正确或可信度低就在所难免了。

（6）馈线自动化（FA）成功率。馈线自动化（FA）是 DAS 作用最为全面的体现，包括了对参数配置、系统拓扑、遥测数据、故障定位逻辑判断、遥控操作等各方面功能的集中应用，FA 通过在故障发生时启动，能否及时成功的执行将直接影响其应用效果。对 FA 功能进行系统分析与研究，确保应用过程中的准确可靠，将十分有助于提升 DAS 整体运维水平。

根据已投系统中多次案例统计表明，由于一些地区运维人员对 FA 存在理解偏差、内外运行条件尚不成熟、运维工作不够细致、相关技术细节掌握不够等情况的存在，使得当地存在启动后无法研判故障发生位置，或研判定位后缺乏隔离方案，导致 FA 功能不能很好地发挥作用。这是目前实用化最大的技术和管理难题之一。

1.4　国内配电自动化新思想与设计框架

传统配电自动化侧重生产控制大区相关功能实现，实时性要求强，信息安全要求等级高。随着信息化的发展以及用户对供电可靠性要求的提高，供电企业采取传统模式管控配电网，其信息来源的多样性以及同类信息的重复和不确定性等应用中新问题开始显现：一方面，有用信息提取操作的筛查环节多、不同用户信息相互干扰、运维和用户人机交互习惯和风格难协调等，起因源于对配电网设备变更频度、数据采集时间尺度、信息更新周期的理解和需求不同等，这些问题涉及技术、管理诸多因素，需要化解。另一方面，社会经济发展必然对供电企业在检修、抢修、运行管控上提出更高的要求，配电自动化需要与时俱进，向前发展，除了扩大现场设备监控的覆盖范围之外，还要解决上述若干问题并拓展和兼顾应用层不同需求，特别要解决的应用是兼顾传统生产控制大区，拓展管理信息大区配电网相关业务新需求。因此，在传统配电自动化系统基础架构下衍生、细分出信息安全隔离更可靠、应用与维护更方便、运行效率更高的设计新思想，"做强Ⅰ区、拓展Ⅲ区，安全隔离、分区一体，统一管控"。其理念催生新一代配电自动化设计思想，让配电自动化设计和运行趋于信息分类、分流、分区存储和应用。新一代配电自动化从萌芽到逐步成型，将促进企业进步、行业发展、社会受益。

主要设计思想包括以下 4 大方面：

（1）具备横跨生产控制大区与管理信息大区一体化支撑能力，满足配电网的运行监控与运行状态管控需求，支持地县一体化构架。

（2）基于信息交换总线，实现与多系统数据共享，具备对外交互图模数据、实时数据和历史数据的功能。

（3）支撑各层级数据纵、横向贯通以及分层应用。

（4）系统信息安全防护符合国家发展改革委 2014 年第 14 号令《电力监控系统安全防护规定》，遵循合规性、体系化和风险管理原则，符合安全分区、横向隔离、纵向认证的安全策略。

新一代配电自动化框架主要涉及以下 3 大方面：① 信息安全分区及其边界管控划分；② 配电主站；③ 配电终端。其中信息安全嵌入主站、终端而存在，终端与主站配对管控，主站分区隔离与协同管控一体化运行。新一代配电自动化系统及相关管控边界如图 1-6 所示。

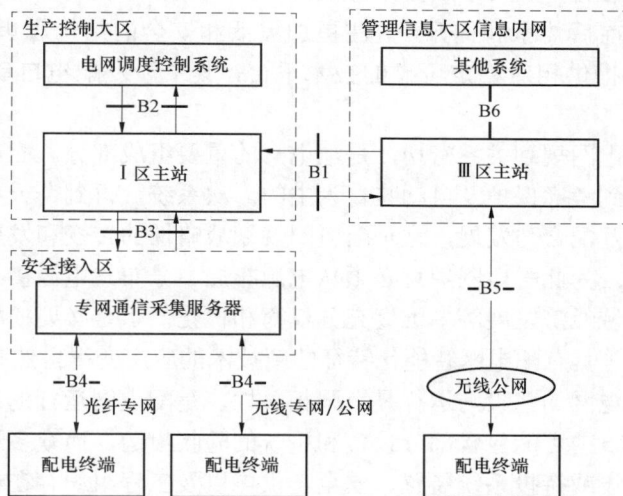

图 1-6　新一代配电自动化系统及相关管控边界

由图 1-6 可知，新一代配电自动化包含传统配电自动化的全部结构和功能，并有所发展，同时进一步加强了信息安全。B1～B6 标识出不同应用分区的边界或安全措施部署边界，这些边界兼顾了不同安全区域用户的管理和运用。

本书将以传统配电自动化体系为基础，描述配电自动化新的技术框架，既兼顾国内一百多个城市在运配电自动化进一步实用化，使其继续发挥更大的作用，同时引导"十三五"其他地市供电公司新建，促进配电自动化进一步应用发展。

第 2 章 配电自动化与配电网

坚强、可靠的配电网是配电自动化有效实施的前提和保障。以 GB 50613—2010《城市配电网规划设计规范》、DL/T 599—2009《城市中低压配电网改造技术导则》、Q/GDW 1738—2012《配电网规划设计技术导则》及 Q/GDW 10370—2016《配电网技术导则》等相关标准为导向，结合 Q/CSG 10012—2005《中国南方电网城市配电网技术导则》，引出配电网基本定义，介绍城市配电网相关基础知识。配电网综述包括配电网定义及中压网络典型接线、配电网主要电气设备（一、二次设备）、接地方式等。外延配电网概念包括相应的管理和相关业务，如规划、建设、运维、调控、安全、用电、服务等，以及配电自动化在配电网中的地位和作用。

介绍配电自动化在配电网中的地位和作用。以《导则》为依据，将传统和创新融合在一起，关注技术路线前后传承和提升，关注更加灵活和安全的结构思想，为企业机制创新、业务融合、管理高效提供相对稳定可靠的技术平台，其中涉及配电自动化的应用主体需求和要求。

配电自动化与配电网规划关系密切，是配电网的重要组成部分。配电网规划从单一的一次网架和设备的规划到考虑保护及自动装置为主的二次系统，再到今天考虑自动化、通信和信息等技术系统的相互配合与发展，这是配电网规划战略性的转变和发展，是现代配用电系统的基本需求和要求。为此配电网规划必须从电源布局、分布式电源接入、网架结构计算、用户负荷增长以及区域经济发展等多维度充分权衡和优化，于是必要的配电网保护控制、自动化、通信、信息化等具有配电网智能化特征的新技术的应用变得自然和必要。

配电自动化与配电网的建设与运行具有强相关性，是配电网运行的统一体。由于电网运行的特殊性，工程建设中可能包含部分设备和系统的验收投运，而众多运行设备之间也常穿插着集中或零散的建设或待投系统装置，安全、供电以及工程组织存在诸多难题。讨论配电网建设与配电自动化建设相关问题，即配电网新建工程和配电自动化建设、配电网在运设备改造与配电自动化建设中涉及工程同步、技术标准统一、工程和运行流程衔接等。

配电自动化与配电网检修维护具有天然依赖关系，电力检修维护与运行本是孪生的统一体。在配电自动化与配电网这个矛盾统一体中，既有 DA 自身内部的运检矛盾，也有相互间的运检矛盾。描述 DA 自身运检以及二者之间运检特点、运检模式、主要工作内容和要求，分析矛盾关键所在。

配电自动化对配电网抢修作业具有指挥支撑作用，是配电网故障抢修作业的重要技术支撑，是故障抢修工作各项功能系统的现场数据采集和故障感知的信息基础。检修与抢修，一个注重常态维护按计划开展检修，提高设备健康水平，保障可靠供电；一个突出配电网的事故应急处理，提升供电服务对用户的体验，同时也保障电网安全和可靠供电。

配电自动化与配电网调度运行具有强相关性。配电自动化给传统配电网的运维检修及调度运行带来了新变化。配电自动化作为其中最为关键的技术支撑系统，其重要性和迫切性越来越被人们所认知，发展很快。同时，一、二次系统作为矛盾的统一体，也给配电网日常管控工作带来了新问题。描述调控中心及其对配电网的运行调控需求特点、体制培育、专业配套、工作内容，侧重阐释调控应用职责，主站系统和信息交互系统运维、信息安全以及对配电自动化系统自身全景运行管控方面。本章提出一般解决思路。

2.1　配电网基础

配电网是指从电源侧（输电网、发电设施、分布式电源等）接受电能，并通过配电设施就地或逐级分配给各类用户的电力网络，是输电网和电力用户之间的连接纽带。配电网由变（配）电站（室）、开关站、架空线路、电缆等电力设施、设备组成，涉及高压配电线路和变电站、中压配电线路和配电变压器、低压配电线路、用户和分布式电源 4 个紧密关联的层级。配电网还因接地的不同而呈现不同的运行特点，同时因配电自动化的发展又在很大程度上改变了对配电网的传统管理，一方面提高了管理效率，另一方面人们又对管理手段的智能化提出了更多更高的要求。

2.1.1　配电网电压分级

配电网按电压等级的不同可分为高压配电网（110/35kV）、中压配电网（20、10、6、3kV）和低压配电网（220/380V）；按供电地域特点不同或服务对象不同，可分为城市配电网和农村配电网；按配电线路的不同，可分为架空配电网、电缆配电网以及架空电缆混合配电网。

（1）高压配电网。指由高压配电线路和相应等级的配电变电站组成的向用户提供电能的配电网。其功能是从上一级电源接受电能后，直接向高压用户供电，或通过配电变压器为下一级中压配电网提供电源。高压配电网分为 110/63/35kV 3 个电压等级，城市配电网一般采用 110kV 作为高压配电电压。高压配电网具有容量大、负荷重、负荷节点少和供电可靠性要求高等特点。

（2）中压配电网。指由中压配电线路和配电变电站组成的向用户提供电能的配电网。其功能是从输电网或高压配电网接受电能，向中压用户供电，或向用户用电小区负荷中心的配电变电站供电，再经过降压后向下一级低压配电网提供电源。中压配电网具有供电面广、容量大、配电点多等特点。我国中压配电网一般采用 10kV 为标准额定电压。

（3）低压配电网。指由低压配电线路及其附属电气设备组成的向用户提供电能的配电网。其功能是以中压配电网的配电变压器为电源，将电能通过低压配电线路直接送给用户。低压配电网的供电距离较近，低压电源点较多，一台配电变压器就可作为一个低压配电网的电源。低压配电线路供电容量不大，但分布面广，除一些集中用电的用户外，大量是供给城乡居民生活用电及分散的街道照明用电等。低压配电网主要采用三相四线制、单相和三相三线制组成的混合系统。我国规定采用单相 220V、三相 380V 的低压额定电压。

国内现有配电自动化的主要实施对象是中压配电网，为说明配电网与配电自动化的关系，以下介绍涉及的配电网电气设备、接线方式、接地方式等特指中压配电网。

2.1.2 配电网主要电气设备

1. 配电网一次设备

配电网一次设备是指直接用于生产和使用电能的电气设备。10kV 配电网一次设备可分为架空线路设备和电缆线路设备两大类；架空线路设备主要包括柱上变压器、柱上开关、线路调压器等；电缆线路设备主要包括开关站、环网室（箱）、配电室、箱式变电站、中压电缆分支箱等。另外，用于电气量感知和取电的一次侧辅助设备也属于这类设备，如 TA、TV 等。

2. 配电网二次设备

配电网电气二次设备是指对一次设备进行检测、控制、调节、保护以及为运行、维护人员提供运行工况或生产指挥信号所需的低压电气设备，包括继电保护及自动装置、配电终端等。

（1）继电保护及自动装置。配电网继电保护设备是保证 10kV 配电网安全、稳定运行的二次设备，主要用于快速、准确、有选择性地切除发生故障的配电网设备，包括变电站（开关站）出线开关的保护、用户分界开关、重合器等。在变电站（开关站）的 10kV 出线开关处，通常配置过流、速断保护，架空及架空电缆混合线路根据需要配置自动重合闸功能；若线路上装接有分布式电源，还可能配置方向保护。在 10kV 架空线路用户接入产权分界点处，电网侧可能配置用户分界开关，快速隔离用户内部发生的各类故障；若用户接有分布式电源，用户分界开关将具备电源侧失压分闸、负荷侧无电情况下电源侧来电自动合闸送电、两侧同时有电自动合闸闭锁等功能，防止故障或检修情况下向电网侧反送电。此外，其他自动装置还包括低频低压减载、备用电源自投、同期与解列、电压无功控制装置等。

（2）配电终端。配电终端主要用于监视、控制配电一次设备和电网运行，其应用对象主要有环网室、环网箱、配电室、箱式变电站、柱上开关和配电变压器等。

根据应用对象，配电终端可分为馈线终端（FTU，Feeder Terminal Unit）、站所终端（DTU，Distribution Terminal Unit）、配变终端（TTU，Transformer Terminal Unit）和故障指示器等；馈线终端（FTU）应用于柱上开关，站所终端（DTU）应用于配电站所，配变终端（TTU）应用于公用变压器、专用变压器，是配电自动化向 0.4kV 侧的延伸节点。

根据应用功能，配电终端可分为"三遥"（遥测、遥信、遥控）终端、"二遥"（遥测、遥信）终端、故障指示终端。

配电终端的具体内容详见第 5 章。

2.1.3 配电网典型接线方式

1. 架空线路

中压架空网的典型接线方式包括辐射式、多分段单联络和多分段多联络 3 种类型。

（1）辐射式。辐射式接线简单清晰、运行方便、建设投资低。当线路或设备故障、检修时，用户停电范围大，但主干线可分为若干（一般 2～3）段，方便缩小事故和检修停电范围；当电源故障时，则将导致整条线路停电，供电可靠性差，不满足 $N-1$ 要求，但主干线正常运行时的负载率可达到 100%。有条件或必要时，辐射式可发展过渡为同站单联络或异站单联络。

辐射式接线一般仅适用于负荷密度较低、用户负荷重要性一般、变电站布点稀疏的地区。

（2）多分段单联络。多分段单联络通过一个联络开关，将来自不同变电站（开关站）的中压母线或相同变电站（开关站）不同中压母线的两条馈线连接起来，可分为本变电站单联络和变电站间单联络。

（3）多分段多联络。分段与联络数量根据用户数量、负荷密度、负荷性质、线路长度和环境等因素确定，一般将线路 3 分段、2~3 联络。

2. 电缆线路

典型接线方式主要有单射式、双射式、对射式、单环式、双环式和 N 供一备 6 种。

（1）单射式。自一个变电站或一个开关站的一条中压母线引出一回线路，形成单射式接线方式。接线方式不满足 N–1 要求，但主干线正常运行时的负载率可达到 100%。

（2）双射式。双射式接线自一个变电站或一个开关站的不同中压母线；或自同一供电区域不同方向的两个变电站（或两个开关站）；或同一供电区域一个变电站和一个开闭所的任一段母线引出双回线路，形成双射接线方式。

（3）对射式。自不同方向电源的两个变电站（或两个开关站）的中压母线馈出单回线路组成对射式接线。

（4）单环式。自同一供电区域的两个变电站的中压母线（或一个变电站的不同中压母线）；或两个开关站的中压母线（或一个开关站的不同中压母线）；或同一供电区域一个变电站和一个开闭所的中压母线馈出单回线路构成单环网，开环运行。

（5）双环式。自同一供电区域的两个变电站（开关站）的不同段母线各引出一回线路或同一变电站的不同段母线各引出一回线路，构成双环式接线方式。如果环网单元采用双母线不设分段开关的模式，双环网本质上是两个独立的单环网。

（6）N 供一备。指 N 条电缆线路连成电缆环网运行，另外 1 条线路作为公共备用线。非备用线路可满载运行，若某条运行线路出现故障，则可以通过切换将备用线路投入运行，N 供一备接线示意图如图 2–1 所示。

还有一些复杂的配电网采用了高可靠性配电网接线模式，比如法国巴黎的三环网接线方式、东京的三射网互供接线方式和新加坡的花瓣式接线等，都是根据具体的需要形成的架构形式，总体来讲，不同的网架结构形态对配电自动化建设及其运维技术都会有不同的技术思路和实现要求。

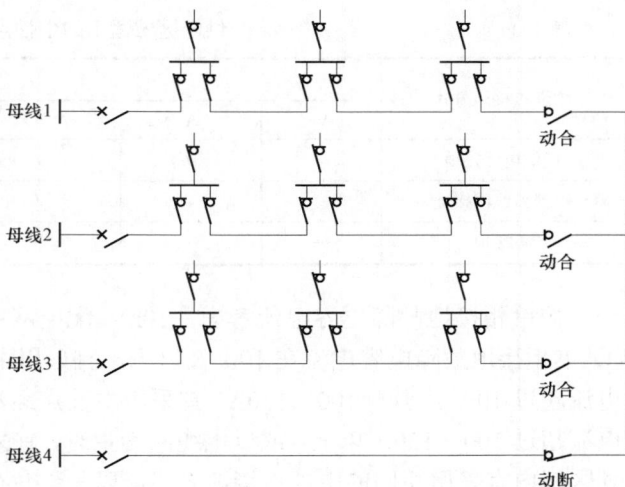

图 2–1　N 供一备接线示意图

2.1.4 配电网典型接地方式

1. 中性点接地方式

配电网中性点接地方式，是指配电网中性点与大地之间的电气连接方式，又称为配电网中性点运行方式。中压配电网的中性点可根据需要采取不接地、经消弧线圈接地或经低电阻接地方式。

（1）中性点不接地，即配网中性点对地绝缘。其结构简单，运行方便，且不附加任何设备，较为经济。当发生单相接地故障时，流过故障点的电流为电容电流，远小于正常的负荷电流，故属于小电流接地方式。

（2）中性点经消弧线圈接地，即在配网中性点和大地之间接入一个电感线圈。发生单相接地故障时，消弧线圈电感与线路对地电容形成了并联谐振电路，使系统的零序阻抗值很大，故中性点经消弧线圈接地系统又称为谐振接地系统，消弧线圈产生的电感电流又称为补偿电流。经消弧线圈接地系统中故障点接地电流较小，电压恢复较慢，有利于电弧熄灭，从而避免了单相接地故障产生的间歇性电弧接地过电压和铁磁谐振过电压。

（3）中性点经低电阻接地，即配网中性点经一个 $5\sim10\Omega$ 的电阻与大地相连。相比于中性点直接接地方式，接地电阻的存在显著降低了单相接地故障电流，但仍需快速切除故障线路，以减少对配网设备的损害。

中性点接地方式选择应根据配电网电容电流，统筹考虑负荷特点、设备绝缘水平以及电缆化率、地理环境、线路故障特性等因素，并充分考虑电网发展，避免或减少未来改造工程量。同时，在综合考虑可靠性与经济性的基础上，同一区域内宜统一中性点接地方式，有利于负荷转供；如难以统一，则不同中性点接地方式的配电网应避免互带负荷。

依据《配电网技术导则》（Q/GDW 10370—2016）中的规定，按供电区域考虑，10kV 配电网中性点接地方式宜符合表 2–1 的要求。

表 2–1　　　　　　　　　供电区域适用的中性点接地方式

中性点接地方式	供电区域					
	A+	A	B	C	D	E
经低电阻接地	√	√	√	—	—	—
经消弧线圈接地	—	√	√	√	√	—
不接地	—	—	—	√	√	√

按单相接地故障电容电流考虑，10kV 配电网中性点接地方式的选择应符合以下原则：① 单相接地故障电容电流在 10A 及以下，宜采用中性点不接地方式；② 单相接地故障电容电流超过 10A 且小于 100～150A，宜采用中性点经消弧线圈接地方式；③ 单相接地故障电容电流超过 100～150A 以上，或以电缆网为主时，宜采用中性点经低电阻接地方式；④ 同一规划区域内宜采用相同的中性点接地方式，以利于负荷转供。

2. 不同接地方式下单相接地故障特征

现场运行数据表明，我国单相接地故障占配电网故障的 80% 左右。在不同的接地方式下，单相接地表现出不同的故障特征，为故障的查找和判断提供了理论依据。

（1）中性点不接地。在中性点不接地方式中，由于单相接地故障电流小，所以保护装置不会动作跳闸，很多情况下故障能够自动熄弧，系统重新恢复到正常运行状态。由于单相接地时非故障相电压升高为线电压，系统的线电压依然对称，不影响对负荷的供电，提高了供电可靠性。然而随着城市电网电缆电路的增多，电容电流越来越大，当电容电流超过一定范围，接地电弧就很难自行熄灭了，可能导致火灾、过电压或诱发 TV 铁磁谐振等后果。

（2）中性点经消弧线圈接地。与中性点不接地系统相类似，经消弧线圈接地系统发生单相接地故障后，电网三相相间电压仍然对称，且故障电流小，通常不会引起保护动作，不影响对负荷的连续供电，但由于非故障相对地电压的大幅度增加（升为正常值的 1.732 倍），长时间运行易引发多点接地短路。另外，单相弧光接地还会引起全系统的过电压，进而损坏设备，破坏系统安全运行。

（3）中性点经低电阻接地。在这种接地方式下，接地短路电流应控制在 600～1000A，以确保流经变压器绕组的故障电流不超过每个绕组的额定值。同时，非故障相电压可能达到正常值的 1.732 倍，但不会对配电设备造成伤害。

3. 小电流接地系统单相接地故障研判方法

中性点不接地和经消弧线圈接地方式在运行中，若发生单相接地故障，其流过故障点电流仅为电网对地的电容电流，因此属于小电流接地方式。小电流接地系统发生单相接地故障后，由于接地电流小、故障特征不明显，间歇性、高阻性故障多发，零序电气量测量困难，现场运行环境复杂、对接地选线装置等二次设备的运行管理不到位等诸多原因，故障研判的准确率普遍不高，如何准确快速地查找故障线路，并判定故障位置，是一个具有很强现实意义的工程问题。

小电流接地系统的故障研判包括故障选线和选段定位。传统研判方式主要通过采样、比较电气量不同，具体可分为利用稳态电气量和利用暂态电气量两类定位方法：

（1）利用稳态电气量的定位方法。包括被动式和主动式两种：前者利用故障产生的工频或谐波信号，如零序电流法、零序无功方向法、零序有功功率法等；后者通过周期性投切中电阻、注入间谐波信号等方式附加工频或谐波信号。从原理上看，稳态量法的前提是具有稳定的接地电阻或接地电弧，对于间歇性接地故障，接地电流将发生严重的畸变，降低了其动作的可靠性。

（2）利用暂态电气量的定位方法。包括利用故障暂态量的第一个半波内零序电压、电流方向特性的首半波法，比较暂态零序电流或暂态零序无功方向的暂态方向法，以及暂态行波法等。相比于稳态法，暂态法不需要附加一次设备或注入信号，且对间歇性接地有较好的适应性，兼顾了定位的准确性和安全性、适用性。

随着工程技术的不断完善，一些较为有效的判别方法逐渐实用。针对中性点不接地和消弧线圈接地系统，当中压线路发生永久性单相接地故障后，可利用配电线路开关上配置的电压、电流互感器和终端装置，与变电站内的消弧、选线设备相配合，通过消弧线圈并联电阻、中性点经低励磁阻抗变压器接地保护、稳态零序方向判别、暂态零序信号判别、不平衡电流判别等单相接地故障判别技术，就近快速隔故障。

近年来，随着人工智能和大数据等新技术的突破性发展，利用信息处理手段比较电流波形相似性的故障定位方法受到了广泛关注。最典型的方案是利用新型配电终端或故障指示器，对接地故障发生前后的电流波形进行高速采样、精确录波，并上送主站，进行波形特征分析；通过比较线路区段两端电流的波形相似性来识别故障区段，进一步缩短了接地故障查找、隔离和恢复的时间。电流波形相似性定位方法不需要测量电压信号，适用性较强；但该方法需借助高精度对时、高速录波等手段，对装置取电、通信带来了压力，在工程实现上存在一定的难度；同时主站定位算法有别于传统的短路故障研判方法，需充分进一步开发波形解析和相似性计算模块、通过机器学习等方式完善典型故障波形库，并与馈线自动化处理流程相结合。

2.1.5　配电自动化与配电网运行

配电自动化系统以配电网生产运维、抢修和配电网调控管理为应用主体，满足规划、运行维护、营销、调控等横向业务协同需求。配电自动化的实施，给传统配电网在建设规划、运行维护、调度控制、事故处理等各个方面带来了深刻的变化，配电自动化的应用是配电网实现自动化、智能化的必经之路，是提升配电网信息化水平、精益化管理的重要手段，同时随着应用的深入，配电自动化与传统配电网在各方面日益融合，两者逐步成为密不可分的统一整体。

（1）在规划建设方面。利用配电自动化系统，可以解决配电网规划建设中存在的"心中无数"的问题。利用长期积累的配电网日常运行数据，人们对系统运行的可靠性、电网薄弱环节进行全面评估，并以此为依托，有针对性地提出配电网优化工程方案，提升配电网规划建设的精益化水平。

（2）在运行维护方面。运维检修通常采用事后检修，因为缺乏足够的状态检修支撑手段。今天配电网运维管理人员可以依托配电自动化系统，实现配电网状态的实时观测和控制，极大提升配电网运维管理水平，从而提升供电企业的管理效益。

（3）在调度控制方面。传统方式下与运行维护的情况差不多，同样工作效率不高，是调度作业的主要手段还是纸质图纸和电话。配电自动化系统可以让配电网调控员结束 10kV 配电网难以实时观测监控的历史，配电网运行状态，配电网异常信息一目了然；大量现场倒闸操作逐渐取消，取而代之的是遥控操作，节约人力物力，减轻很多无谓劳动的工作负担。

（4）在故障处理和抢修方面。人工方式下，抢修人员需逐段排查、逐杆查找事故点，既不安全，又浪费大量时间，效率低。配电自动化系统可为配电网事故的判断和处理提供自动化、信息化手段，提高事故处理效率。即使单相接地故障目前尚难准确定位，但也在可期的时间表之内逐步提高判断能力。线路跳闸时，馈线自动化功能将故障处理的时间由小时级降到分钟级，缩短故障定位、隔离和非故障区段的供电恢复时间，社会经济效益明显。

2.2　配电自动化与配电网规划建设

在智能电网背景下，配电自动化建设进步的标志之一就是它已纳入配电网整体规划。依据本地区经济发展、配电网网架结构、设备现状、负荷水平以及供电可靠性实际需求进行规划设计，综合进行技术经济比较，合理投资，分区域、分阶段实施，力求功能实用、技术先进、运行可靠。这个进步是配电网开始迈向智能坚强互动方向发展的新路径。

2.2.1　配电自动化统筹规划方案

配电自动化发展规划中通常与供电区域划分及供电可靠性目标相适应，与配电网规划及通信规划相衔接，与一次网架及设备相协调，符合"统一规划、统一标准、统一建设"。那种因配电自动化建设造成电网频繁改造或在建设配电网时未合理考虑配电自动化建设导致后续增加投资、或重复停电等弊端都是曾经发生过的负面做法，如今已经成为人们牢记的痛点。配电自动化建设规划就是要以经济实用为方向，遵循差异化发展思路，合理控制"三遥"终端比例，扩大"二遥"终端覆盖范围，全面监测配电网运行工况，从而达到提升配电网管理水平和提高供电服务质量和供电可靠性的目标。

依据《配电网规划设计技术导则》（Q/GDW 1738—2012），配电自动化和配电网统筹规划方案见表 2–2。

表 2–2　　　　　　　　　　　　配电自动化与配电网统筹规划方案

供电区域		A+	A	B	C	D	E
负荷密度 σ（MW/km²）		$\sigma\geqslant30$	$15\leqslant\sigma<30$	$6\leqslant\sigma<15$	$1\leqslant\sigma<6$	$0.1\leqslant\sigma<1$	$\sigma<0.1$
行政级别	直辖市	市中心区	市区	市区或城镇	城镇或农村	农村	—
	省合城市、计划单列市	市中心区	市中心区	市区或城镇	城镇或农村	农村	—
	地级市（自治州、盟）	—	市中心区	市中心区、市区或城镇	市区或城镇	城镇或农村	农牧区
	县（县级市、旗）	—	—	城镇	城镇	城镇或农村	农牧区
供电可靠性目标		户均年停电时间不于于 5min（≥99.999%）	户均年停电时间不高于 52min（≥99.990%）	户均年停电时间不高于 3h（≥99.965%）	户均年停电时间不高于 9h（≥99.897%）	户均年停电时间不高于 15h（≥99.828%）	不低于向社会承诺的指标
电压合格率目标		100%			99.50%	99.20%	不低于向社会承诺的指标
供电安全水平	0～2MW负荷组	故障修复恢复供电					
	2～12MW负荷组	5min 内非故障段恢复供电	15min 内非故障段恢复供电	3h 内非故障段恢复供电		—	
	12～180MW负荷组	15min 内恢复供电		15min 内 2/3 负荷恢复供电，3h 全部恢复供电		—	
电网结构	高压网结构	链式			链式、环网	环网、辐射	辐射
	中压网结构	三双、双环	双环、单环	单环		单环、辐射	辐射
10kV 供电半径		≤3km			≤5km	≤15km	—
设备配置标准	线路	电缆			架空		
	变压器	大容量或中容量			中容量或小容量	小容量	
自动化建设模式		集中式或智能分布式			集中式或就地型重合器	故障指示器	
通信方式		光纤			光纤通信与无线网络相结合		

2.2.2　配电自动化同步建设基本原则

配电自动化是以一次网架为基础，实现对配电网的实时监视和控制运行，从配电网发展方向来看，配电自动化成为配电网重要组成部分无疑，因此在配电自动化建设尤其是已规划区域应优先采用与一次设计、同步建设、同步投运的模式，遵循"标准化设计，差异化实施"原则，充分利用现有设备资源，因地制宜地做好通信、信息等配电自动化配套建设，实现减少用户重复停电，降低建设施工成本，提升经济效益和应用成效目的。

在配电自动化已实施和规划区域，配电网一次建设改造时同步考虑自动化建设需求。一次设备如柱上开关、开关站、环网柜等建设改造时应考虑自动化设备安装位置、供电电源、电动操作机构、测量控制回路、通信通道等，同时应考虑通风、散热、防潮、防凝露等要求。电流互感器的配置应满足数据监测、继电保护和故障信息采集的需要。电压互感器的配置应满足数据监测和开关电动操作机构、配电终端及通信设备供电电源的需要，并满足停电时故障隔离遥控操作的不间断供电要求。配电网建设、改造工程中涉及电缆沟道、管井建设改造及市政管道建设时需一并考虑光缆通信需求，同步建设或预留光缆敷设资源，并考虑敷设防护要求；排管敷设时预留专用的管孔资源。

配电自动化建设涉及二次设备新增、改造并考虑与一次设备匹配，原则上各类建设项目统筹规划、设计、立项，同步建设、投运。配电自动化规划与建设中，坚持一、二次同步建设，其投运的工程可能更容易控制成本、实施工作量也会相应得到控制，重复停电较少，配电自动化系统成效将会体现得更加充分。

2.3　配电自动化与配电网检修抢修

配电网的检修和抢修是配电网日常工作的两个方面，检修是常态工作，抢修是配电网在非正常情况下的应急处理，即故障处理工作。配电自动化的出现对配电网这两方面工作的提升意义是不言而喻的。传统配电网运维和抢修主要拼人力资源的多少，拼车辆和物资的后备资源的积累，还有就是凭运气的眷顾，希望配电网少出故障，不出故障，甚至希望用户用电平稳和均衡等，这些都是传统配电网管理的思维。在城市不断扩大和用户多元化以及经济增长超常规的情况下，利用现代手段提高配网运维管理水平，提高供电服务质量，快速反应现场抢修工作，是现代配电网对运维工作的基本要求，其中配电自动化这一业务系统，作为基本手段存在的意义已经成为重要抓手。

2.3.1　配电常规运维检修

运维检修工作是配电网安全、稳定、可靠、经济运行的重要保障。在配电运维和检修工作中，运用先进技术手段，强化设备基础信息管理，运用状态检测技术、不停电作业技术，及时发现和消除设备隐患，增强日常巡视、检修和故障时的应急处理能力，不断提高配电网安全运行水平是运检工作的主要目标。

配电运维包括巡视、防护、维护、缺陷与隐患处理、倒闸操作、故障处理、运行分析及设备退役等主要工作。配电运维基本理念是"安全第一、预防为主、综合治理"。

要求全面掌握配电设备运行状况，指导巡视、检修、抢修作业，线路及设备重过载、电压异常、三相不平衡等电能质量和故障前兆异常工况分析，设备状态管理状态评价开展主动抢修。以下是几种成熟的巡检、检测技术和装置，可以辅助分析发现并诊断设备缺陷：

（1）运用红外成像测温，高频、暂态地电波、超声波局部放电检测等带电检测技术，对配电网设备进行带电检测。根据需要可对重要的配电设备或在特定时段进行温度和局部放电在线监测。

（2）应用 OWTS（振荡波）局部放电检测技术，在交接验收及保供电等工作中，对中压电缆开展局部放电检测。采用超低频介质损耗测量技术，在交接验收、状态检修以及保供电工作中，对中低压电缆开展绝缘状态评价工作。

（3）针对设备运行故障、缺陷等状况，对同类型、同批次设备进行抽检，分析其健康状况，判断是否存在家族性缺陷。

（4）利用移动作业终端装置采集上传配电设备运检信息，通过实时访问生产管理系统数据，辅助分析设备状态。

配电设备检修可分为 A、B、C、D、E 5 类检修并遵循"安全第一、预防为主、综合治理"的方针。检修内容、类别和计划编制可根据配电设备状态评价结果和分析结果，体现"应修必修、修必修好"的思想。

配电检修工作，还包括充分利用各种设备基础数据和状态检测信息，分析挖掘典型负荷日及极端天气时的样本数据，开展风险评估；梳理配电薄弱环节，优化检修策略，开展配电检修计划和储备项目编排；根据地区特点，完善配电故障、缺陷信息数据项，构建红外成像、局部放电等检测图谱库；综合运行环境和设备负荷等关联信息，开展历史数据比对分析，辅助诊断各类故障及缺陷原因；采取针对性运维措施，防止同类故障重复发生和缺陷恶化等。

在配电运维检修工作中，为提高供电可靠性，确保用户供电不中断，按照"能带电、不停电"，"更简单、更安全"的原则，优先考虑采取不停电作业方式。

配电网不停电作业包括架空线路带电作业和电缆不停电作业，作业项目和工作要求按规定执行，比如 Q/GDW 520。不停电作业的要求可以融入配电工程方案编制、设计、设备选型等环节一并实施。不停电作业有绝缘杆带电作业法、绝缘手套带电作业法、综合不停电作业法等。在作业效率允许的情况下，绝缘杆法更有利于提高作业安全性，绝缘斗臂车或绝缘平台等工具的优势非常明显。

2.3.2　配电自动化支撑配电检修

配电设备众多，安装地点条件恶劣，馈线敷设条件特殊，故障隐患多，运维检修和抢修工作质量要求高，时效性强，供电服务压力巨大。配电自动化的需求正是在这样的背景下不断深化，并推动配电自动化、信息化、通信技术的发展。

1. 丰富配电运行维护手段

配电运维传统模式基于人工处理，但效率不高。采用更加先进的运维工具和作业手段辅助提升配电运维工作将是未来的主要方向,比如按照 Q/GDW 1519—2014《配电网运维规程》要求,未来运检工作将逐步推广应用带电检测、在线监测等手段,及时、动态地了解和掌握各类配电网设备的运行状态,并结合配电网设备在电网中的重要程度以及不同区域、季节、环境特点,采用定期、非定期巡视检查相结合的方法,确保工作有序、高效;同时将重点推行设备状态管理,积极开展设备状态评价,掌握配电网设备状态信息,分析配电网设备运行情况,提出并实施预防事故的措施。

传统配电网无法了解运行信息,尤其实时、历史数据缺少获取的有效途径,无法真正开展配电网状态评价,更加高效和科学地开展运维工作。而利用配电自动化数据,可对配电网运行进行趋势分析,实现提前预警,从而有效掌握中压配电网动态信息;通过信息交互等方式,与 PMS、GIS 内的电网静态信息结合开展科学分析条件,充分发挥配电自动化与管理信息化的优势,通过推广现场巡视作业平台等提升运维工作水平与效率。

2. 提升配电网运维检修自动化、信息化水平

配电自动化提升配电网运维检修的自动化和信息化水平。在配电网运行方式转换及日常检修工作中,利用遥控手段,便捷地实现设备的停送电,并对开关分、合的状态实现监视,提高检修工作的安全性;配电自动化系统通过与相关系统(如 PMS)进行信息交互,提供电网运行信息、故障跳闸信息等综合管理,为故障抢修、线损计算、配电网运维指挥、配电网状态监测深入、及时分析提供支撑,提高配电网供电能力和服务水平。

3. 减轻配电网运维检修人员工作压力

配电自动化实施工作可以减少配电网运维人员工作强度,通过利用配电自动化开展遥控操作和远程监视,减少运维人员现场操作及巡视的工作量;通过开关设备状态操作,及时发现配电网开关设备的安全隐患;通过对全系统实时运行状态的监视,减轻现场工作人员的安全压力,降低人员及设备的事故概率。

4. 配电自动化与配电网运维检修工作有机结合

配电网运维工作主要包括巡视、维护、缺陷与隐患处理、运行分析及设备退役等。配电自动化设备运维工作也包括相关内容,在条件具备情况下将配电自动化运维工作与常规配电网运维工作进行结合,包括开展配电终端设备、通信设备和配电一次设备进行综合巡视;当配电站/所因市政建设、网架改接等原因退出运行时,配电自动化工作同步与之匹配,包括现场终端、通信和主站。

2.3.3 配电自动化支撑配电网抢修

实施配电自动化后,较传统配电网,故障处理能力和效率将大幅提高,抢修指挥有了强力支撑工具。

(1)缩短现场人员的故障排查时间。配电自动化条件下,故障处理可通过各类配电终端设备(DTU、FTU、故障指示器)上送的信号结合电网拓扑,通过人工或自动方式在远方或就地实现故障点快速研判,缩短现场人员的故障排查时间。

(2)FA 提高故障处理时间。当配电线路发生短路故障、变电站开关跳闸时,可直接利用 FA 功能完成故障定位、隔离及恢复非故障区域供电,针对 FA 隔离的区间进行事故巡线,查

找故障原因，继而处理事故的目的性和效率大大提升。

（3）提高故障综合研判能力。比如当配电线路发生单相接地故障时，配电自动化能够主动召唤、接收和保存在配电终端的暂态录波信息，并依据录波信息进行单点零序电压和零序电流的幅值和相角分析计算，完成同线路多点间及同母线多线路间的故障录波信息对比，从而实现单相接地故障的选线分析以及对故障区段的定位分析和判断；根据故障检测的地理信息坐标，可在地理信息系统中对故障点进行精确定位和直观展示等。

（4）多维度提高配电信息汇集与指挥效率。配电自动化系统和企业相关系统通过信息交互，不仅为生产抢修指挥提供了电网感知信息，更为抢修相关人员对故障进行快速定位、处理提供了技术手段和工作支撑。

比如：故障发生后，抢修指挥人员利用生产抢修指挥平台或供电服务指挥平台系统，通过信息交互，从 PMS（Production Management System）、GIS（Geographic Information System）、配电自动化系统、用电信息采集系统、95598 系统等相关应用系统全面收集故障信息，包括开关跳闸情况、保护和自动装置动作情况、电压和负荷变化情况、配电自动化系统生成的各类告警信号和遥信变位信号，综合研判。故障巡查、现场处理，故障研判、工单派发及抢修指挥工作将更精准、高效。

以某电网公司为例，配电网抢修指挥工作流程图如图 2-2 所示。

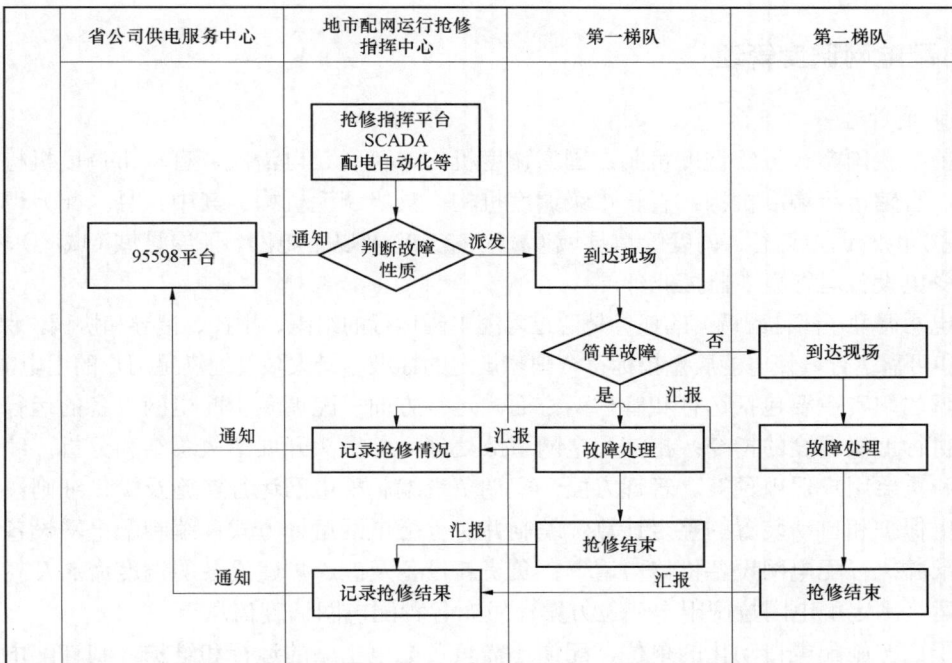

图 2-2　配电网抢修指挥工作流程图

该电网公司配电生产抢修指挥中心作为抢修指挥机构，实现配电网调度、抢修指挥、故障接单一体化运作；同时建立配电网生产抢修指挥平台，整合各类故障相关信息。

当发生配电网故障时，配电运行抢修指挥中心当值人员根据配电自动化系统、调度自动化系统、配电抢修管理平台和95598提供的信息及调度指令等提供的信息，判断故障性质，主动发起事故抢修，并且监控抢修过程。根据情况不同，已实施配电自动化的区域能够实现远方隔离故障，其余未实施配电自动化的区域由第一梯队（抢修班或农村供配电所抢修人员）到达现场后进行处理，若判断为一般故障的，立即开展抢修；如属复杂故障，指挥中心当值人员根据现场反馈故障情况组织第二梯队进行故障抢修。故障处理结束后，抢修人员汇报配电网运行抢修指挥中心当值人员，根据调度指令恢复对故障设备送电。配电网运行抢修指挥中心当值人员在故障抢修过程中同步提供故障处理过程信息给95598。

2.4　配电自动化与配电网调度运行

配电网调控是配电网管理的重要环节之一。但是在长期的生产实践中，我国的配电网调控业务并不是与输变电调控同步发展的，而是滞后一段时期才逐步构建，至今我国很多地区仍然还在发展和完善。因此，在传统的调控专业领域，配电网的调控在专业设置和业务规范方面各省地发展并不平衡，模式也有多样性，仍在逐步规范和发展。配电自动化的业务技术支撑发展，促进配电网调控的进一步完善是必然、可期的发展方向，我国目前已经有许多案例说明配电自动化系统实用化对配网调控的正面影响，足以展示智能配网新时代的基本应用特征。

2.4.1　配电网调度管理

1. 调度管理基本概念

目前，我国实行五级调度机制：国家调度机构，跨省、自治区、直辖市调度机构；省、自治区、直辖市级调度机构；省辖市级调度机构；县级调度机构。其中，县（配）调负责县级（城区）电网调控运行，调度管辖县域（城区）35kV及以下电网，开展县域（城区）内35kV及以下变电设备运行集中监控业务。

配电网调度（简称配调）的任务是通过对配电网运行的组织、指挥、指导和协调，保障配电网安全和可靠运行，使电能质量指标符合国家规定的标准，最大限度地满足用户的用电需要。

配调的职责主要包括运行和管理两方面。运行方面，配调负责配电网设备的运行监视、控制；执行上级调度的指令；指挥配电网事故处理，并牵头开展事故总结和分析；编制反事故预案和重要用户保电预案。管理方面，配调负责编制配电网运行实施及操作细则；负责配电网继电保护和自动装置的整定计算；编制并执行配电网运行方式；编制配电网设备检修计划，批准并执行配电网设备检修申请书；负责新设备及改、扩建设备的调度命名及新设备的启动投运；制定配电网拉闸限电序位方案；发布各种配电网调度信息等。

对于已实施配电自动化的单位，配调还需负责配电主站的运行和维护；制订配电自动化系统在灾难、事故情况下的应急预案；配合运行维护单位做好配电自动化系统建设及应用中的停电、检修、调试等工作；管理配电自动化系统的消缺流程；配合开展配电设备新投异动、图模管理等生产管理系统相关工作等。

另外，一般配电网调度机构又与地区调度机构合署办公并同属于一个机构管理，因此在专业管理上部分地区也将配电网调度的一些专业与地区调度的专业合署办公，且统一管理，比如调度、方式、继保、自动化以及对通信信息专业管理都存在这样的分工但内部紧密合作的模式。

2. 配电网调度管辖范围

配调管辖范围各地有别。其中，配调与地调管辖分界划分原则主要有两类：第一类，其一以变电站 10/20kV 出线开关为分界，出线开关至配电变压器（简称配变）之间的中压馈线含设备，划归配调管辖（也含配变至用户低压侧进户表箱之间的低压电网，通常尚未被调控）；其二以变电站 10/20kV 母线为分界，10/20kV 母线（含旁路母线）、分段开关、旁路开关、出线开关及所属无功补偿设备以下至配变之间的中压馈线含设备为配调管辖（也含配变至用户低压侧进户表箱之间的低压电网，通常尚未被调控）为配调管辖。第二类，35/110kV 变电站划归配调管辖，该类管辖通常呈现在很多规模较大的区县调度。本书涉及的配电网主要指中压配电网，即 10/20kV 电压等级。

特别地，由于中低压管理的分界点也具有地域性和管理习惯性，因此实际生产中可能呈现三类情况：第一类为配变高压侧（架空线路一般为配变高压侧跌落熔丝具、电缆线路为配电站室内的出线开关）归属配调管辖，配变本身及其至用户表箱归营销机构管辖；第二类为配变低压侧（如配变低压总开）为分界点，即整个配变划归配调管辖，配变低压侧至用户表箱之间划归营销机构管辖；第三类，0.4kV 低压用户表前都划归调度管辖，低压用户表箱及入户划归营销机构管辖。随着社会的发展及管理需要，营销机构管辖的部分电气设备与回路也有回归运检管辖的趋势，这不妨碍对调控边界的描述。

目前，国内配电网调控的基本模式大多是在统一机构下的集中管理，配电网监控管辖范围与调度管辖范围保持一致。

3. 配电网调控运行专业管理

配电网调控运行专业管理主要包括配电网调度操作、配电网事故处理等工作。配电网调度操作主要通过倒闸操作完成，包括系统运行方式改变、新建/改造设备起动、配电线路的停运/恢复等。配电网事故处理是在事故情况下，利用各种手段综合判断事故位置和事故原因，遏制事故发展，最大可能地恢复供电，并及时组织有关单位开展抢修工作。

4. 配电网调度运行方式专业管理

配电网调度运行方式专业管理包括配电网调度计划管理、配电网运行方式安排和配电网电压/无功管控。

其中，配电网调度计划分为计划检修和非计划检修两大类；根据配电网生产计划，并统筹考虑不同时期配电网的运行特点和要求、设备计划检修进度安排、重大保电任务等实际情况，可编制形成配电网年方式、月方式、日方式等不同时间跨度的运行方式，以及特殊运行方式和保电方案。

此外，配电网调控人员需按要求对关键节点的电压进行监视，并根据实际情况，采取投、切电容器；调整有载调压变压器分接头等措施，确保电压和功率因数在合格范围内。

5. 配电网继电保护专业管理

继电保护和安全自动装置是保证电网安全运行和保护电气设备的主要装置。配电网继电保护装置的整定计算和调度运行执行统一管理，其整定对象包括直接管辖范围内的线路保护、充电保护等配电网继电保护装置；重合闸、低频低压减载、备用电源自投等配电网自动装置。根据情况也有将配电网及配电站房非电量保护定值、配电终端蓄电池活化等非电量参数纳入其管控范围，体现了定制管理的专业归口特征。

2.4.2 配电自动化支撑配电网调控运行专业管理

配电网调度和监控手段主要包括配电自动化系统和调度自动化系统。在配电自动化实施之前，配调基本属于半"盲调"阶段，主要依据离线网络图、电缆网图和开关站图以及供电范围表等资料，结合纸质新投异动申请单，通过监视主网调度自动化系统中 10kV 开关的运行情况进行调度生产工作。调度员无法准确掌配电线路上设备的运行状态以及准确的地理位置，需要等待现场操作人员到位后，通过电话方式与其核实设备运行状态，并下调令操作；特别是在故障处理时，需要花费大量时间查找故障，恢复送电，耗费较多的人力和物力，工作效率较低。配电自动化实施之后调度监视控制方式有了显著提升，实现了对配电网的实时监视、运行控制和故障快速处理。同时，利用配电自动化运行数据，结合已有配电网模型及参数，可对配电网供电能力进行评估分析；实现对负荷区域分布、时段分布、区域负荷密度、负荷增长率等数据的定量分析和计算，并可完成线路和设备重载、过载、季节性用电特性分析与预警。

2.4.3 配电自动化支撑配电网调度运行方式专业管理

实施配电自动化后，配电网在运行方式变换等工作中需要的倒闸操作逐步由现场人工操作改为远方遥控，操作主体由运行班组人员改为配电网调控值班员，在实施和管理上有了较大改变。调控值班员对所辖开关进行遥控操作后，通过自动化主站系统检查设备的状态指示、遥测、遥信信号的变化，由此确认设备已操作到位。若出现自动化系统异常或遥控失败的情况，由调控值班员通知运行人员进行现场操作，并由自动化人员对主站系统及现场一、二次设备进行检查，消除缺陷。

在事故处理方式上也有较大改变，配电网调控员可利用配电自动化系统获取开关变位、保护动作、电气量变化等各类故障信息，对故障性质和故障区段进行准确研判；随后，利用馈线自动化和遥控手段，快速实现故障的处理，减少了现场人员巡线的工作量，提高了故障查找的针对性和有效性。以单相接地故障处理为例：故障线路确定后，当值调控员采用遥控方式进行逐级试拉，当接地信号消失时停止操作，并将故障区段告知运行班组，进行现场处理。

2.4.4 配电自动化支撑配电网继电保护专业管理

传统的配电网继电保护定值管理对象以安装在变电站、重要开关站内的 10kV 线路保护测控一体化装置为主，开展配电自动化后需要对 DTU、FTU、故障指示器等各类终端设备进行参数设置，包括过流（Ⅰ段、Ⅱ段）保护、零序过流保护、低电压闭锁过流保护、蓄电池保护、重合闸等各类故障、异常信号的动作阈值。

其中，各类终端的过流保护定值设置是最核心的参数之一，终端过流信号的正确发生和上送是实现故障快速定位的核心条件。终端设备的过流保护定值应结合变电站出线开关过流定值、电网拓扑、线路运行情况综合考虑，应能躲过网络重构后线路的最大负荷电流，并在有条件的情况考虑与上、下级保护实现逐级配合。

对于已实施配电自动化的单位需对终端定值的编制、下达、执行、调整加强管理，规范业务流程。图 2-3 和图 2-4 分别为××电力公司配电终端定值下装执行和调整流程。

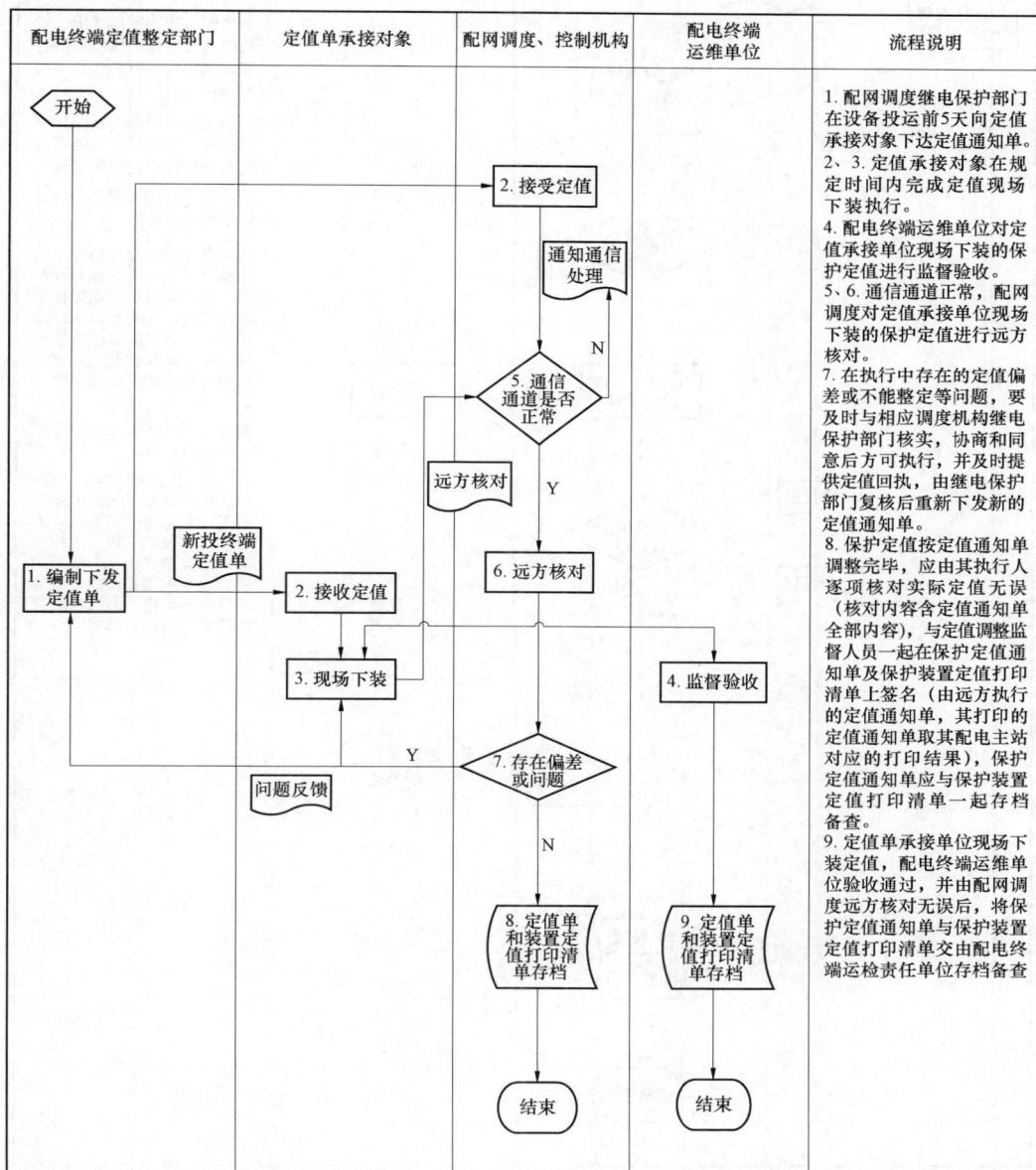

图 2-3　××电力公司配电终端定值下装执行流程

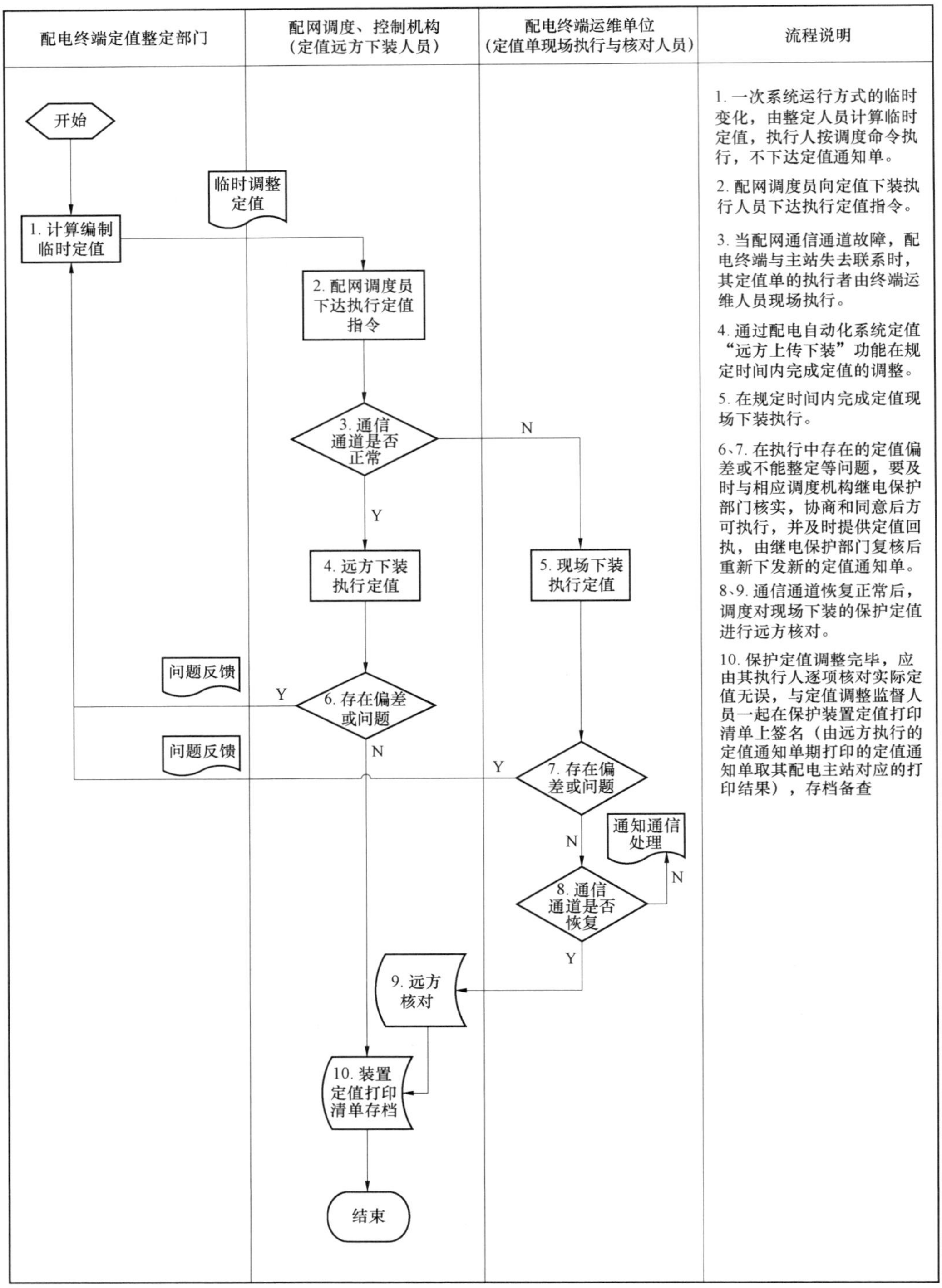
配电终端定值整定部门
配网调度、控制机构
（定值远方下装人员）
配电终端运维单位
（定值单现场执行与核对人员）
流程说明
开始
临时调整定值
1. 计算编制临时定值
2. 配网调度员下达执行定值指令
3. 通信通道是否正常
N
Y
4. 远方下装执行定值
5. 现场下装执行定值
问题反馈
Y
6. 存在偏差或问题
问题反馈
N
Y
7. 存在偏差或问题
N
通知通信处理
N
8. 通信通道是否恢复
Y
9. 远方核对
10. 装置定值打印清单存档
结束
1. 一次系统运行方式的临时变化，由整定人员计算临时定值，执行人按调度命令执行，不下达定值通知单。
2. 配网调度员向定值下装执行人员下达执行定值指令。
3. 当配网通信通道故障，配电终端与主站失去联系时，其定值单的执行者由终端运维人员现场执行。
4. 通过配电自动化系统定值“远方上传下装”功能在规定时间内完成定值的调整。
5. 在规定时间内完成定值现场下装执行。
6、7. 在执行中存在的定值偏差或不能整定等问题，要及时与相应调度机构继电保护部门核实，协商和同意后方可执行，并及时提供定值回执，由继电保护部门复核后重新下发新的定值通知单。
8、9. 通信通道恢复正常后，调度对现场下装的保护定值进行远方核对。
10. 保护定值调整完毕，应由其执行人逐项核对实际定值无误，与定值调整监督人员一起在保护装置定值打印清单上签名（由远方执行的定值通知单期打印的定值通知单取其配电主站对应的打印结果），存档备查

图 2–4　××电力公司配电终端定值调整流程

2.5　配电网设备新投异动管理

配电网设备新投异动管理是电力生产中的重要流程，主要由配电网设备主人发起，一般是配电网运检工区，由配电网调度（调控中心）审核的工作制度。流程中涉及到电力生产的相关专业管控节点，包括设备主人发起者及其配电网运维，如工区、运检部等管理机构，调度监控、运行方式、继电保护、自动化、通信信息等专业按流程审批（这几大专业的管理一般设在调控中心）。

传统配电网设备投运的相关资料以纸质材料为主，部分录入生产管理等相关系统，材料主要包括一次接线图，一、二次及自动化设备台账，各类竣工图纸及技术说明书等。传统配电网设备执行的设备新投异动流程以离线程序为主，由于缺乏闭环管理的有效支撑手段，故存在各环节执行到位情况（如工作时限）较难把握等问题。

实施配电自动化后，为确保系统内信息的同步、及时变更，调度部门通过对设备运维专业单位上送的配电网专题图进行审核的方式全面管控设备新投异动作业流程。除传统的线下流程外，还需严格执行设备异动管理的线上流程，当系统与现场设备图实一致后，方允许设备投运；同时，对于具备遥控条件的设备，优先采用遥控方式进行投运送电。

××供电公司实施配电自动化后，线上配电网设备新投异动管理流程图包括表申请生成、运检部门审核、调度各专业审核以及批准实施归档等主要环节。其配电网设备新投异动流程如图 2-5 所示。

项目	设备主人	运检审核部门	调度部门审核	备注	流程说明
异动单填报/校验/审核	开始 → 1.异动单填报 ⇢ 设备维护	2.异动单校验 → 校验通过?（N/Y）→ 3.异动单审核 → 审核通过?（N/Y）			1. 异动单填报：设备主人在配网设备投运、设备变更、退运时，新建异动申请单，填写异动单名称、维护理由等信息，发起异动流程，同时维护设备台账信息。设备台账信息维护完成后，发送异动单至下一流程环节。 2. 异动单校验：相关班组长或资料员校验异动单，若校验通过，填写校验日期及校验意见，发送下一流程环节；若校验不通过，则退回上一流程环节。 3. 异动单审核：相关设备主管专职对当前异动申请单进行审核，若审核通过后，填写审核日期及审核意见等内容，并发送下一流程环节；若审核不通过，则退回上一流程环节。
专题图生成/审核		4.专题图生成 → 专题图生成或更新成功? → 5.单线图与站所图审核 → 审核通过?（N/Y）	6.供电图与系统图审核 → 审核通过?（N/Y）→ 7.调度主管审核 → 审核通过?（N/Y） 图形+模型		4. 配网专题图生成：相关设备运行部门生成专题图，生成完成后，填写生成时间等信息，同时发送下一流程环节；若专题图生成失败，则退回上一流程环节。 5. 单线图与站所图审核：相关设备运行部门审核单线图和站所图，若审核通过，填写审核意见及审核时间等信息，并发送下一流程环节；若审核失败，则退回上一流程环节。 6. 供电图与系统图审核：相关设备调度部门审核供电图和系统图，若审核通过，填写审核意见及审核时间等信息，并发送下一流程环节；若审核失败，则退回上一流程环节。 7. 调度主管审核：相关设备调度部门审核专题图（主要是供电图与系统图），若审核通过，填写审核意见及审核时间等信息，并将异动单发送下一流程环节；同时，将图模变更数据发送至配电自动化系统。若审核失败，则退回上一流程环节。
配电自动化审核			8.配电自动化审核 → 配电自动化系统 → 审核通过?（N/Y）		8. 配电自动化系统审核：配电自动化系统收到图模变更数据后，对图模进行校验及审核，若校验并审核通过，则返回生产管理系统（PMS/GIS）校验及审核结果，生产管理系统（PMS/GIS）将异动单自动流转至归档环节；若图模校验或审核失败，则返回生产管理系统（PMS/GIS）图模校验或审核结果，生产管理系统自动将流程回退至上一流程环节。
异动单归档	9.缺陷归档 → 结束				9. 归档：对本次异动流程变更设备信息进行发布，同时归档异动单。

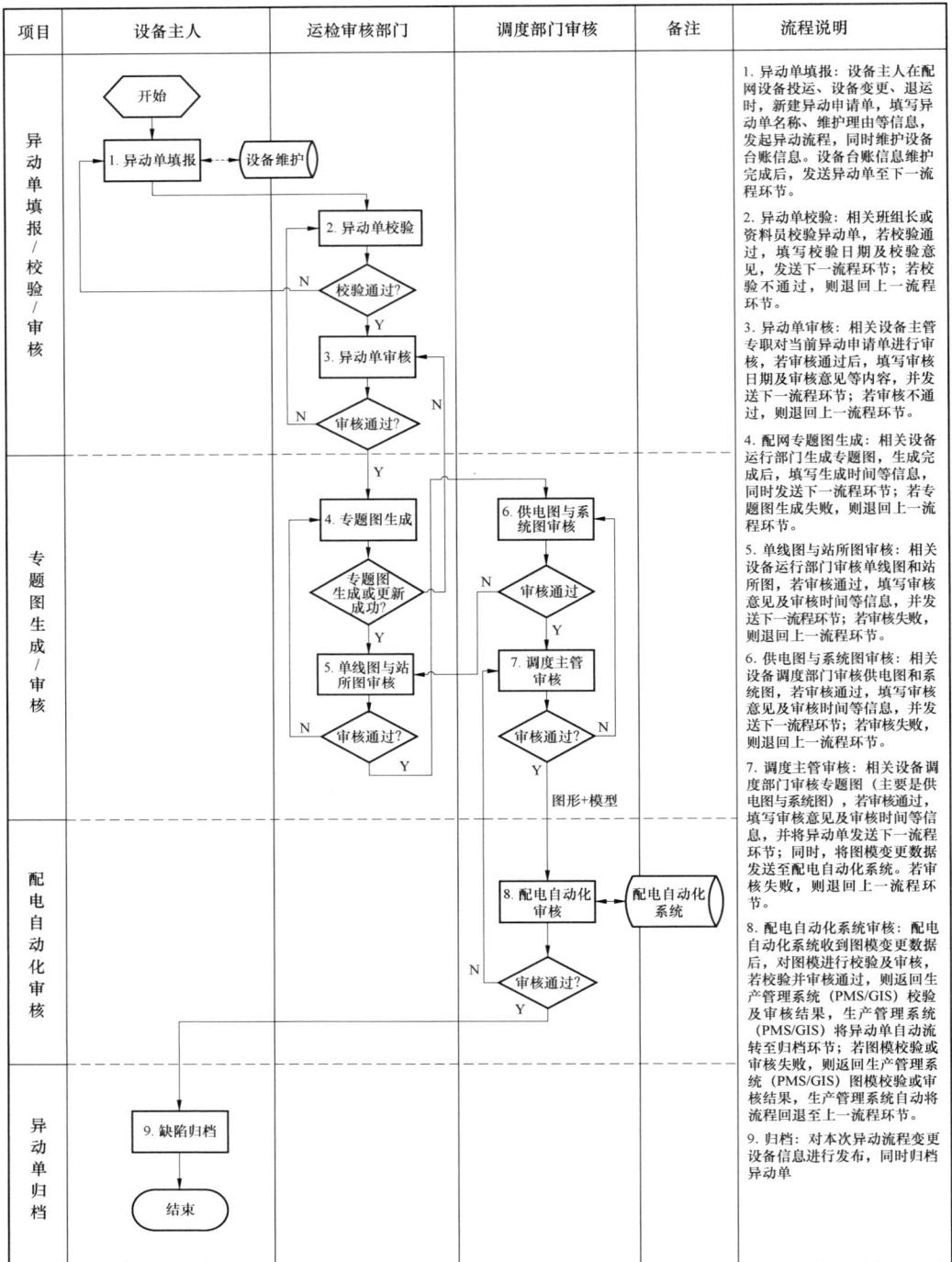

图2-5　××供电公司配电网设备新投异动流程

第 3 章　配电一次设备与二次回路

　　配电一次设备与二次回路是配电自动化系统建设和应用的基础。配电自动化依赖配电网一、二次设备（含回路、辅助设施等）配套、产品质量保障和良好运行维护管理支撑。配电自动化系统实用化不仅是二次系统、配电网通信接入系统、主站系统、相关信息系统的实用化，也是一次设备运行水平、检修质量的试金石。

　　介绍配电一次主要设备与二次回路特性和运维特点，强化一次设备和二次回路在配电自动化中的关联关系，表达一次设备、辅助设施以及和二次回路是配电自动化实用化的重要基础工作。

　　配电一次设备是直接输送和转换电能的设备，包括配电线路：配电架空线路、配电电缆线路；配电开关类设备：配电环网站所开关类设备、柱上开关类设备、开关站与配电室设备、操动机构等；配电变压器：油浸干式变压器、非晶合金变压器、调容调压变压器等；厢式变电站；配电辅助设备：电压互感器、电流互感器、其他类传感器等。

　　二次设备是对一次设备进行测量、监视和控制操作的设备，如继电保护与自动装置、配电自动化终端等。为了强化一、二次设备之间的关联关系，本章重点阐述配电二次回路，包括交直流回路、控制与信号回路等内容，明确二次回路是实现配电一次设备监测、控制、保护及自动化的关键。加深二次回路关于一次设备与二次设备之间桥梁关系的认识，重视现场每个环节的设计和运维，有助于减少配电自动化常见误遥信、故障信息误报漏报、数据采集信息不准确等缺陷。这些技术对整体提高配电自动化技术水平的实践成效都具有重要意义。

　　最后，分析配电一、二次成套化设备及其功能需求，归纳一、二次设备和回路常见故障等运维技术。

3.1　配电一次设备

　　由电力负荷中心向各个电力用户分配电能的线路称为配电线路。按照电压等级的不同，配电线路分为高压配电线路（35、110kV）、中压配电线路（3、6、10、20kV）、低压配电线路（380、220V）。按照传输导线的不同，又可分为配电架空线路和配电电缆线路。本书所述主要为 10kV 中压配电线路。

3.1.1　配电线路

1. 配电架空线路

配电架空线路主要指主干线为架空线或混有部分电力电缆的 10kV 线路。架空线路沿空中走廊架设，需要杆塔支持，每条线路的分段点、联络点设置有柱上开关。为了有效利用架空走廊，在城市市区常采用同杆并架的方式，常见的有双回和四回的同杆并架。相对于电缆线路，架空线路具有投资少、易架设、维护检修方便、易于发现和排除故障等优点。典型配电架空线路如图 3-1 所示。

图 3-1　典型配电架空线路

（1）架空线路的组成。架空线路由导线、电杆、横担、拉线、接地装置、绝缘子和金具等元件，以及柱上开关、配电变压器、跌落式熔断器等设备组成。架空导线有钢绞线、铝绞线、铜绞线、钢芯铝绞线等类型，配电线路根据不同的供电负荷需求可以采用 50、70、95、120、150、185、240mm² 等多种截面的导线。

（2）架空导线的类型。架空导线按照是否有绝缘保护层，分为裸导线和绝缘导线。早期架空配电线路多采用裸导线，由于树枝、高空跌落物、抛扔杂物、机械施工、汽车碰撞、建筑施工、风刮杂物及鸟类碰触导线等原因易发生线路接地、断线、短路，造成线路掉闸停电。随着城市高层建筑增加、城市景观提高、绿化面积增大，导线对建筑物的安全距离难以保证，树与导线矛盾日渐突出。

为提高配电架空线路的输送能力、供电可靠性及供电安全，配电架空线路采用架空绝缘导线替代裸导线已成为城市配电网和郊县农网建设的必然趋势。

（3）架空绝缘导线。架空绝缘导线的线芯有铝芯和铜芯两种。10kV 配电网中，由于铝材的本身重量较轻，而且价格相对便宜，所以其应用较广泛，且其对线路连接件和支持件的要求较低，加上原有的 10kV 架空配电网也以钢芯铝绞线为主，选用铝芯线便于与原有网络的连接。

架空绝缘导线的绝缘保护层有厚绝缘和薄绝缘两种，厚绝缘导线在运行时允许与树木频繁接触，且有屏蔽层，薄绝缘导线只允许与树木短时接触。绝缘物又分为交联聚乙烯和普通聚乙烯，交联聚乙烯的绝缘性能更优良。

常用 10kV 架空绝缘导线的规格如表 3-1 所示。

表 3–1　　　　　　　　　　　　　常用 10kV 架空绝缘导线的规格

型号	名　　称	常用截面（mm²）
JKTRYJ	软铜芯交联聚乙烯绝缘架空导线	35～70
JKLYJ	铝芯交联聚乙烯绝缘架空导线	35～300
JKTRY	软铜芯聚乙烯绝缘架空导线	35～70
JKLY	铝芯聚乙烯绝缘架空导线	35～300
JKLYJ/Q	铝芯轻型交联聚乙烯薄绝缘架空导线	15～300
JKLY/Q	铝芯轻型聚乙烯薄绝缘架空导线	35～300

架空绝缘导线的主要特点包括：① 绝缘性能好。架空绝缘导线由于多了一层绝缘层，有了较裸导线优越的绝缘性能，可减少线路相间距离，提高同杆线路回数，降低对线路支持件的绝缘要求。② 重量轻。架空绝缘导线由于少了钢芯，比钢芯绞线轻，降低了线路的重力要求，减少了配合件的投资，降低了工人架设时的劳动强度。③ 抗腐蚀。架空绝缘导线的外皮包上了一层绝缘层，比裸导线受氧化腐蚀的程度小，延长了线路的寿命。④ 机械强度高。架空绝缘线路虽然少了钢芯，但加上了坚韧的绝缘层，使整个导线的机械强度增强，达到应力方面的要求。⑤ 架空绝缘导线的允许载流量比裸导线小。因加上绝缘层后，导线散热较差，根据试验数据和运行经验，架空绝缘导线选型通常应比裸导线提高一个档次。

（4）架空导线的应用。规划 A+、A、B、C 类供电区域、林区、严重化工污秽区，以及系统中性点经低电阻接地地区宜采用中压架空绝缘导线。一般区域采用耐候铝芯交联聚乙烯绝缘导线；沿海及严重化工污秽区域可采用耐候铜芯交联聚乙烯绝缘导线，铜芯绝缘导线宜选用阻水型绝缘导线；走廊狭窄或周边环境对安全运行影响较大的大跨越线路可采用绝缘铝合金绞线或绝缘钢芯铝绞线。空旷原野不易发生树木或异物短路的线路可采用裸铝绞线。

（5）导线截面的选择。架空线路导线型号的选择应考虑设施标准化，采用铝芯绝缘导线或铝绞线时，各供电区域中压架空线路导线截面的选择如表 3–2 所示。

表 3–2　　　　　　　　　　　中压架空线路导线截面选择　　　　　　　　　　单位：mm²

规划供电区域	规划主干线导线截面（含联络线）	规划分支导线截面
A+、A、B	240 或 185	≥95
C、D	≥120	≥70
E	≥95	≥50

2. 配电电缆线路

配电电缆线路主要指主干线全部为电力电缆的 10kV 线路。一般采用交联聚乙烯绝缘电力电缆，并根据使用环境采用具有防水、防蚁、阻燃等性能的外护套。

配电电缆线路不易受周围环境和污染的影响，送电可靠性高；线间绝缘距离小，占地少，无干扰电波；地下敷设时，不占地面与空间。但成本高，一次性投资费用较大；不易变动与分支；电缆故障测巡与维修较难，专业性较强。

（1）配电电缆线路的组成。配电电缆线路由电力电缆、终端头、中间接头等组成。电力电缆的基本结构由线芯（导体）、绝缘层、屏蔽层和保护层 4 部分组成。线芯是电力电缆的导电部分，用来输送电能，是电力电缆的主要部分，主要包括铜芯和铝芯两种类型。绝缘层将线芯与大地以及不同相的线芯间在电气上彼此隔离。15kV 及以上的电力电缆一般都有导体屏蔽层和绝缘屏蔽层。保护层的作用是保护电力电缆免受外界杂质和水分的侵入，以及防止外力直接损坏电力电缆。

（2）交联聚乙烯电力电缆。交联聚乙烯绝缘电力电缆自 20 世纪 50 年代问世以来，以其结构轻便、附件简单、维修容易、使用灵活等优点在世界各国得以迅速发展。目前国内生产厂家已能生产出各类型号的交联聚乙烯绝缘电力电缆和相配套的电缆附件。在 10kV 电压等级中，交联聚乙烯绝缘电力电缆已经取代传统的油浸纸绝缘电力电缆。常用交联聚乙烯绝缘电力电缆的规格如表 3-3 所示。

表 3-3 常用交联聚乙烯绝缘电力电缆的规格

型号		名　　　称	主　要　用　途
铜芯	铝芯		
YJV	YJLV	交联聚乙烯绝缘聚氯乙烯护套电力电缆	敷设于室内，隧道、电缆沟及管道中，也可埋在松散的土壤中，电缆能承受一定的敷设牵引
YJV 22	YJLV 22	交联聚乙烯绝缘钢带铠装氯乙烯护套电力电缆	适用于室内、隧道、电缆沟及地下直埋敷设，电缆能承受机械外力作用，但不能承受大的拉力
YJV 32	YJLV 32	交联聚乙烯绝缘细钢丝铠装聚氯乙烯护套电力电缆	适用于高落差区，电缆能承受机械外力和相当的拉力

（3）配电电缆的应用：① 依据市政规划，明确要求采用电缆线路且具备相应条件的地区；② 规划 A+、A 类供电区域及 B、C 类重要供电区域；③ 走廊狭窄，架空线路难以通过而不能满足供电需求的地区；④ 易受热带风暴侵袭的沿海地区；⑤ 供电可靠性要求较高并具备条件的经济开发区；⑥ 经过重点风景旅游区的区段；⑦ 电网结构或运行安全的特殊需要。

（4）导线截面的选择：① 变电站馈出至中压开关站的干线电缆截面不宜小于铜芯 300mm²，馈出的双环、双射、单环网干线电缆截面不宜小于铜芯 240mm²。② 满足动、热稳定要求下，亦可采用相同载流量的其他材质电缆，并满足 GB 50217 的相关要求。其他专线电缆截面应满足载流量及动、热稳定的要求。③ 中压开关站馈出电缆和其他分支电缆的截面应满足载流量及动、热稳定的要求。

（5）敷设方式的选择。电缆通道根据建设规模可采用电缆隧道、排管、沟槽或直埋敷设方式，应符合以下原则：① 直埋敷设适用于敷设距离较短、数量较少、远期无增容或无更换电缆的场所，电缆主干线和重要负荷供电电缆不宜采用直埋方式。② 电缆平行敷设根数在 4 根以上时，可采用电缆排管。电缆排管首先考虑双层布设，路面较狭窄时依次考虑 3 层、4 层布设，规划 A+、A 类供电区域沿市政道路建设的电缆排管管孔一般不少于 12 孔，但不应超过 24 孔，同方向可预留 1~2 孔作为抢修备用。③ 变电站及开关站出线或供电区域负荷密度较高的区域，可采用电缆隧道或沟槽敷设方式。④ 规划 A+、A、B 类供电区域，交通运输繁忙或地下工程管线设施较多的城市主干道、地下铁道、立体交叉等工程地段的电缆通道，可根据城市总体规划纳入综合管廊工程，建设标准符合 GB 50838《城市综合管廊工程技术规范》的规定。⑤ 电缆通道建设改造应同时建设或预留通信光缆管孔或位置。⑥ 电缆通道与其他管线的距离及相应防护措施应符合 GB 50217《电力工程电缆设计规范》的规定。

3.1.2　配电开关类设备

配电开关设备，是指配电网线路中用于在各种运行情况下接通或断开电路的设备。根据开断电流的不同，主要分为断路器、负荷开关等类型。根据应用场合的不同，可分为配电环网站所开关类设备、柱上开关类设备、开关站与配电室设备等。

3.1.2.1　配电环网站所开关类设备

1. 配电环网柜

（1）概述。环网柜用于配电网电缆线路环网式供电，能够实现供电系统的环网联接和负荷接入，户外环网柜外观见图 3-2 所示。环网柜将高压开关设备装在钢板金属柜体内或做成拼装间隔式环网供电单元，户外环网柜开关单元见图 3-3 所示。环网柜可由各间隔单元灵活安装组合，具有结构简单、成本低廉、运行安全可靠、体积小等优点，特别适用于城市配电系统的电缆线路中，并广泛应用于开关站和配电室，成为配电系统的重要设备之一。

图 3-2　户外环网柜外观

图 3-3　户外环网柜开关单元

目前国内外环网柜绝大多数按照户内金属封闭开关设备的标准设计生产，户外环网柜是在户内环网柜的基础上再加装一个外壳，以满足户外恶劣环境条件下的使用要求。外壳可选用金属或非金属材质，并具备室外环境防护能力。

环网柜应具有防污秽、防凝露功能，二次仪表小室内宜安装温湿度控制器及加热装置。环网柜电缆室、控制仪表室和自动化单元室宜设置照明设备。环网柜电缆室应设观察窗，便于对电缆头进行红外测温。

（2）结构与特点。环网柜的基本组成部件主要有：外箱体（户外设备）、柜（壳）体、母线、负荷开关、负荷开关-熔断器组合电器、断路器、隔离开关、电缆插接件、手动及电动操动机构、TV 柜以及互感器（电压和电流）、带电显示器（带二次核相孔）、故障指示器、二次控制回路和信号部件等。环网柜一般设 2 回进线，2、4、6 回出线，每回进、出线作为一个间隔单元。通常进线单元采用负荷开关，出线单元可采用负荷开关、断路器或负荷开关-熔断器。具备电动操动机构的环网柜需配置单独的 TV 柜单元，作为电动操动机构和其他二次设备的主供电电源，并另配蓄电池作为后备电源。

根据柜内的主绝缘介质，环网柜可分为 SF_6 气体绝缘环网柜、固体绝缘环网柜和空气绝缘环网柜。空气绝缘环网柜一般称为半绝缘环网柜；气体绝缘和固体绝缘环网柜，一般称为全绝缘环网柜。通常 SF_6 气体绝缘柜的结构采用共箱式、固体绝缘和空气绝缘环网柜的结构设计采用间隔式。

SF_6 气体环网柜采用 SF_6 气体作为绝缘介质，其绝缘性能远强于空气，运行可靠性高。主开关带电部分安装在充 SF_6 气体的密封金属壳体内，操动机构置于壳体外。早期 SF_6 气体环网柜多为全封闭整体式，新型的多为模块化混合式结构。环网柜绝缘方式及特点如表 3-4 所示。

表 3-4　　　　　　　　　　　　　　环网柜绝缘方式及特点

绝缘方式	绝缘介质	绝缘性能	占地面积	海拔影响	环境适应性	结构特点
气体绝缘	SF_6、N_2	强	小	否	强	共箱
固体绝缘	环氧树脂、硅橡胶或其他固体绝缘材料	强	小	否	强	分箱
空气绝缘	空气	一般	大	是	一般	分箱

环网柜进、出线开关类型有负荷开关、断路器和负荷开关-熔断器 3 种，并具备手动和电动操动机构。

1）负荷开关。负荷开关现多为三工位，即同一开关具有闭合-隔离-接地功能，且只有当负荷开关处于接地工位时电缆室的门才可开启。负荷开关主要用以承载、关合、开断运行线路中正常条件下（也包括规定的过负荷条件）的负荷和过载电流，并能关合和承载规定的异常电流（如短路电流），实现配电线路（含环网配电）分段和网络重构功能。配电自动化要求负荷开关具备手动和电动操作功能。

2）断路器。断路器主要采用 SF_6 断路器或真空断路器，可开断短路故障电流，使用与负荷开关结构类似的三工位隔离开关实现接地功能。断路器柜主要用于其负荷侧线路或设备的短路和接地故障保护，可直接快速切除短路故障。

3）负荷开关-熔断器。在负荷开关主回路中串入限流熔断器，代替断路器用于容量较小系统的控制切断，熔断器可以装在负荷开关的电源侧或负荷侧。当熔断器任一相熔断时，熔断器顶端撞针触发机构的脱扣装置，使连动的负荷开关自动跳闸，切断剩余相的故障电流。负荷开关-熔断器在开关处于合闸状态时需为分闸操作弹簧储能。负荷开关-熔断器通常用以开合配电变压器及其配送回路，对配电变电压器中低压回路的短路电流及过载电流进行保护，可在 10ms 以内切故障。

4）操动机构。环网柜各进出线间隔的操动机构应具备手动或手动及电动操作功能。配电自动化要求可遥控的间隔须具备电动操动机构，采用电动操作配置时应同时具备手动操作功能。环网间隔电动操动机构主要依靠电机进行储能，也可手动储能，通过储能后的弹簧和其联动的机构实现对一次开关元件的分合闸操作。断路器操动机构控制回路具有防止跳跃功能，避免断路器故障时出现多次跳-合。

（3）主要技术参数。目前环网柜的品种较多、参数齐全，且系列化，主要技术参数系列如下。

1）额定电压：7.2，12，17.5，24，36kV；

2）额定电流：200，400，630，1250A；

3）额定短时耐受电流：16，20，25kA；

4）额定峰值耐受电流：40，50，63kA。

国家电网公司招标规范中环网柜的主要技术参数见表 3-5：

表 3-5　　　　　　　　　　　　　　环网柜主要技术参数

序号	名　　称		单位	标准参数值
一	基本参数			
1	额定电压		kV	12
2	绝缘介质			SF_6
3	额定电流		A	630
4	辅助和控制回路短时工频耐受电压		kV	2
5	供电电源	控制回路（独立）	V	DC 48
		辅助回路	V	DC 48/AC 220
		储能回路（独立）	V	DC 48/AC 220
6	操动机构型式或型号			电动，并具备手动操作功能
二	断路器参数			
1	灭弧室类型			真空
2	额定短路关合电流		kA	50
3	额定短时耐受电流		kA/s	20/4
4	额定峰值耐受电流		kA	50
5	断路器开断时间		ms	≤60
6	断路器分闸时间		ms	≤40
7	断路器合闸时间		ms	≤60
8	机械稳定性		次	≥10 000
9	额定操作顺序			O-0.3s-CO-180s-CO
三	负荷开关参数			
1	灭弧室类型			SF_6
2	额定电流		A	630
3	额定短时耐受电流		kA/s	20/4
4	额定峰值耐受电流		kA	50
5	机械稳定性		次	≥5000
6	额定电缆充电开断电流		A	≥10
7	切空载变压器电流		A	15
8	额定有功负载电流		A	630

续表

序号	名　　称	单位	标准参数值
四	接地开关参数		
1	额定短时耐受电流	kA/s	20/2
2	额定峰值耐受电流	kA	50
3	额定短路关合电流	kA	50
4	额定短路关合电流次数	次	≥2
5	机械稳定性	次	≥3000

（4）安全防护。环网柜具有高压室和电缆室、控制仪表室与自动化单元等金属封闭的独立隔室。各隔室结构设计上满足正常使用条件和限制隔室内部电弧影响的要求，并能防止因本身缺陷、异常使用条件或误操作导致的电弧伤及工作人员，能限制电弧的燃烧范围。

环网柜应具有可靠的"五防"功能：防止误分、误合断路器；防止带负荷分、合隔离开关（插头）；防止带电合接地开关；防止带接地开关送电；防止误入带电间隔。当线路侧带电时，应有闭锁操作接地开关及电缆室门的装置。

（5）主要运行异常与缺陷。环网柜严重缺陷主要包括遥控拒动、开关位置错误或抖动、SF_6 气体压力低、环网柜操作电源损坏等。遥控拒动原因主要为开关操动机构故障（机构卡涩、电机损坏等）、未储能等；开关位置错误或抖动的主要原因为辅助位置触点损坏、锈蚀等；SF_6 气体压力低的主要原因为气箱连接设备的密封或焊接处理不严；环网柜操作电源损坏的主要原因为蓄电池老化、壳体开裂及漏液、导线断开或接触不良等。

环网柜一般缺陷主要包括电流误差大、凝露严重等。电流误差大的主要原因为所采用的开口式 TA 安装不正确；凝露严重的主要原因为环网柜箱体底部密封不严、排风不畅等。

2. 电缆分接箱

电缆分接箱是一种用来对电缆线路实施分接、分支、接续和转换电路的设备，多用于户外。针对容量不大的独立负荷分布较集中时，可利用电缆分接箱进行电缆多分支的连接或转接。

电缆分接箱按分支方式分为美式电缆分接箱（采用并联分支方式）和欧式电缆分接箱（采用串联分支方式）。按电气结构分为两大类：一类是不含任何开关设备的，箱体内仅有对电缆接头进行处理和连接的附件，结构比较简单，体积较小、功能单一，可称为普通分接箱；另一类是带开关的电缆分接箱，其箱体内不仅有普通分接箱的附件，还含有一台开关设备，其结构相对复杂，有时也被归类为单间隔环网柜。

普通电缆分接箱进线和出线在电气上连接在一起，电位相同，用于分接或分支接线，通常习惯将进线回数加上出线回数称为分支数。此类电缆分接箱一般不进行自动化监控。

带开关的电缆分接箱内含有开关设备，既可以起到普通分接箱的分接、分支作用，又可起到供电回路的控制、转换以及改变运行方式的作用。开关端口大致将电缆回路分隔为进线侧和出线侧，两侧电位可以不一样。

3.1.2.2　柱上开关类设备

柱上开关按开断能力分为断路器和负荷开关，按自动化模式分为电流型开关、电压型开关用户分界开关和极柱永磁开关。

1. 电流型柱上开关

（1）设备概述。电流型柱上开关安装于 10kV 架空配电线路分段点或联络点处，具有手动，自动操作功能，通常有负荷开关和断路器两种方式，电流型真空负荷开关成套设备相关元件见图 3-4、电流型真空断路器又分为共箱式和支柱式，见图 3-5，电流型开关通常内置 A 相、B 相、C 相 TA，与控制器、电压互感器组成成套设备，实现遥信、遥测、遥控、故障检测、历史数据存储和通信等功能。电流型开关可检测短路过流信号，通过主站遥控，实现线路故障自动隔离及非故障区段自动恢复供电。

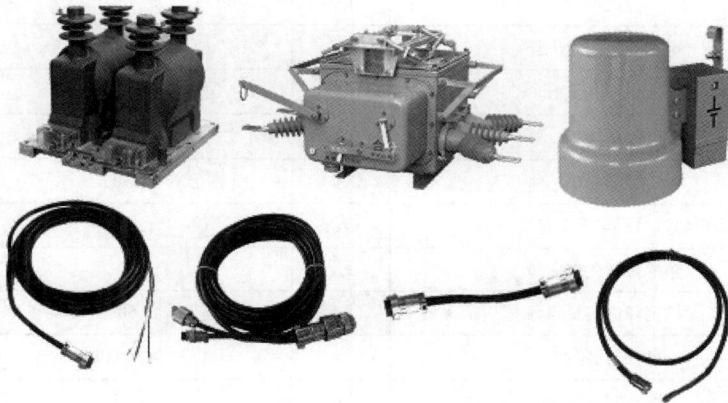

图 3-4　电流型真空负荷开关成套设备相关元件

（2）结构与特点。

1）电流型负荷开关。电流型负荷开关通常采用箱式弹簧操动机构，采用真空灭弧、SF_6 气体外绝缘、内置隔离断口与真空灭弧室串联联动、全密封航空插头设计，具有手/自动操作灵活、开断性能强、安全性高、配电主站接口可靠等特点。

2）电流型断路器。电流型断路器通常采用弹簧操动机构，共箱式断路器由内装有三相主回路及其操动部件的主体箱、操动机构箱和供安装、固定、搬（吊）运用的吊架三部分组成。断路器内置电流互感器，其控制接口通过航空插座引出，整体为全密封结构，防护等级达到 IP67。支柱式断路器采用真空灭弧室、主导电回路、绝缘支撑等部件集成在一个固封极柱里，外绝缘体采用户外环氧树脂，实现了开关的小型化，具有优异的熄弧和绝缘能力。

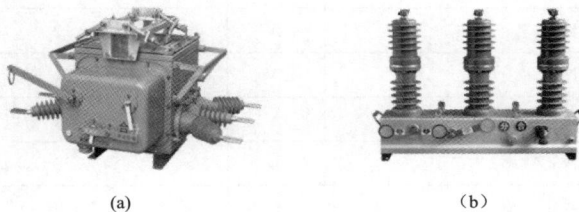

(a)　　　　　　　　(b)

图 3-5　电流型真空断路器
(a) 共箱式；(b) 支柱式

（3）主要技术参数。电流型真空负荷开关主要技术参数参见表 3-6，电流型真空断路器主要技术参数见表 3-7。

表 3-6 电流型真空负荷开关主要技术参数

序号	名　　称	单位	标准参数值	备注
真空负荷开关				
1	型式或型号		三相共箱式	
2	灭弧方式		真空	
3	额定电压	kV	12	
4	雷电冲击耐受电压	kV	相对地 75、断口 85	
5	1min 工频耐压	kV	相对地 42、断口 48	
6	额定频率	Hz	50	
7	额定电流	A	630	
8	额定短时耐受电流及持续时间	kA/s	20/4	
9	额定短时关合电流	kA	50	
10	额定峰值耐受电流	kA	50	
11	机械稳定性	次	>10 000	
12	温升试验电流	A	$1.1I_\mathrm{r}$	
13	主回路电阻	μΩ	≤200	
14	使用寿命	年	不小于 30	
15	操动机构型式或型号		弹簧	
16	操作方式		手动+电动	
17	电动机电压	V	24	

表 3-7 电流型真空断路器主要技术参数

序号	名称	单位	标准参数值	备注
真空断路器				
1	型式或型号		共箱/支柱式	
2	灭弧方式		真空	
3	额定电压	kV	12	
4	雷电冲击耐受电压	kV	相对地 75、断口 85	
5	1min 工频耐压	kV	相对地 42、断口 49	
6	额定频率	Hz	50	
7	额定电流	A	630	
8	额定短路开断电流及持续时间	kA/s	20/4	
9	额定短时耐受电流	kA	20	

续表

序号	名称	单位	标准参数值	备注
10	额定短路关合电流（峰值）	kA	50	
11	额定电流开断次数	次	10 000	
12	额定短路开断电流开断次数	次	30	
13	机械寿命	次	10 000	
14	操动机构型式或型号		弹簧	
15	操作方式		手动+电动	

2. 电压型柱上开关

（1）设备概述。电压型柱上开关（以下简称电压型开关）通常采用真空负荷开关方式，安装于 10kV 架空配电线路分段点或联络点处，具有手动，自动操作功能。开关与控制器、电压互感器配套安装。电压型真空负荷开关成套设备相关元件如图 3-6 所示，能够与变电站出线断路器或智能重合器配合，实现电压–时间型馈线自动化，完成线路故障自动监测、隔离及非故障区段自动恢复供电。

（2）结构与特点。电压型真空负荷开关由外箱体、安装架和主回路连接等部分组成。内部结

图 3-6　电压型真空负荷开关成套设备相关元件

构可分为主回路部分和操动机构部分。主回路部分是由用于三相电流开断的真空灭弧室和用于保证高开断可靠性的隔离断口组成。开关内充满绝缘介质 SF_6 气体，灭弧和绝缘介质无油化；开关内置隔离断口，与真空灭弧室串联联动，加大开关分闸时的断口距离，增加真空开关的安全性，同时避免外加隔离开关因户外运行易引发的故障和维护；贯穿型电流互感器安装于开关每一相，实现过流保护及线路电流测量。开关出线可采用全密封瓷套电缆浇注出线方式，使带电部分不外露，满足自动化应用需求的绝缘安全和免维护要求。

开关的高压部分、低压回路和电磁操动机构均密封在零表压的 SF_6 气体为绝缘介质的箱体内，防止凝露发生，既保证了开关本体的绝缘性能，同时避免机构发生锈蚀等问题，保证机构运动轨迹的长期准确性。

电压型开关采用电磁操动机构，具备"来电即合、无压释放"的特性，开关分闸时无需外部电源。电压型开关具备短路保持功能，开关在控制电源断开后约 1s 打开，控制电源由相间 TV 提供。当线路发生短路故障时，线路电压跌落，控制电源不能维护开关合闸。此时，为避免开关分断故障电流，每一相主回路上的贯穿型电流互感器在大故障电流通过时为合闸线圈提供维持电流，以保证开关在大电流时处于合闸状态。

电压型开关具备手动强合位置，可始终保持合闸状态。电压型开关合闸回路或控制器故障时，可将电压型开关打到强合位置。电压型开关与控制器、电压互感器配套安装使用，可不依靠主站系统、通信系统就地完成故障区间隔离，特殊条件下可实现部分非故障区间转供。

电压型开关采用真空灭弧、SF₆气体外绝缘、内置隔离断口，与真空灭弧室串联联动、采用全密封航空插头设计，具有手/自动操作灵活、开断性能强、安全性高等特点。但是 SF₆ 对配电运检而言是一项难题，对人员素质、安全保障条件、工具配备、实验室条件等都提出了很高要求。

（3）开关合闸回路。电压型真空负荷开关电气控制原理图如图 3-7 所示，其工作原理如下：当额定操作电压加在开关接头的输入 1、2 之间时，控制继电器 CX 通电，CX 的触头"cxb"闭合，合闸线圈 CC 通电，开关合闸。开关合闸后其操动机构的行程开关"-ccb"断开，控制继电器 CX 失电，CX 的触头"cxb"断开，操作电流经串联电阻 R3、保持线圈 HC 和合闸线圈 CC 后，变成自保持电路，开关以一个较低的电流保持维持合闸状态。当额定操作电压失电后，保持线圈失去磁力，则开关自动分开。

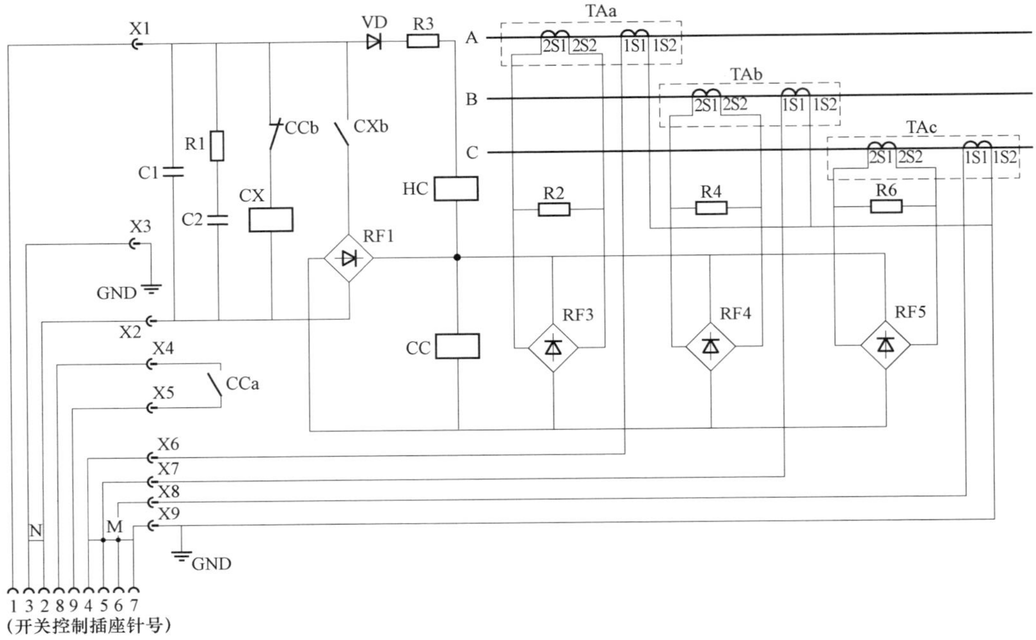

图 3-7　电压型真空负荷开关电气控制原理图

注：图中 M、N 为短路环，其中 M 为计量 TA 次级线圈短接用。
在不使用计量 TA 输出信号时，应确保该短路环短接牢靠。

（4）主要技术参数。

1）一般技术参数。电压型负荷开关一般技术参数如表 3-8 所示。

表 3-8　　　　　　　　　　电压型负荷开关一般技术参数

序号	名　称	单位	标准参数值
真空负荷开关			
1	灭弧方式		真空
2	型式或型号		三相共箱式

序号	名　称	单位	标准参数值
3	内置隔离开关		有/无
4	机构类型		电磁
5	绝缘方式		SF$_6$
6	额定电压	kV	12
7	雷电冲击耐受电压	kV	相对地 75、断口 85
8	1min 工频耐压	kV	相对地 42、断口 48
9	额定频率	Hz	50
10	额定电流	A	630
11	额定短时耐受电流及持续时间	kA/s	20/4
12	额定峰值耐受电流	kA	50
13	额定有功负载开断电流	A	630
14	防护等级		IP67
15	机械寿命	次	≥10 000
16	使用寿命	年	≥30
17	操作方式		手动+电动
18	额定操作电压	V	AC220

2）影响保护定值的参数。电压型分段负荷开关与保护相关的参数主要是"开关失电后分闸时间"，通常规定为小于等于 900ms，应小于出线开关一次重合闸时间。若开关失电后分闸时间大于其线路出线开关一次重合闸时间，该电压型开关失电后还没有分开，等到出线开关一次重合闸后开关再次得电，开关会保持合闸，影响电压时间型馈线自动化逻辑。

3. 用户分界柱上开关

（1）设备概述。用户分界柱上开关（简称分界开关）安装在 10kV 架空配电线路用户进户线的责任分界点处，或符合要求的分支线路和末段线路。通常分为分界负荷开关和分界断路器两种类型，通常内置 A 相、C 相和零序 TA，与电压互感器、控制器，组成成套设备。一种分界负荷开关成套设备见图 3-8、分界断路器成套设备相关元件见图 3-9 所示，实现故障检测、保护控制、通信等功能，能够自动切除保护区域的单相接地故障和相间短路故障。

图 3-8　分界负荷开关成套设备

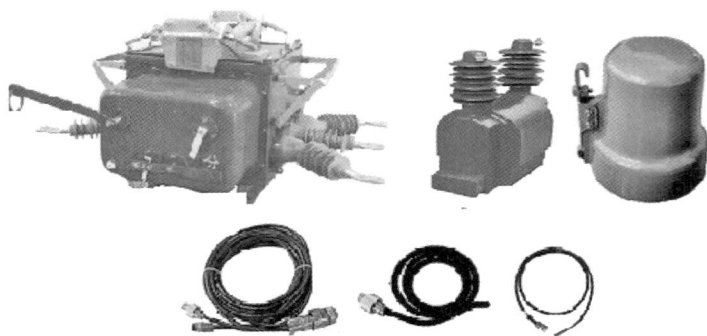

图 3-9 分界断路器成套设备相关元件

（2）结构特点。分界开关采用真空灭弧室，SF_6外绝缘，分界负荷开关内置隔离刀与灭弧室同步联动，使开关具有较强的分合能力，安全性能好；开关内装有三相+零序组合式互感器，可检测毫安级的线路零序电流和 25 倍额定值的相间短路电流。分界开关操动机构通常支持手动分合和自动分，开关分后需手动合闸并储能。分界断路器可直接切除短路故障，分界负荷开关需配合变电站出线开关隔离短路故障。

（3）主要技术参数。分界负荷开关主要技术参数如表 3-9 所示，分界断路器主要技术参数如表 3-10 所示。

表 3-9　　　　　　　　　　　　分界负荷开关主要技术参数

序号	名　称	单位	标准参数值
一	真空负荷开关		
1	型式或型号		三相共箱式
2	灭弧方式		真空
3	额定电压	kV	12
4	雷电冲击耐受电压	kV	相对地 75、断口 85
5	1min 工频耐压	kV	相对地 42、断口 48
6	额定频率	Hz	50
7	额定电流	A	630
8	额定短时耐受电流及持续时间	kA	20/4
9	额定峰值耐受电流	kA	50
10	机械稳定性	次	>10 000
11	使用寿命	年	不小于 30
二	操动机构		
1	操动机构型式或型号		电磁
2	操作方式		手动+电动
3	工作电压	V	手动合闸，电动 DC 48V 分闸

表 3–10　　　　　　　　　　分界断路器主要技术参数

序号	名　　称	单位	标准参数值
一	12kV 柱上分界断路器		
1	型式或型号		三相共箱式
2	灭弧方式		真空
3	额定电压	kV	12
4	雷电冲击耐受电压	kV	相对地 75、断口 85
5	1min 工频耐压	kV	相对地 42、断口 49
6	额定频率	Hz	50
7	额定电流	A	630
8	额定短时耐受电流及持续时间	kA	20/4
9	额定峰值耐受电流	kA	50
10	额定电流开断次数	次	10 000
11	额定短路开断电流开断次数	次	30
12	机械稳定性	次	>10 000
二	操动机构		
1	操动机构型式或型号		弹簧
2	操作方式		手动+电动
3	工作电压	V	DC 24

4. 极柱永磁开关

（1）设备概述。极柱永磁开关通常采用极柱永磁断路器成套装置；开关本体为额定电压 12kV、三相交流 50Hz 的户外高压永磁真空断路器设备。主要用于开断、关合电力系统中的负荷电流、过载电流及短路电流。产品广泛用于城乡电网 10kV 配电线路分段、控制和保护，更适用于农村电网及频繁操作的场所。永磁断路器成套装置安装于 10kV 馈线主干线或大分支线上，设备安装投运后，能够根据设定的技术参数和变电站保护参数相配合，自动切除单相接地故障和相间短路故障，可执行四次重合闸（选配电容容量），完成线路故障监测、隔离及非故障区段恢复供电功能。控制器预留通信接口，可实现除 GPRS 通信方式之外的 CDMA、3G、光纤及载波有线方式通信，适应多通信方式的后台实时状态监视及远方遥控功能。极柱永磁成套设备见图 3–10。

（2）结构特点。断路器采用进口环氧树脂作为外绝缘材料，三相固封极柱式结构，体积小、重量轻、耐候性好、无油、无 SF_6、安全环保。操动机构采用分相独立式单稳态永磁操动机构，驱动铁芯直接作用于真空灭弧室进

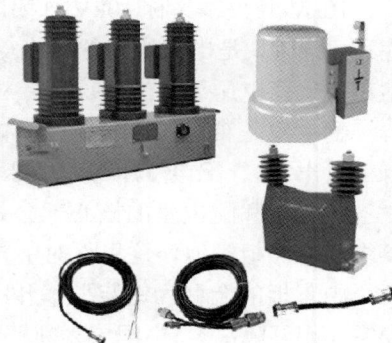

图 3–10　极柱永磁断路器成套设备

行开关的分/合闸操作。功耗低，机构零部件比较少，动作稳定可靠，可长期频繁操作，真正做到永久性免维护。断路器采用全封闭结构，密封性能好，有助于提高防潮、防凝露性能，适应于高温潮湿地区使用。

（3）主要技术参数。极柱永磁断路器主要技术参数如表 3–11 所示。

表 3–11   极柱永磁断路器主要技术参数

序号	名称	单位	标准参数值	备注
一 真空断路器				
1	型式或型号		极柱式	
2	灭弧方式		真空	
3	额定电压	kV	12	
4	雷电冲击耐受电压	kV	相对地 75、断口 85	
5	1min 工频耐压	kV	相对地 42、断口 49	
6	额定频率	Hz	50	
7	额定电流	A	630	
8	额定短路开断电流及持续时间	kA/s	20/4	
9	额定短时耐受电流	kA	20	
10	额定短路关合电流（峰值）	kA	50	
11	额定电流开断次数	次	30000	
12	额定短路开断电流开断次数	次	30	
13	机械寿命	次	30000	
14	操动机构型式或型号		永磁	
15	操作方式		手动分+电动	

3.1.2.3　开关站与配电室设备

10kV 开关站又称 10kV 开闭所，主要作用是加强配电网的联络控制，提高配电网的灵活性和可靠性，是电缆线路的联络点和支线点，同时还具备变电站 10kV 母线的延伸作用。开关站在不改变电压等级的情况下，对电能进行二次分配，为周围的用户提供电源。

配电室是带有低压负荷的室内配电场所，主要为低压用户配送电能，设有中压进线（可有少量出线）、配电变压器和低压配电装置。

开关站和配电室的核心部分是中置柜或中压环网单元，中压环网单元的技术特征和运维要求与环网柜类似，这里只对中置柜作简要介绍。

中置柜的全称为铠装型移开中置式金属封闭开关设备，分为三层结构，上层为母线和仪表室（相互隔离），中间层为断路器室，下层为电缆室。由于断路器在中间层，所以称为铠装型移开中置式金属封闭开关设备，简称中置柜，可以实现电力线路运行控制保护、监视和测量，开关站中置柜外观见图 3–11。

图 3–11 开关站中置柜外观

中置柜典型结构分为高低结构和等高结构两种。高低柜的母线为"品"字形布置,仪表室为独立结构,可拆卸;等高柜母线为垂直"一"字形布置,仪表室与柜体为一体结构。等高结构比高低结构有更大的安装空间,也便于制作和运行维护。中置柜的接地开关有后置和中置两种安装方式。接地开关后置时,进行电缆施工或维护时,必须从中置柜的前侧下柜门进入,不便于施工。中置柜的前后门都要与接地开关进行"五防"连锁。接地开关中置时,电缆施工或维护从后侧下柜门进入。通常柜的下部前后两侧用铁板隔开,前侧无带电导体,后门与接地开关进行"五防"连锁。

3.1.2.4 配电开关操动机构

配电开关操动机构是用来控制开关的跳闸、合闸和维持合闸状态的设备,由操动机构、锁扣机构、脱扣动力装置和自由脱扣机构等组成,其中操动机构是开关设备合分闸的原动力。操动机构应有足够的操作功,保证开关有足够的合闸速度;动作快、不拒动、不误动,并具有自动脱扣装置,以实现故障情况下合闸过程中快速跳闸。

1. 操动机构分类

开关操动机构分为手动操动机构和动力操动机构,根据不同动力种类,动力操动机构分为:

(1)电磁操动机构,利用电磁铁通断电时产生的吸力作为开关合闸动力;

(2)弹簧操动机构,利用被压缩或拉长的弹簧释放位能所产生的力,使开关合、分闸;

(3)液压操动机构,利用液体(一般采用航空液压油或变压器油)作为传递介质,以高压力的液体推拉工作缸内活塞运动,使开关合、分闸;

(4)气动操动机构,利用压缩空气作为传递介质,通过阀门控制气缸内活塞的运动,使开关合、分闸;

(5)电动机操动机构,利用电动机的转矩驱使开关合、分闸;

(6)永磁操动机构,利用永磁体和电磁线圈,通过改变线圈的极性,利用磁力相吸或排斥的原理,驱动分闸或合闸。

以上操动机构在开关设备发展的不同时期均有采用,目前在配电主站开关设备领域使用较多的是电磁操动机构、弹簧操动机构。近年来永磁技术迅猛发展,永磁操动机构开始配电主站开关中推广应用。

2. 电磁操动机构工作原理及特点

用于配电主站开关的电磁操动机构工作原理有以下两种：

（1）普通电磁操动机构。利用合闸电流流过合闸线圈产生的电磁吸力来驱动合闸，同时压紧跳闸弹簧；分闸时通过提供电源使分闸线圈或驱动跳闸弹簧脱扣来分闸。

（2）来电即合、无压释放型操动机构。依靠电磁线圈流过控制电流合闸，失去控制电流即分闸，实现就地型开关的来电即合、无压释放，并具有使负荷开关躲过短路开断的短路保持功能。

电磁操动机构优点是结构简单、加工工艺要求低、可靠性高。缺点是合闸功率大、需配备大容量的直流合闸电源。

3. 弹簧操动机构工作原理及特点

弹簧操动机构是目前配电开关设备中常用的机构。弹簧操动机构动作大致可分为弹簧储能、维持储能、合闸与分闸 4 个部分。弹簧储能通过储能电机压紧弹簧储能，合闸、分闸依靠弹簧提供能量。

弹簧操动机构的工作原理是利用储能电机的旋转，通过齿轮传动，以储能弹簧拉长后的储能为动力，使开关实现合闸动作。当合闸时，合闸线圈通电吸合，打开锁扣装置，用弹簧的拉力带动操动机构合上断路器。弹簧储能机构的特点时合闸时，已储能的弹簧释放能量；合上闸后，弹簧再次储能，为下一次合闸作准备，即在运行中如失去储能电源仍可合闸操作一次。分闸时，储能弹簧能量不释放。因此，弹簧操动机构可采用人力或小功率交、直流电机来驱动，合闸时基本不受外界因素（如电源电压、气源气压、液压源压力）的影响，既能获得较高的合闸速度，又能实现快速自动重复合闸操作。采用弹簧操动机构可大大减少合闸电流，对直流操作电源的容量要求低，但存在结构复杂，加工工艺要求高、机件强度要求高、安装调试困难等不足。

4. 永磁操动机构工作原理及特点

永磁操动机构近十几年得到快速发展，成为未来操动机构的一个发展热点。永磁机构将电磁机构与永久磁铁组合起来，正常情况下，电磁线圈不带电，当开关分闸或合闸时，通过改变线圈的极性，利用磁力相吸或排斥的原理，驱动分闸或合闸。永磁机构避免了合分闸位置机械脱扣、锁扣系统所造成的不利因素，无需任何机械能而通过永久磁铁产生的保持力即可使真空断路器保持在合、分闸位置。

永磁操动机构主要分为单稳态永磁操动机构和双稳态永磁操动机构。单稳态永磁操动机构的工作原理为在储能弹簧的帮助下快速分闸，并保持分闸位置，只有合闸保持靠永磁力；双稳态永磁操动机构的工作原理为分、合闸及分、合闸保持均靠永磁力。

3.1.2.5 配电自动化对配电开关设备的要求

配电开关设备安装在配电线路重要分段点或联络点上，在配电终端控制下实现配电线路的运行监控、线路保护、故障处理等功能。配电设备点多面广、运行环境恶劣，配电开关设备尤其是附属操动机构和二次回路的故障率相对偏高，日益成为影响配电自动化应用水平提升的关键。配电自动化要求配电开关设备不仅要满足无油化、免维护、小型化和高可靠性的要求，同时还要满足频繁操作性和智能化等要求。

（1）开关设备应采用全绝缘、全密封、免维护设计。优选真空灭弧室作为开关灭弧、开断的核心元件；可采用零压 SF_6 气体作为外绝缘，实现小型化设计的同时又避免 SF_6 气体压力泄漏；操动机构寿命不低于万次，能适应频繁操作、无拒动和误动，整个机构可密闭在箱体内，避免传动障碍和裸露带来的生锈、腐蚀等问题。

（2）提高户外防湿、防尘和防凝露能力。开关（柜）运行在户外露天环境中，四季气温变化和每日温差，可能会使空气中水分凝结在绝缘件表面，或因密封性能不好形成呼吸效应，导致开关内部绝缘强度的降低。为防止凝露造成设备绝缘失效或配套二次回路短路引发事故，可根据设备类型采取以下手段防凝露：采用全密封出线全绝缘锥形电缆；提高绝缘件爬电距离；箱体内放置长效干燥剂；做好环网柜通风设计和电缆地沟进出线密封防护，避免大量湿气进入环网柜。

（3）配置满足自动化要求的传感器。实现遥信时应至少具备一组高可靠性的辅助触点；实现遥测时至少具备一组电压和电流互感器（测量与保护共用），电压互感器兼作终端供电电源，其容量在选取时应留有适当裕度。

（4）具有配套 DA 控制装置的接口。实现遥控时应具备电动操动机构，以及当地分合闸闭锁装置；操作电源宜采用直流，以方便后备电源供电。配电一次与二次设备接口采用一体化设计，接口优选航空插头，避免现场配线。

3.1.3　配电变压器

配电变压器是指在配电系统中将中压配电压的功率变换成低压配电电压的功率，以供各种低压电气设备用电的电力变压器。配电变压器可按相数、冷却方式等特征分类。按相数分为单相变压器和三相变压器，按冷却方式分为干式变压器和油浸变压器，按照调压方式分为有载调压变压器和无载调压变压器。目前节能型、可调容调压、低噪声和智能化是配电变压器的发展趋势，在网运行的部分高能耗配电变压器正逐步被新型变压器所取代。

3.1.3.1　常见配电变压器类型

（1）普通油浸式配电变压器。油浸式配电变压器的铁心和绕组组成的变压器器身装在油箱内，油箱内充满变压器油。该配电变压器除具有铁心、绕组之外，还有散热器、油箱、吸湿器、油标和安全气道等附件。变压器油具有优良的绝缘性能、抗氧化性能和冷却性能。由于变压器油须经常跟踪检测油位、酸值、闪点、介质损耗、油中水分，因而油浸式变压器维护量较大，耐火性差。

（2）密封式油浸变压器。密封式油浸变压器采用真空注油法，在上桶箱盖装有压力释放阀，当变压器内部压力达到一定值时，压力释放阀动作，可排除油箱内的过压。密封式油浸变压器采用波纹式油箱，可以满足变压器运行中油热胀冷缩的需要。全密封式油浸变压器能实现少维修，用于户外，可逐步取代普通型油浸式配电变压器。

（3）卷铁心变压器。该变压器的卷铁心是由硅钢片不间断连续卷制而成，由于独特的结构优势，与传统的叠片式铁心变压器相比，具有重量轻、体积小、空载损耗小、噪声低、机械和电气性能优越的特点。其空载损耗比 S9 系列变压器下降 30%，而卷铁心单相变压器 D12、D14 型，其空载损耗可比 S9 系列变压器下降 50%。因而卷铁心变压器逐步被推广应用。

（4）干式变压器。干式变压器绕组的外绝缘分为环氧树脂浇注固体绝缘和非包封空气绝缘两种。环氧树脂浇注固体绝缘干式变压器具有结构简单、维护方便、防火阻燃、防尘等优点，可免去日常维护工作，被广泛应用于对消防有较高要求的场合，但为保证变压器组有良好的散热性能，需要配备自动控制的风机进行冷却。而非包封空气绝缘干式变压器的绕组外绝缘介质为空气的非包封结构，具有防火、防爆、无燃烧危险，绝缘性能好、防潮性能好，运行可靠性高，维修简单等优点。为保证变压器绕组具有良好的散热性能，干式变压器一般采用片式散热器进行自然风冷却，并适当增大箱体的散热面积。

（5）非晶合金变压器。将熔化的铁、硼、硅钢水喷注在高速旋转的低温滚筒上，由于采用超急冷却技术，熔化的金属凝固速度比结晶速度快，形成玻璃状非晶体排列的金属薄带，称为非晶合金带材。由于非晶合金材料具有磁导率高、矫顽率低、电阻率高、磁滞伸缩性大等特点，是制造低损耗变压器铁心的理想材料。采用非晶合金带材作为铁心材料的非晶合金变压器，具有磁滞损耗、涡流损耗低，噪声小等优点。据实测，非晶合金变压器的空载损耗仅为国产 S9 型配电变压器的 25% 左右。但它存在厚度薄、硬度高、压力敏感等缺点，因而对制造工艺技术要求较高。

（6）调容调压变压器。利用本体油箱内置调压开关和调容开关，自动或遥控改变变压器线圈各抽头位置和高压绕组接线形式（大容量时接成三角形、小容量时接成星形），在电压波动时使变压器低压侧电压输出稳定在合格范围内，提升供电质量；在用电负荷高峰时段，运行在大容量档，在用电负荷低俗时段运行在小容量档，降低变压器空载损耗。调容调压变压器主要应用于季节性或昼夜负荷变化幅度较大的城市居民区、商业区、工业区或农村电网，具备结构合理、适应性强、节能效果显著等特点。

3.1.3.2　结构特点与主要技术参数

配电变压器主要由铁心、绕组、套管和调压装置、绝缘介质、冷却介质组成。铁心既是变压器的主磁路，又是变压器身的机械骨架。绕组是构成变压器电路的部件，分为层式和饼式，一般由电导率较高的铜导线和铜箔绕制而成。套管用于将变压器内部绕组的高、低压引线与电力系统或用电设备进行电气连接，并保证引线对地绝缘。调压装置是控制变压器输出电压在指定范围内变动调节组件，通过改变一次和二次绕组的匝数比来改变变压器的电压变化，又称分接开关。调压装置分为无励磁调压装置和有载调压装置，无励磁调压装置是在变压器不带电条件下切换绕组中线圈抽头以实现调压的装置；有载调压装置是在变压器不中断运行的带电状态下进行调压的装置，通过由电抗器或电阻构成的过渡电路限流，把负荷电流由一个分接头切换到另一个分接头。配电变压器根据绝缘介质（冷却方式）的不同，分为油浸式变压器和干式变压器。变压器低压侧一般配置用电信息采集装置，户外设备还会安装 JP 柜，集配电、计量、保护、电容无功补偿于一体。

三相配电变压器的接线方式通常采用 Dyn11、Yyn0，宜优先选用 Dyn11。配电变压器容量通常从 100～2500kVA 不等，柱上三相变压器容量不应超过 400kVA，配电室三相变压器容量不宜超过 800kVA，箱式变电站三相变压器容量一般不超过 630kVA。

3.1.4　箱式变电站

配电网末端变电站早期主要有户内变电站和杆上变电站两种。户内变电站建设周期长、占地面积多、投资高；柱上变电站经济性好，但高压部分及变压器敞开，安全性差且不易设置计量、保护、控制及无功补偿等设施及多回路供电。箱式变电站（简称箱变）具有成套性强，占地面积小，简化变电站设计，建设周期短等优点。箱变可将中压负荷深入到负荷中心，减少了网损，并可方便实现对末端高低压变配电设备多种保护控制功能的集成，是一种技术性和经济性较优的末端变电站。箱变通常用于城市公共配电、交通运输、住宅小区、高层建筑、工矿企业、油田、临时工地及移动变电站等。

箱变采用金属（需良好接地）或非金属外壳，壳内装变压器、高低压开关设备及其控制设备，内部连接线（电缆、母线和其他）和辅助设备，并能根据用户要求装设电能计量设备和无功补偿设备。

目前国内常见的箱变按结构与功能可分为欧式箱变、美式箱变和组合式箱变，欧式箱变具有公共外壳；美式箱变没有独立外壳，负荷开关和熔断器置入变压器油箱之中；组合式箱变是将高、低压开关设备和变压器分别装配在不同的箱壳中，现场组装，一般应用于较大容量的箱变中。

3.1.5　配电辅助设备

配电网中主要的配电辅助设备有电压互感器、电流互感器。另外温湿度、气体传感器、带电显示器等也是常用的配电传感器设备，这些设备对配电网设备的运维工作具有重要意义。

3.1.5.1　电压互感器

1. 电磁式电压互感器

电压互感器又称仪用变压器（简称 TV 或 TV），是一种小容量的变压器。它的用途是将高电压或低电压变成测量仪表等使用的标准电压，将二次端接入的仪器、仪表与高电压隔离，其二次电压在正常运行及规定的故障条件下，应与一次电压成正比，且比值和相位误差不超过规定值。

电压互感器的用途不同，其二次绕组的数目也不同，可有 1 个、2 个或 3 个绕组，以及零序电压绕组。电压互感器的接线方式应根据负载的需要来确定，其二次侧主要用于为测量、保护等二次回路提供所需的二次电压。由于所供二次回路对其功能的具体要求不同，电压互感器主要有单相接线、双台不完全星形接线（V–V 接线）、三台单相电压互感器接线和三相五心柱式电压互感器接线等。

电压互感器按安装地点分为户内式和户外式，按相数分为单相式和三相式，按每相绕组数分为双绕组式和三绕组式，按绝缘方式有干式、浇注式和油浸式。

（1）主要技术参数。额定电压。一次侧额定电压是指使电压互感器的误差不超过允许值的最佳一次工作电压等级，与相应的电网额定电压等级一致，即 3、6、10、35、110kV 等，对于高压侧采用星形接线的单相电压互感器应除以 $\sqrt{3}$。基本二次侧额定电压为 100V，对于星形接线的单相电压互感器应除以 $\sqrt{3}$。[（10kV/$\sqrt{3}$）/（3.25V/$\sqrt{3}$）]

1）额定输出功率及相应准确级。电压互感器的准确级以在规定使用条件下的最大电压误差的百分值命名。规定使用条件对测量用和保护用的电压互感器是不同的，两者的准确级也不同。测量用电压互感器准确级分为 0.1、0.2、0.3、1、3 等级别；保护用电压互感器准确级分为 3P、6P 等级别。

2）电压互感器的额定输出功率（容量）的标准值为 10、15、30、50、75、100、150、200、250、300、400、500、1000VA 等。

3）额定电压因数及其相应的额定时间。互感器在一次电压升高时，励磁电流增大，铁心磁通趋于饱和，铁心损耗增加，同时绕组铜损也增加，使得电压互感器发热加剧，温度上升。电压高到一定程度，或时间长到一定程度，温度可能达到不能容许的数值。电压互感器在规定时间内仍能满足热性能和准确级要求的最高一次电压与额定一次电压的比值，称为额定电压因数。通常，电压互感器额定电压因数为 1.2，即电压互感器能在 1.2 倍额定电压下长期工作。

（2）安装方式与配置。每台开关根据配电自动化要求，可配置 1 个或 2 个电压互感器。外置 TV 典型 V-V 一次接线示意图见图 3-12、典型 TV 二次接线示意图如图 3-13 所示。内置型电压互感器安装在开关内部，一般与分界负荷开关的进线侧与 B、C 相连接，内置 TV 安装位置示意图如图 3-14 所示。电压互感器和铁心和二次绕组的一端须接地，以保证测量回路的安全。

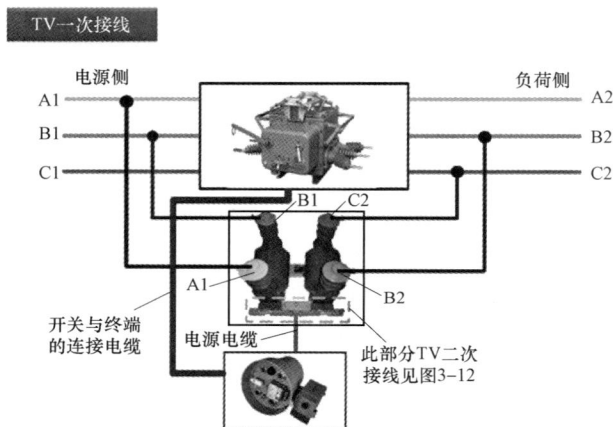

图 3-12　TV 典型 V-V 一次接线示意图

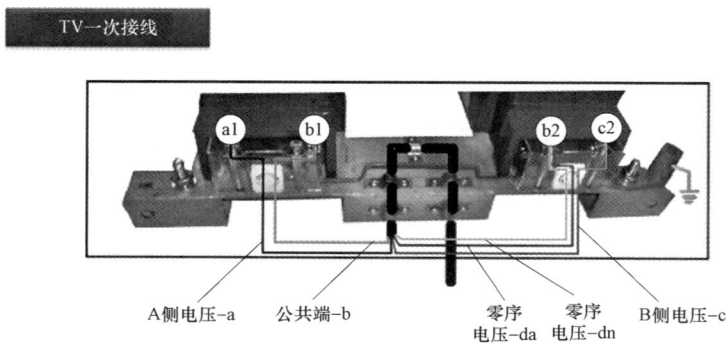

图 3-13　典型 TV 二次接线示意图

特别说明：当成套设备设置为分段开关且是变电站出线侧的首台开关时，TV 一次接线为：TV 一次侧接电源侧 A1 和 B1，

负荷侧 B2 和 C2 不接；TV 二次接线为：二次端子 a1 接 A 侧电压-a，b1 接公共端-b，c2 接 B 侧电压-c，

零序电压-da、零序电压-dn 直接接地并做好绝缘措施

2. 电子式电压互感器

电子式互感器是利用电子测量技术和光
纤传感技术来实现电力系统电流、电压测量
的新型互感器。电子式电压互感器主要包括
电阻分压式电压互感器和电容分压式电压互
感器两种，相对于传统的电压互感器，电阻
分压和电容分压电压互感器比较其特点如
表 3–12 所示。

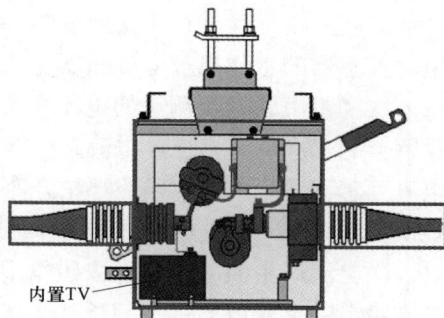

图 3–14　内置 TV 安装位置示意图

内置TV

表 3–12　　　　　　　　　　电阻分压和电容分压电压互感器比较

类型	电阻分压式	电容分压式
主要特点	（1）无铁心 （2）精度高 （3）成本较传统 TV 低 （4）受环境影响小 （5）低功耗 （6）体积小、重量轻	（1）无铁心 （2）电容参数特性变化会引起精度偏差 （3）成本较传统 TV 低 （4）较易受环境影响 （5）低功耗 （6）体积更小、重量轻

电子式电压传感器应满足 GB 20840.7—2007 电子式电压互感器要求。电子式电压传感器
参数主要参数如表 3–13 所示。

表 3–13　　　　　　　　　　电子式电压传感器主要参数

额定电压比	相电压：$(10kV/\sqrt{3})/(3.25V/\sqrt{3})$ 零序：$(10kV/\sqrt{3})/(6.5V/3)$
准确级（含 15m 线缆）	相电压：0.5 级 零序电压：1 级
实现方式	电阻分压
温度范围	$-40\sim70℃$
局部放电	$10pC$，$14.4kV$

3.1.5.2　电流互感器

1. 电磁式电流互感器

（1）概述。电力线路中电流大小悬殊，从几安到数十千安。为便于测量、保护和控制需
要转换为统一大小的电流，另外线路上的电压一般都比较高，如直接测量将非常危险。

电流互感器（简称 TA 或 TA）主要作用是电力系统中测量仪表、继电保护等二次设备获
取电气一次回路信息的传感器。电流互感器是一次系统和二次系统之间的联络元件，将一次
侧的大电流变成二次侧的小电流（5A 或 1A），使仪表或其他测量装置小型化、标准化。同时
由于电流互感器与高压电器隔离，以及电流互感器二次绕组中性点的接地，也保证了测量的

安全，使二次回路正确反映一次系统的正常运行和故障情况。

电流互感器的工作原理与变压器完全相同，主要结构也是由一次绕组、二次绕组和铁心组成。一次绕组串联于要测量的电流回路，其负荷是仪表或继电器电流线圈，它们串联后与电流互感器的二次绕组相连。电流互感器一、二次绕组的电流与其匝数成反比。

电流互感器运行中二次回路严禁开路，开路后存在以下风险：① 由于磁感应强度剧增，使铁心损耗增大，严重发热，甚至烧坏绝缘。② 电流互感器正常运行时，二次电流产生的磁通势对一次电流产生的磁通势起去磁作用，因此一次绕组励磁电流很小，铁心中的总磁通很小，二次绕组的感应电动势不超过几十伏。二次侧开路后，二次电流的去磁作用消失，一次电流完全变为励磁电流，引起铁心内磁通剧增，铁心处于高度饱和状态，加之二次绕组的匝数很多，将在二次绕组两端产生很高（甚至可达数 kV）的电压，不但可能损坏二次绕组的绝缘，而且将严重危及人身安全。

电流互感器总是做成单相电器。按一次绕组的匝数可分为单匝式和多匝式，单匝式又分为贯穿式和母线式；按安装方式可分为穿墙式、支柱式和套管式；按安装地点可分为户外式和户内式；按绝缘方式可分为干式、瓷绝缘、浇注式和油浸式。

（2）主要技术参数。

1）额定电压。指一次绕组主绝缘能长期承受的工作电压等级，主要有 0.22、0.38、6、35、110、220kV 等。

2）额定电流比。指额定一次电流与额定二次电流之比。额定一次电流是指一次绕组按长期发热条件允许通过的工作电流，二次侧额定电流为标准化的二次电流，一般为 5A 或 1A。当一次绕组分为几段时，通过分段间的串、并联得到几种电流比时，则表示为：一次绕组段数×每段的额定电流/额定二次电流。当二次绕组具有抽头，可得到几种电流比时，则分别标出每一对二次出线端子及其对应的电流比。

3）额定二次负载。当二次绕组通过额定电流时，与规定的准确度等级对应的负载阻抗限额值。

4）额定短时热电流。电流互感器的热稳定电流，指电流互感器在 1s 内所能承受而无损伤的一次电流有效值。

5）额定动稳定电流。动稳定电流为峰值电流，电流互感器的额定短时热电流的 2.5 倍。

（3）变比选择。应根据一次负荷计算电流 I_C 选择电流互感器变比。电流互感器一次侧额定电流标准比（如 20、30、40、50、75、100、150、2×a/C 等）多种规格，二次侧额定电流通常为 1A 或 5A。其中 2×a/C 表示同一台产品有两种电流比，通过改变产品的连接片接线方式实现，当串联时，电流比为 a/c，并联时电流比为 2×a/C。一般情况下，计量用电流互感器变流比的选择应使其一次额定电流 I_{1n} 不小于线路中的负荷电流（即计算 I_C）。如线路中负荷计算电流为 350A，则电流互感器的变流比应选择 400/5。保护用的电流互感器为保证其准确度要求，可以将变比选得大一些。

（4）额定功率和相应的准确等级。电流互感器的额定输出功率很小，标准值有 5、10、15、20、30VA 等。电流互感器的准确级根据其变化误差命名，误差与一次电流、二次负载等使用条件有关。电流互感器的用途不同，对准确级的要求也不同。

测量用电流互感器的准确等级有 0.1、0.2、0.5、1、3、5 共 6 级，是以规定条件下电流的最大比值差命名，也称为变比误差。

继电保护用电流互感器的电流过载或短路时，要求互感器能将过载或短路电流的信息传给继电保护装置。由于互感器铁心的非线性特性，使这时的励磁电流和二次电流中出现较大的高次谐波，故保护用电流互感器的准确级不是以电流误差命名，而是以复合误差的最大允许百分值命名，其后并标以字母 P。复合误差包括了比值误差和相位差，是在稳态时一次电流瞬时值对折算后的二次电流瞬时值的差值的有效值，并用一次电流有效值的百分数表示。保护电流互感器的标准准确等级有 5P 和 10P。

2. 电子式电流互感器

目前电子式电流传感器按照实现方式不同，主要有空心线圈式（罗斯线圈）电流互感器和铁心线圈式低功率电流互感器（LPTA）两种，根据国标 GB/T 20840.8 规定，目前输出的信号全部为模拟电压信号或数字信号，没有输出电流信号。相对于传统的电磁式电流互感器，空心线圈和 LPTA 电子式电流互感器特点如表 3–14 所示。

表 3–14　　　　　　　　　　空心线圈和 LPTA 低功耗线圈特点

类型	空心线圈式电流互感器	铁心线圈式低功率电流互感器
综合对比	（1）无铁心； （2）无饱和现象； （3）工艺较难； （4）小电流线性度较差，需二次补偿； （5）无二次开路危险； （6）过电流能力强	（1）带铁心； （2）有饱和现象，可做到10P20； （3）工艺实现简单； （4）低端、高端有非线性； （5）开口电压高，开路比较危险； （6）频带范围不如空心线圈宽

电子式电流传感器应满足 GB 20840.8—2007 电子式电流互感器要求。电子式电流传感器主要参数如表 3–15 所示。

表 3–15　　　　　　　　　　电子式电流传感器主要参数

额定变比	相：600A/1V 零序：20A/0.2V
准确级 （含 15m 线缆）	相：（保护 5P10 级、计量 0.5S 三合一兼容） 零序：测量 0.5S、保护 1 级
实现方式	低功耗电磁式
负载阻抗	≥20kΩ
温度范围	−40～70℃

3.1.5.3　传感器

配电网中使用的传感器是一种检测装置，能感受到被测量的信息，并能将感受到的信息，按一定规律变换成为电信号或其他所需形式的信息输出，以满足信息的传输、处理、存储、显示、记录和控制等要求。

通常根据其基本感知功能分为热敏元件、光敏元件、气敏元件、力敏元件、磁敏元件、湿敏元件、声敏元件、放射线敏感元件、色敏元件和味敏元件 10 大类。配电网中经常用到传感器设备有温度传感器、湿度传感器、压力传感器、带电显示器、气体浓度传感器等。

1. 温度传感器

温度传感器是指能感受温度并转换成可用输出信号的传感器。温度传感器是温度测量仪表的核心部分，品种繁多。按测量方式可分为接触式和非接触式两大类，按照传感器材料及电子元件特性分为热电阻和热电偶两类。常用在电力变压器油箱、干式变压器线圈绕组、电气连接触点（如电缆终端头）测温。

温度传感器的工作原理有电阻传感和热电偶传感两种。

1）电阻传感原理。金属随着温度变化，其电阻值也发生变化。对于不同金属来说，温度每变化一度，电阻值变化是不同的，而电阻值又可以直接作为输出信号。电阻共有两种变化类型：

正温度系数　温度升高相当于阻值增加，温度降低相当于阻值减少。

负温度系数　温度升高相当于阻值减少，温度降低相当于阻值增加。

2）热电偶传感原理。热电偶由两个不同材料的金属线组成，在末端焊接在一起。再测出不加热部位的环境温度，就可以准确知道加热点的温度。由于它必须有两种不同材质的导体，所以称之为热电偶。不同材质做出的热电偶使用于不同的温度范围，它们的灵敏度也各不相同。热电偶的灵敏度是指加热点温度变化 1℃时，输出电位差的变化量。对于大多数金属材料支撑的热电偶而言，这个数值在 5～40μV/℃之间。

由于热电偶温度传感器的灵敏度与材料的粗细无关，用非常细的材料也能够做成温度传感器。也由于制作热电偶的金属材料具有很好的延展性，这种细微的测温元件有极高的响应速度，可以测量快速变化的过程。

2. 湿度传感器

湿度传感器也是电力设备中常用的检测元器件，常用来检测电气设备运行环境的湿度。其与温度传感器、加热器配合可预防开关柜凝露等，保持电气设备处于干燥的运行环境。

湿敏元件是最简单的湿度传感器。湿敏元件主要有电阻式、电容式两大类：

1）湿敏电阻。湿敏电阻的特点是在基片上覆盖一层用感湿材料制成的膜，当空气中的水蒸气吸附在感湿膜上时，元件的电阻率和电阻值都发生变化，利用这一特性即可测量湿度。

2）湿敏电容。湿敏电容一般是用高分子薄膜电容制成的，常用的高分子材料有聚苯乙烯、聚酰亚胺、酪酸醋酸纤维等。当环境湿度发生改变时，湿敏电容的介电常数发生变化，使其电容量也发生变化，其电容变化量与相对湿度成正比。

湿敏元件的线性度及抗污染性差，在检测环境湿度时，湿敏元件要长期暴露在待测环境中，很容易被污染而影响其测量精度及长期稳定性。

3. 带电显示器

带电显示器是一种直接安装在室内电气设备上，直观显示出电气设备是否带有运行电压的提示性安全装置。当设备带有运行电压时，该显示器显示窗发出闪光，警示人们高压设备带电，无电时则无指示。如图 3-15 所示。

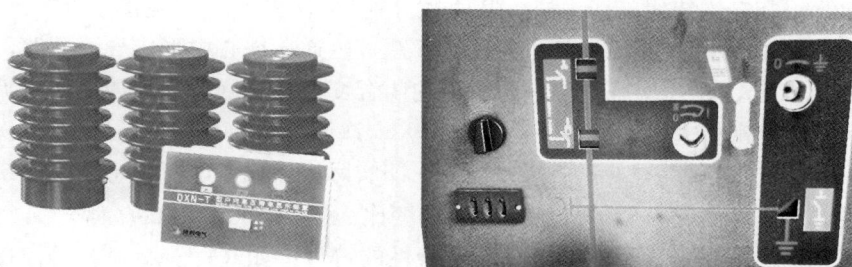

图 3–15　常用带电显示器

带电显示装置是感应式高压带电显示装置，由 3 个传感器、3 个整流器及显示器经导线连接成整个系统。适用于额定电压 6、10、12kV，额定频率 50Hz 的户内高压设备。显示装置分为提示型、强制型（强制型就是与电磁锁配合，达到强制闭锁的目的）、单显示及一带二型。

该装置是利用高压电场与传感器之间的电场耦合原理，在安全距离外进行感应式（非接触式）测量，常用带电显示器工作原理框图如图 3–16 所示。

高压带电显示装置由传感器、显示器两部分组成。传感器共 3 支，分别对准 A、B、C三相带电体，与高压带电体无直接接触，并保持一定的安全距离。它接受高压带电体电场信号，并传送给显示器进行比较判断。

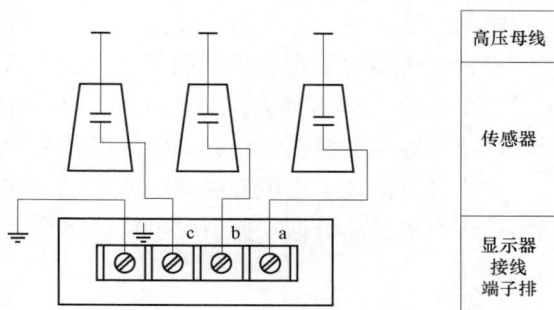

图 3–16　常用带电显示器工作原理框图

当被测设备或网络带电时，A、B、C 三相指示灯亮；当被测设备或网络不带电时，A、B、C 三相指示灯都熄灭。

3.2　配电二次回路

配电二次回路有两种分类方式：第一种是按照电路类别分类，可分为直流回路和交流回路，其中交流回路又包含交流电流回路和交流电压回路。第二种是按照回路的功能用途分类，可分为测量回路、控制回路、信号回路等，其中控制回路主要包含合闸控制回路和分闸控制回路。

3.2.1　交流电流与电压回路

1. 交流电流回路

交流电流二次回路由电流互感器二次侧供电给配电终端的电流线圈等所有电流元件的全部回路，电流互感器流过一次设备的大电流，利用法拉第电磁感应原理变为小电流，如 1A、5A，方便测控装置进行电流采集。

电流互感器的工作原理与变压器工作原理相同，由两个绕制在闭合铁心上、彼此绝缘的绕组（一次绕组和二次绕组）所组成，其匝数分别为 N_1 和 N_2，参见图 3-17。当一次绕组通过电流 I_1 时，在电流互感器铁心产生交变磁通 E_1，磁通在铁心中形成导通回路，二次绕组上产生感应电动势 E_2，在二次绕组和负载构成的闭合交流电流回路中形成二次电流 I_2。一般来说，电力系统中经常将大电流 I_1 变为小电流 I_2，一次侧绕组匝数较少（N_1），二次侧绕组匝数较多（N_2）。一次绕组电流与二次绕组电流比，即实际电流比。电流互感器一次绕组额定电流与二次绕组额定电流之比，叫作互感器的额定变比。譬如 400/5、100/1 等。

电流互感器的一、二次绕组端子都标有极性的符号：如（+）或（*）等，在一、二次绕组有这样一个符号的一端叫作同性（名）端，同理，两者另一头没有标此符号的一端也为同极性端。在电流互感器中，常以一、二次电流方向关系来确定同极性端或异极性端。一般是这样来确定同极性端的：对一次绕组的端子，先可任意选定一个端头作为始端（另一个作为终端），当一次绕组电流 i_1 瞬时由始端流向终端，二次绕组内电流 i_2 流出的那一端就标示为二次绕组的始端（另一个作为终端）。

电流互感器有所谓加极性的标示方法。从电流互感器一次绕组和二次绕组所标的同极性端来看，电流 i_1 和 i_2 的流向是相反的，即一个流进，另一个流出，这样的极性关系，称为减极性，反之称为加极性。一般采用减极性标示方法。

前文详细阐述了电流互感器的工作原理和极性判别，以便于读者对配电自动化交流电流回路理解得更清晰透彻。典型配电自动化交流电流回路见图 3-18。

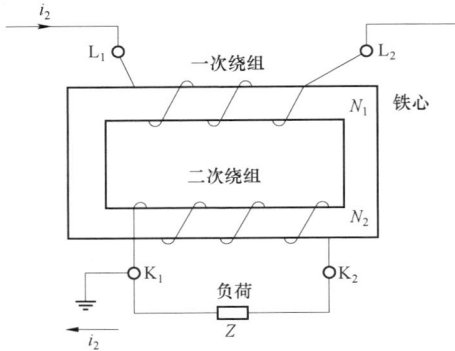

图 3-17　电流互感器工作原理图　　　　　图 3-18　典型交流电流回路图

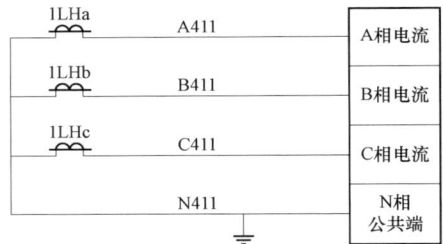

2. 交流电压回路

交流电压回路包括由电压互感器二次侧供电给配电终端电压线圈的全部回路。电压互感器将电力系统的一次电压按一定变比缩小为要求的二次电压，供各种二次设备使用，同时也用于二次设备与一次设备之间高压隔离，保证人身和设备安全。

电压互感器的主要结构和工作原理与变压器类似，同样是由相互绝缘的一次、二次绕组和闭合铁心组成，电压互感器的工作原理图如图 3-19 所示，电压互感器的一次线圈匝数 N_1 较多，直接与一次高压设备相连，二次线圈匝数 N_2 较少，接于高阻抗的测量仪表和继电器电压线圈，正常运行时，电压互感器接近于空载状态。

电压互感器一次线圈与二次线圈额定电压之比，称为电压互感器的额定变比，即 $K_n=U_{1n}/U_{2n}$。其中，一次线圈额定电压 U_{1n} 是电网的额定电压，二次电压则统一定为 100V（线电压）或 57.7V（相电压）。

在配电交流电压二次回路中，通常采用两种接线方式。一种是两个单相电压互感器接成 V–V 形接线方式，其电压互感器 V–V 接线如图 3–20 所示。

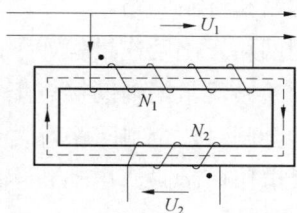

图 3–19　电压互感器的工作原理图

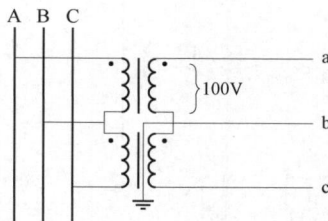

图 3–20　电压互感器 V–V 接线

两个电压互感器分别接于线电压 U_{ab} 和 U_{bc} 上，一次绕组不能接地，二次绕组为了防止高压串入必须一点接地，这种接线方式适用于中性点不接地系统或经消弧线圈接地系统（小电流接地系统）。配电交流电压回路较多采用这种接线方式。V–V 形接线方式不能直接采集单相电压，可采集到对称的三个线电压。

另一种是三个单相电压互感器接成星形接线方式，其电压互感器星形–星形/开口三角接线如图 3–21 所示。

电压互感器的一次绕组接成星形，互感器接于相地之间，测量的是相对地电压。由于一次绕组阻抗极高，采用中性点一点接地时并不表示该系统中性点接地。星形接线方式在高电压等级电网中得到广泛应用。

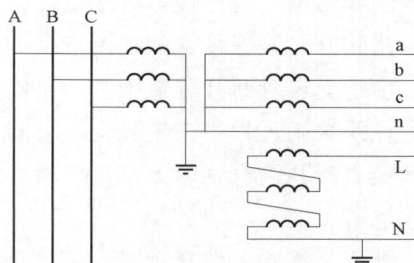

图 3–21　电压互感器星形–星形/开口三角接线

电压互感器二次侧不允许短路。由于电压互感器内阻抗很小，若二次回路短路时，会出现很大的电流，将损坏二次设备甚至危及人身安全。电压互感器可以在二次侧装设熔断器或低压断路器以保护其自身不因二次侧短路而损坏。在可能的情况下，一次侧也应装设熔断器以保护高压电网不因互感器高压绕组或引线故障危及一次系统的安全。

同时，为了确保人们在接触测量仪表和继电器时的安全，电压互感器二次绕组必须有一点接地。因为接地后，当一次和二次绕组间的绝缘损坏时，可以防止仪表和继电器出现高电压危及人身安全。

3.2.2　直流控制与信号回路

1. 直流控制回路

（1）控制回路工作原理。在配电系统中，对断路器的跳、合闸控制是通过配电控制回路以及电动操动机构来实现的，控制回路是连接一次设备和二次设备的桥梁，通过控制回路可以实现自动控制、远方控制配电负荷开关或断路器。因此，配电控制回路是配电自动化系统保护跳闸、远方控制和馈线自动化实现的基础和保障。为充分掌握断路器的控制原理，以下

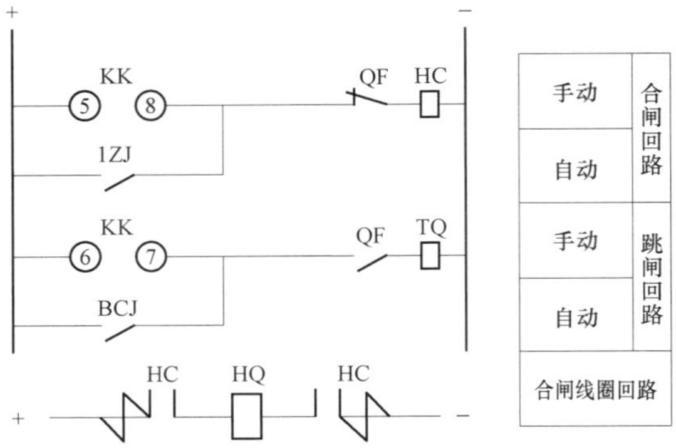

图 3-22 断路器控制回路原理图

从最简单的断路器控制回路进行分析,断路器控制回路原理图如图 3-22 所示。

由图 3-22 可知,断路器控制回路主要包含合闸回路和跳闸回路。

合闸回路正确动作过程如下:在断路器控制电源和断路器常闭辅助接点正常情况下,手动或自动合闸时,合闸回路瞬时导通,合闸线圈因承受电压而励磁,启动断路器操动机构,开关合闸后,串于合闸回路的断路器常闭接点打开,断开合闸回路。

跳闸回路正确动作过程如下:在断路器控制电源和断路器常开辅助接点正常情况下,手动或自动跳闸时,跳闸回路瞬时导通,跳闸线圈因承受电压而励磁,启动断路器操动机构,开关跳闸后,串于跳闸回路的断路器常开接点打开,断开跳闸回路。

由断路器跳合闸动作行为可知,断路器辅助接点其作用非常关键。因为:一是跳闸线圈和合闸线圈出厂时是按短时通电设计,在跳合闸操作完成后,通过断路器辅助接点自动将操作回路断开,确保跳合闸线圈安全;二是无论手动合闸按钮,还是保护装置跳合闸继电器接点,由于受自身断开容量限制,不能很好地开断操作回路电流,如果利用其断开操作电流,将会在跳合闸过程中产生弧光,可能导致接点烧毁。而断路器辅助接点容量较大,由断路器辅助接点断开跳合闸电流,可以较好地灭弧,保护手动跳合闸控制开关盒继电器跳合闸接点不被烧毁。

然而,在断路器合闸时,可能合闸于永久性故障上,由于手动合闸控制开关或保护合闸接点粘连等原因,合闸脉冲还未消失,保护动作后会立即跳闸,持续的合闸脉冲会让断路器再次合闸,如此将发生多次跳-合现象,此现象被称为"跳跃"。多次跳跃会导致断路器烧坏,造成事故扩大。因此,为防止"跳跃"发生,断路器控制回路中还设计了"防跳"回路。断路器防跳回路图如图 3-23 所示。

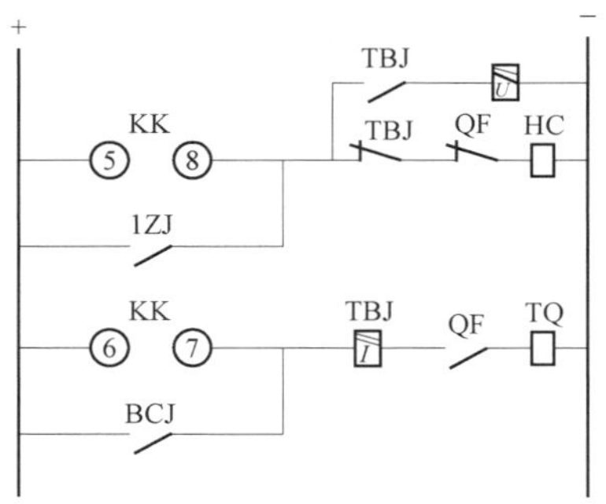

合闸时,如线路发生故障,保护动作出口,跳闸回路接通,断路器跳闸,同时跳闸回路电流驱动防跳继电器 TBJ,使其常闭接点断开合闸回路,而TBJ 常开接点导通 TBJ 电压线圈,如合闸脉冲仍然存在,TBJ 电压线圈可实现自保持,长期断开合闸

图 3-23 断路器防跳回路图

回路,使断路器不能再次合闸,当合闸脉冲消失后,TBJ 电压线圈断电,恢复正常状态。

除了防跳回路外,为正常反映断路器位置状态,控制回路中还包括断路器位置监视回路。一般用红灯表示断路器合闸状态,绿灯表示断路器分闸状态。断路器位置监视回路图如图 3-24 所示。

　　断路器位置监视是利用断路器辅助接点或者跳合位继电器实现的。当断路器在断开位置，断路器常闭辅助接点闭合，合闸回路完好，导通绿灯；当断路器在合闸位置，断路器常开辅助接点闭合，跳闸回路完好，导通红灯。正常情况下，断路器的位置用红绿灯监视即可，至少有一个灯点亮；但如果控制回路发生断线，则可能两个灯都不亮。控制回路断线将造成断路器无法实现自动控制，为及时发现控制回路断线这一重要信号，我们在用红绿灯监视断路器位置的同时，还在合闸回路中串入跳闸位置继电器 TWJ，在跳闸回路中串

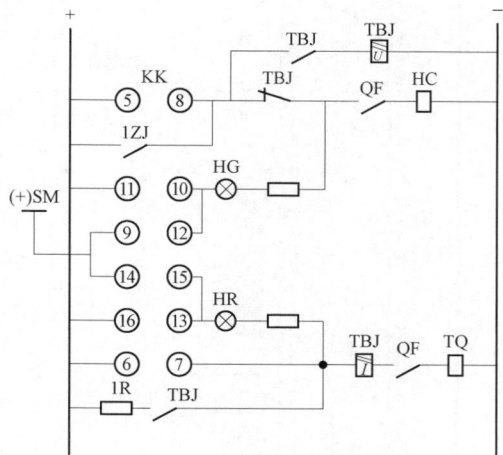

图 3-24　断路器位置监视回路图

入合闸位置继电器 HWJ。当控制回路断线时，TWJ 和 HWJ 同时断电，将跳合位继电器的常闭接点串联来反映控制回路断线信号。

　　另外，断路器的控制回路必须完整、可靠，还应满足下面一些要求：

　　1）断路器的合、跳闸回路是按短时通电设计的，操作完成后，应迅速切断合、跳闸回路，解除命令脉冲，以免烧坏合、跳闸线圈。为此，在合、跳闸回路中，接入断路器的辅助触点，既可将回路切断，又可为下一步操作做好准备。

　　2）断路器既能在远方由控制开关进行手动合闸和跳闸，又能在自动装置和继电保护作用下自动合闸和跳闸。

　　3）控制回路应具有反映断路器状态的位置信号和自动合、跳闸的不同显示信号。

　　4）无论断路器是否带有机械闭锁，都应具有防止多次合、跳闸的电气防跳措施。

　　5）对控制回路及其电源是否完好，应能进行监视。

　　6）对于采用气压、液压和弹簧操作的断路器，应有压力是否正常，弹簧是否拉紧到位的监视回路和闭锁回路。

　　7）接线应简单可靠、使用电缆芯数应尽量少。

　　（2）环网柜电操机构控制回路。环网柜操动机构控制回路如图 3-25 所示。

开关动作过程：

　　远方操作分闸：终端的分闸开入电缆接入 10 点，当配电主站下发遥控分闸指令后，终端分闸开入给 10 点正电脉冲，通过开关位置辅助接点 1，2 到 K2 继电器动作，然后 48V 正电接通到电机，电机动作，完成跳闸操作。

　　远方操作合闸：终端的合闸开入电缆接入 9 点，当配电主站下发遥控合闸指令后，终端合闸开入给 9 点正电脉冲，通过开关位置辅助接点 1，4 到 K2 继电器动作，然后 48V 正电接通到电机，电机动作，完成合闸操作。

　　就地操作分闸：48V 正电到"分合闸公共点"，当按下分闸按钮后，正电通过开关位置辅助接点 1，2 到 K2 继电器动作，然后 48V 正电接通到电机，电机动作，完成跳闸操作。

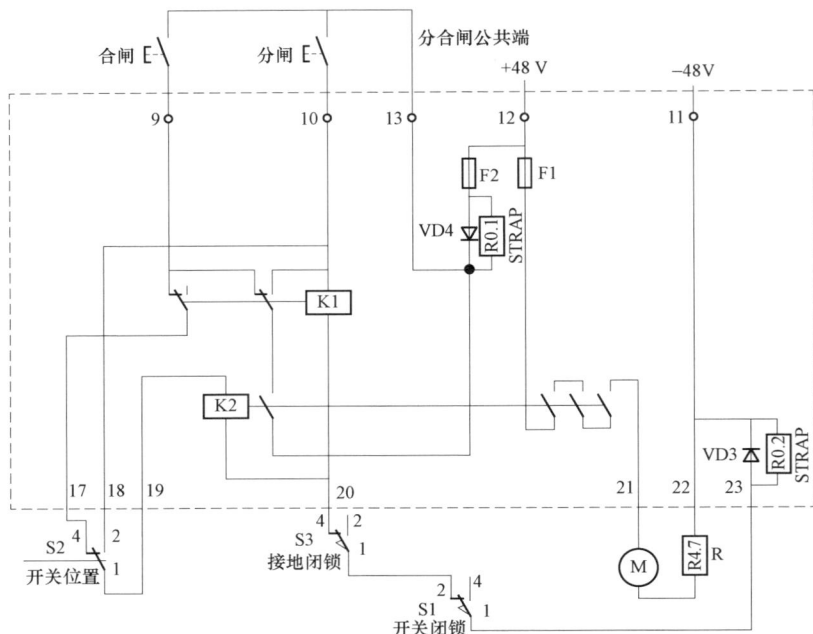

图 3-25 环网柜操动机构控制回路

就地操作合闸：48V 正电到"分合闸公共点"，当按下合闸按钮后，正电通过开关位置辅助接点 1，4 到 K2 继电器动作，然后 48V 正电接通到电机，电机动作，完成合闸操作。

2. 直流信号回路

信号回路是用来采集、指示一次电路设备运行状态的二次回路，它包括预告信号、位置信号、事故信号、配电终端及自动装置的启动、动作、告警信号等。

在配电系统中，信号回路主要作用是反映设备正常和非正常的运行状况，为及时发现与分析故障，配合配电主站迅速消除和处理事故提供有力的支持。配电系统常规信号开入回路图如图 3-26 所示。

信号回路是通过辅助接点的开、闭来反映其状态的，信号采集原理是在辅助接点的一端接入信号采集正电，另一端接入终端采集的开入点，当辅助接点闭合时，终端开入点采集到正电，终端显示为"1"，反之为"0"。

信号回路的电压等级通常有两种：弱电信号（24V、48V）和强电信号（220V）。弱电信号回路的优点是电压低，安全性好，当工作人员误碰时，不会导致触电；但其缺点是，信号传输的距离有限，最好只在控制室范围内使用，如果传输距离过远，会导致信号发送的灵敏度不够，而使信号漏报，并且弱电信号回路不利于二次检修人员对回路完整性的检查，因其电压等级过低，检修人员不易通过万用表测电位的方法检查信号回路是否接线正确、回路是否完整。强电信号回路正是克服了弱电回路的上述缺点，当信号回路需从主控室引至开关机构距离较远时，也能保证信号传输稳定、灵敏；并且，二次检修人员也可以方便通过用万用表对地测电位的方法确定回路接线的正确性和完整性；但其缺点是，电压等级较高，如果不注意会导致检修人员的触电及接地故障。

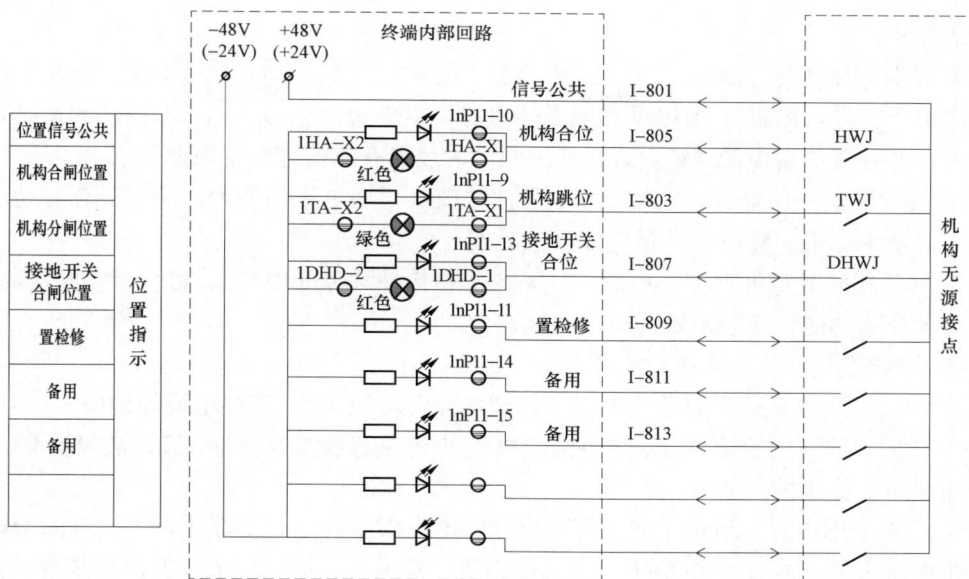

图 3-26　配电系统常规信号开入回路图

3.3　配电一、二次设备成套化

配电一、二次设备成套化可全面提高配电一、二次设备的标准化、集成化水平，提升配电设备运行水平、运维质量与效率，满足线损管理的技术要求。

配电一、二次成套化，以总体设计标准化、功能模块独立化、设备互换灵活化为思路，优先解决配电自动化建设中面临的遥信抖动、一、二次接口的兼容性和扩展性、终端新增计量功能等迫切问题。

3.3.1　柱上开关一、二次成套化设备

柱上开关一、二次成套化设备按照应用功能的不同可分为分段负荷开关成套、分段断路器成套、分界负荷开关成套及分界断路器成套四种。

分段负荷开关成套主要实现就地馈线自动化方式，主要用于主干线分段/联络位置，实现主干线故障就地自动隔离功能，支持电压时间型逻辑。分段断路器成套主要用于满足级差要求，可直接切除故障的主干线、大分支环节，具备重合闸功能。分界负荷开关及分界断路器主要实现分支线及用户支线故障就地隔离或切除功能。

开关本体、控制单元、电压互感器之间采用军品级航空接插件通过户外型全绝缘电缆连接。开关本体应满足国网相关标准要求，控制单元应满足 Q/GDW 514—2010《配电自动化终端/子站功能规范》及《配电自动化终端技术规范》相关要求。

1. 分段/联络断路器成套功能需求

（1）一、二次成套装置由开关本体、控制单元、电源 TV、连接电缆等构成。开关本体应内置高精度、宽范围的电压/电流采样装置互感器，满足故障检测、测量、计量等功能和计

算线损的要求。

（2）开关采用内置 1 组电子式电压传感器，提供 U_a、U_b、U_c、U_0（测量、计量）电压信号和零序电压信号，内置 1 组电子式电流传感器，提供 I_a、I_b、I_c、I_0（保护、测量、计量）电流信号，并外置 2 台电源 TV 安装在开关两侧，线路有压信号取自电源 TV。

（3）具备采集三相电流、三相电压、零序电流、零序电压的能力，满足计算有功功率、无功功率，功率因素、频率和计量电能量的功能。

（4）具备相间故障处理和小电流接地系统单相接地故障处理功能，可直接跳闸切除故障，具备自动重合闸功能，重合次数及时间可调。

2. 分段/联络负荷开关成套功能需求

（1）一、二次成套装置由开关本体、控制单元、电源 TV、连接电缆等构成。

（2）开关本体应内置高精度、宽范围的电压/电流采样装置互感器，满足故障检测、测量、计量等功能和计算线损的要求。

（3）开关采用内置 1 组电子式电压传感器，提供 U_a、U_b、U_c、U_0（测量、计量）电压信号和零序电压信号，内置 1 组电子式电流传感器，提供 I_a、I_b、I_c、I_0（保护、测量、计量）电流信号，并外置 2 台电源 TV 安装在开关两侧，线路有压信号取自电源 TV。

（4）具备"来电合闸、失压分闸"功能，满足与变电站出线断路器配合完成主干线路故障就地隔离的就地馈线自动化功能，开关本体具备非遮断保护功能确保负荷开关不分断大电流。

（5）具备采集三相电流、三相电压、零序电流、零序电压的能力，满足计算有功功率、无功功率，功率因素、频率和计量电能量的功能。

（6）具备正向闭锁合闸功能，若开关合闸之后在设定时间内失压，则自动分闸并闭锁合闸，正向送电开关不关合。

（7）具备反向闭锁合闸功能，若开关合闸之前在设定时间内掉电或出现瞬时残压，则反向闭锁合闸，反向送电开关不关合。

（8）具备接地故障隔离功能，若开关合闸之后在设定时间内出现零序电压从无到有的突变，则自动分闸并闭锁合闸，正向送电开关不关合。

（9）具备接地故障就地切除选线功能，若开关负荷侧存在接地故障，延时跳闸，直接选出接地故障线路。

（10）具备分段/联络模式就地可选拨码，在联络模式下具备自动转供电功能。

（11）具备集中控制模式和就地重合模式（电压时间型）选择开关，选择开关遥信状态可主动上报主站。

3. 分界断路器成套功能需求

（1）分界断路器由开关本体、控制单元、电源 TV、连接电缆几部分组成。

（2）开关至少内置 A、C 相 TA 和零序 TA，满足相电流和零序电流应用要求，外置 1 台电源 TV 安装在电源侧。

（3）具备相间故障处理和小电流接地系统单相接地故障处理功能，可直接跳闸切除用户侧相间短路故障和接地故障，具备 1 次重合闸功能。

（4）可选配计量功能以满足计算线损的要求（开关内置电子式互感器，配置方案同分段/

联络开关成套设备）。

4. 分界负荷开关成套功能需求

（1）分界负荷开关由开关本体、控制单元、电源 TV、连接电缆等组成。

（2）开关至少内置 A、C 相 TA 和零序 TA，满足相电流和零序电流应用要求。外置（或内置）1 台电源 TV 安装在电源侧。

（3）具备自动隔离用户侧相间短路故障、自动切除用户侧接地故障，满足非遮断电流闭锁应用要求。

（4）可选配计量功能以满足计算线损的要求（开关内置电子式互感器，配置方案同分段/联络开关成套设备）。

5. 控制单元技术需求

（1）计量功能要求 FTU 采用计量模块实现计量功能，包括：四象限有功电量计算和无功电量计算及功率因数计算。计量数据冻结功能：包括日，月冻结数据，功率方向改变时的冻结数据。

（2）四象限有功电量、无功电量计算为 0.5S 级精度，功率因数分辨率 0.01。

（3）测量功能要求采集电压、三相电流、频率、零序电流和零序电压。

（4）保护功能要求应满足 Q/GDW 514《配电自动化终端/子站功能规范》及《配电自动化终端技术规范》相关要求。

（5）分段/联络断路器、分界断路器具备相间故障检测及跳闸功能、相间故障信息上传功能。

（6）分段/联络断路器、分界断路器、分界负荷开关具备进出线接地故障的检测及跳闸功能；具备故障录波与通信上传功能，接地故障录波每周波 80 点以上。

（7）测量/计量/保护精度要求。

（8）保护、测量、计量电压：三相；$3.25V/\sqrt{3}$；测量精度≤0.5%。

（9）保护、测量、计量电流：三相；1V；保护≤3%；测量 0.5 级；计量精度 0.5S 级。

（10）零序电流：20A；0.2V；测量精度≤0.5%。

（11）零序电压：6.5/3V；测量精度≤0.5%。

6. 抗凝露方案

（1）采用全密封结构（含操动机构）共箱式开关，实现全绝缘、全密封。开关本体满足下水试验要求，开关采用全绝缘设计，无带电裸露点。主引出线推荐采用电缆式引线。

（2）控制电缆及插头抗凝露方案。采用全密封防水结构插头插座。插头插座焊线侧必须灌装硅脂橡胶，保证无带电裸露点。电缆上接电源 TV 的电缆破口需做防雨水浸入处理，安装时做上 U 型固定。电缆控制器侧要做下 U 型固定，防止雨水顺电缆灌入插头。

（3）箱式 FTU 应满足 IP54 的防护等级，箱体内金属附件，板材应经过防锈处理，设计考虑减少凝露措施，箱体底部留有导流孔。电压时间型开关，分界开关等尽量采用罩式装置，控制单元满足 IP67 防护等级要求。

3.3.2　环网柜一、二次成套化设备

环网柜一、二次成套化设备由环进环出单元、馈线单元、母线设备（TV）单元、集中式

DTU 单元组成，DTU 单元整体实现"三遥"、计量、相间及接地故障处理、通信、二次供电等功能。

1. 成套设备整体需求

（1）DTU 采用分布式模式，分布式 DTU 实现本间隔计量、相间与接地故障处理、测控功能；各间隔 DTU 通信方式接入通信单元，通信单元对上通信。

（2）各间隔 DTU 和通信单元实现装置级可更换，支持热插拔。开关单元或开关柜整体供货；开关本体各模块标准化。

（3）一次设备根据项目需求配置电缆测温、环境温度湿度传感器；DTU 预留电缆测温、环境温度湿度的采集端口、模块供电与安装接口。

2. 支撑线损计算需求

电缆网单环式接线见图 3-26 所示，电缆网双环式接线见图 3-27。按照关口计量要求，变电站（开关站）出线开关、用户专变关口点、台变低压总表均安装双向计量装置，正常方式时的 K 处（开关常开，见图 3-27）或双环网中的 K1、K2 处（开关常开，见图 3-28）安装双向计量装置。

电缆单环网以正常方式时的开环点 K 为断开点，分为两条线路管理。双环网可将 Ⅰ 、 Ⅱ 段母线等同一条母线看待，输入输出电量计算原则与单环网一样。

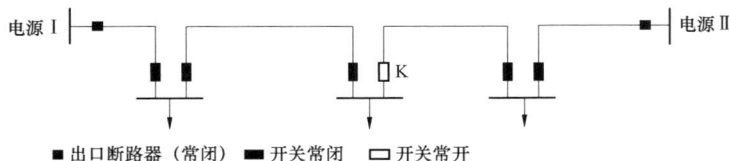

图 3-27　电缆网单环式接线

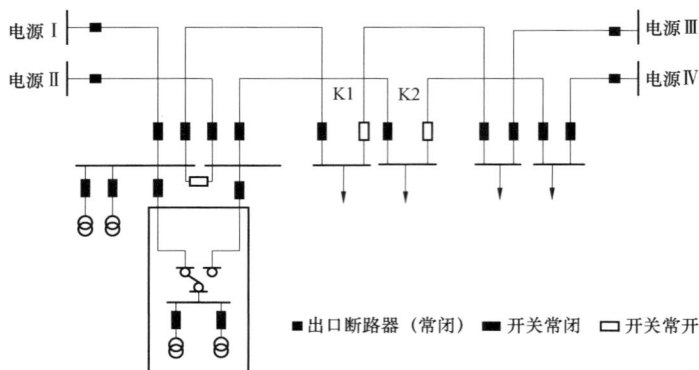

图 3-28　电缆网双环式接线

3. 开关柜技术需求

（1）环网柜的设计应能在允许的基础误差和热胀冷缩的热效应下不致影响设备所保证的性能，并满足与其他设备连接的要求，与结构相同的所有可移开部件和元件在机械和电气上应有互换性。

（2）环进环出单元、馈线单元应装有能反映进出线侧有无电压，并具有联锁信号输出功能的带电显示装置。当线路侧带电时，应有闭锁操作接地开关及电缆室门的装置。

（3）操作电源采用 DC48V，储能电机功耗不大于 80W，合闸线圈瞬时功耗不大于 300W，分闸线圈瞬时功耗不大于 500W。

（4）采用气体灭弧的环网单元应装设气体监测设备（包括密度继电器，压力表），且该设备应设有阀门，以便在不拆卸的情况下进行校验。气体压力监测装置应配置状态信号输出接点。

（5）气箱防护等级应满足 GB 4208 规定的 IP67 要求。气体灭弧设备的气箱应能耐受正常工作和瞬态故障的压力，而不破损。

（6）环网柜应具有防污秽、防凝露功能，柜体采用百叶窗等利用通风的散热设计。遥信。环网柜应提供开关位置信号、未储能信号，满足遥信要求。

（7）遥测。近期和中期：整体满足保护、测量、计量等功能要求。环进环出单元和馈线单元装设高精度、宽范围的电流采样装置，采集三相电流、零序电流；母线设备单元装设高精度、宽范围的电压采样装置和取电装置，采集三相电压、零序电压。远期：单元满足保护、测量、计量等功能要求；环进环出单元和馈线单元本体装设高精度、宽范围的电压/电流采样装置，采集三相电流、零序电流、三相电压、零序电压；母线单元装设取电装置。

（8）遥控：开关设备应配置电动操动机构，电操模块采用灌胶方式，可实现远方/就地操作；同时也具备手动操作功能，配置就地操作按钮和指示灯，DTU 可不配。

（9）柜间联络：近期遥信、遥测、遥控上端子，与 DTU 采用二次电缆联接；中期出口采用军品级航空接插件，与 DTU 对接；远期采用各间隔单元安装三遥动作型 DTU，由供电与通信单元统一提供电源。

（10）环网柜采用电磁式互感器应配置电流、电压表，采用电子式互感器应配置数码显示表。

（11）断路器柜相间故障整组动作时间不大于 100ms。

（12）开关柜选用的负荷开关、断路器等设备功能和性能应满足 GB 1984、GB 1985、GB 3804、GB 16926 及 GB/T 11022 标准的规定。

4. 控制单元技术需求

（1）计量功能要求。DTU 采用计量模块实现计量功能。间隔计量功能，包括：四象限有功电量计算和无功电量计算；功率因数计算。

间隔计量数据冻结功能：包括日，月冻结数据，功率方向改变时的冻结数据。

四象限有功电量、无功电量计算为 0.5S 级精度，功率因数分辨率 0.01。

（2）测量功能要求。采集各线路的三相电压、三相电流、有功功率、无功功率、功率因素、频率、零序电流和零序电压。

（3）故障处理功能要求。

1）应满足 Q/GDW 514《配电自动化终端子站功能规范》及《配电自动化终端技术规范》相关要求。

2）具备馈线间隔的相间故障检测及跳闸功能、相间故障信息上传功能。

3）具备环进环出单元接地故障的检测与接地故障信息上传功能；具备接地故障录波与通信上传功能，接地录波每周波 80 点以上。

（4）接口及接线要求。模拟量采用电磁式互感器输入时，采用端子排连接方式。模拟量采用电子式传感器输入时，电子式互感器电流、电压成对双绞线输出，电子式互感器线缆接入到 DTU 柜体的航插，转屏蔽双绞线接入装置；每对绞线采用最小的节距绞制后屏蔽，所有线对绞制后再屏蔽、护套，户外使用，线径不能小于 1.0mm²。另外，可根据实际需要，增加用于电缆测温、环境温湿度监测等功能的扩展端子。

（5）功耗及电源要求。"三遥"DTU 整机功耗不大于 45VA（含计量模块，不含通信模块、后备电源）。操作电源可采用 DC 48V，要求控制回路、辅助回路、储能回路均采用同一工作电压。供电 TV 为二次设备提供 AC 220V 电源，操作回路统一由二次设备提供电源，操作回路在二次设备中设置独立空开控制，操作回路输出统一按组输出。

5. 抗凝露需求

规定环网柜基础距离地面不得低于 500mm，同时应设置不得小于 450mm×250mm 的通风口，通风口应有钢丝网防小动物进入，旁边应无其他阻碍物并根据周围环境适当增加数量，合理调整角度，确保空气对流畅通。

各进出线单元采用全密封结构。进出线，母线电缆附件必须满足全绝缘、全密封的要求。单元进线推荐采用电缆式引线。电缆进线沟必须做（采用快凝材料）密封处理。每一间隔二次室需加入湿度控制加热装置。环网柜顶部加湿度控制通风装置，母线电源 TV 需预留出加热，通风负载功率。

环网柜二次部分 DTU/箱式 FTU 禁止用电裸露型端子排（TB 型），应采用塑件包裹型标准电压电流端子排，安装后外视无带电裸露点导线头部处理，接入端子后，根部无金属裸露。

3.4　配电设备与二次回路运维

配电设备的运维本是配网检修工区的基本工作和必要的技术要求之一，传统上的配电设备主要靠人力资源的叠加，现代配电网需要靠技术手段的辅助才能完成或者说完成得更好更高效。而二次回路的运维通常容易被忽略，是管理上的交叉地带。加强对二次设备的管理的同时也应对二次回路以及一次辅助设施进行运维，以便能够整体体现一、二次设备的功效，共同打造配电网健康运行基础，具有意义。

3.4.1　配电设备运行维护

1. 环网站所设备运行维护

环网柜数量大且安装分散，运维工作不是一件简单的观察和走到巡到而已，应根据每台环网柜的安装位置和运行环境（温湿度、地理地貌、厂矿企业、道路交通、污水燃气热力等管线情况），制定合理的巡视和维护周期，进行差异化运维，否则，单靠人力，大量的设备是难以做到面面俱到，重点突出，保障健康的。

（1）主要巡视内容。环网柜定期巡视时与配电主站相关的检查内容主要包括各间隔标示、绝缘气体压力表、各间隔运行指示灯、远方/就地位置、出口压板、蓄电池外观、低压室元件外观，以及柜内放电痕迹、特殊气味和凝露情况等。

（2）常见缺陷处理。环网柜漏气时可先带电补气，如果密封不严的位置能够带电处理，则不需要设备停电进行消缺。部分焊接或密封不严导致的漏气需停电或返厂处理。

对于电动操动机构故障应及时处理，部分厂家的电动操动机构可以带电更换，部分厂家还需停电进行更换。对于运行环境恶劣的设备应尽快通过更换防凝露外壳、加装或维修投运温湿控制、加装防凝露装置、设备基础加装通风口、基础防火防潮封堵等措施改善设备运行状态。

开关辅助触点损坏时，应更换为具备防锈蚀（密封）、防抖动能力的辅助装置，以适应恶劣运行环境。多数厂家的环网柜辅助装置可带电更换，对部分不能更换的可就地采取密封措施。操动机构无法自动储能时，依次检查开关、分合闸是否到位，手动储能是否正常，储能回路是否有正常输出电压。

TV 柜无输出电压时，检查线路运行电压是否正常，如果正常，检查 TV 一次、二次接线是否正常，再检查 TV 二次保险是否熔断。

2. 柱上开关运维

日常维护巡视时进行开关外部检查，检查内容主要包括：

开关位置指示正确，并与实际运行工况相符；开关外壳无锈蚀和破损，套管、绝缘子无裂痕，无放电声和电晕放电；接地是否良好；引线连接部位接触良好、无过热；接地完好；开关所处环境良好，设备附近无树障、无鸟窝等异物。

巡视人员发现开关存在威胁安全运行且不停电难以消除的缺陷时，应及时报告并申请停电检修处理。开关存在以下情况时，应立即停电检修处理：① 套管有严重破损和放电现象；② 内部有异常声响；③ 不能可靠合闸、合闸后声音异常、分闸脱扣器拒动。

（1）电流型开关运维。电流型开关常见问题及处理措施如表 3-16 所示。

表 3-16　　　　　　　　　　　电流型开关常见问题及处理措施

开关本体故障		
故障现象	原因分析	处 理 方 法
开关机构持续储能，保持不住造成储能不成功	检查开关分、合闸是否到位	如开关分、合闸不到位，操作至分、合闸到位即可解决；如果开关分、合闸已到位则判断为开关内部触点问题，需更换开关
开关储能信号与实际状态不符	检查开关是否储能到位	如储能不到位，手动操作至储能到位即可解决；如果开关已储能到位则判断开关内部储能触点问题，需更换开关
开关频繁上报位置或储能信号	检测开关是否分、合闸到位，储能是否到位	如操作不到位，手动操作到位即可解决；如果开关分、合闸、储能已到位则判断为开关内部触点问题，需更换开关
开关位置信号与实际状态不符	检查开关分、合闸是否到位	如操作不到位，手动操作到位即可解决；如果开关分、合闸已到位则判断为开关内部触点问题，需更换开关
开关遥控拒动	检查开关分、合闸是否到位，开关储能状态是否正确	如分、合闸不到位，手动操作到位即可；如果开关分、合闸已到位且已储能，则为开关内部触点问题，需更换开关进行修复

续表

外界因素造成的开关故障		
故障现象	原因分析	处理方法
雷电等过大的浪涌冲击电压造成开关烧坏	检查线路是否安装避雷器、设备是否已接地	安装配电线用避雷器，检查设备的接地是否正确，确保为一点接地
避雷器故障造成开关烧坏	检查避雷器瓷套是否有龟裂、断裂，查看引线是否断损或松脱	定期对避雷器瓷套进行龟裂、断裂检查，查看引线是否断损或松脱
开关内部进水，引起故障	检查外罩、电缆是否龟裂，电缆连接部分的防水处理是否完善	定期对外罩、电缆进行龟裂检查，做好电缆连接部分的防水处理

（2）电压型开关运维。电压型开关运维常见问题及处理措施如表 3–17 所示。

开关需手动操作时，可用操作杆操作开关本体分、合闸操作手柄，进行分、合闸操作。当与控制器及电压互感器配套使用时，开关进行手动合闸后，需将开关投入"自动"操作。

表 3–17 **电压型开关常见问题及处理措施**

开关本体故障		
故障现象	原因分析	处理方法
与控制器配套使用，采集不到开关位置	测量开关位置接点输出信号是否正常	若开关位置接点输出正常则为控制器问题；若开关位置接点输出异常则为开关内部机构或二次线路问题
开关内部 TA 二次无电流输出	查看线路负荷大小，检查开关短路环是否取下，分析 TA 配置（变比）选择是否合适	若线路负荷较小，属正常；若 TA 短路环未拆下，需拆除短路环；若 TA 变比选择不合适，需重设变比或更换 TA
与控制器配套使用，线路失压后开关在合位	开关本体操作手柄是否在自动位置	如开关处于手动合位置，将开关本体操作手柄拉到自动位置
与控制器配套使用，开关合闸后不能投"自动"状态	检查控制器手柄状态，是否有 AC220V 电源输入、输出，控制器运行是否正常及开关合闸线圈是否故障	如果控制器运行状态正常，没有 AC220V 电源输出则需更换控制器；若开关合闸线圈故障则需更换开关
外界因素引起的开关故障		
与控制器配套使用时，初次送电开关不能自动"合闸"	检查控制器闭锁灯是否点亮，若 LOC 灯不亮的话检查控制器是否有 AC220V 输入、输出	如果控制器闭锁灯亮，则检查线路是否有故障，若无故障，拨动手柄开关到合位置，闭锁灯灭，控制器复位，问题解决；若控制器闭锁灯灭，则检查控制器有无输出，有输出则为控制器问题，无输入则检查控制器外部电缆或电源是否有问题
开关继电器接点或保护用避雷器烧损	当雷电等原因造成过大浪涌电压时，可能造成设备故障	安装避雷器，检查接地是否为一点接地
TV 问题引起的开关故障	检查 TV 是否有明显烧坏痕迹，开关能否投入"自动"	通过正规渠道购买 TV，安装前做好试验工作，更换故障 TV、开关
开关与控制器电压互感器配套使用不能投"自动"	检查开关内部结构是否完好，真空断口和隔离断口表面是否干净、整洁，交流接触器是否能正常吸合和复位，导电触点是否正常闭合和断开	更换控制回路接触器

（3）用户分界型开关运维。日常维护巡视时，需对设备进行外部检查，如检查箱体是否锈蚀、有异物，电缆瓷套上有无裂纹，接地线是否连接可靠，主回路引入线和接地端子的距

离，开关位置指示是否与实际一致等。

对分界负荷开关进行开关现场合闸操作时，用绝缘操作杆钩住开关手柄向下拉拽进行合闸操作，开关合闸操作后需进行储能操作。进行分闸操作时，用绝缘操作杆钩住开关分闸拉环向下拉拽，开关分闸。

对分界断路器进行现场操作时，可用绝缘操作杆反复向下拉动储能手柄完成储能；再使用向下拉手动分合手柄右侧使手柄按顺时针方向转动，完成合闸；向下拉手动分合手柄左边使手柄按逆时针方向转动，完成开关分闸。

分界负荷开关常见问题及处理措施如表 3–18 所示，分界断路器常见问题及处理措施如表 3–19 所示。

表 3–18　　　　　　　　　　分界负荷开关常见问题及处理措施

分界负荷开关本体故障		
故障现象	原因调查	处 理 方 法
开关内置电压互感器无电压输出	确认线路是否已送电,检查开关位置、确认内置 TV 安装位置	如果线路已送电,内置 TV 安装于开关负荷侧,属正常现象,如开关在合位或 TV 安装于开关电源侧,则判断开关内置 TV 问题或者二次线接触不良,需更换开关
开关储能信号与实际状态不符	检查开关是否储能到位,测量储能辅助接点信号	如果开关已储能到位则判断开关内部储能触点问题,需更换开关
开关频繁上报位置或储能信号	检测终端是否运行异常	如果终端运行正常则判断为开关内部触点问题,需更换开关
开关无法手动操作分闸	检查开关是否储能到位	如果开关已储能到位,则可判断为开关内部机构问题,需更换开关
开关位置信号与实际状态不符	检查开关分、合闸是否到位	如果开关分、合闸已到位,则可判断为开关内部触点问题,需更换开关
开关经常自动分闸	检查负荷侧是否频发接地故障	如确认开关负荷侧无频发接地故障,应检查控制器定值设定,可能对负荷侧线路长度估算不足、设定值偏小。应调整设定值
外界因素造成的开关本体故障		
现象	原因调查	处 理 方 法
雷电等过大的浪涌冲击电压造成开关烧坏	检查线路是否安装避雷器、设备是否已接地	安装配电线用避雷器,检查设备的接地,确保为一点接地
避雷器故障造成开关烧坏	检查避雷器瓷套是否有龟裂、断裂,查看引线是否断损或松脱	定期对避雷器瓷套、引线进行检查,发现问题及时更换
开关内部进水,引起故障	检查外罩、电缆是否龟裂,电缆连接部分的防水处理是否完善	定期对外罩、电缆进行检查,做好电缆连接部分的防水处理

表 3–19　　　　　　　　　　分界断路器常见问题及处理措施

开关本体故障		
故障现象	原因调查	处 理 方 法
开关机构持续储能,保持不住造成储能不成功	检查开关分、合闸是否到位	如果开关分、合闸已到位可尝试分闸后再储能,观察问题是否消失,如果仍不成功则判断为开关内部触点问题,需更换开关

续表

故障现象	原因调查	处 理 方 法
开关储能信号与实际状态不符	检查开关是否储能到位	如不到位手动储能到位解决，如果开关已储能到位则判断开关内部储能触点问题，需更换开关
开关频繁上报位置或储能信号	检测开关是否分、合闸到位，储能是否到位	如不到位手动储能到位解决，如果开关分、合闸、储能已到位则判断为开关内部触点问题，需更换开关
开关位置信号与实际状态不符	检查开关分、合闸是否到位	如开关分、合闸不到位，应进行开关分、合闸到位问题解决；如果开关分、合闸已到位，则可判断为开关内部触点问题，需更换开关
确认控制器遥控输出正常，开关不能遥控	检查开关分、合闸是否到位，开关是否储能状态	如果开关分、合闸已到位且已储能，则测量相应的合闸、分闸回路是否导通。如果导通，是控制器或者连接电缆问题；如果不通，则判断为开关内部触点问题，需更换开关

外界因素造成的开关故障		
现象	原因调查	处 理 方 法
雷电等过大的浪涌冲击电压造成开关烧坏	检查线路是否安装避雷器、设备是否已接地	安装配电线用避雷器，检查设备的接地，确保为一点接地
避雷器故障造成开关烧坏	检查避雷器瓷套是否有龟裂、断裂，查看引线是否断损或松脱	定期对避雷器瓷套、引线进行检查，发现问题及时更换
开关内部进水，引起故障	检查外罩、电缆是否龟裂，电缆连接部分的防水处理是否完善	定期对外罩、电缆进行检查，做好电缆连接部分的防水处理

3. 配电变压器运维

通过系统监测变压器的运行状态，主要是负荷情况和失复电信息，现场运行维护还要注意二次接线是否牢固可靠、有无污垢、测量变压器低压侧电流（确保变压器不长时间超负荷运行）、警告牌及各种标志牌应完备且字迹颜色清晰明显等。配电变压器常见现场问题及处理措施如表 3-20 所示。

表 3-20　　　　　　　　　　　配电变压器常见现场问题及处理措施

现象	原因调查	处理方法
强烈而不均匀的噪声，内部有火花声	铁心夹紧螺栓因长时间受振动松动或变压器端电压超过容许值。内部火花声可能因线圈或引出线对外壳闪络放电，或铁心接地线断线在铁心与外壳间发放电	停电检修
正常负荷和正常冷却方式下，有不正常高温，且逐渐上升	变压器内部有故障，如铁心放电或匝间短路	停电检修
防爆管上的安全膜破裂	（1）外力引起的破坏； （2）变压器内部故障，产生大量气体，压力增加	（1）不需立即停电检修，安排检修计划； （2）立即停电修理
由于漏油导致油枕液面显著降低	漏油使液面过低能引起气体继电器的动作。对单独运行的变压器，会导致负荷停电；对并列运行的变压器，会导致其他变压器过负荷	停电检修
套管上发现大的裂纹和碎片或有闪络现象	绝缘破坏	停电检修
油温过高	（1）负荷过大； （2）三相负荷不平衡； （3）冷却系统不正常； （4）变压器内部故障，如绕组短路、油路阻塞等	（1）及时调整并降低负荷； （2）调整三相负荷； （3）检修冷却系统； （4）停电检修

3.4.2　配电二次回路运维

配电二次回路日常巡视应针对二次回路反措要求、常见故障和缺陷，编制二次回路专业巡视卡，结合一次设备开展日常巡视，有特殊需求时可开展专业巡视检查。

1. 主要巡视内容

检查二次端子有无发热、损坏、老化的现象。二次接线有无松动、飞线，接地线有无松动、脱落。二次线有无破损。电流端子可连连片是否连接可靠。电压端子的小保险是否接触可靠等。

2. 常见缺陷处理

（1）电流互感器二次回路开路故障。

1）故障现象。电流互感器二次回路单相开路时，开路相无电流，导致二次设备采集的电流缺相。通常对于保护设备来说，由于三相电流不平衡，零负序电流长期存在，会导致保护装置报装置异常信号。对于测量设备来说，由于电流缺相，会导致监控潮流异常。更重要的是二次电流回路长期开路会造成电流互感器铁心饱和，引起铁心震动和发热，导致二次绝缘击穿，危及人身和设备的安全。

2）故障原因。常见的电流互感器二次回路开路故障原因有：电流端子连片开路；二次电缆在端子排处错接入空端子；N 回路连片在端子排上开路；二次接线在保护装置背板松动。

3）故障处理方法。首先应检查各保护、测控设备以及电度表的采样值是否有异常，确定异常相后应在各接口端子排和装置背板上检查连接处是否有明显的断点和烧糊的痕迹。如无明显痕迹可循，应依次在端子排、设备背板处对异常相进行通流试验来查找断开点。

如果断线发生在 N 回路的接线时，在正常运行时由于三相电流平衡，N 回路断线难以发现。只有在发生不对称短路时，N 回路中产生的不平衡电流无法流动才会体现出来。只有通过通流时加入单相电流进行检查才能发现。

（2）电压互感器二次回路短路故障。

1）故障现象。电压互感器二次回路短路时，会导致二次设备采集的电压缺相。通常对于保护设备来说，由于三相电压不平衡，会导致保护设备报 TV 断线，装置异常信号。对于测量设备来说，由于电压回路短路，调度端监视到的电压为零，会导致监控潮流异常。更为严重的是，如果电压互感器二次短路发生在零序电压回路，由于该回路正常运行时无不平衡电压，不对称故障时才会感应零序电压。所以，正常运行时零序回路短路基本无法监测。但是不平衡故障时产生的零序电压在短路情况下会导致电压互感器饱和，二次回路流过大电流烧毁电压互感器。

2）故障原因。电压互感器短接的情况常发生在零序回路上，由于零序电压回路是由三相电压回路串接组合而成，常常发生零序电压 L630 与 N600L 电缆被误短接。

3）故障处理方法。电压互感器三相回路短接时，首先查看保护测量设备的采样值是否有异常，确定异常相后，首先从电压互感器源端开始沿着电缆走向向末端排查，依次在各接口端子排和装置背板上解开对接电缆，然后用万用表测量解开末端电缆后，源端侧的电压互感器电压是否恢复。如果电压恢复，那么短路点在后一级的回路上，如果仍未恢复，那么短路点应在上一级和本级回路之间。

（3）直流回路短路、接地故障。

1）故障现象。直流回路发生接地时，直流回路对地绝缘电阻值降低，可能会导致保护装置电源达不到电压标准值范围而引起装置故障。

2）故障原因。直流接地常常发生在雨天，一次设备机构、环网柜因潮湿浸水导致电缆绝缘降低而引发接地故障发生；也存在由于电缆破损或者寄生回路靠接屏柜导致接地发生。

3）故障处理方法。根据接地现象采取分级排查原理。本文针对情况较为复杂的开关站：直流接地情况，首先应检查直流绝缘巡检仪上报的接地支路。然后确认采用该支路电源的二次电缆敷设情况，通过拉开下级空开的方式来检查绝缘是否恢复，如果绝缘恢复则可确定接地故障发生在该空开的下级回路上，合上该空开后，再逐个拉开下级空开，检查绝缘是否恢复，来确认接地故障在哪个空开下。当确定到空开后，再结合现场设备的实际运行情况通过各信号、操作回路的定义，用万用表测量各二次电缆的电位是否与实际一致。如果发现某二次电缆电位异常，在端子箱和主控室（或在端子箱与仪表小室）断开两端电缆，检查绝缘是否恢复。如果确由该电缆引起，首先判断是否是天气原因或破损接地导致，若为天气导致则用电吹风进行烘干，若为寄生回路或破损接地导致，则剔除寄生回路，包裹破损部位。

3. 控制回路断线故障

（1）故障现象。控制回路断线时，保护设备装置报告警信号。同时，监控后台报"控制回路断线"告警信号。在配电终端处监视不到开关位置。

（2）故障原因。控制回路断线发生的原因较多，开关SF_6气压低，操作回路继电器烧毁，弹簧未储能、操作电源消失等情况都会引起控制回路断线故障发生。

（3）故障处理方法。处理此类故障时，务必首先在监控后台调取控制回路断线信号发生时，伴随发生的相关告警信号。如果同时发生的有SF_6气压低告警，弹簧未储能，操作电源消失等信号，那么可以先排查控制回路断线告警是否由上述信号导致的。如果无相关信号发生，那么需要检查操作回路是否有异常，优先用万用表检查合闸回路和跳闸回路是否电位正常，当开关在合位时跳闸回路应带负电；当开关在分位时，合闸回路应带负电。如果电位正常，那么故障点应在操作板上，继续对操作板进行更换；如电位不正常，那么故障点应在开关机构处，需按照二次回路接点依次进行进一步的检查，最终确定故障是由操作回路上的哪一个元件引起。

第4章 配 电 主 站

配电自动化系统包括配电主站系统（简称配电主站、主站系统）、通信和终端三大部分。结构上分为三个层级，其中配电主站处于最高层，一般部署在地市公司，管辖地区配电网或地县配电网运行，完成供电监控和故障处理任务。配电自动化是企业对配电网运维管理和调控指挥的技术抓手，也是支撑企业电网管控和企业资源综合运用的重要支撑，而主站系统就是配电自动化的大脑。

传统配电自动化侧重生产控制大区相关功能实现，实时性要求强，信息安全要求等级高；新一代配电自动化技术框架主要拓展了管理信息大区中配电自动化的应用，使得较多非实时或非即时信息能够通过安全管控，加快实现配电自动化对配电网运维管控自动化进程，以及施行馈线信息采集和故障定位的覆盖率，在传统配电自动化的技术思想和功能上更快扩展应用，同时赋予其更多的灵活性。为此配电主站的描述将根据 Q/GDW 513—2010《配电自动化系统主站功能规范》中对配电主站的定义，以经典配电主站为主线，拓展其新一代配电主站的技术框架，整体展现配电自动化的技术本质，包括主站系统硬件平台、基础平台、主要应用软件、配电主站运行维护等。

4.1 配电主站系统硬件平台

配电主站硬件平台是实现配电网运行监控、状态管理等各项应用需求的主要载体。硬件结构采用结构化设计，可以根据地区配电网规模、应用需求以及未来规划，按照大、中、小型进行差异化配置。可伸缩、高可靠、组态灵活是主站平台的基本要求之一。

4.1.1 硬件结构

经典配电主站硬件从逻辑上由前置子系统、后台子系统、Web 子系统及工作站组成，设备类型分为服务器、工作站、网络设备和采集设备。服务器和工作站均按逻辑划分，物理上可任意合并和组合，具体硬件配置与系统规模、性能约束和功能要求有关。所有设备根据安全防护要求分布在不同的安全区中，安全区 I 与安全区 III 之间设置正向与反向专用物理隔离装置。网络部分除了系统主局域网外还包括专网数据采集网、公网数据采集网、Web 发布子系统局域网等，各局域网之间通过防火墙或物理隔离装置进行安全隔离。经典配电主站硬件网络结构示意图如图 4-1 所示。

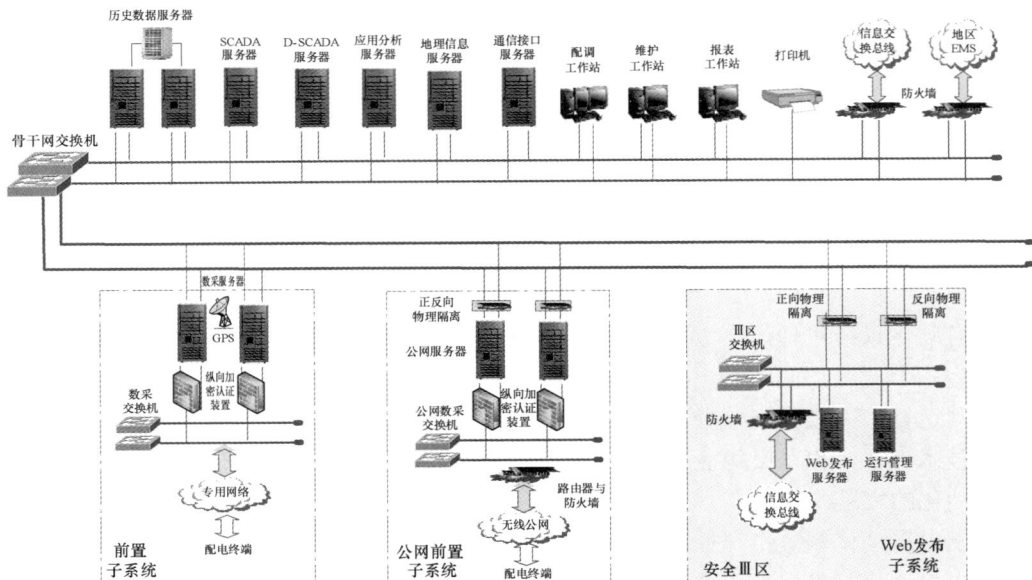

图 4-1　经典配电主站硬件网络结构示意图

4.1.2　前置子系统

前置子系统（FES，Front End System）由数据采集服务器、前置网络组成，是配电主站系统中实时数据输入、输出的中心，主要承担配电主站与所辖配电网各站点（配电站点、相关变电站、分布式电源）之间、与上下级调控中心自动化系统之间的实时通信任务，还包括完成与自身配电主站后台系统之间的通信任务。必要时也可与其他系统进行通信。前置子系统与现场终端装置通信，对数据预处理，以减轻 D-SCADA 服务器负担，此外，还有系统时钟同步、通道的监视与切换以及向其他自动化系统或管理信息系统转发数据等功能。

前置子系统是配电网调度与现场联系的枢纽，向上接入主站局域网，与 D-SCADA 应用交换数据；向下与各种现场终端装置通信，采集配电网实时运行数据，下发控制调节命令。前置系统一旦出现故障，将造成运行数据丢失，运行可靠性要求极高。数据采集服务器一般是选用高可靠性的工业控制计算机，并采用双机热备用工作方式；与现场终端之间支持 CDT、IEC 60870-5-101 等点对点、点对多点等专线通道通信规约，也支持 IEC 60870-5-104 等网络通信规约。

前置子系统按照通信通道不同，可分为专网数据采集和公网数据采集。

（1）专网前置采集子系统。专网前置采集子系统是配电主站的眼睛，负责通过配电通信专网与配电终端进行通信，采集开关、配电变压器等一次设备的测量数据。配电主站接入终端的数量可以伸缩按需配置，比如配置8，每组通常有 2 台 4 网卡前置服务器组成，2 块网卡与终端层通信，2 块网卡与运行监控子系统通信。

（2）公网前置采集子系统。公网前置采集子系统扮演角色与专网前置子系统相同，差别在于公网前置通过社会公共通信网（通常是移动、联通等通信公司通信网）实现与配电终端通信，因此按照安全防护要求，公网前置服务器与后台系统通过满足公网隔离的安全要求进行通信。

事实上，只要配置上满足信息安全要求，专网和公网都能支撑配电自动化对无线通信的应用需求，对生产控制大区和管理信息大区均适用。

4.1.3　后台子系统

后台子系统与前置子系统配合，完成遥信、遥测量的处理、越限判断、计算、历史数据存储和打印等电网的实时监控功能，实现馈线自动化及应用分析功能。同时，后台子系统将系统数据向订阅的各个应用及人机界面推送实时数据，支持应用分析功能运行。

后台系统是配电主站系统中数据处理、承载应用、人机交互的中心，主要承担配电主站配电主站系统基础平台、基础功能、扩展功能应用，完成调度员、运维人员进行人机交互功能，完成与其他系统交互功能，后台服务器一般是选用高可靠性的工业控制计算机，并采用双机热备用工作方式。

后台子系统部署在安全Ⅰ区，是整个配电主站的核心主系统，面向配电网实时运行控制业务。后台子系统硬件通过主干网连接，逻辑上分为磁盘阵列、数据库服务器、D-SCADA服务器、应用分析服务器等服务器，完成数据处理、采样及存储服务。工作站根据需要配置为配调工作站、运维工作站等客户端，支持具体运行监控专业应用。

4.1.4　新一代配电主站

（1）硬件结构。新一代配电主站硬件结构的特征体现在标准化、网络化、开放式、安全性等几个方面，与传统主站相比的显著特征是扩充了Ⅲ区配置，将后台系统从Ⅰ区延伸到Ⅲ区，分别支持Ⅰ区的运行监控业务和Ⅲ区运行状态管控业务。因此，新一代配电主站硬件结构从逻辑上可分为采集与前置系统、运行监控子系统和状态管控子系统。

新一代配电主站硬件网络结构示意图如图 4-2 所示。

（2）前置子系统。与经典配电主站的相比，新一代配电主站的前置子系统将采集与前置服务器分离。采集服务器根据通信类型和配电终端的不同，分别接入安全Ⅰ区和Ⅲ区的前置服务器。"三遥"配电终端通过采集服务器部署在安全接入区，通过物理隔离与Ⅰ区前置服务器通信，实现数据接入后台；基于无线公网的"二遥"配电终端，则通过隔离组件直接接入Ⅲ区前置服务器。

（3）后台子系统。新一代配电主站后台系统在经典配电主站的基础上拓展了状态管控子系统。状态管控子系统部署在安全Ⅲ区，支撑配电运行趋势分析、数据质量管控、配电自动化缺陷管理等状态管控应用，并具备对外数据发布功能。硬件上包括公网数据采集前置服务器、信息发布服务器、运行管理应用服务器和数据库服务器等。Ⅰ、Ⅲ区系统间协同管控、一体化运行。

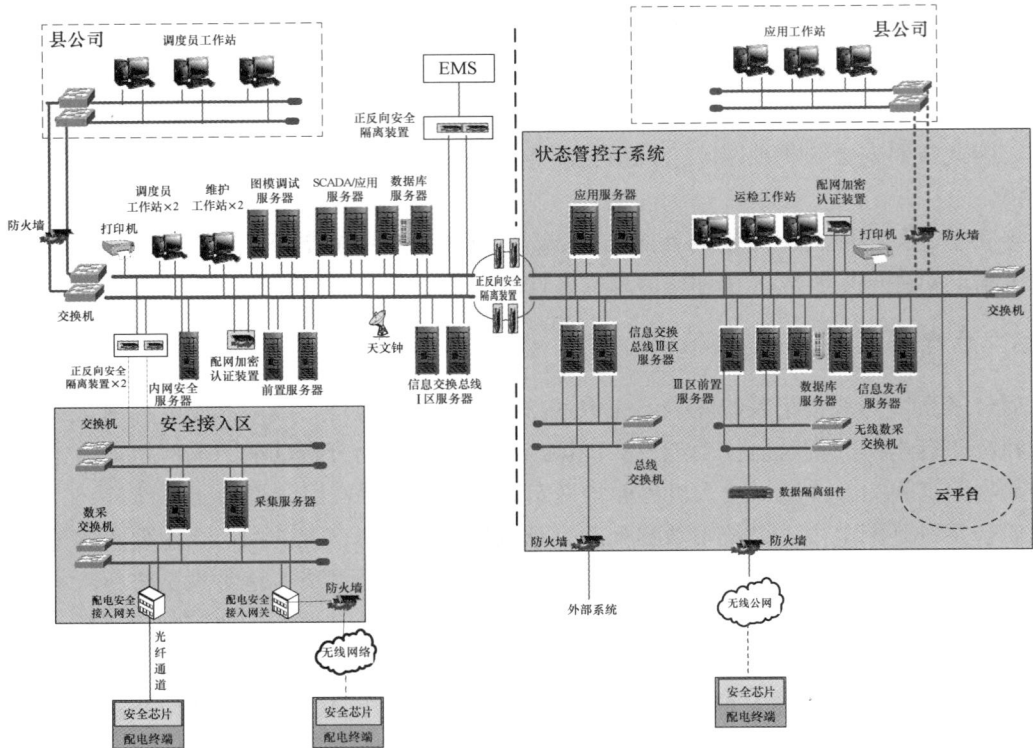

图 4–2 新一代配电主站硬件网络结构示意图

4.1.5 主站系统规模

主站系统可以根据需要划分其规模大小，便于选用，比如根据国家电网公司技术标准《配电自动化系统典型设计 主站分册》，不同类型的配电主站，对硬件配置分为小、中、大 3 类，主站系统规模配置如表 4–1 所示。

表 4–1 主 站 系 统 规 模 配 置

主站类型	生产控制大区配置		管理信息大区配置	
	相同	区别	相同	区别
小型	2 台数据库服务器，2 台 SCADA 服务器，1 台磁盘阵列。安全接入区相应专用软硬件及网络设备若干	由 SCADA 服务器兼前置服务器和应用服务器	2 台无线公网采集服务器，1 台接口服务器，二次安全防护装置及相关网络设备	1 台 Web 服务器
中型		2 台前置服务器，1 台应用服务器		1 台 Web 服务器
大型		2 台前置服务器，2 台应用服务器		2 台 Web 服务器，1 台磁盘阵列

4.2 配电主站系统基础平台

配电主站系统基础平台是具有先进、成熟、稳定特征的标准化工业应用软件，软件配置满足开放式系统要求。配电主站系统基础平台一般包含实时多任务 Linux/Unix 操作系统、商用数据库、中间件等支持软件，在此基础上构建的应用软件则采用模块化结构设计。总之，配电主站系统基础平台满足实时性、可靠性、适应性、可扩充性及易维护性的基本要求。

配电主站系统基础平台管理监视整个运行系统中的进程，分配管理系统资源，为用户提供一个良好的运行开发环境。配电主站系统基础平台是配电主站开发和运行的基础，采用面向服务的体系架构，为各类应用的开发、运行和管理提供通用的系统支撑，为整个系统的集成和高效可靠运行提供保障，为配电主站生产控制大区横向集成、纵向贯通提供基础技术支撑。

目前国内实时监控类配电主站系统基础平台，大都采用面向服务架构，基于通用计算机和安全操作系统及统一、标准、容错、高可用率的支撑软件，例如关系数据库软件，存储电网静态模型及相关设备参数；数据总线由消息总线和服务总线组成，能够在各种主流操作系统环境下运行，其中消息总线提供进程间（计算机间和内部）的信息高速传输，服务总线采用面向服务架构（SOA），提供服务封装、注册、管理等系列功能。配电主站系统基础平台的面向服务体系架构如图 4-3 所示。

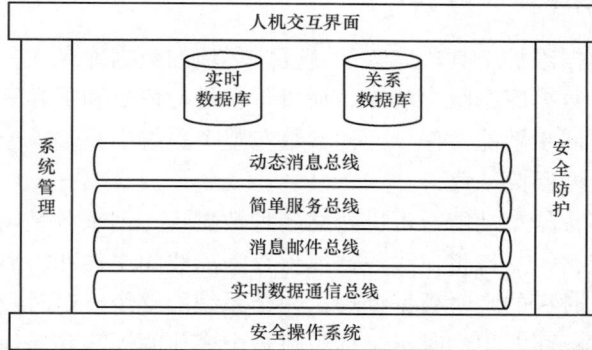

图 4-3 配电主站系统基础平台架构

配电主站系统基础平台主要包括系统管理、数据存储与管理、数据传输总线、公共服务、平台功能和安全防护等功能模块。平台软件体系架构如图 4-4 所示。

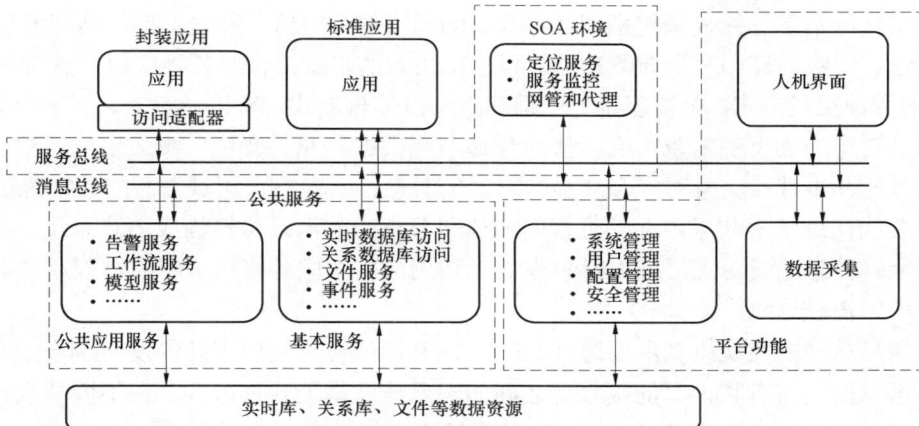

图 4-4 平台软件系统架构

新一代配电主站在经典配电主站基础上作了延伸，其配电主站系统基础平台与经典配电主站平台的显著区别是增加了跨越 I、III 区的信息交换总线，用于支撑 I 区运行监控应用与运行状态管控应用的数据同步和服务联动。信息交换总线支撑配电新主站实现跨信息安全区隔离如图 4-5 所示

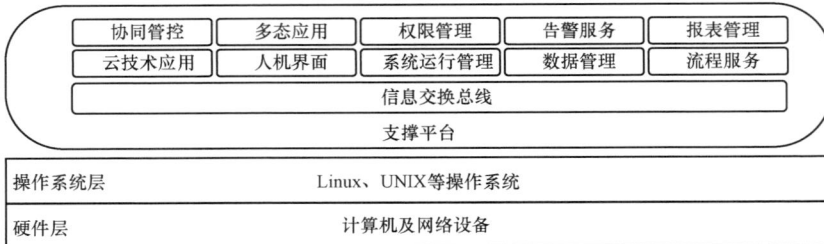

图 4-5　信息交换总线支撑配电新主站实现跨信息安全区隔离

4.2.1　操作系统及数据库管理

数据库管理提供数据维护工具，完善的交互式环境的数据库录入、维护、检索工具和良好的用户界面，可进行数据库删除、清零、拷贝、备份、恢复和扩容等操作，并完备数据修改日志；提供全网数据同步功能，任一元件参数在整个系统中只输入一次，全网数据保持一致，实时数据和备份数据保持一致。

数据库管理具有多数据集功能，可以建立多种数据集，用于各种场景如培训、测试、计算等；提供离线文件保存，支持将在线数据库保存为离线的文件和将离线的文件转化为在线数据库的功能；支持带时标的实时数据处理，在全系统能够统一对时及规约支持的前提下，可以利用数采装置的时标而非主站时标来标识每一个变化的遥测和遥信，更加准确地反映现场的实际变化；具备可恢复性，主站系统故障消失后，数据库能够迅速恢复到故障前的状态。

4.2.2　消息总线与服务总线

4.2.2.1　消息总线

基于事件的消息总线提供进程间（计算机间和内部）的信息传输支持，具有消息的注册/撤销、发送、接收、订阅和发布等功能，以接口函数的形式提供给各类应用；支持基于 UDP 和 TCP 的两种实现方式，具有组播、广播和点到点传输形式，支持一对多、一对一的信息交换场合。针对电力调度的需求，支持快速传递遥测数据、开关变位、事故信号、控制指令等各类实时数据和事件；支持对多态（实时态、反演态、研究态、测试态）的数据传输。

消息总线通过基于共享内存的进程间通信和节点间的消息传输构成消息总线，完成消息的收发功能。消息总线对上层应用封装成 6 个通用的基本服务接口。应用进程通过调用 6 个接口函数使用消息总线。

实时消息总线的实现机制主要通过 UDP、TCP 通信协议实现事件的发布/订阅。在同一节点内部，消息的发布者和消息的接收者之间的消息传递基于共享内存。在不同节点之间实现消息的发布者和消息的接收者之间的消息传递基于组播技术或点对点。

组播是消息发布者将消息报文发布给同组的各个节点，接收节点的消息代理再通过共享内存等通信方式将消息传递到接收者。

消息总线部署在各个发布/订阅的节点，消息总线提供报文重传机制，保证报文的有效传递。

4.2.2.2　服务总线

服务总线采用 SOA 架构，屏蔽实现数据交换所需的底层通信技术和应用处理的具体方法，从传输上支持应用请求信息和响应结果信息的传输。服务总线的服务流程如图 4–6 所示。

服务总线以接口函数的形式为应用提供服务的注册、发布、请求、订阅、确认和响应等信息交互机制，同时提供服务的描述方法、服务代理和服务管理的功能，以满足应用功能和数据在广域范围的使用和共享。

服务总线作为配电主站系统基础平台的重要内容之一，为系统运行提供技术支撑。服务总线目标是构建面向服务（SOA）的系统结构，为此，服务总线不仅提供服务的接入和访问等基本功能，同时也提供服务的查询和监控等管理功能。

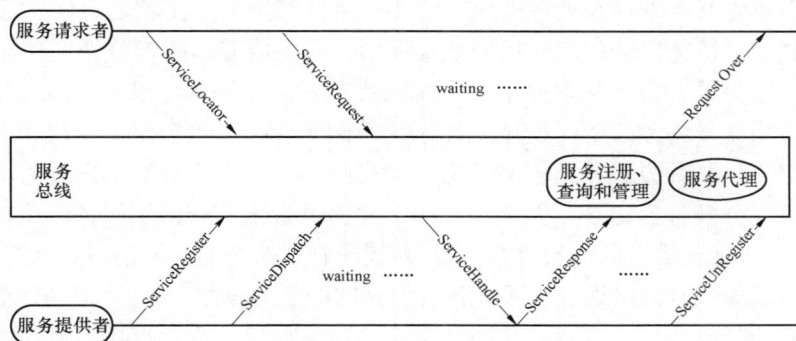

图 4–6　服务总线的服务流程

服务总线针对电力行业的应用特点，提供请求/应答和订阅/发布应用开发模型。服务总线屏蔽网络传输、链路管理等细节内容，便于服务开发。

服务总线支持面向服务（SOA）的体系结构。提供的服务管理原语可以用于服务的注册、查询和监控，使服务使用具有较好的透明性，方便服务部署以及支持系统可扩展性。

4.2.3　权限管理

权限管理是一组权限控制的公共组件和服务，具有用户的角色识别和权限控制的功能，其权限控制包括基于对象的控制（包括菜单、应用、功能、属性、画面、数据和流程等）、基于物理位置的控制（如系统、服务器组和单台计算机）和基于角色的控制机制。

（1）基于对象的控制功能。权限管理中具有功能和特殊属性两种权限单位，功能用于实现一类权限控制操作，特殊属性用于对具体权限对象（比如关系表、表域或画面等）的权限控制。通过将功能和特殊属性一并授予到用户上，可以实现用户对各类权限对象灵活的权限控制功能。

（2）基于物理位置的控制功能。用户具有用户组的属性，一个用户必须且只能属于一个用户组，用户组上具有物理位置的属性，一个用户只能在所属用户组的物理位置上执行登录操作。通过用户、用户组和物理位置的关联，实现用户基于物理位置的权限控制功能。

（3）基于角色的控制功能。权限管理中的角色是一组功能和特殊属性的组合。用户具备的功能和特殊属性既可以在用户上直接定义，也可以通过为用户定义角色，然后继承角色的权限定义。用户最终具有的权限是用户包含的全部角色的权限和用户单独定义权限的并集。通过角色继承的方法，实现用户基于角色的权限控制功能。

4.2.4 告警服务

告警服务统一处理不同应用的各种告警和事件，并根据定义以某种具体方式发出告警信息，如推画面、声光报警、短信通知等，是配电主站系统基础平台提供的一个公共服务。同时告警服务提供统一的事件/报警记录、保存、打印，检索和分析等服务。从宏观上看，告警分为传统流水账式告警和智能告警两类。

4.2.4.1 传统告警服务

告警服务负责定义、管理和处理系统中的各类事件和报警。在满足事件/报警定义条件时触发系统告警服务，快速启动相应的报告或报警信号，完成应用的告警处理功能。

告警定义，常见的告警包括电网事故引起的状态变化、量测越限，电网运行考核数据越限，以及软硬件系统设备故障等。配电主站系统基础平台提供告警服务来统一处理各种报警和事件，根据定义以某种方式发出告警信息，如推画面、声光报警等，同时对电网事件、系统事件等各种事件分开进行记录、保存和打印，并提供检索、分析等服务。可以作为告警来处理的有：① 非法更改状态量点的状态；② 为响应管理命令而引起的设备故障；③ 系统装置或主要部件出故障或有的错误几乎不能恢复时，例如服务器故障；④ 现场通信的永久性故障（FTU、DTU 通信故障），或者其他网络系统的通信故障，或者直接与系统主站连接的通信故障；⑤ 厂家或用户编写的应用程序发出告警。

事件定义，系统中事件主要是指用户操作的信息，主要包括用户登录和退出、模型操作、告警抑制和确认等操作，可以根据用户需求定义新的事件类型。系统中可以根据不同事件定义不同的处理方式。

告警和事件处理，系统主站提供方便的告警定义工具。通过告警定义工具，不同的告警和事件可以根据具体要求有不同的处理方式。在每一类型的告警中，最多可以定义 64 个不同的告警状态（如开关的分和合，保护信号的动作和复归）。同样系统对于同一告警类型的不同告警状态也可以有不同的处理方式。主要有告警窗显示、语音报警、推画面报警、打印报警、中文短消息报警、登录历史告警库和是否需要告警确认等。

告警根据告警的严重程度不同，通常可以分成紧急、重要、一般告警三类，对于不同等级的告警，可以定义不同的告警处理方式。

告警和事件汇总，系统中的告警汇总信息通过告警窗界面来显示。告警窗上有两部分组成，上部分显示重要告警，下部分显示全部告警。重要告警和次要告警可以通过定义不同的颜色来显示。窗口显示的告警是以时间顺序的方式显示，即最新来的告警在最下面，用户可以通过拖动滚动条或者按 Page Up/Down 按钮来浏览窗口其余部分的告警。告警窗上未确认的告警根据预先定义的颜色来回闪烁，用户确认后告警停止闪烁。

告警和事件日志，系统中所有的告警和事件都有日志记录。日志中每一行代表一条告警或事件信息，每条日志中都包含告警或事件的发生时间、关键字和告警的内容。系统中不同类型的告警和日志写在不同的登录表中，这样可以方便查询某段时间内同一类型的告警或事件。系统提供专门的告警和事件查询工具，通过查询界面用户可以根据输入的查询条件得到相应的告警日志记录。

4.2.4.2　智能告警服务

智能告警服务是在传统流水账式告警基础上实现告警信息在线综合处理、显示与推理，应支持汇集和处理各类告警信息，对大量告警信息进行分类管理和综合/压缩，对不同需求形成不同的告警显示方案，利用形象直观的方式提供全面综合的告警提示。

告警信息分类智能告警分析应采用统一的信息描述格式接收和汇总电网实时监控与故障应用的各类告警信息，并根据各自的特征对大量的告警信息进行分类，主要包括电力系统运行异常告警、二次设备异常告警和网络分析预警三大类。

告警信息综合与压缩系统应提供告警信息综合功能，对系统中由同一原因引起的多个告警信息进行合并，只给出核心的告警或者引起故障的原因。所有的告警信息都应进入历史数据库，并支持在实时告警界面通过综合告警信息查看与之相关的详细告警信息。

对频繁出现的告警信息（如开关位置抖动、保护信号复归等），应提供时间周期（一般取 24h）内重复出现的次数，同时在实时告警界面需自动删除前面相同设备的同样告警信息。

告警智能推理智能告警分析应提供告警信息的统计和分析功能，给出故障发生的可能原因和准确、及时、简练的告警提示。采用告警信息规则库等技术，方便用户改变、完善规则库中的规则内容，以提高告警智能化水平。提供单一事件推理、管理事件推理等功能，给出故障或异常发生的可能原因，综合归纳同一段时间内不同告警事件，验证出是否故障发生。

告警智能显示告警等级自定义可以按告警类型、告警对象等多种条件配置，各告警等级的处理原则应按重要等级进行区分。多页面的综合告警智能显示界面，采用多种策略实现自动滤除多余和不必要的告警。可按不同用户的职责需求以及不同的故障条件定制告警显示方案。

4.2.5　运行状态管理

系统管理功能通过提供一整套的平台管理软件，实现对整个系统中设备、应用功能等的分布式管理，适应安全防护Ⅰ、Ⅱ、Ⅲ区应用的要求，协助各应用的功能实现，达到统一管理和协同工作的目的，方便运行维护人员对系统运行的监控和管理。

平台管理功能包括节点及应用管理、进程管理、网络管理、资源监视、时钟管理、日志管理、定时任务管理、CASE 管理和备份/恢复管理等，并提供各类维护工具以维护系统的完整性和可用性，提高系统运行效率。

4.2.6　信息安全防护

承载配电主站的电力调度数据网作为电力系统的重要基础设施，不仅与电力系统生产、经营和服务相关，而且与电网调度与控制系统的安全运行紧密关联。随着配电自动化系统的逐渐建成及配电业务融合程度深入，配电自动化系统与营销系统、GIS/PMS 等管理系统甚至用户之间进行的数据交换也越来越频繁。这对调度数据网络的安全性、可靠性提出了新的挑战。根据国家能源局 国能安全〔2015〕36 号文《电力监控系统安全防护总体方案》"安全分区、网络专用、横向隔离、纵向认证"的总体原则，配电主站配电主站系统基础平台应实现加密认证和安全访问，建立纵深的安全防护机制。具体策略如下：

（1）安全分区。将整个电力系统分为生产控制大区和管理信息大区，其中生产控制大区又分为控制区（安全区Ⅰ）和非控制区（安全区Ⅱ），如果生产控制大区内个别业务系统或其功能模块需要使用公共通信网络、无线通信网络以及处于非可控状态下的网络设备与终端等进行通信，其安全防护水平低于生产控制大区内其他系统时，应设立安全接入区。

（2）网络专用。配电自动化系统主站与子站及终端的通信方式原则上以电力光纤通信为主，主站与主干配电网开闭所的通信应当采用电力光纤，在各种通讯方式中应当优先采用 EPON 接入方式的光纤技术。对于不具备电力光纤通信条件的末梢配电终端，采用无线通信方式。当采用以太网无源光网络（Ethernet Passive OTVical Network，EPON）、GPON（Gigabit–Capable PON）或光以太网等技术时应当使用独立纤芯或波长；当采用通用分组无线业务（General Packet Radio Service，GPRS）/码分多址（Code–DivisionMultipleAccess，CDMA）等公共无线网络时，应当企业公网自身提供的安全措施，包括无线虚拟专有通道、身份认证和地址分配、有线专线通用路由封装（Generic Routing Encapsulation，GRE）等手段；当采用 230MHz 等电力无线专网时，可以采用相应的安全防护措施。

（3）横向隔离。采用不同强度的安全设备隔离各安全区，生产控制大区和管理信息大区之间必须设置经国家指定部门检测认证的电力专用横向单向安全隔离装置，隔离强度应当接近或达到物理隔离；生产控制大区内部的安全区之间应当采用具有访问控制功能的设备或相当功能的设施实现逻辑隔离；安全接入区与生产控制大区相连时，应用采用电力专用横向单向安全隔离装置进行集中互联。

（4）纵向认证。采用认证、加密、访问控制等技术措施实现数据的远方安全传输以及纵向边界的安全防护。在生产控制大区与广域网的纵向连接处应设置加密认证装置或加密认证网关及相应设施，实现双向身份认证、数据加密和访问控制；安全接入区内纵向通信应当采用基于非对称密钥技术的单向认证等安全措施，重要业务可采用双向认证。

4.3 主要应用软件

配电主站的应用软件功能主要包括运行监控应用和运行状态管控应用。其中，配电网运行监控应用属于实时应用，部署在生产控制大区，同时可以为Ⅲ/Ⅳ应用提供服务支撑；配电网运行状态管控应用部署在安全信息管理大区，以满足电网及设备运行数据分析与管控、二次设备管理以及信息共享发布等方面配电网运行检修需求。其中配电网运行监控应用主要服务于大运行，配电网运行状态管控应用主要服务于大检修。新一代配电主站的系统功能如图 4–7 所示。

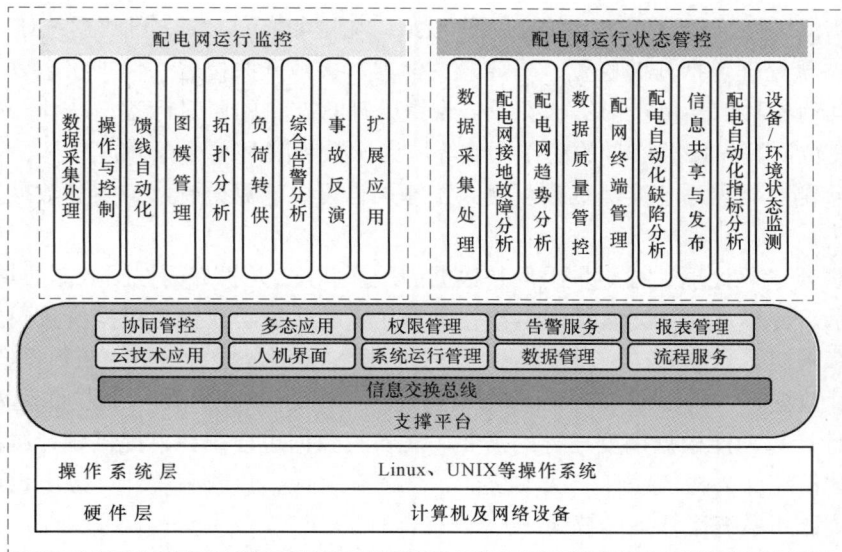

图 4-7　新一代配电主站系统功能

4.3.1　配电网运行监控应用

配电网运行监控（D-SCADA）是架构在配电主站系统基础平台上的配电网调度最核心的具体应用。配电网 SCADA 是配电主站系统最基本的应用，实现完整的、高性能的、实时的数据采集和监控功能。主要包含的功能模块有数据采集与处理、远方控制与调节、馈线自动化、配电网设备操作和全息历史/事故反演等。

4.3.1.1　数据采集与处理

数据采集是整个主站系统与外部系统进行实时数据及其实时信息交换的桥梁和中心，具体包含数据采集、数据通信、数据预处理和控制命令执行四方面的功能。

数据采集需要面对多种通信介质、多种通信方式、多种通信协议、多种数据采集单元、其他多种不同的自动化通信系统。数据采集总体上应满足配电网实时监控的需要。采集的数据类型包括：电力系统运行的一次设备（线路、变压器、母线、开关等）的有功功率、无功功率、电流、电压值以及主变压器挡位等模拟量和开关与隔离开关的状态量，保护、安全自动装置、备用电源自动投入（备自投）等二次设备数据的保护信号等，还包括其他计算机系统和设备（卫星、UPS 等）传送来的数据。通信方式存在多种通信方式（光纤、载波、无线等），通信协议支持 104/101 通信规约或符合 IEC 61850 的通信协议。对于接受数据有错误条件检查和处理功能，对终端运行工况、通信通道流量、有具备完善的监测功能。数据采集应符合国家发展改革委 2014 年第 14 号令《电力监控系统安全防护规定》。

数据处理是配电网 SCADA 的重要功能模块，为人机展示、应用分析功能提供坚实的数据基础，是数据采集的下一个环节。数据处理应具备模拟量处理、状态量处理、非实测数据处理、点多源处理、数据质量码、平衡率计算、统计计算等功能。

（1）模拟量处理一次设备（线路、变压器、母线、开关等）的有功功率、无功功率、电流、电压值以及主变压器挡位等模拟量，同时设置处理数据的质量标签。模拟量的处理流程依

87

次是工程量单位转换、零漂处理、有效数据判断、越限判断和告警、日数据统计。

（2）状态量处理包括开关位置、隔离开关位置、接地开关位置、保护状态以及远方控制投退信号等其他各种信号量在内的状态量，设置处理状态量的质量标签。统计开关、隔离开关类设备的变位次数，保护信号的动作次数等，当次数越限时发送报警。

（3）非实测数据处理非实测数据可由人工输入也可由计算得到，与实测数据采用相同的数据处理办法。

（4）数据质量码处理数据质量码反映数据的质量状况。人机界面根据数据质量码对设备、量测进行展示。计算量的数据质量码由相关计算元素的质量码获得。数据质量码至少可以标识出的类别有未初始化数据、不合理数据、计算数据、实测数据、采集中断数据、人工数据、坏数据、可疑数据、采集闭锁数据、控制闭锁数据、替代数据、不刷新数据和越限数据等。

（5）统计计算功能根据调度运行的需要，对各类数据进行统计，提供统计结果，常用的统计功能有数值统计、极值统计、次数统计、合格率统计、负载率统计、停电设备统计、终端运行工况统计和系统运行指标统计。

（6）数据记录指的是事件顺序记录、周期采样、变化存储功能。

（7）事件顺序记录（SOE）以毫秒级精度记录所有电网开关设备、继电保护信号的状态、动作顺序及动作时间，形成动作顺序表，并提供 SOE 记录分类检索功能。提供设备的 SOE 屏蔽和 SOE 解除屏蔽功能。周期采样对系统内所有实测数据和非实测数据进行周期采样，支持批量定义采样点及人工选择定义采样点，采样周期可选择。变化存储对系统内所有实测数据和非实测数据进行变化存储，完整记录设备运行的历史变化轨迹，可批量定义存储点及人工选择定义存储点。

4.3.1.2　远方控制与调节

控制操作严格按照控制流程执行远方调控操作。对开关设备实施控制操作一般应按选点—返校—执行 3 步进行，只有当"返校"正确时，才能进行"执行"操作。在进行"选点"操作时，当遇到如下情况之一时，选点应自动撤销：① 控制对象设置禁止操作标识牌；② 校验结果不正确；③ 遥调设点值超过上、下限；④ 当另一个控制台正在对这个设备进行控制操作时；⑤ 选点后有效期内未有相应操作。

对属于其他系统（如上级调度自动化系统）控制范围内的设备控制操作，配电主站能够通过信息交互接口将控制请求向其提交。

安全措施方面，操作必须从具有控制权限的工作站上才能进行，操作员必须有相应的操作权限。双席操作校验时，监护员需确认，操作时每一步应有提示，每一步的结果有相应的响应，操作时应对通道的运行状况进行监视，系统提供详细的存档信息，所有操作都记录在历史库，包括操作人员姓名、操作对象、操作内容、操作时间和操作结果等，可供调阅和打印。

防误闭锁方面，系统提供多种类型的远方控制自动防误闭锁功能，包括基于预定义规则的常规防误闭锁和基于拓扑分析的防误闭锁功能。常规防误闭锁在数据库中针对每个控制对象预定义遥控操作时的闭锁条件，如相关状态量的状态、相关模拟量的量测值等，并能实现多种闭锁条件的组合。实际操作时，应按预定义的闭锁条件进行防误校验，校验不通过时应禁止操作，并提示出错原因。拓扑防误闭锁通过网络拓扑分析设备运行状态，约束调度员安全操作。

开关操作的防误闭锁功能包括具备合环提示、解环提示、挂牌闭锁负荷失电提示、负荷充电提示、带接地开关合断路器提示等。接地开关操作的防误闭锁功能包括带电合接地开关提示、带隔离开关合接地开关提示等；挂牌闭锁功能。

控制种类包括：① 单设备控制。常规的控制方式，针对单个设备进行控制。② 序列控制。应提供界面供操作员预先定义控制条件及控制对象，可将一些典型的序列控制存储在数据库中供操作员快速执行。③ 群控。与上述的序列控制类似，有所区别的是群控在控制过程中没有严格的顺序之分，可以同时操作。

4.3.1.3　馈线自动化

当配电线路发生故障时，馈线自动化根据故障信息进行故障定位、隔离和非故障区域的恢复供电。馈线自动化能够对发生的各种配电网故障进行处理，具有处理短时间内发生多点故障的能力，可以快速恢复配电网供电，并具有模拟研究功能。

按照故障处理方式的不同，馈线自动化系统可以分为就地型和集中型两种模式。就地型馈线自动化系统是利用自动化开关相互配合，不需要配电主站参与就能完成故障处理，但是只能在故障发生时起作用，而且故障处理过程严格按照事先的整定进行。集中型馈线自动化系统需要建设通信网络并在配电主站控制下进行故障处理，不仅可以在故障发生时起作用，而且在正常运行时也可以对配电网进行监控，其故障处理策略也可以根据实际情况自动调整。

集中型馈线自动化系统分为全自动式和半自动式两种方式。全自动式是主站通过收集区域内配电终端的信息，判断配电网运行状态，集中进行故障定位，自动完成故障隔离和非故障区域恢复供电。半自动式是主站通过收集区域内配电终端的信息，判断配电网运行状态，集中进行故障识别，通过遥控完成故障隔离和非故障区域恢复供电。

在配电自动化实施过程中，一般先建设配电主站，按照满足覆盖全市规模建成，而对于配电终端的建设，采取统筹规划、分步实施的原则，随着配电自动化建设的深入，按馈线逐条接入配电终端，逐步实现地区配电网的配电自动化全覆盖。

馈线自动化详细内容将在第 8 章中作进一步介绍。

4.3.1.4　配电网设备操作

下文以某实际主站系统为例。

1. 母线操作

选择"设置标志牌"菜单项，将弹出母线操作界面如图 4-8 所示，调度员可以对母线进行挂牌操作，对挂好的标志牌也可以通过右键点击标志牌进行移动、删除和查看修改注释的操作。

2. 断路器操作

选择"测点信息"菜单项，将弹出母线信息模板，模板中显示所选母线设备的基本信息。在馈线接线图中，选中断路器，点击右键，弹出右键菜单，断路器操作界面如图 4-9 所示。以下介绍常用的菜单操作：

（1）断路器操作。选择该菜单项可以对所选断路器

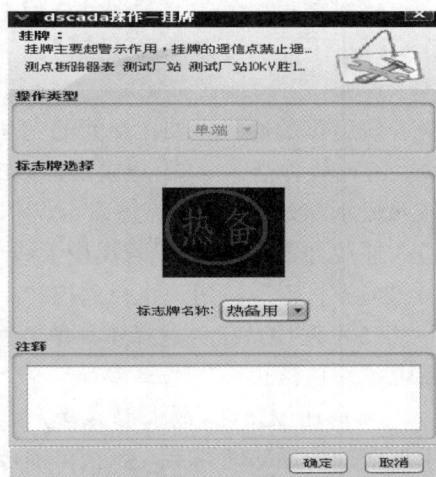

图 4-8　母线操作界面

挂标志牌。具体操作方式同母线设置标志牌操作方式。对挂好的标志牌也可以通过右键点击标志牌进行移动、删除和查看修改注释的操作。

（2）遥信封锁（分）/遥信封锁（合）。选择该菜单项可以对断路器进行人工置位（分）/遥信封锁（合）操作，封锁操作后系统将以人工封锁的状态为准，不再接受实时的状态，直到遥信解封锁为止。

（3）遥信对位。单个断路器变位后，将闪烁显示，用以提示变位信息。"遥信对位"操作确认并停止闪烁，恢复断路器正常显示。

（4）遥控操作。选择"遥控"菜单项后，将弹出遥控对话窗，遥控操作界面如图 4-10 所示。

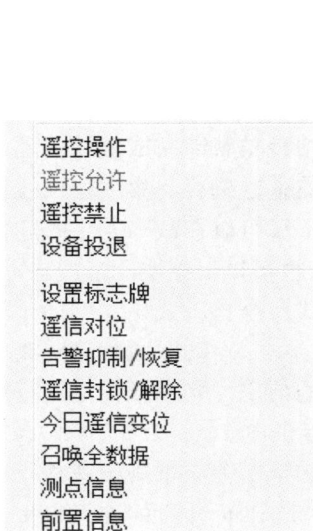

图 4-9　断路器操作界面　　　　图 4-10　遥控操作界面

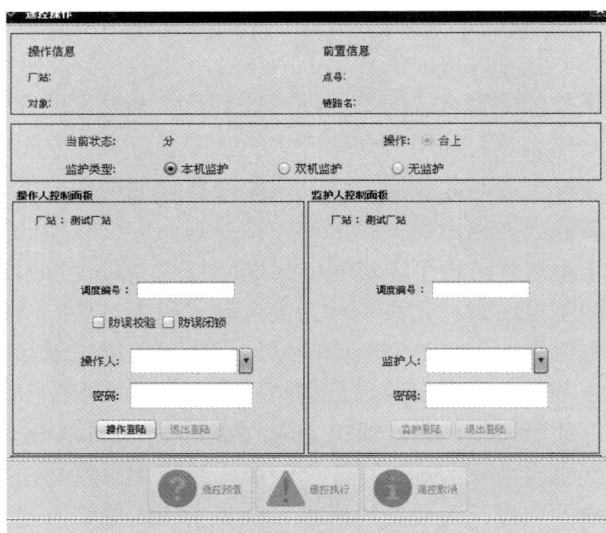

该对话窗口分为三个部分：最上面的部分是遥控的设备名称说明；中间的部分是遥控操作交互；下面的部分是确认按钮。

说明：遥控的监护类型由当前登录用户配置的遥控权限控制，一般调度员均是双机监护权限。

调度员的操作主要在中间的交互区，操作步骤如下：① 确认操作员一栏无误后，输入口令，点击操作登录。② 登录后，点击远程监控，将在遥控监护工作站弹出监控界面，监控员按照提示输入确认后，点击确定。③ 交互区域遥控预制按钮操作状态被激活，点击遥控预制，进入遥控预置阶段。④ 若反校未成功，则提示预置失败；若反校成功，则提示预置成功，点击"遥控执行"按钮，执行遥控。

（5）遥控禁止。选择该菜单，系统将封闭开关的遥控功能，同时该开关的遥信状态将被置上"遥控禁止"。

（6）遥控允许。选择该菜单，针对"遥控禁止"，解除遥控闭锁，恢复断路器的遥控功能。未被遥控闭锁的断路器，该菜单项被隐去。

（7）抑制告警。选择该菜单项后，该断路器的告警信息将不出现在告警窗中，但可以通过告警查询查到。

（8）恢复告警。选择该菜单，将解除断路器的"抑制告警"设置，断路器的告警信息重新上告警窗。未被抑制告警的断路器，该菜单项被隐去。

（9）召唤全数据。选择该菜单，将向现场终端通过前置发送总召命令，实时刷新画面上量测的数据信息。

（10）测点信息。选择该菜单项，将弹出断路器信息模板，模板中显示所选断路器设备的基本信息。

（11）前置信息。选择该菜单后，将弹出断路器在前置库中的相关信息，包括通道的 IP、端口等。

3. 遥测量操作

在厂站接线图中，选中遥测量动态数据，点击右键，具有如下常用操作：

（1）遥测封锁选择该菜单项，弹出遥测封锁对话框，调度员可以输入遥测值，将当前设备的遥测值设为输入值，当有变化数据或全数据上送后，置数状态及所置数据即被刷新。

（2）解除封锁选择该菜单项，解除当前遥测量的封锁状态。若当前遥测量未被置封锁，则该菜单项被隐去。在对话框中输入"置入值"，点击"确认"按钮。

（3）今日曲线选择该菜单项，系统即启动曲线浏览器，显示所选遥测量的今日曲线，若该遥测量已被定义采样，则有曲线显示，显示内容为当天的 0 点至当前的所定义采样周期的曲线。

（4）实时曲线选择该菜单项，系统即启动曲线浏览器，显示所选遥测量的当前实时曲线，若该遥测量已被定义采样，则有曲线显示，显示内容为从调显时刻开始所定义采样周期的曲线，实时更新。

通常记录现在时刻之前 8 天内（参考值，可调整）的电力系统的实时运行状态，包括多个电力系统的实时断面以及断面之间的全部实时消息。全部实时消息包括数据采集设备采集上来的所有数据包、通过人机界面操作而发生的消息、各个应用程序实时运行而产生的结果值（如计算量等）。可允许 PDR 多重激发多重记录（即允许记录时间部分重叠）。激发后事故场景文件时间重叠时自动将事故后的记录时间顺延保证记录事故的完整性。

4. 事故追忆（PDR）

是数据处理的增强功能。系统检测到预定义的事故时，可以自动记录事故时刻前后一段时间的所有实时稳态信息。以便调度员在一个特定的事件（扰动）发生后，可以重新展现扰动前后系统的运行情况和状态，以进行必要的分析。主要包含事故追忆和事故重演两个步骤。

通常有自动启动和手动启动两种激发或启动模式：① 自动启动，发生事先定义的触发事件（事故源）；② 手动启动，调度员手动激发。触发事件可以由用户定义，可以是设备状态变化、测量值越限、测量计算值越限、逻辑计算值为真、操作命令及其组合等。触发事件的最大数目可达到 500 个。手动启动可以在 8 天之内的任何时刻作为触发点，保存触发点前 30min 和后 30min（用户可调）的运行数据。

事故反演的记录程序每分钟将系统中消息记录为一组日志文件（包括日志索引文件、小尺寸消息日志文件、最小尺消息日志文件），每隔一定的时间向 CASE 管理服务发送形成 CASE（事件）请求。这些日志文件放在一个中间文件夹目录下，文件会根据配置的时间定时删除（如自动删除 24h 之前的文件）。PDR 记录部分收到激发消息后，在场景表中形成一条记录，将激发时间前后一定时间的日志文件拷贝到相应的场景文件夹中，并将拷贝文件信息写入到永久保存日志文件表中。

重演功能是事故发生时期所有信息环境的重现，包括画面、数据和报警等。重演时，PDR 重演进程与 CASE 管理功能配合启用与事故时刻对应的电网模型、图形以及数据，确保三者完全匹配。调度员可以通过任意一台工作站在 PDR 态下进行事故反演。并可以允许多台工作站同时调用 PDR 态的画面，进行观察。PDR 态与实时环境互不干扰。在反演时，已记录的消息和断面逐个重放，因此可以激发 SCADA 功能（更新数据库、刷新画面、产生报警及遥控遥调的全过程，即时曲线显示），使调度员再次身临事故发生前后的调度员现场。PDR 的反演程序是打开 PDR 记录服务器上的相关数据表，根据选定的场景信息，查找相关场景文件，并将场景文件从 PDR 记录服务器上拷贝到当前节点进行反演；PDR 反演时，应用软件首先将实时库信息根据 CASE 文件和日志文件恢复到场景开始时刻，然后从日志文件中读取消息头和消息体，并将这些消息经消息总线发给 PDR 态的其他进程。SCADA 进程接收这些消息后解析处理并数据写入到实时库，用户即可通过人机画面观察该场景的整个变化过程。

还可以将网络分析应用软件和事故追忆相结合使用。当重演到某个时刻时，可以直接启动该断面下的状态估计、潮流计算等。

4.3.1.5　系统接口与通信

配电主站系统基础平台与其他系统之间通过文件、规约、服务等多种方式进行通信。常见使用的包括与主网系统之间的通信，采用串口或者网络的方式以 IEC 101、IEC 104、DL 476、E 语言等不同的规约将主网的实时数据传送到配电主站系统，从而获得系统运行的电网数据，包括模型信息和一、二次设备实时监测数据等；与 GIS 平台之间的通信，采用服务调用的方式将图模数据传送到配电主站系统，从而获得 GIS/PMS 维护的中压配电网（包括 6～20kV）的单线图、区域联络图、地理图以及网络拓扑等。

4.3.2　运行状态管控应用

4.3.2.1　配电接地故障分析

我国 6～35kV 配电网中性点广泛采用小电流接地方式，即中性点不接地或经消弧线圈接地这两种接地方式。运行经验表明，电压等级越低，接地故障越多，从故障类型来看，最常见的是单相接地故障，占 80%以上。单相接地故障可能产生过电压，烧坏设备，甚至存在造成人身伤亡的危害，因此快速确定故障位置并且排除故障，是提高配电网可靠安全运行的重中之重。

由于我国配电网结构复杂、故障类型复杂多样、现场中性点接地方式不固定等，这些客观问题均给单相接地故障时的选线定位工作带来一系列的困难和问题。因此亟需开展配电网单相接地故障选线定位方法的适应性研究，并充分发挥配电自动化系统在数据采集、传输、分析与应用方面的优势，结合配电自动化系统开展配电网不同接地系统下单相接地故障特征信息采集、传输以及单相接地定位策略等关键技术的研究工作，研发配电线路单相接地故障定位装备，提出适应我国配电网发展需要的单相接地故障定位一体化解决方案，促进配电网安全可靠运行水平的全面提升。

　　配电线路故障定位装备（故障指示器）可以仅仅包含配电线路故障定位传感探头作为就地型的一遥装置来运行，主要通过故障时启动感应翻牌的方式来展示故障情况，巡线员工就地查看翻牌情况从而确定故障定位情况。而带有通信汇集装置的故障指示装置具有远传功能，通常是采集故障信号和量测信息并上传远方主站，这种装置需要有系统通信作为支撑，系统通信通常采用无线通信方式。配电线路故障定位装备示意图如图 4-11 所示，其中，通信系统采用短距 MESH 和远程 GPRS 混合组网方式；配电线路故障定位装置由 3 只线路监测球和 1 台通信终端构成，分布在线路关键节点，负责采集线路工况信息，通过通信系统将实时信息传递给配电主站系统，线路正常运行时实现配电网线路综合运行工况在线监测和预警分析，故障时发出告警信息，显示故障类型与定位故障区域，从而实现对线路工况信息和故障信息的监测；配电主站系统在现有配电主站的基础上新增配电线路故障定位处理模块，实现配电线路故障的分析处理。

图 4-11　配电线路故障定位装备示意图

　　在单相接地故障接地选线定位方法方面，目前国内外学者在理论研究方面卓有成效，已成熟的方法大致分为利用故障信号的方法和利用注入信号的方法两大类。① 利用故障信号的选线方法分为利用零序信号的方法和利用非零序信号的方法，其中利用零序信号的方法包括利用稳态信号和利用暂态信号。利用稳态信息的选线方法大致有零序过电流法、零序电流群体比幅法、零序电流比相法、零序电流群体比相法、残流增量法和有功分量法等；利用暂态故障信息的选线方法有首半波法、暂态无功方向法、暂态能量法、基于小波变换的暂态电流法等。由于故障暂态信号幅值远大于稳态信号，且不受消弧线圈的影响，因而利用故障暂态信号的特征来选线是近年来新的研究方向。② 利用注入信号的选线方法有 S 注入法、变频信号注入法等。

　　配电主站系统中的配电线路单相接地故障定位处理模块主要包括故障发生的判定、故障特征分量的计算、配电线路拓扑分析、故障定位等功能。单相接地故障定位分析流程如图 4-12 所示。

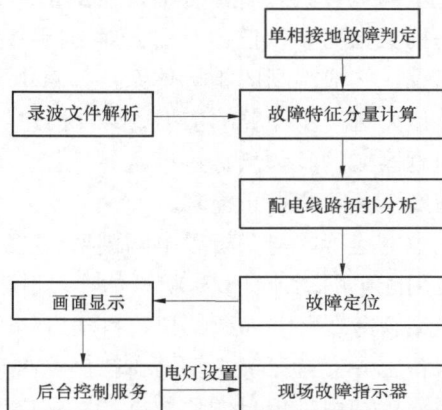

图 4-12　单相接地故障定位分析流程

1. 启动单相接地故障判定的条件（两者之一）

（1）主站接收到地调系统 $3U_0$ 越限信号，主动召唤母线上所有线路故障录波文件，进入故障判定流程。

（2）主站接收故障指示器动作信号，线路所属母线上所有线路故障录波文件，进入故障判定流程。

2. 故障特征分量计算

通过对配电线路故障定位装置上送的暂态波形进行解析，采用成熟的故障选线定位方法，计算提取出故障特征分量，主要包含暂态电流突变量、相电流突变值等。

3. 故障信息判定

采用同母线多线路间的故障录波信息对比分析，依据故障线路波形与非故障线路波形不一致，故障线路故障上、下游波形不一致等原理，进行故障区间的判断。实时诊断画面如图 4—13 所示。

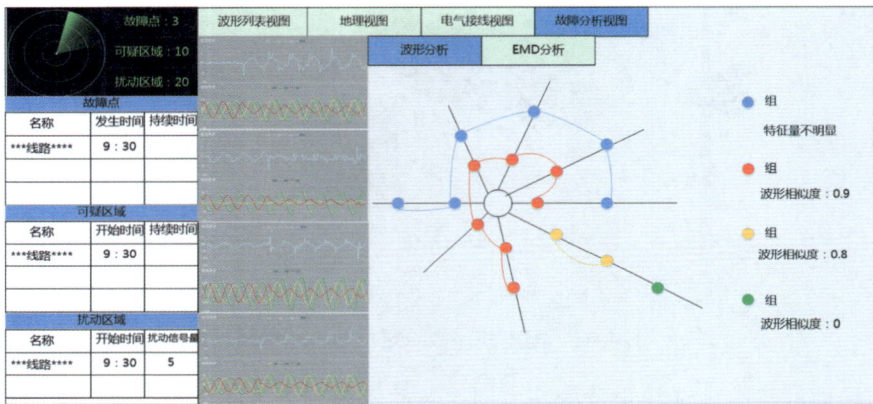

图 4—13　实时诊断画面

4.3.2.2　运行趋势分析

配电网运行状态纷繁复杂，信息量巨大，为减少调度人员认知负担，有必要利用简洁而全面的抽象指标予以描述。需要对电网的各个侧面进行分析，从而筛选出能全面反映电网状态的指标，构成清晰的指标体系，并对电网运行趋势的指标进行计算。其内涵是配电网的当前状态作为进一步计算的依据，结合构建的状态指标体系，对问题区域进行具体的指标精算。对于问题区域的具体指标进行定量计算，有助于准确找到具体安全问题，方便调度人员进行精准的安全预防和校正控制。

配电网运行趋势分析以电网模型、在线电网实时数据为基础，短期负荷预测数据为补充，综合应用配电网潮流计算、状态估计，测算出配电网的"健康水平"，并分析潜在风险。同时，它还能结合薄弱环节诊断结果，科学启动"免疫系统"，自动推荐薄弱环节替换、运行方式改变、自备电源支持三类主动防御措施，推动配电网从事后故障处理转变为事前风险防范。运行趋势分析利用配电自动化数据，对配电网运行进行趋势分析，支持对配电变压器及线路重载、过载趋势分析与预警，主要是根据配电网当前的运行状态，考虑电网电源、负荷、运行方式以及外部环境可能发生的变化，预测配电网的运行趋势走向，预估电网的未来运行状态，为调度员提供决策参考。

通常来说，导致配电网存在供电风险运行趋势的隐患主要有环网运行、线路重载运行、保电用户无法转供等。

（1）环网运行：为倒换配电网线路运行方式出现的临时性调整，短时间内对符合条件的线路做环网运行。需要对这部分线路的环网运行情况做持续关注。

（2）线路重载运行：配电网 10、20kV 线路长时间重载运行容易导致设备发热损坏。

根据公式计算线路负载率，其中 I 为线路电流值，I_m 为额定电流值。rate=I/I_m，判断线路是否重载。

根据拓扑分析获取重载线路供电范围，判断供电范围内断路器是否存在合闸变位，如果存在说明为负荷转供导致线路重载。如果不存在，则说明是由现有负荷电流增大导致。

（3）保电用户无法转供：配电网重要用户一般要求多电源供电。为保证供电可靠性，多采取多电源供电措施，多电源来自同一座变电站或者同一条 10kV 母线或者同一条 10kV 线路均判定为无法转供。保电设备分为挂保电牌的设备、一级重要用户、多电源设备 3 类。保电设备要求正常供电，且供电线路需要存在转供电源。

4.3.2.3　配电终端智能化维护管理功能分析

随着配电自动化覆盖率的逐年提高，配电采集终端的数量日益增长，在配电终端接入调试及后期运行维护过程中的工作量日益繁重，为此配电主站提供配电终端智能化维护管理功能模块，与配电终端密切配合，减少系统与现场配电终端的调试时间，增强系统的终端维护管理功能，为用户提供远程的维护手段，减少系统数据接入时工作量，降低配电终端的运行维护成本，提高整个配电自动化系统的可靠性。

1. 配电终端自动接入

在配电自动化系统的建设工程和日常维护作业中，传统配电终端（环网箱 DTU、柱上开关 FTU 等）与配电主站之间的信息调试方式是：依靠人工制作和人工传递遥信、遥测、遥控点表，再由主站与厂站双方进行逐点对试校核，出错的几率大、试验周期长，而配电自动化系统中配电终端数量巨大，导致配电自动化系统维护调试量很大。为了缩短配电主站与现场 FTU、DTU 等的调试对试时间，减少系统维护人员的工作量，需要与终端部联合开发，实现配电终端的自动接入。

2. 配电终端蓄电池在线监控

为保证配电终端的正常运行及断路器操作电源的正常提供，特别是在事故停电后的故障隔离与恢复，配电终端设备后备电源，如蓄电池、超级电容等是必要的。主站系统应当具备提供配电终端蓄电池在线监控应用，实现对蓄电池的实时监控管理。

3. 配电终端状态及通信网络一体化监控

配电终端状态及通信网络一体化监控实现对所辖终端、通信接入网设备、光缆、通信通道资源实时监测与管理，根据检测到的终端通信异常状态进行故障分析与定位，并发布终端通信异常报告。

4. 无线终端通信流量监控

无线终端通信流量监控实现 GPRS 无线通信配电终端的流量统计，主要监控无线配电终端的小时通信流量、日通信流量和月通信流量，并记录流量的历史信息，反映无线配电终端的流量变化过程。

5. 微机保护定值远程调阅及修改

保护定值是继电保护正确动作的依据，定值的正确性和适应性对继电保护的正确动作及电网的安全运行有着非常重要的作用。随着电力系统的不断发展，配电网的运行方式变化十分频繁，为了保证配电网的安全、稳定、可靠运行，继电保护装置的定值也要随着运行方式的变化进行相应调整。

4.3.2.4 供电能力分析

配电网供电能力评估是在收集现有的配电网大量基础数据的基础上，通过科学计算，合理地完成对现状网的评估和分析，主要包括配电网网架供电能力薄弱环节分析，配电网负荷分布统计分析，线路在线 N–1、配电设备负载情况分析。配电网供电能力评估用来指导电网的建设发展，可以保证资金的有效利用和网络的长期最优发展，可以为电网的安全稳定运行及经营管理奠定基础。

首先对配电网进行合理分区，通过综合每个 110kV（35kV）变电站区域的供电能力并按照其在整个电网中的地位及配电网网络拓扑、负荷分布等将一个大的配电网分解成数个区域配电网，采用层次分析法对区域配电网进行供电能力评估；然后将区域配电网评估结果合理加权后实施整个电网的供电能力评估；最后得到评估结果。这样，不但易于采集评估数据，也可方便地从评估结果分析出电网存在的薄弱点，便于电网今后规划改进。依据该方法既可以评估出单个供电区域的供电能力，又可评估出整个电网的各项技术指标和整体技术指标情况。

配电网供电能力评估可以自上而下及从整体到局部来考虑该分区电网的电源情况、下级配电变压器的情况、分区配电网整体结构的情况以及具体配电设备的情况。因此，可将静态指标分为电源点分析、配电传输能力、配电网结构分析以及配电设备四个方面来考虑评估。另外，还可将一些难以评价的指标纳入配电网基本状况补充信息，对评估体系起到补充作用，使体系更加完整。

1. 电源点分析

电源点（35/110kV 变电站）是整个分区配电网的能量源头，其情况的好坏直接影响分区配电网的健壮性，因此必须对 35/110kV 变电站进行主变压器进线 N–1 满足率、主变压器 N–1 满足率、向城市供电母线 N–1 满足率的校核。另外，容载比是衡量某一配电电压等级的总体规划建设规模、可靠性、适应性和经济性的重要宏观指标，因此对于 35/110kV 变电站，对其主变压器的容载比进行评价也是一个重要的内容。

2. 配电传输能力

供电能力与传输能力匹配率是对这个方面性能的最直接反映，它体现了下级网络与主变压器的配合情况，反映了配电网的合理性。在正常情况下，由 35/110kV 主变压器向用户送出的电能必须经过 10/20kV 线路以及 10/20kV 配电变压器等中间环节，因此必须对反映它们安全运行水平的线路和配电变压器的负载率进行评价。另外，配电间隔利用率也是必须考虑的一个因素，它反映了随负荷增长配电网络的扩展能力，也是配电传输能力的一个体现。

3. 配电网络结构分析

配电网络的结构对配电网供电的稳定性、可靠性、灵活性和安全性有着最直接的影响。

线路的供电半径、负荷转带能力是必须考虑的因素。另外，线路的分段优化程度也是必须计及的一个指标，反映供电的可靠性和经济效益。

4. 配电设备

主变压器进线、主变压器、向城市供电母线、馈线及相关设备的负载率、扩容量、无功补偿调节能力、有载调压开关的占有率等这些指标显示了配电网一些与供电能力联系不是很紧密的一些状况，包括配电网络架空线路的绝缘化率、电缆化率，以及低损耗配电变压器占有率，信息化水平，高压配电变压器标准化状况等。线路的理论网损以及短路容量也纳入此类指标，它们不参与评估，只是作为一个辅助的方面来补充反映该配电网供电能力。

在确定供电能力指标体系的基础上，对现有数据和运行经验的分析，提出了配电区域各个静态指标和动态指标基于模糊层次分析法的隶属度函数，确定了各指标在各层中的相对权重，完成了整个配电网评估系统 35/110kV 分区的框架。

由于所采用隶属度函数、权重甚至指标本身的确定方法，并无具体的规程所依，具有主观性，所以有必要对它们进行修正。修正的具体方法是需要用不同的网架信息和运行数据来求取结果，并通过实例验证和结果的反馈信息，找出隶属度函数和权重的某些不合理之处，去反复修正，以提高评估体系的精准性和可行性。一种评估体系的修正机制如图 4-14 所示。

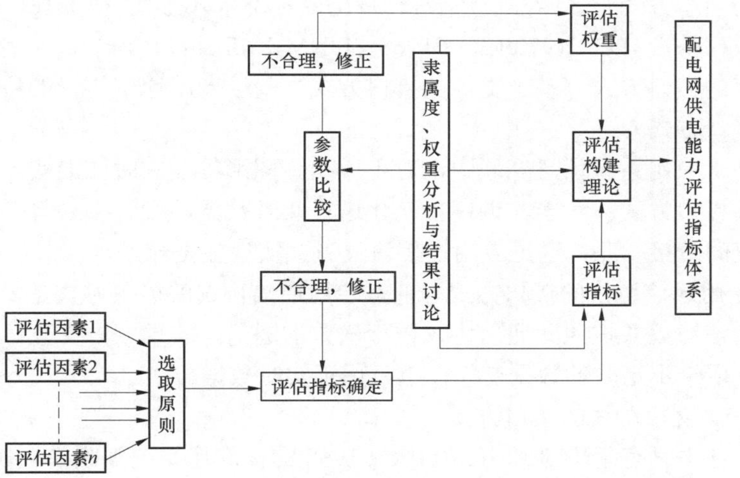

图 4-14　评估体系的修正机制

4.3.2.5　线损计算支撑功能

电力网线损率是电力企业重要的综合性技术经济指标，配电网线损计算是配电网网络规划、经济运行、技术改造、配电网评估等的基础。线损率是线损量占总供电量的百分数，也是国家考核供电企业的重要技术经济指标，还是电力企业完成国家计划和企业考核的主要内容之一，同时，它还是衡量供电企业管理水平的一项重要指标。随着电力体制改革的进一步深化，市场竞争日趋激烈，搞好线损管理是供电企业提高经营收入、实现多供少损、节能降耗的重要手段。

目前配电网线损软件多以软件包的形式出现，单机运行，计算分析的各种信息不能共享，数据的传递必须通过人工完成，工作量大，周期长，模型不具有实时性，计算结果展示手法单一，数据可靠性差。在配电自动化系统充分发展的形势下，从数据库中提取实时数据，从主站系统获取实时计算模型及设备电量信息进行计算已不再困难，配电自动化系统中开展配电网线损分析应用成为可能。

配电自动化主站可从海量数据平台，以 E 语言格式方式向线损管理模块提供数据，支撑线损模块分析计算。相关交互的数据内容包括：① 配电网运行负荷、电压、电流、遥信变位等数据；② 配电网运行日冻结电量、月冻结电量数据；③ 配电网运行有功电量、无功电量、日冻结电量、月冻结电量、遥信变位时刻冻结电量。

4.3.3　信息发布与共享

配电主站遵循 IEC 61970/IEC 61968 等国际标准，具有良好开放性，在系统设计时就考虑到第三方系统、应用模块接口的要求。主站信息发布与共享功能支持配电网实时运行状态、历史数据、统计分析结果、故障分析结果等信息发布功能。

在与其他信息共享及应用集成过程中，主站严格遵守国家相关的安全防护规定。配电主站严格遵循国家发展改革委 2014 年第 14 号令《电力监控系统安全防护规定》，满足国家能源局　国能安全〔2015〕36 号文《电力监控系统安全防护总体方案》等规定。

主站提供的共享方式有多种，既包括符合规范的标准接入方式（基于 IEC 61970/IEC 61968 的组件接口方式、基于 IEC 61970/IEC 61968 的 CIM/XML 接口方式），又包括非标准接入方式（基于数据库的接口方式、基于文件的接口方式、基于专用通信协议的接口方式及基于信息交换总线的接口方式）。

在与其他外部应用系统信息互联中，对于模型、图形等非实时或准实时数据，采用信息交换总线或文件接口方式；对于与调度自动化进行实时数据转发、接入等对实时性要求高的数据，采用系统间直接互联，通过专用通信协议方式实现数据转发。

（1）基于专用通信协议的接口方式。通过专用通信协议的接口方式是最常用的方式。双方约定好专用通信协议并按照此通信协议进行双方的通信，实现双方交互。这种方式的适用范围较大，既可用于不定时的数据交换，也可用于实时数据传送。

（2）基于信息交换总线的接口方式。

系统公共服务中具有基于 IEC 61970/IEC 61968 的标准化系统互联模块，通过与信息交换总线互联，实现与其他应用系统信息共享和业务集成，典型的接口有：① 基于 IEC 61970 的 CIM/SVG 的图模交换；② 基于 CIM/E 与 CIM/G 的图模交换；③ 基于 IEC 61970 的 CIS 规范；④ 基于 IEC 61968-1-13 的业务接口规范；⑤ 基于 E 格式的断面数据交互；⑥ 其他基于 SOA 的接口。

4.3.4　扩展功能

1. 自动成图

目前配电主站中图形维护主要有手工绘制及 GIS 平台导入提供两种方式。手工绘制是由专业人员在电力系统专用的图形编辑软件上手工绘制的。缺点主要表现在耗时、易出错，并且同步性差。随着电网规模的不断扩大，设备数量和线路复杂度都不断增大，使得手工绘制基本成为不可能。GIS 平台导入提供的图形由于布局以及图元标准、数据时效性等方面存在缺陷，不能满足调度对辖区内配电网的日常监视控制需要。针对目前图形维护方式的缺陷，自动成图技术被提出并得到研究，自动成图在满足图形准确完整、设备间无交叉重叠的前提下，保证了图形的布局均匀、大小适中、美观清晰，不仅能提高电网调度系统的自动配置能力，更能有效支持调度员的调度决策。

一些主站开发了自动成图软件，用于替代人工完成图形矫正和美化工作，能提高效率使配电自动化系统上的配电网图模尽快投入应用。自动成图工具能根据模型自动生成配电网系统图、单一馈线图、环网回路图，免除人工绘制图形、提高劳动效率。自动成图根据模型变化实现图形增量化修改，更为简便，并且可以自动定义量测，减轻工作量，减少差错，保证图模一致，确保调度用图的准确性，且图形风格规整，易于调度识别。

一般自动成图软件具备配电网全局模型导入、基于自动布局布线方法的自动成图技术、配电网分层多侧面逻辑视图自动生成、配电网独立环网回路图自动生成、配电网单一馈线图自动生成、厂站及容器内部细节展现、复杂 T 型接线展示、增量化布局布线、量测自动关联、配电网自动成图的表达规范、图形导出等功能。

自动成图软件的思想核心是配电网的分层布局。配电网分层布局如图 4-15 所示，联络层布局示例如图 4-16 所示。

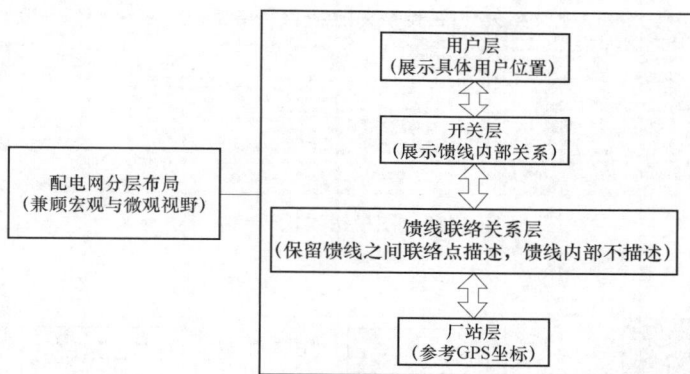

图 4-15　配电网分层布局

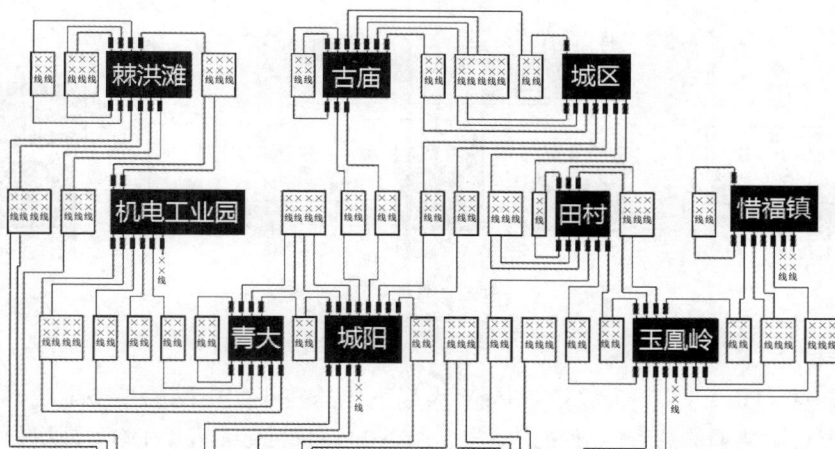

图 4-16　配电网联络层布局示例

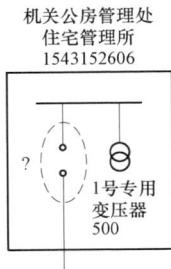

图 4-17　拓扑连接断开错误示例

自动成图软件的运行流程为先进行图模错误扫描检查，然后拼接全景模型生成全景图，进一步生成片网图，最后生成单线图。流程首先要检查图模的正确性，目前对拓扑连接断开形成孤岛、设备模型无端子、设备无所属容器、设备重名、站所重名、对象错误等类型的图模错误都能有效检查。拓扑连接断开错误示例如图 4-17 所示，图模错误检查结果如图 4-18 所示，自动成图——环网单线图如图 4-19 所示。

图 4-18　图模错误检查结果

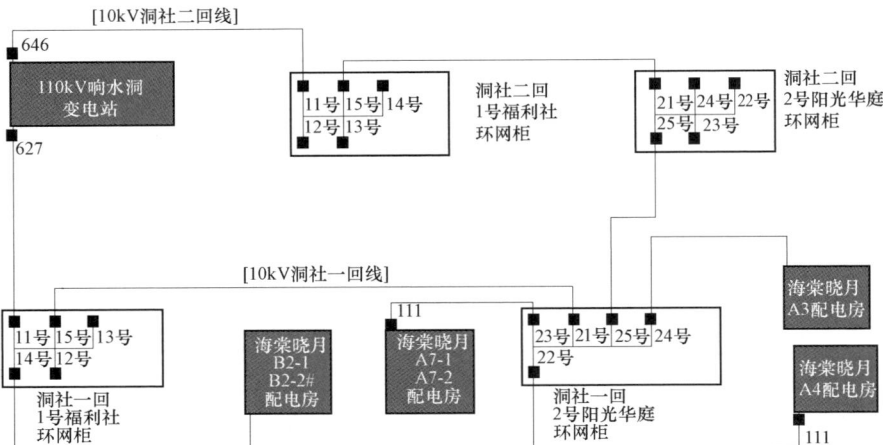

图 4-19　自动成图——环网单线图

2. 分布式电源接入

分布式电源（DR）通常指接入到 35kV 及以下电压等级配电网的小型电源，它是分布式发电和分布式储能装置的总称。分布式发电（Distributed Generation，DG）是指依靠分布式电源进行发电并接入到区域配电网的发电方式，主要有光伏发电、风力发电和小型水电等。分布式储能装置（Distributed Energy Storage，DES）是指模块化、可快速组装并接入配电网的能量存储与转换装置，根据储能形式的不同，DES 可分为蓄电池储能、超导储能、超级电容器储能和飞轮储能等。

分布式电源接入配电网，有利于提高配电网的供电可靠性、抗灾性和能源经济性，但是也在潮流方向、电压调整、电压质量、继电保护、短路保护、线路检修等方面给配电网的安全稳定运行带来了不利的影响。具体表现为配电网潮流由单向转为双向、短路电流和容量增大、电能质量变差、配电网原继电保护系统出现误导或拒动和电网调度困难导致安全隐患等。

分布式电源接入配电自动化系统，可以实现配电自动化系统对分布式发电的检测和控制，解决因信息交流不畅带来的分布式发电并网问题，保证分布式发电安全高效地并网运行。具体表现如下：

（1）能够在线监测分布式电源出口的电压质量，在电压超出范围时，确保分布式电源正确解列。

（2）能够控制分布式电源的启/停，降低区域分布式电源群起群落给系统带来的影响。

（3）能够协调配电网电容投切补偿和分布式电源的无功调节，优化系统的功率因数控制，提高系统供电质量。

（4）能够在保护动作后，对分布式电源状态进行确认，确保分布式电源正确配合保护的动作，降低孤岛对用户及维护人员的安全威胁。

3. 潮流计算

潮流计算根据配电网络指定运行状态下的拓扑结构、变电站母线电压（即馈线出口电压）、负荷类设备的运行功率等数据，给出所有母线电压的幅值和相位、支路电流、线路的功率分布和功率损耗等，为负荷转供和网络重构等应用提供潮流分布和线损数据。潮流计算功能宜使用在配电网络结构稳定、模型参数完备和量测数据采集较齐全的区域。

4. 解/合环分析

解/合环分析就是通过与上级调度自动化系统进行信息交互，获取端口阻抗、潮流计算等计算结果，对指定方式下的解/合环操作进行计算分析，结合计算分析的结果对该解/合环操作进行风险评估。合环计算除需要校验合环后的稳态电流，避免设备过载外，还需要考虑合环瞬时的冲击电流，以避免过电流保护的动作，造成大面积的停电事故。合环潮流计算可以判定合环电流是否会导致合环断路器过电流保护或速断保护误动作。同时还需要考虑合环是否会导致系统其他断路器过电流保护或速断保护误动作。解环计算则需判定解环后设备是否出现过载情况。

5. 状态估计

在配电自动化系统中，网络分析、计算程序的在线应用有助于调度员掌握系统实际运行状态，解决和分析系统中发现的各种问题，并对系统的运行趋势作出预测。由于配电自动化终端采集数据存在误差，在数据传送过程中各个环节也有误差，使得遥测数据存在不同程度的误差和不可靠性。此外，由于测量装置在数量上及种类上的限制，往往无法得到电力系统分析所需的完整、足够的数据。为提高遥测量的可靠性和完整性，需进行状态估计。

状态估计是根据网络接线的信息、网络参数、有冗余的模拟量测值和开关量状态，求取可以描述电网稳定运行情况的状态量、母线电压幅值和相角的估计值，并校核实时量测量的准确性。通过运行状态估计程序能够提高数据精度，滤掉不良数据，并补充一些量测值，为配电系统其他在线网络分析应用提供可靠而完整的电网运行数据。

6. 负荷预测

配电网负荷预测主要针对 6～20kV 母线、区域配电网进行负荷预测，在对系统历史负荷数据、气象因素、节假日以及特殊事件等信息分析的基础上，挖掘配电网负荷变化规律，建立预测模型，选择适合策略预测未来系统负荷变化。

负荷预测按照预测周期可分为超短期、短期、中期、长期负荷预测，超短期负荷预测的使用对象是调度员，一般用于实时控制，需 5～10s 的负荷值；或用于安全监视，需 1～5min 负荷值；或用于预防控制和紧急状态处理，需 10～60min 负荷值。短期负荷预测的使用对象是编制调度计划的工程师，主要用于火电分配、水火电协调、机组经济组合和交换功率计划等，需要 1 日至 1 周的负荷值。中期负荷预测使用对象是编制中长期运行计划的工程师，主要用于水库调度、机组检修、交换计划和燃料计划等，需要 1 月至 1 年的负荷值。长期负荷预测的使用对象是规划设计工程师，用于电源和电网络发展规划，需要数年至数十年的负荷值。

7. 网络重构

配电网网络重构是在满足安全约束的前提下，通过开关操作等方法改变配电线路的运行方式，优化配电网某一指标（降低配电网线损、负荷均衡化、提高供电电压质量、提高系统供电可靠性）或使多个指标组合达到最佳。由于配电网中存在大量的分段断路器和联络断路器，因而配电网络重构是一个多目标非线性混合优化问题。

4.4 配电主站运行维护

配电主站是配电自动化系统的大脑，所有信息都是通过主站的整体分析处理，进而发挥支撑配电设备运维、配电网调控监控工作，达到对配电网的高效管控、实现可靠供电高质量供电服务的目标的。配电主站因为结构比较复杂功能繁多，对其日常管理的技术要求很高，所以运行维护人员素质和业务水平成为主站健康运行的关键。

4.4.1 前置系统运行维护

前置系统运行维护主要要求能够查看前置系统与终端通信的报文，完成配电 SCADA 数据采集、系统时钟和对时功能的任务。运行维护人员可通过主站前置系统界面生成、维护、监视通信报文，完成显示、查询、解释、存储、报文导入及导出的工作。能够确定多台 FES 服务器之间的状态传递；通道数据的横向同步；系统命令的传达等任务。做好厂站工况、设备工况、通道工况、关键进程工况等判断和统计。了解通道与 FES 服务器间的连接关系，并能人工切换。前置子系统的报警信息、运行日志管理，工况、通道工况、设备工况、SOE、值班或备用改变、通道连接改变都有告警信息。下面以某系统为例介绍操作实例。

1. 调阅显示

（1）通道原码显示。通道原码显示用来查看各通道原码，功能包括静、动态查找原码，文档保存，打印报文，通道状态实时显示。FES 源码报文显示界面如图 4-20 所示，用于查看终端上送的原始 16H 码（16 进制），68 是报文开始标识。

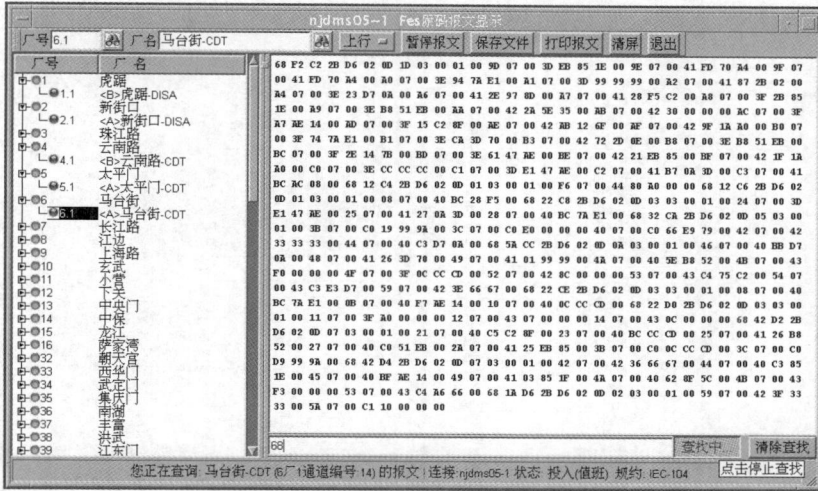

图 4-20　FES 源码报文显示界面

　　运行维护人员可以通过输入厂站号、厂站名查找需查看的站点报文。上行显示为终端上送前置系统的报文，下行显示主站下发到终端报文。点击"暂停报文"停止刷新或恢复刷新；点击"保存文件"可将报文保存到指定文件中；点击"打印报文"打印输出；点击"查找"系统会在界面用红色标记出所要查找的报文字段；点击"校验"选择校验类型，输入待校验报文，得到校验码。

　　（2）实时数据显示。实时数据显示用来查看显示终端实时数据，功能包括查找点号、TASE2 数据排序。同样可以通过输入厂站号、厂站名查找需维护的站点的遥信、遥测数据，并对其原码数据、类型、系数进行查看。FES 实时数据显示界面见图 4-21。

图 4-21　FES 实时数据显示界面

　　（3）事件数据显示。事件数据显示用来查看终端的遥信变位、SOE、控制记录。同样可以通过选取厂名、点号、数据名称进行检索站点。点击"暂停刷新"对报文停止刷新或恢复刷新；点击"选择时间"显示的日志时间。FES 事件记录界面如图 4-22 所示。

图 4-22　FES 事件记录界面

（4）网络报文显示。网络报文显示用来查看显示 FES 服务器与后台机、FES 服务器之间报文。FES 网络报文显示界面如图 4-23 所示，操作员可通过点击进行各报文类型选择。点击报文停止刷新或恢复刷新；点击"保存文件"报文保存到指定文件；点击"收发"选择是接收或发送报文。

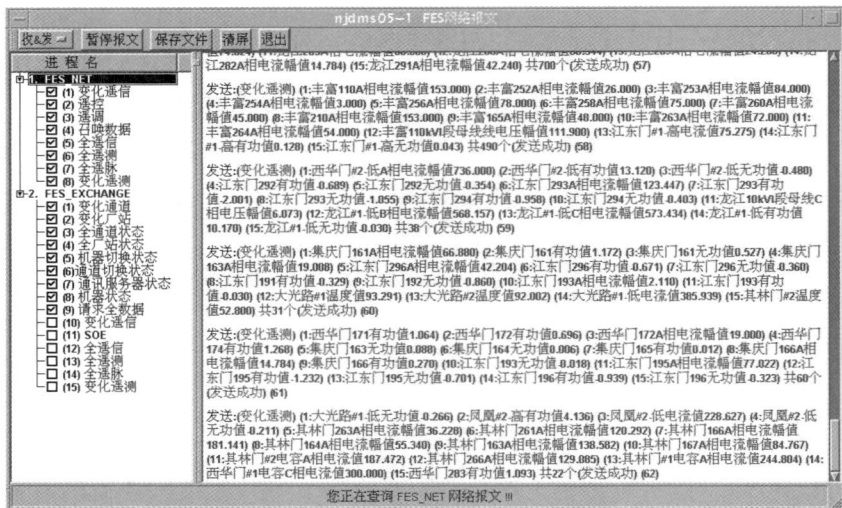

图 4-23　FES 网络报文显示界面

2. 前置维护操作

（1）通信链路维护。数据库中链路参数表如图 4-24 所示。运维人员维护工具从控制台点击"数据库"按钮，进入数据库维护工具（dbi），找到左侧树形结构中的前置采集模块。

选择"链路参数表"，根据现场终端填写相关参数，主要参数如下。

1）描述：对链路的描述，如江西模型；

2）区域名：链路所属的地区，如华中电网；

3）协议类型：链路的通信协议，如网络 476；

4）客/服标志：链路启动方式，作为客户端或服务端；

5）对端地址一：对端通信服务器地址；

6）端口号 ID 一：本地通信端口号；

7）优先级别：数据向后台发送的优先级别。

图 4-24　数据库中的链路参数表

选择"通信厂站表"，根据现场实际情况填写相关参数，主要参数如下。

1）描述：厂站描述，如江西模型虚拟站；

2）区域名：厂站所属区域，如华中电网；

3）链路名：填写对应链路的链路号；

4）厂站地址：一般默认厂站地址为 1，具体值根据现场终端配置确定。

（2）前置采集点号维护。前置采集点号维护包括上行遥测、上行遥信、遥控参数、多源遥测、多源遥信、下行遥信、下行遥测维护。其中上行遥测、上行遥信终端的上行数据是前置运维的重点配置对象。数据库中的采集点定义表如图 4-25 所示。

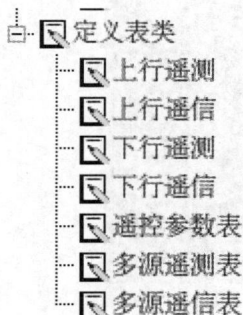

图 4-25　数据库中的采集点定义表

上行遥测配置：选择"上行遥测"，双击已有的记录，此记录为上面所提到的通过设备类触发关系直接触发到配电网前置库中。具体需要填写的参数如下。

1）通信厂站编号：转发数据点所属厂站编号；

2）通道编号：转发数据点所属链路号；

3）序号：转发数据在链路中的点号。

上行遥信配置：上行遥信表中需要配置的项和上行遥测配置项一致，包括通信厂站编号、通道编号、序号。

遥控参数表配置：比上行遥信表配置多一个遥控类型配置，通过选择遥控类型配置（属于双点遥控还是单点遥控），保证终端的遥控和现场终端一致。

多源遥测或遥信配置：多源遥测或者遥信表中需要配置只有一列，即数据所属的厂站编号，需要根据实际情况进行填写。

（3）配电终端接入配置。打开一个终端，输入 dbi 进入，数据库界面（如图 4-26 所示）。选择 FES→设备类→配电网通信终端信息表；点击左上角工具条的"添加新记录"按钮，添加一条新的记录，填写需要的终端名称，依次填写上站编号，其余栏目默认不变；保存退出。

（4）终端接入复查。终端参数设置完成后，查看是否连接上，通过报文界面查看是否有报文，实时数据界面，跟终端对比一下相关数据是否一致。找到操作的厂站对应的一次接线图，进行核对。配电终端接入复查，如图 4-27 所示。

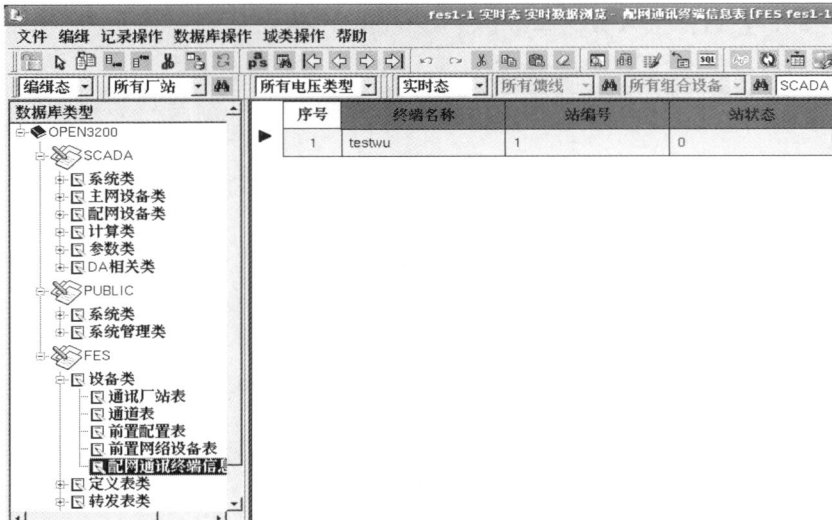

图 4-26 数据库界面

图 4-27 配电终端接入复查

4.4.2 主站平台运行维护

1. 系统启停

在终端窗口中运行配电主站对应的启动命令，运行结束后在终端上显示系统启动成功。观察系统配置图，该节点应用处于运行状态。

在终端窗口中运行系统对应的停止命令运行结束后，在终端上显示系统成功停止。观察系统配置图画面，该节点应用处于离线状态。

2. 主控台启停

系统总控台在应用服务器和工作站上均可启动，在终端窗口输入启动命令进行启动，用户登录窗口会自动弹出。输入用户名称及密码，以输入的用户名登录系统。通过退出用户操作可以退出系统监视及操作，点击总控台上用户登录区的按钮，屏幕上将弹出退出对话框，点击总控台用户登录区的按钮，进入用户登录界面，修改用户名称、密码，完成切换操作。

用户在总控台上登录后，可以从总控台进入图形显示、数据库、前置数据、多源数据、公式定义、模型拼接、告警查询、模型启用、系统管理和定时任务管理等功能

3. 历史数据库运行维护

运行维护人员通过工具导入指定日期的备份文件，在导入完成以后，应该能在数据库中看到导入的表，并且存在有效的数据。把指定的表导出成指定的文件，该功能可以和数据导入功能一起测试，以验证导入导出数据的正确性。

4. 告警服务运维

下面以某系统为例，介绍告警服务配置与使用。

从系统的主控台上用鼠标左键单击"告警定义"图标，启动告警定义，定义不同的告警类型，并对不同类型的告警配置不同的告警动作和告警方式。

启动后的告警定义界面如图 4-28 所示。

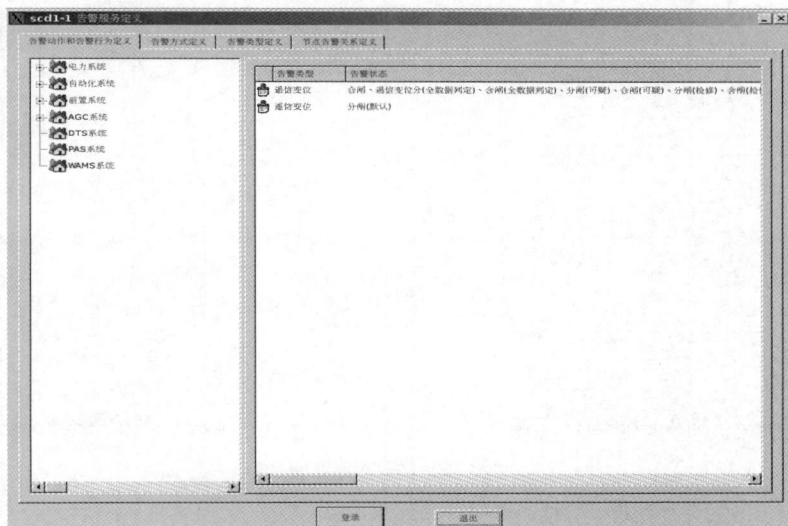

图 4-28　告警定义界面

告警动作是告警服务中最基本的要素，是指一些最具体的告警表现，例如语音报警、推画面报警、打印报警、中文短消息报警、需人工确认报警、上告警窗和登录告警库等。告警行为是一组告警动作的集合，当一个告警来到时，机器要发生一系列的告警动作（即告警行为）来提示调度。

"告警动作和告警行为定义"，左下方显示区显示告警动作分类和告警行为分类。如果选中某一个具体的动作，右下方显示区就弹出这个动作的属性，包括动作 ID、动作名称、动作定义、动作描述等。如果选中某一个具体的行为，右下方显示区就弹出这个行为所包括的动作以及所有可选告警，在这个区域用户可以选择增加或者删除动作。以"上重要告警窗"这个行为为例，目前这个行为包括两个动作：上告警窗和需人工确认。上面两个箭头是单选功能：在所有可选告警动作里面选中某一个告警动作，按下左箭头就将这个动作添加到这个行为中；在告警行为定义里面选中某一个告警，按下右箭头就将这个动作从这个行为中删除。

107

下面的两个箭头是全选功能，用法与单选功能相同，只不过所操作的对象为所有的动作。

告警方式简单地讲就是一个告警类型与告警行为之间的一个对应关系。一个告警类型中的一个或者多个告警状态对应一个具体的告警行为，称为告警方式。在本系统中有这样一张默认告警方式定义表，系统对常用的告警类型有一批预定义，定义了这些告警类型的默认告警行为及其行为的一些参数，如果用户对这些告警类型的某些告警状态的告警行为有一些特殊要求，可以通过自定义告警方式定义其告警行为及其行为的一些参数。

告警类型是告警服务中基本的应用对象，例如事故、遥信变位、遥测越限、厂站工况、网络工况、系统资源、人工操作和用户操作登录等。每一个告警类型对应告警库中的一张告警登录表，每一个告警类型由 n 个告警状态组成，例如遥信变位有遥信变位合、遥信变位分等多个告警状态。告警类型一般用户不可以自定义。

告警定义完成后，系统的主控台上用鼠标左键单击"告警客户端"图标，启动告警窗。告警窗界面如图 4-29 所示。

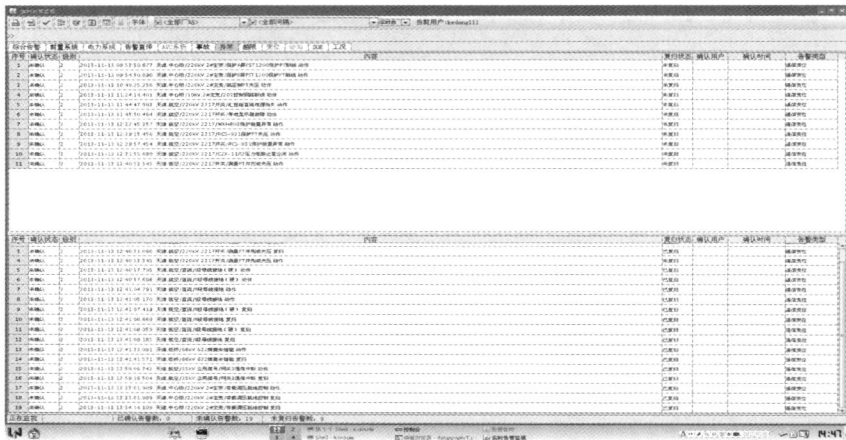

图 4-29 告警窗界面

5. 用户权限管理

权限管理中的角色分为系统管理员、安全管理员、审计管理员和应用管理员 4 类，体现了三权分立、相互制约的思想。其中系统管理员用于增删功能、特殊属性、角色、用户和组等权限主体；安全管理员用于修改功能、特殊属性、角色、用户和组等权限主体的定义；审计管理员用于查看权限相关操作日志；应用管理员用于各类具体应用的权限管理，还可细分为调度员、自动化维护、自动化运行等应用管理员类的角色。只有系统管理员才可以增加、删除角色，只有安全管理员才可以修改角色定义。

角色由 1 个或多个功能、0 个或多个特殊属性组成，可以被赋予用户。角色定义的原则是：组成角色的功能之间应该具有横向或纵向的协作关系，完全没有关系的功能不应放入同一个角色之中，具有相反权限的功能也不应放入同一个角色之中，角色的定义应该尽量最小化，如果一个角色中有两类功能组合，最好定义成两个角色。

例如，可以定义系统运行角色、系统维护角色和数据库管理员角色。系统运行角色包括画面挂牌、画面遥测封锁、遥控等运行类功能；系统维护角色包括告警方式定义、曲线定义、采样定义、画面文件写、报表文件写、公式修改和模型定义写等维护类功能；数据管理员角色包括商用库恢复、商用户备份等数据库维护方面的功能。

权限定义与维护管理界面的启动总控台选择"用户权限定义与维护管理"图标按钮。要先登录，由于不同级别的用户权限不同，因此启动用户权限定义与维护管理界面也是不同的。在登录对话框中输入用户名称、密码，以超级用户身份启动用户权限定义与维护管理界面。权限定义界面如图 4-30 所示，可以看到图中定义的所有组和用户。

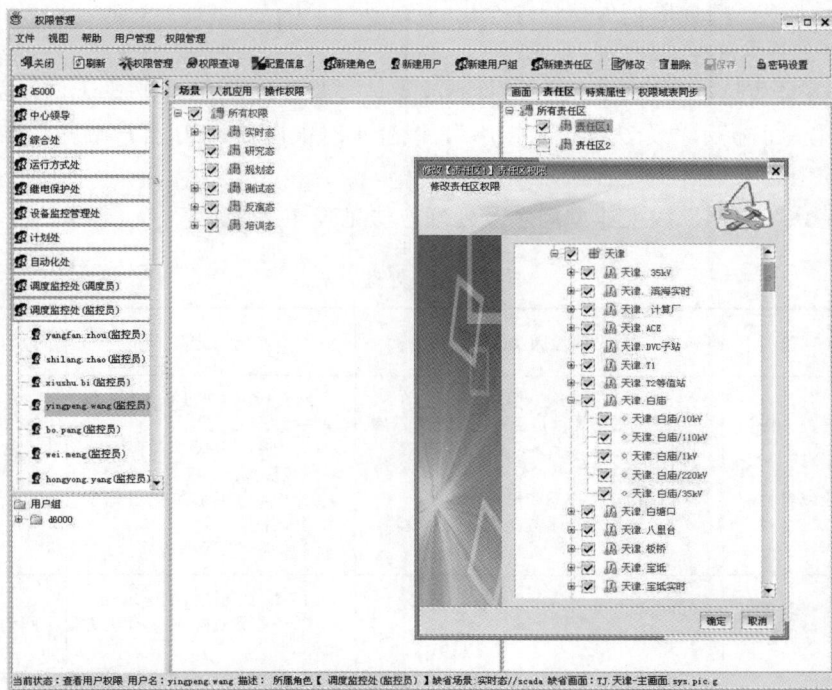

图 4-30 权限定义界面

4.4.3 常见故障

1. 计算机硬件类故障

计算机硬件类故障指与服务器、工作站的 CPU、硬盘、内存等硬件设备相关的故障。

2. 网络故障

网络故障指与网络设备、网络配置相关的故障。主要有：交换机故障；交换机端口故障；显示系统中的某台主机断网，并且"刷新时间"不更新。

3. 数据库故障

数据库故障指与数据库服务相关的故障。主要有：硬件故障导致数据库不可访问；网络故障导致数据库不可访问；软件故障导致数据库不可访问。

4. 厂站类故障

厂站类故障指与厂站功能相关的故障。主要有：硬件故障导致常规通道退出；网络故障导致网络通道退出；频率故障导致天文钟通道退出。

5. 告警类故障

告警类故障指与告警功能相关的故障。主要有：某台机器告警窗上看不到实时告警；告警不能推画面；告警不能响语音。

6. 人机界面故障

人机界面故障指与人机界面功能相关的故障。主要有：图形文件打开对话框无图形文件；图形保存失；在图形浏览器下，应用所属右键菜单无法显示；某台机器画面操作（遥控、置数、挂牌等）失败；遥控监护员窗口弹不出。

7. WEB 服务类故障

WEB 服务类故障指与 WEB 服务相关的故障。主要有：WEB 客户端无法浏览网页内容；WEB 客户端登录时提示"无法连接数据库"，或登录时很慢；WEB 客户端图形显示数据不刷新，或显示的内容与 I 区不一致。

以国内某系统为例，以上典型问题及处理方法见表 4-2 所示。

表 4-2　　　　　　　　　　　典型问题及处理方法

序号	故障现象	故障原因及诊断	解决方案	故障类型	故障等级
1	（1）遥测、遥信数据不刷新；（2）工作站界面不响应或者响应慢	可能的故障原因：应用主机服务器磁盘损坏。诊断方法：（1）检查操作系统日志；（2）通过检查服务器磁盘信息检测	下述 3 个解决方法之一可解决故障：（1）将出现硬件故障服务器网线拔掉；（2）将出现故障服务器应用切为备机；（3）关闭故障服务器	计算机硬件类故障	严重故障
2	告警窗显示"交换机故障"告警	可能的故障原因：交换机断电或者交换机硬件故障	（1）恢复交换机供电；（2）关闭故障的交换机并报修	网络故障	一般故障
3	告警窗显示"交换机某个端口断网"告警	可能的故障原因：（1）交换机硬件故障；（2）与端口连接主机之间的网线故障；（3）与该端口连接的主机故障（常见情况是掉电）	（1）对于交换机故障，关闭故障交换机；（2）对于网线故障，更换新的网线；（3）检查主机是否掉电	网络故障	一般故障
4	系统中的某台主机断网	可能的故障原因：该主机的广播报文无法被其他机器收到。诊断方法：（1）检查断网主机是否能 Ping 通其他机器；（2）检查显示断网主机的 IP 地址于其他主机是否在一个网段，子网掩码是否一致	（1）恢复中断主机的正常连接；（2）修改出错的地址或者子网掩码	网络故障	一般故障
5	（1）告警报告某个数据库连接失败或系统进入 1+N 状态；（2）利用 Sqlplus 无法连接数据库	可能的故障原因：（1）数据库服务器磁盘损坏；（2）数据库实例服务 Crash。诊断方法：（1）查看操作系统日志；（2）查看数据库日志；（3）在数据库服务器上没有数据库进程	（1）硬件故障请及时联系生产厂家报修；（2）软件故障请重新启动数据库。如果失败请及时联系生产厂家	数据库故障	严重故障

序号	故障现象	故障原因及诊断	解决方案	故障类型	故障等级
6	（1）告警报告某个数据库连接失败或系统进入1+N状态； （2）利用数据库客户端无法连接数据库； （3）无法 Ping 到数据库服务器	可能的故障原因：数据库服务器网络中断。 诊断方法：通过 Ping 命令检查网络	重新插拔网线，或更换网线。对于光纤尤其需要查是否有物理损坏，如果损害需要更换	数据库故障	严重故障
7	（1）曲线不能查看； （2）历史告警不能查看	可能的故障原因： （1）与上述数据库故障相同； （2）数据服务应用异常； （3）数据库磁盘空间满。 诊断方法： （1）与上述数据库故障检查方法同； （2）检查数据服务应用； （3）检查表空间使用容量	（1）与上述数据库故障解决方法同； （2）切换或者重启数据服务应用； （3）联系生产厂家扩充数据库容量或者备份后清除部分采样与历史告警数据	数据库故障	
8	某台机器告警窗上看不到 SCADA 告警	可能的故障原因： （1）此机器的网络状况异常； （2）节点告警抑制、告警窗告警类型没有选中 SCADA 的告警分类。 诊断方法： （1）查看本机网络状态； （2）查看本机告警窗设置与节点告警抑制设置	（1）解决网络异常问题； （2）在告警窗告警类型设置中选择要显示告警； （3）在告警定义中删除该节点告警抑制设置	告警类故障	一般故障
9	不能语音告警	可能故障原因： （1）语音设备异常； （2）告警窗上语音按钮关闭； （3）节点语音告警抑制； （4）告警客户端进程没有启动。 诊断方法： （1）通过告警窗上的语音测试按钮测试本机语音设备是否异常； （2）检查告警窗上语音按钮是否关闭； （3）检查本机是否设置"语音告警抑制"选项； （4）查看告警客户端进程	（1）解决语音设备问题； （2）设置语音按钮为播放语音状态； （3）在告警定义中删除该节点语音告警设置； （4）启动告警客户端进程	告警类故障	一般故障
10	不能推画面	可能故障的原因： （1）本节点推画面告警抑制； （2）告警客户端进程没有启动。 诊断方法： （1）检查本机是否设置"节点推画面告警抑制"选项； （2）查看告警客户端进程	（1）在告警定义中删除该节点推画面告警抑制设置； （2）启动告警客户端进程	告警类故障	一般故障
11	（1）图形文件打开对话框无图形文件； （2）图形网络保存失败； （3）图形编辑器中点击设备，图形设备属性框无法获取图形设备属性	可能故障原因：商用库服务不正常连接。 诊断方法： （1）检查数据服务是否存在； （2）数据服务主机上查看商用库连接是否正常	（1）如果数据服务进程甚至应用异常，建议切换或者重启应用； （2）如果商用库连接失败，建议参照数据库故障解决办法	人机界面类故障	一般故障

序号	故障现象	故障原因及诊断	解决方案	故障类型	故障等级
12	某台机器画面操作（遥控、置数、挂牌等）失败	可能的故障原因：此机器网络状态异常。 诊断方法：查看本机网络状态	解决网络异常问题	人机界面类故障	一般故障
13	遥控监护员窗口弹不出	可能的故障原因： （1）操作机器或者监护机器的网络异常； （2）监护机器的遥控监护进程不存在； （3）监护进程的遥控监护进程存在，但不是从监护机器本机启动，而是从其他机器登录启动。 诊断方法： （1）查看操作机器与监护机器网络状态； （2）在监护机器上查看遥控监护进程是否存在	（1）解决网络异常问题； （2）在监护机器本机启动遥控监护进程	人机界面类故障	一般故障
14	单个通道频繁投入退出	可能的故障原因： （1）该通道定义的遥测有很多不刷新； （2）通道误码率太高。 诊断的原因： （1）查看前置通道表的故障阀值设置； （2）查看该通道的报文	（1）将前置通道表的故障阀值参数调整； （2）与站端与通信协查通道状况	厂站类故障	
15	单个常规通道退出	可能的故障原因： （1）通道板故障； （2）终端服务器故障； （3）厂站端或者与厂站端通信线路故障。 诊断方法： （1）查看通道板上信号灯状态； （2）查看终端服务器信号灯状态	（1）按照查看通道状态提示解决； （2）更换终端服务器端口，注意通道的定义要修改，如果成功也可能是终端服务器与通道板连接线问题，逐层更换排查	厂站类故障	一般故障
16	单个网络通道退出	可能的故障原因： （1）网络连接中断； （2）对方服务中断。 诊断方法： （1）Ping 对方的 IP 地址； （2）Telnet IP 地址端口号，判断对方服务是否启动	（1）恢复物理连接； （2）通知对方启动服务	厂站类故障	一般故障
17	成组常规通道退出	可能的故障原因： （1）终端服务器故障； （2）终端服务器与前置交换机连接中断； （3）规约进程异常。 诊断方法： （1）检查退出厂站所关联终端服务器状态（如果存在主备通道要都检查）； （2）检查退出厂站所关联终端服务器与交换机连接状态； （3）检查退出厂站定义是否都是相同规约	（1）更换终端服务器； （2）恢复终端服务器与交换机连接； （3）杀掉相应规约进程	厂站类故障	严重故障

续表

序号	故障现象	故障原因及诊断	解决方案	故障类型	故障等级
18	所有厂站退出	可能的故障原因： （1）前置交换机故障； （2）前置服务器全部故障； （3）前置机柜故障。 诊断方法： （1）查看前置交换机状态； （2）查看前置服务器状态； （3）查看前置机柜状态	（1）恢复前置交换机运行； （2）恢复前置服务器运行； （3）恢复前置机柜运行	厂站类故障	灾难性故障
19	天文钟通道退出	可能的故障原因： （1）天文钟故障或者断电； （2）天文钟连接线中断。 诊断方法： （1）观察是否收到报文； （2）查看频率采集线是否完好，频率是否变化	（1）更换天文钟； （2）恢复连接	厂站类故障	一般故障
20	终端服务器频繁重启	可能的故障原因：通道表的端口定义重复。 诊断方法：通过数据库工具打开通道表检查端口定义	修改重复的端口	厂站类故障	严重故障
21	与上级调度网络通信中断	可能的故障原因：网络路由异常	检查网络路由，两台前置要分别检查	厂站类故障	一般故障
22	（1）WEB 客户端登录时提示"无法连接数据库"； （2）登录时很慢	可能的故障原因： （1）网络设备（如防火墙）对应的端口没有全部开放； （2）双 WEB 服务器时，以上端口对每个服务器的浮动地址也都要开放。 诊断方法： （1）测试某个端口是否开放的命令为：telnet ip port。如 telnet 192.1.101.210 11000，如果端口正常，则会出现一个新的 cmd 窗口光标在左上角闪烁。 （2）如果是双 WEB 服务器，需要检查以上端口是否对每台服务器的浮动地址都全部开放	开放网络设备（如防火墙）的端口	WEB 服务类故障	一般故障
23	（1）WEB 客户端图形显示数据不刷新； （2）WEB 客户端图形显示的内容与Ⅰ区不一致	可能的故障原因： （1）物理隔离出现故障； （2）物理隔离与服务器的连接中断。 诊断方法： （1）测试物理隔离通信是否正常，通常通过隔离设备的配置测试软件进行； （2）检查物理隔离与服务器连接灯状态	（1）解决物理隔离通信设备的硬件问题； （2）恢复物理隔离与服务器的正常连接	WEB 服务类故障	一般故障
24	前置实时数据界面中遥测遥信名称不能显示	可能的故障原因： （1）通信厂站表中该厂站超过最大遥测遥信数容量限制； （2）前置遥测定义表、遥信定义表数量超过容量限制。 诊断方法： （1）通过数据库工具打开通信厂站表进行查看； （2）通过数据库工具打开表信息表进行查看	（1）将通信厂站表该厂站遥测遥信最大数目扩大； （2）联系生产厂家扩充前置遥测定义表、遥信定义表的容量	其他故障	一般故障

第5章 配 电 终 端

　　配电自动化终端（简称配电终端、终端）是配电自动化系统的重要组成部分，实现对配电网开关站（开闭所）、环网柜（环网单元）、柱上开关、配电变压器等一次设备的实时监控与信息采集。配电终端采集配电网实时运行数据，检测故障、识别开关设备的运行工况；通过有线/无线通信等手段，上传信息、接收控制命令，并通过配置的后备电源实现不间断供电。

　　介绍配电终端在当前统筹推广和标准化应用技术策略下的基本分类、终端软/硬件结构和主要功能。从配电终端分类、硬件结构组成以及配电终端功能出发，了解配电终端，强调终端设备运行可靠性以及运维智能化发展的现实需求和迫切性。配电终端分类以站所终端、馈线终端、配电变压器自动化终端为例简化一般性原理，对终端主要结构和功能进行详细阐述。介绍就地馈线自动化模式下配电终端相关知识，帮助理解不同于一般配电终端应用的功能特点和技术要求。

　　针对配电终端运行环境较差，导致后备电源（尤其是蓄电池）容易受到高温、潮湿等影响，详解终端电源系统、后备电源的组成及原理和应用须知。阐述配电终端通信接口原理，包括以太网通信接口、串行通信接口和无线通信接口等。考虑到不同型号终端其后台维护软件不通用、软件界面不同、配置内容不一致等问题，介绍一些主流型号终端参数配置基本内容和原则，以及二次设备配合运行策略等，为配电终端后期运行维护提供参考。

　　最后，对配电终端异常情况进行介绍，总结配电终端典型异常情况及处理方法。归纳终端运行维护消缺技术和技能要求，为运维人员快速处理缺陷提供参考。

5.1　配电终端分类

　　配电终端是实现配电自动化系统功能的基础，不同配电自动化建设模式对配电终端的功能需求不尽相同。按照国家电网公司最新标准规范，配电终端按照安装站点分类，可分为站所终端DTU（Distribution Terminal Unit）、馈线终端FTU（Feeder Terminal Unit）、配电变压器自动化终端TTU（Transformer Terminal Unit）、配电线路故障定位指示器等类型；按照功能分类，可分为"三遥"（遥信、遥测、遥控）终端及"二遥"（遥信、遥测）终端等类型；按照通信方式分类，可分为有线通信方式终端与无线通信方式终端等类型。

5.1.1　站所终端

　　站所终端是安装在配电网开关站、配电室、环网柜、箱式变电站等处的配电终端，依照功能分为"三遥"终端和"二遥"终端，其中为方便统一建设，国家电网公司相关企业标准又将"二遥"终端分为"二遥"标准型终端和"二遥"动作型终端。"二遥"标准型终端用于配电线路遥测、遥信及故障信息的监测，实现本地报警并具备报警信息上传功能的场景；"二遥"动作型终端用于配电线路遥测、遥信及故障信息的监测，并能实现就地故障自动隔离与动作信息主动上传的场景。

站所终端按照结构不同可分为遮蔽卧式、遮蔽立式、户外立式站和组屏式站所终端等。

遮蔽卧式站所终端：通过机柜横卧于开关上方方式，安装在配电网馈线回路的环网柜、箱式变电站内部的配电终端；遮蔽立式站所终端：通过机柜与开关并列方式，安装在配电网馈线回路的环网柜、箱式变电站内部的配电终端；户外立式站所终端：通过户外柜方式，在配电网馈线回路的环网柜、箱式变电站外部安装的配电终端。组屏式站所终端：通过标准屏柜方式，安装在配电网馈线回路的开关站、配电室等处的配电终端。

户外立式站所终端如图 5-1 所示。典型环网柜 DTU 现场安装情况如图 5-2 所示。

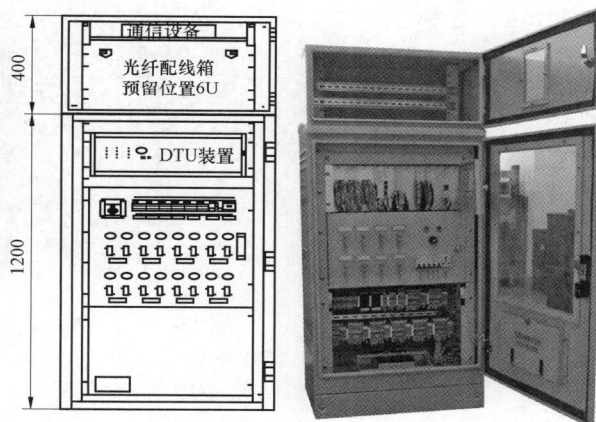

图 5-1　户外立式站所终端

（a）　　　　　　（b）　　　　　　（c）　　　　　　（d）

图 5-2　典型环网柜 DTU 现场安装情况
（a）遮蔽卧式；（b）遮蔽立式；（c）户外立式；（d）组屏式

5.1.2 馈线终端

馈线终端是安装在配电网架空线路杆塔的配电终端，按照功能分为 "三遥" 终端和 "二遥" 终端。"二遥" 终端又可分为基本型终端、标准型终端和动作型终端，其中基本型终端是指用于采集或接收故障指示器发出的线路故障信息，并具备故障报警信息上传功能的配电终端；标准型终端用于配电架空线路遥测、遥信及故障信息的监测，实现本地报警并通过光纤或无线公网等通信方式上传的配电终端；动作型终端用于配电线路遥测、遥信及故障信息的监测，能实现就地故障自动隔离，并通过光纤通信、无线公网、无线专网等通信方式上传的配电终端。馈线终端按照结构不同可分为罩式终端和箱式终端。罩式馈线终端如图 5-3 所示，箱式馈线终端如图 5-4 所示。

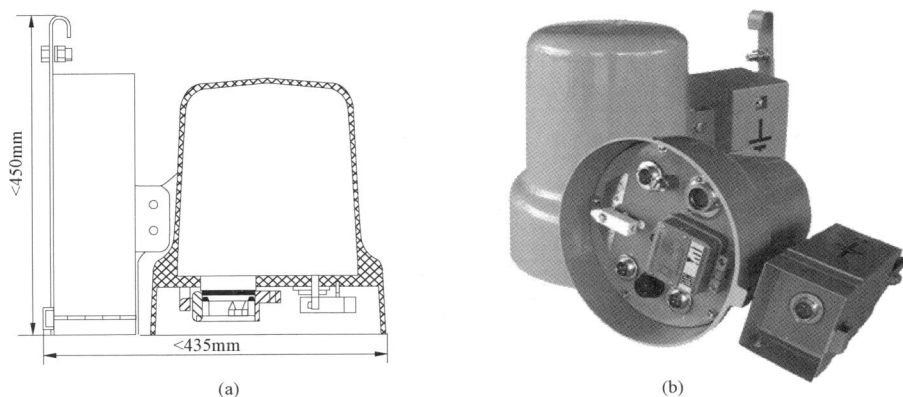

图 5-3　罩式馈线终端
（a）侧视效果图；（b）实物图

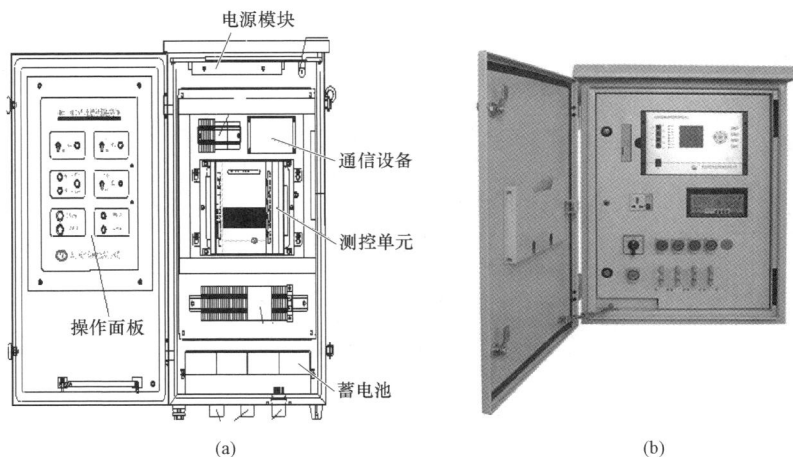

图 5-4　箱式馈线终端
（a）效果图；（b）实物图

5.1.3　配电变压器自动化终端

配电变压器自动化终端（简称配变终端）是安装在配电变压器，用于监测配电变压器（简称配变）各种运行参数的配电终端。典型配变终端如图 5-5 所示。

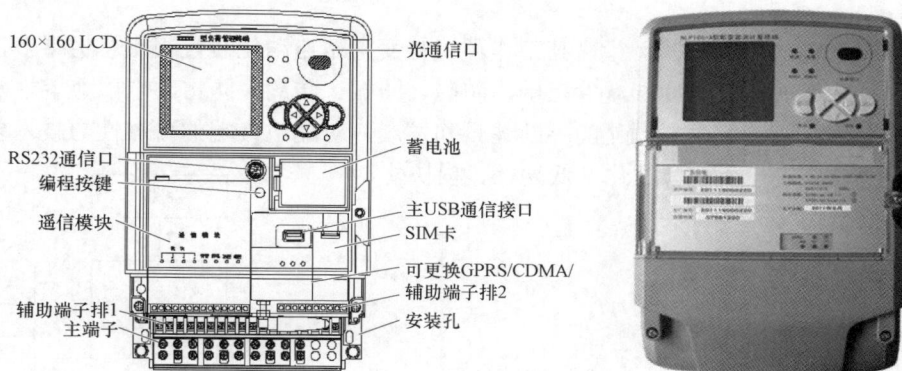

图 5-5　典型配变终端

5.1.4　配电线路故障定位指示器

配电线路故障定位指示器是用来检测短路及接地故障的设备，通过就地故障闪灯、翻牌指示故障，运行维护人员可以根据此指示器的报警信号迅速定位故障，缩短故障查找时间，为快速排除故障、恢复正常供电，提供故障点定位信息。典型故障指示器示意图如图 5-6 所示。

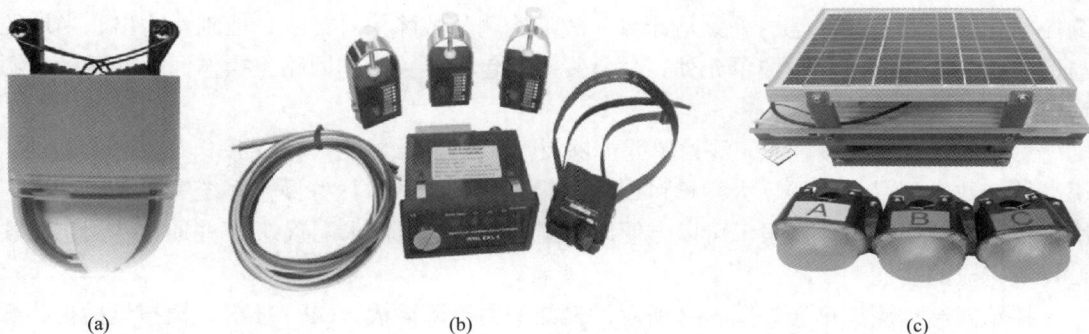

图 5-6　典型故障定位指示器示意图
（a）架空型；（b）电缆型；（c）暂态录波型

按照适用线路类型不同，故障定位指示器有架空型与电缆型之分；按照是否具备远程通信能力不同，故障定位指示器有远传型与就地型两类；根据对单相接地故障检测原理的不同，故障定位指示器又分为外施信号型、暂态特征型、暂态录波型和稳态特征型 4 类。

基于上述不同分类维度，配电线路故障定位指示器共分为架空外施信号型远传故障指示器、架空暂态特征型远传故障指示器、架空暂态录波型远传故障指示器、架空外施信号型就地故障指示器、架空暂态特征型就地故障指示器、电缆外施信号型远传故障指示器、电缆稳态特征型远传故障指示器、电缆外施信号型就地故障指示器和电缆稳态特征型就地故障指示器 9 类。

5.2　配电终端功能构造

配电终端装置一般在户外运行，其工作环境与变电站自动化装置相比恶劣得多，因此，对于配电终端装置的适应温度、湿度范围、防磁、防振、防潮、防雷、电磁兼容性等方面的要求也更加严格。随着配电自动化的不断建设和发展，对配电终端的可靠性与技术要求越来越高，配电终端将进一步朝小型化、低功耗、模块化、高可靠、即插即用等方向发展。

5.2.1　配电终端结构

5.2.1.1　配电终端的基本组成

一般而言，配电终端的基本构成包括测控单元、操作控制回路、人机接口、通信终端、电源等几部分。配电终端的基本构成如图 5-7 所示。

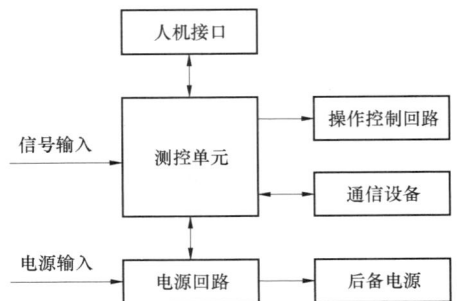

图 5-7　配电终端的基本构成

5.2.1.2　配电终端功能模块

根据配电终端的类型、应用场合不同，配电终端的结构也不同，接下来以站所终端、馈线终端、配变终端为例进行介绍。

1. 站所终端

（1）测控单元。以常见的"三遥"户外立式站所终端为例，配电自动化站所终端核心为测控单元，主要完成信号的采集与计算、故障检测与故障信号记录、控制量输出、当地控制与远方控制等功能。除测控单元外，站所终端还包含开关操作回路、操作面板、后备电源、通信终端以及机箱等。

为满足不同的应用需求，测控单元能够灵活配置输入/输出（I/O）接口与具备的功能，采用高性能数字信号处理器、大规模可编程逻辑阵列、实时多任务操作系统等嵌入式技术；采用平台化、模块化设计方案，可以方便地根据具体的应用需求配置 I/O 并通过专用工具软件设置所完成的功能。

插箱式结构测控单元如图 5-8 所示。其结构由电源插板、CPU 插板、模拟量插板、开关量插板、控制量插板、通信插板以及 4U 或 6U 插箱组成；其模拟量插板、开关量插板、控制量插板数量可以根据实际需要进行配置，以满足不同实际需求。

（2）操作控制回路。操作控制回路包括开关操作方式转换和开关就地操作两部分，操作控制回路面板如图 5-9 所示。

开关操作方式转换部分由转换开关和相应的指示灯组成，用以选择就地、远方以及闭锁 3 种开关操作方式。当选择就地操作方式时，可通过面板上的分/合闸按钮进行开关分/合闸操作；当选择远方操作方式时，可通过远方遥控方式进行开关分/合闸操作；当选择闭锁操作方式时，当地、远方均不能操作。

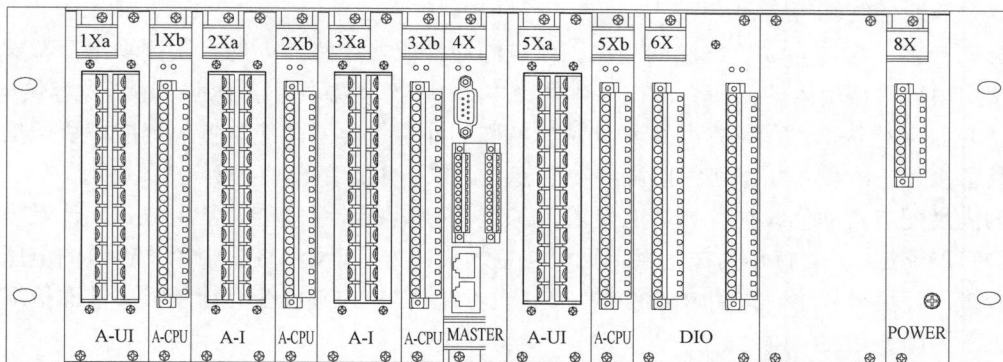

图 5-8　插箱式结构测控单元

开关就地操作部分包括分/合闸压板、分/合闸按钮及其状态指示灯，对应每一线路开关单独设置。分/合闸按钮仅在开关就地操作方式下操作，在远方操作方式和闭锁状态下均处于无效状态；状态指示灯用以指示开关分/合闸状态。分/合闸压板为操作开关提供明显断开点，在检修、调试时打开以防止信号进入分/合闸回路，避免误操作。

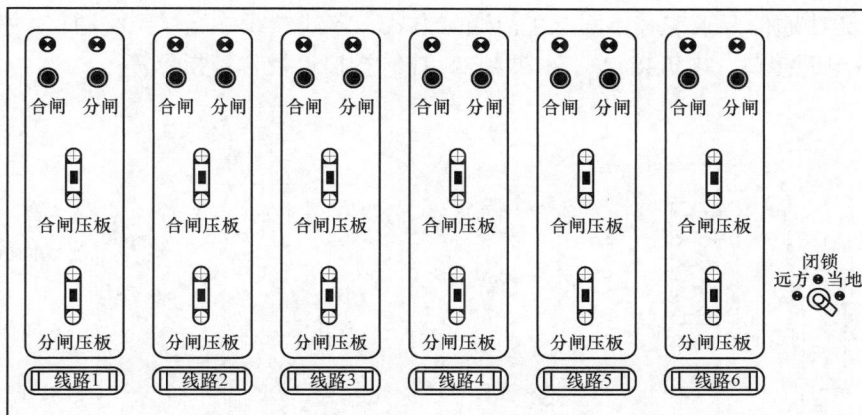

图 5-9　操作控制回路面板

（3）人机接口。人机接口包括液晶面板（非必要条件，因地而异）、操作键盘以及装置运行指示灯。液晶面板与操作键盘用于对配电终端进行当地配置与维护，包括 TV/TA 接线方式、遥测/遥信/遥控配置参数、故障检测定值、装置编号（站址）、通信波特率等，显示电压、电流、功率等测量数据；装置运行指示灯用于指示测控单元、后备电源、通信的运行状态以及开关位置状态、线路运行状态，便于操作、维护。

由于液晶面板受环境温度的影响较大，为简化装置构成、提高可靠性，一般情况不配备液晶显示面板和键盘。通常的做法是，使用便携式 PC 机，通过维护通信口对其进行配置与维护，或通过主站远程配置与维护。

（4）通信终端。根据所接入的通道类型的不同，通信终端包括光纤通信终端、无线通信终端、载波通信终端等。

（5）电源。配电自动化终端的交流工作电源通常取自线路 TV 的二次侧输出，特殊情况下，使用附近直接引入的低压交流电（比如市电），后备电源采用蓄电池或超级电容供电。

（6）计量模块。站所终端具备与计量、特殊的非电量传感采集装置等智能模块通信的功能，具备接入一次设备状态在线监测终端的能力。以下以计量模块为例进行说明。

为满足配电自动化线损计算功能要求，DTU 需要具备计量功能，常用方式为计量模块内置于 DTU 箱体中，支持热插拔，直接采用航空插头的方式，将 DTU 中用于计量的电压、电流信号接入计量模块中，采用 RS232 与 DTU 进行通信。与 DTU 配套计量模块前面板端子位置示意图如图 5-10 所示。

图 5-10　与 DTU 配套计量模块前面板端子位置示意图

2. 馈线终端

箱式 FTU 结构与 DTU 结构类似。下面以罩式 FTU（无线通信）为例介绍馈线终端结构。罩式馈线终端结构示意图如图 5-11 所示，终端后备电源采用超级电容内置形式，并配置无线通信模块，无线通信要求兼容市面上主流通信方式。罩式馈线终端（无线通信）接口界面包含电源/后备电源接口、电流接口、通信接口、控制接口以及告警指示等。

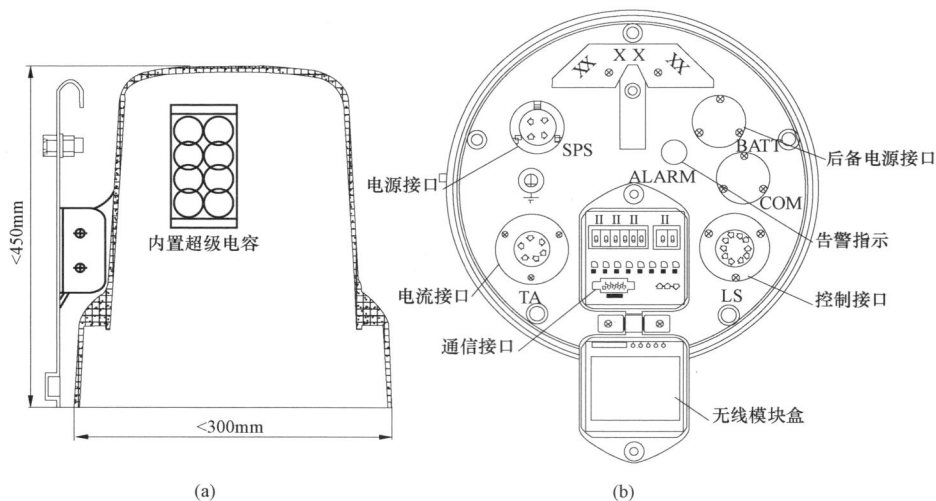

图 5-11　罩式馈线终端结构示意图
（a）侧视效果图；（b）底视效果图

同理，为满足配电自动化线损计算功能要求，FTU 需要具备计量功能。常用方式是将配套计量模块内置于 FTU 内，支持热插拔，采用 RS232 接口与 FTU 进行通信。与 FTU 配套的计量模块结构示意图如图 5-12 所示。

3. 配变终端

配变终端通常采用主流工业级微处理器构建统一的核心硬件平台，硬件功能采用模块化设计，采集配变中低压电气信息，并上行与主站通信。终端具备多种通信模块接口，终端可集成各类储能元件，如采用超级电容、蓄电池等。后备电源可由终端自动启动，一般要求后备电源维持终端工作 10min 以上。在特殊情况下，终端还需具备无功补偿模块，以满足配电台区无功补偿的要求。

5.2.2　配电自动化终端功能

配电自动化终端种类多样，但具体实现功能大体相同，下面以"三遥"站所终端、"三遥"馈线终端、配变终端、暂态录波型故障指示器）4 种典型终端类型为例，介绍各自具备的功能。配电自动化终端功能见表 5-1。

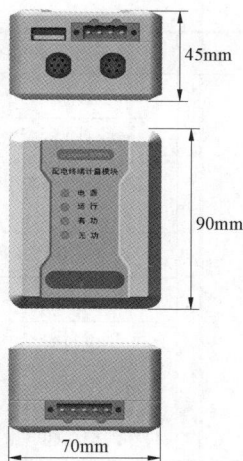

图 5-12　与 FTU 配套的计量模块结构示意图

表 5-1　　　　　　　　　　　　　　　配电自动化终端功能

项目	"三遥"站所终端	"三遥"馈线终端	配变终端	暂态录波型故障指示器
必备功能	就地采集开关的模拟量和状态量以及控制开关分/合闸功能，具备测量数据、状态数据的远传和远方控制功能，可实现监控开关数量的灵活扩展	就地采集模拟量和状态量，控制开关分/合闸，数据远传及远方控制功能	具备对配电变压器电压、电流、零序电压、零序电流、有功功率、无功功率、功率因数、频率等测量和计算功能	识别短路和接地故障
	相间短路故障、不同中性点接地方式下接地故障的检测及故障判别功能，具备相间短路故障隔离功能，并支持上送故障事件	故障检测及故障判别功能；具备相间短路、接地故障隔离功能，并支持上送故障事件	具备定时数据上传、实时召唤以及越限信息实时上传等功能	当线路发生故障后，采集单元能正确识别故障类型，并能根据故障类型选择复位形式
	接收电缆接头温度，柜内温度、湿度等状态监测数据功能；具备接收备自投等其他装置数据功能	线路有压鉴别功能	推荐电源供电方式采用低压三相四线供电方式，可缺相运行	故障发生时，采集单元能实现三相同步录波，并上送至汇集单元合成零序电流波形，用于故障的判断
	电能量计算功能，包括正/反向有功电量和四象限无功电量、功率因数；具备电能量数据冻结功能，包括定点冻结、日冻结、功率方向改变时的冻结数据	后备电源，当主电源供电不足或消失时，能自动无缝投入	具备越限、断相、失压、三相不平衡、停电等告警功能	防误报警
	就地/远方切换开关和控制出口硬压板，支持控制出口软压板功能		具有电压监测功能，统计电压合格率	数据存储，支持采集单元和汇集单元参数的存储及修改，断电可保存
	通过安全芯片实现与配电网加密认证网关的基于 SM2 数字证书的双向身份认证和密钥协商		提供通信设备的电源接口	支持远程配置和就地维护功能
	故障指示手动复归、自动复归和主站远程复归功能，能根据设定时间或线路恢复正常供电后自动复归		具备 3~13 次谐波分量计算、三相不平衡度的分析计算功能	—

121

项目	"三遥"站所终端	"三遥"馈线终端	配变终端	暂态录波型故障指示器
必备功能	双位置遥信处理功能，支持遥信变位优先传送		—	—
	电压越限、负荷越限等告警上送功能		—	—
	配合断路器使用时，可直接切除故障，具备现场投退功能		—	—
	串行口和以太网通信接口		—	—
	同时为通信设备、开关分/合闸提供配套电源的能力		—	—
	双路电源输入和自动切换功能，宜采用 TV 取电		—	—
	后备电源自动充放电管理功能；蓄电池作为后备电源时，应具备定时、手动、远方活化功能，以及低电压报警和保护功能、报警信号上传主站功能		—	—
选配功能	可与其他终端配合完成智能分布式馈线自动化功能		—	—
	具备检测开关两侧相位及电压差功能		—	—
	具备配电线路闭环运行和分布式电源接入情况下的故障方向检测功能		—	—
	—	支持重合闸方式的逻辑配合完成就地型馈线自动化功能	—	—

5.2.3　电源和储能设备

在 DAS 运行中，配电终端电源及储能设备作为保障配电终端正常工作的重要设备，其可靠性水平直接关系到 DAS 的实用化水平。而由于配电终端呈海量分布，且运行环境较差，导致配电终端的电源尤其是以蓄电池作后备电源容易受到高温、潮湿等环境因素的影响。

5.2.3.1　配电终端电源系统

（1）配电终端电源系统架构。配电终端的工作电源通常取自线路 TV 的二次侧输出，特殊情况下使用附近的低压交流电（比如市电），供电电压为 AC 220V，屏柜内部安装电源模块，将 AC 220V 转换成 DC 24/48V，给终端供电，并配置无缝投切的后备电源。一般而言，配电终端电源回路由防雷回路、双路电源切换、整流回路、电源输出、充放电回路、后备电源等几个部分构成。电源回路构成示意图如图 5-13 所示。

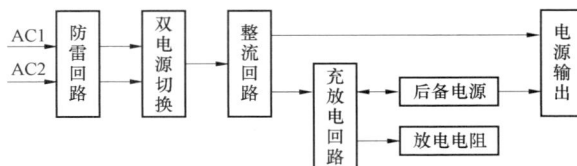

图 5-13　电源回路构成示意图

1）防雷回路。为防止雷电和内部过电压的影响，配电终端电源回路必须具备完善的防雷措施，通常在交流进线安装电源滤波器和防雷模块。

2）双电源切换。为提高配电终端电源的可靠性，在能够提供双路交流电源的场合（如在柱上开关安装两侧 TV、环网柜两条进线均配置 TV、站所两段母线配置 TV 等），需要对双路交流电源进行自动切换。正常工作时，一路电源作为主供电源供电，另一路作为备用电源；当主供电源失电时，自动切换到备用电源供电。

3）整流回路。把交流输入转换成直流输出，给输出回路、充电回路供电。

4）电源输出。将整流回路或蓄电池的直流输出给测控单元、通信终端以及开关操作机构供电，具有外部输出短路保护功能。

5）充放电回路。用于蓄电池的充放电管理。充电回路接收整流回路输出，产生蓄电池充电电流，在蓄电池容量缺额比较大时，首先采用恒流充电；在电池电压达到额定电压后采用恒压充电方式；当充电完成后，转为浮充电方式。放电回路接有放电电阻，定期对蓄电池活化，恢复其容量。

6）后备电源。在失去交流电源时提供直流电源输出，以保证配电终端、通信终端以及开关分/合闸操作进行不间断供电。

（2）电源及储能设备配置原则。配电终端电源系统需要给装置本身、开关操作、通信设备以及其余柜内二次设备供电，并应具备无缝投切的后备电源的能力，因此必须要对供电电源系统提出满足配电网运行环境的基本要求。对配电终端电源系统的要求见表 5-2。

1）应支持双交流供电方式。采用蓄电池或超级电容作为后备电源供电，正常情况下，由交流电源供电，支持 TV 取电。当交流电源中断，装置应在无扰动情况下切换到另一路交流电源或后备电源供电；当交流电源恢复供电时，装置应自动切回交流供电。

2）应能实现对供电电源的状态进行监视和管理。具备后备电源低压告警、欠压切除等保护功能，并能将电源供电状况以遥信方式上送到主站系统。

3）具有智能电源管理功能。应具备电池活化管理功能，能够自动、就地手动、远方遥控实现对蓄电池的充放电，且放电时间间隔可进行设置。

表 5-2　　　　　　　　　　　　对配电终端电源系统的要求

环境适应性	−40～+70℃ 10%～100%
供电方式	电压互感器（TV） 外部交流电源 电流互感器（TA） 电容电压 其他新型能源
供电电源	电气隔离、交/直流供电、电池活化、无缝切换、保护功能
配套电源	无线：稳态 24V/3W，暂态 24V/5W； 光纤：稳态 24V/10W，暂态 24V/15W
后备电源	"三遥"：4h，15min "两遥"：30min，2min "配变"：5min

配电终端后备电源应能保证配电终端运行一定时间，对后备电源的技术参数要求见表 5-3。

表 5–3   对后备电源的技术参数要求

序号	终端	维 持 时 间
1	"三遥"终端	蓄电池：应保证完成分—合—分操作并维持配电终端及通信模块至少运行 4h； 超级电容：应保证分闸操作并维持配电终端及通信模块至少运行 15min
2	"二遥"终端	应保证维持配电终端及通信模块至少运行 5min
3	配变终端	应保证维持配变终端及通信模块至少运行 5min

5.2.3.2 配电终端电源及储能设备

（1）铅酸蓄电池。阀控式密封铅酸蓄电池是一种传统蓄电池，使用过程中无酸雾排出，蓄电池可以和配电二次设备安装在一起，平时维护比较简便，不需加酸和水。目前，配电终端后备电源在用的蓄电池基本为阀控式铅酸蓄电池（VRLA）。

阀控式铅酸蓄电池的化学反应原理就是充电时将电能转化为化学能在电池内储存起来，放电时将化学能转化为电能供给外系统。铅酸蓄电池的应用具有技术成熟、通用性好、成本低等优点。同时，铅酸蓄电池也存在污染环境、充电时间长以及受温度影响大等缺点，这些因素制约了铅酸蓄电池的发展。

（2）锂电池。锂电池是一类由锂金属或锂合金为负极材料，使用非水电解质溶液的电池。由于锂金属的化学特性非常活泼，使得锂金属的加工、保存、使用对环境要求非常高。

锂电池可分为锂金属电池和锂离子电池两类。锂离子电池不含有金属态的锂，并且是可以充电的；可充电锂金属电池在 1996 年诞生，其安全性、比容量、自放电率和性能价格比均优于锂离子电池，但由于其自身的高技术要求限制，现在只有少数几个国家在生产这种锂金属电池。锂电池应用于配电终端后备电源系统具有寿命较长、体积小等优点；缺点是温度范围窄，对环境要求高、功率密度一般。

（3）超级电容。超级电容器是从 20 世纪七八十年代发展起来的通过极化电解质来储能的一种电化学元件，是一种新型储能装置，如图 5–14 所示。它具有充电时间短、使用寿命长、温度特性好、节约能

图 5–14　超级电容器

源和绿色环保等特点，因其储能的过程不发生化学反应，储能过程可逆，故可以反复充放电，可达数十万次。

超级电容器与其他化学电源相比，具有充电时间短、使用寿命长、工作温度范围宽、功率密度高、放置时间长、免维护以及环保等优点。因此，超级电容被广泛应用于工业、军事、能源以及运输业等各个领域；但缺点是价格高、体积大、能量密度相对较小。目前，超级电容器已在部分 DAS 区域作为柱上 FTU 设备的后备电源在运。

5.2.4　配电终端通信接口

配电终端通信接口主要功能是按照指定的通信规约实现数据的采集、转发和上传，为了满足配电终端与主站、终端与其他智能设备以及终端间的有效通信，配电终端所采用的系统

通信方式、通信协议、通信接口都要满足配电自动化系统信息传输和故障处理的要求。配电终端通信接口如表 5-4 所示。

（1）配电终端硬件设计要求具备多种类型的通信接口，一般要求不少于 1 个 RS232 口，1 个 RS232/RS485 口以及 2 个以太网接口。

（2）支持多种通信方式的接入，如光纤工业以太网、EPON 网络、远距离无线通信网络（无线公网 GPRS、CDMA/3G/4G，无线专网等）、短距离无线通信网络（无线传感器网络、Zigbee、蓝牙、红外等）。

（3）支持多种通信协议，配电终端本身应具有丰富的通信规约库，如 IEC 60870-5-104、IEC 60807-5-101、IEC 61850 等标准的通信规约，并根据各地配电自动化应用需求进行规约定制。

表 5-4　　　　　　　　　　　　配 电 终 端 通 信 接 口

有线通信接口	串行通信接口
	以太网通信接口
无线通信接口	远距离无线通信模块
	短距离无线通信模块
通信规约	IEC 60870-5-104 规约
	IEC 60870-5-101 规约
	IEC 61850 规约

配电终端通信接口和通信规约实现与主站的数据上送，接受并执行主站下达的遥控命令、对时命令，进行故障处理，并可实现对站内其他智能设备的数据采集和转发等功能。配电终端通信接口按传输介质可分为有线通信接口和无线通信接口两大类。配电终端常用的有线通信接口主要有以太网通信接口和串行通信接口；终端无线通信接口主要有远距离无线通信接口和短距离无线通信接口，一般而言远距离无线通信接口（无线公网或无线专网）用于配电终端与配电主站的连接，短距离无线通信接口用于就地调试维护或配电终端与其他智能终端实现级联或自组网。

一般而言，要求采用以太网通信方式接入时具备通信状态监视及通道端口故障监测；采用无线通信方式接入主站时具备监视模块状态、SIM 卡状态、无线信号监视等功能。

（1）以太网通信接口。以太网的通信容量大、高效稳定，可满足配电网故障信息快速响应的要求，并且基于 TCP/IP 协议具有开放性好、成熟可靠、传输速度快的特点，能够很好地实现配电终端与主站的无缝连接，同时网络的安全性也得到提高，选用以太网通信技术构成 DAS 通信网，具有速率高、通信可靠、网络节点之间可以通信等特点为配电终端实现集中式或就地式 FA 功能创造条件。

目前，配电终端采用有线方式接入主站主要为光纤以太网（包括 EPON、工业以太网等），以 EPON 网络为例，配电终端通过以太网通信接口与 ONU 设备的电以太网口相连，ONU 设备负责将电信号转换为光信号，通过 EPON 网络完成主站和终端的数据传输。详见第 9 章相关部分。

（2）串行通信接口。串行通信的特点是通信线路简单，只要一对传输线就可以实现双向通信，从而大大降低成本，但传送速度较慢。串行通信的特点是：数据位的传送，按位顺序进行，最少只需一根传输线即可完成；成本低但传送速度慢。串行通信的距离可以从几米到几千米；根据信息的传送方向，串行通信可以进一步分为单工、半双工和全双工 3 种。目前，配电终端常用的串行通信接口有 RS–232 和 RS–485 两种，串行接口如图 5–15 所示。

配电终端要求具有多个标准的 RS–232 和 RS–485 串行接口，用于与附近的 TTU 通信或与站内测控单元、站内其他自动化装置通信（如级联无线通信终端，通过无线通信终端与远方配电主站进行通信）。此外，配电终端通常还会预留 1 路串行通常接口作为现场调试及就地数据查看用。

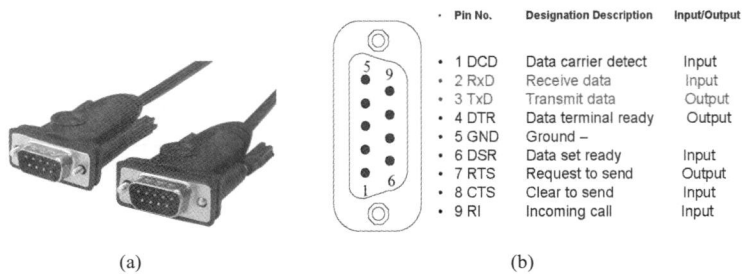

图 5–15　串行接口
（a）串口实物；（b）串口定义

（3）无线通信接口。随着无线通信技术的不断发展，越来越多的配电终端内置有无线通信模块，根据信息传输的对象不同，一般配电终端与配电主站侧的无线通信方式采用远距离无线通信方式，如无线公网传输，内置特定通信制式的无线通信模块；配电终端向下与传感器、维护终端或者级联设备等进行就地通信，一般采用短距离无线通信方式，包括红外、蓝牙等维护用无线通信模块，以及 Zigbee、Mesh、WiFi 等与传感器、监测终端等设备级联用特定的无线通信模块，可作为光纤专网向下的进一步延伸覆盖，可提高配电接入网的覆盖深度，可构建高速、可靠、灵活的终端通信接入网，解决光纤通信建设投入高、难以实现全覆盖的困境，有着很大的应用空间。

5.3　配电终端参数配置

配电终端运行维护的重点之一就是要能够了解和运用终端参数的配置方法，这对及时处理终端缺陷以及检修终端之后能够顺利与主站正常通信具有重要意义，也是终端管理的关键技能之一。

5.3.1　配电终端参数分类

按照参数对应的功能不同，可以将配电终端的参数分为固有参数、运行参数及故障处理动作参数 3 大类，配电终端参数分类详见表 5–5。

表 5-5　　　　　　　　　　　配 电 终 端 参 数 分 类

大类	参数类型	简　　述
固有参数	终端类型	将配电自动化终端类型分为馈线终端、站所终端、配变终端。配电自动化终端的终端类型参数主要用于区分配电终端的应用场合
	终端操作系统	配电终端操作系统参数用于查询操作系统类型及版本
	终端制造商	配电终端制造商参数用于区分各终端的生产厂家，便于统一查询及管理
	终端硬件版本	配电终端硬件版本参数是配电终端硬件版本的识别号，便于用户了解配电终端所使用的硬件版本及其功能和性能
	终端软件版本	配电终端软件版本参数用于描述软件功能及性能等技术特征，并作为鉴别不同软件的重要参数。通常软件版本号是软件开发完成后人为设置的专门标记
	终端软件版本校验码	终端应具备 2 字节长度的软件校验码，软件校验码与软件版本号构成终端软件的唯一标识，由相关的设备管理系统统一管理
	终端通信规约类型	通信规约是为保证数据通信系统中通信双方能有效和可靠地通信而规定的双方应共同遵守的一系列约定，包括数据的格式、顺序和速率、链路管理、流量调节和差错控制等。配电终端通信规约类型参数用于标识当前的通信规约
	终端出厂型号	配电终端出厂型号是由各终端生产厂家为方便管理和检索而自定的型号，型号可包含数字、字母等
	终端 ID 号	配电终端 ID 号是标识配电终端的唯一编码
	终端网卡 MAC 地址	终端网卡物理地址，该参数配电终端只开放主站的查询接口，不支持修改该参数
运行参数	遥测类参数	配电终端的遥测类参数包括电流死区、交流电压死区、直流电压死区、功率死区、频率死区、功率因数死区、TV 一次额定值、TV 二次额定值、TA 一次额定值、TA 二次额定值
	越限类参数	配电终端的越限类参数包括低电压报警、过电压报警、重载报警和过载报警
	遥信类参数	配电终端的遥信类参数包括数字量采集防抖时间
	遥控类参数	配电终端的遥控类参数包括分闸输出脉冲保持时间和合闸输出脉冲保持时间
	蓄电池管理类参数	配电终端的蓄电池管理类参数包括蓄电池活化周期
故障处理逻辑及动作参数	故障电流模式	按照电流整定值大小实现故障处理
	自适应就地馈线自动化模式	根据发生故障时线路失压以及时延实现故障自动隔离以及恢复非故障区域供电
	电压时间型	利用失压分闸、合闸延时、X 时限和 Y 时限等，配置开关设备之间时序配合能达到隔离故障区域和恢复健全区域供电的目的

5.3.2　配电终端参数配置原则

5.3.2.1　配电终端固有参数

配电终端的固有参数是对终端本身属性的描述，支持配电主站通过通信规约对终端固有参数的远程调阅，固有参数一般随终端出厂设置。固有参数主要包括终端类型、终端操作系统、终端参数制造商、终端硬件版本参数、终端软件版本、终端软件版本校验码、终端通信规约类型、终端出厂型号、终端 ID 号、终端网卡 MAC 地址等。

（1）终端类型。按应用场合的不同可以将配电自动化终端类型分为馈线终端、站所终端、配变终端。配电自动化终端的终端类型参数主要用于区分配电终端的应用场合。

1）标识码。配电终端类型标识代码由 3 部分组成，其配电终端类型标识代码见图 5-16，类型标识代码表如表 5-6 所示。

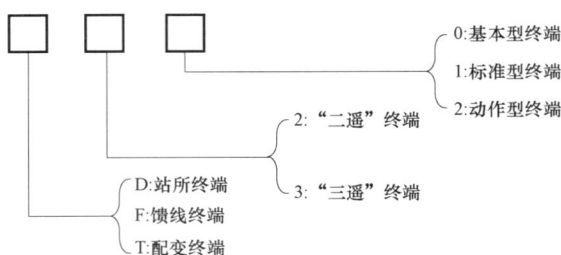

图 5-16　配电终端类型标识代码

表 5-6　　　　　　　　　　　　　　　类 型 标 识 代 码 表

代　　码	终端类型	代　　码	终端类型
D30	DTU "三遥" 终端	F20	FTU "二遥" 基本型终端
D21	DTU "二遥" 标准型终端	F21	FTU "二遥" 标准型终端
D22	DTU "二遥" 动作型终端	F22	FTU "二遥" 动作型终端
F30	FTU "三遥" 终端	T20	TTU 终端

示例：类型标识代码为 D21，表示 DTU "二遥" 标准型终端。所有终端分类仅能为上述标识代码的分类，不允许出现 D20 等非标准类型终端编码。

2）信息体。配电终端类型代码使用 1 个信息体地址进行传输，通过规约上传时的终端操作系统参数规约上传信息如表 5-7 所示。

表 5-7　　　　　　　　　　　　　　　终端操作系统参数规约上传信息

描述	数据类型	字节长度	说明
终端操作系统标识码	字符串类型	依据字符串实际长度，包含\0	例如 "Linux2.6.29.1"

3）配置原则。该参数配电终端只开放主站的查询接口，不支持修改该参数。主站查询时由终端类型和终端代码两部分配合使用，终端类型标识 D、F 及 T 3 种类型，终端代码则为 30/21 等参数；主站查询时，请求报文中包含对应的信息体地址；终端回复该点信息体对应的值时，使用 TLV 值描述。

（2）终端操作系统。配电终端操作系统参数用于查询操作系统类型及版本。终端操作系统一般有 VxWorks、Linux、μC/OS-II、Windows CE、μCLinux 等类型。

配置原则：该参数配电终端只开放主站的查询接口，不支持修改该参数；主站查询时，请求报文中包含对应的信息体地址；终端回复该点信息体对应的值时，使用 TLV 值描述。

（3）终端生产厂家。配电终端制造商参数用于区分各终端的生产厂家，便于统一查询及管理。

配置原则：该参数配电终端只开放主站的查询接口，不支持修改该参数；主站查询时由一个信息体数据表示；主站查询时，请求报文中包含对应的信息体地址；终端回复该点信息体对应的值时，使用 TLV 值描述。

（4）终端硬件版本。配电终端硬件版本参数是配电终端硬件版本的识别号，便于用户了解配电终端所使用的硬件版本及其功能和性能。例如：某配电终端硬件版本为 HV22.02，表示硬件版本号为 22.02。

配置原则：该参数配电终端只开放主站的查询接口，不支持修改该参数；主站查询时由一个信息体数据表示；主站查询时，请求报文中包含对应的信息体地址；终端回复该点信息体对应的值时，使用 TLV 值描述。

（5）终端软件版本。配电终端软件版本参数用于描述软件功能及性能等技术特征，并作为鉴别不同软件的重要参数。例如：某终端的软件版本号为：SV56.023，表示软件版本号为 56.023；终端具备软件校验码，软件校验码与软件版本号构成终端软件的唯一标识。程序版本校验码算法由个厂家自定义，但是必须保证同一程序所产生的程序校验码唯一。例如：可参考 IEC101 规约中的校验机制，将软件版本中的各位数求和后 MOD65536。通常软件版本号是软件开发完成后人为设置的专门标记。

配置原则：该参数配电终端只开放主站的查询接口，不支持修改该参数；主站查询时由一个信息体数据表示。

（6）终端软件版本校验码。终端应具备 2 字节长度的软件校验码，软件校验码与软件版本号构成终端软件的唯一标识，由相关的设备管理系统统一管理。

配置原则：该参数配电终端只开放主站的查询接口，不支持修改该参数。

（7）终端通信规约类型。通信规约是为保证数据通信系统中通信双方能有效和可靠地通信而规定的双方应共同遵守的一系列约定，包括数据的格式、顺序和速率、链路管理、流量调节和差错控制等。配电终端通信规约类型参数用于标识当前的通信规约。常用规约包括 101、104、Modbus RTU、CDT 规约等。

配置原则：该参数配电终端只开放主站的查询接口，不支持修改该参数；主站查询时由一个信息体数据表示；主站查询时，请求报文中包含对应的信息体地址；终端回复该点信息体的值时，使用 TLV 值描述。

（8）终端出厂型号。配电终端出厂型号是由各终端生产厂家为方便管理和检索而自定的型号，型号可包含数字、字母等。其 ID 号是标识配电终端的唯一编码。由于各生产厂家终端出厂型号编码规则不尽相同，因此统一使用 ASCII 编码规则，在规约上送时使用字符作为终端出厂型号。

配置原则：该参数配电终端只开放主站的查询接口，不支持修改该参数；主站查询时由一个信息体数据表示，终端回复时将对应的字符串先进行 TLV 编码，然后传输。

（9）终端 ID 号。配电终端 ID 号是标识配电终端的唯一编码。

配置原则：该参数配电终端只开放主站的查询接口，不支持修改该参数。

（10）终端网卡 MAC 地址。表示通信网上每一个站点的标识符，采用 16 进制数表示，共 6 个字节（48 位）。其中前 3 个字节是由 IEEE 的注册管理机构 RA 负责分配，以保证 MAC 地址全球唯一，即网卡生产厂家唯一标识符；后 3 个字节由各生产厂家自行指派给生产的适配器接口，即网卡代码标识符。例如：某终端的 MAC 地址为 10 11 12 13 14 15。

配置原则：该参数配电终端只开放主站的查询接口，不支持修改该参数；一个 MAC 地址对应一个信息体地址，多个 MAC 地址需要多个信息体地址与其对应。

5.3.2.2 配电终端运行参数

所有参数默认值及参数范围均为实际值。采用电子互感器时，按照相电流二次额定 1A，相电压二次额定 $100/\sqrt{3}$ V 进行定值参数整定及显示。

（1）遥测类参数。配电终端的遥测类参数包括电流死区、交流电压死区、直流电压死区、功率死区、频率死区、功率因数死区、TV 一次额定值、TV 二次额定值、TA 一次额定值、TA 二次额定值。

1）电流死区。配置原则：取值为二次额定电流输入的比值，电流死区配置取值范围如表 5-8 所示。

表 5-8　　　　　　　　　　　电流死区配置取值范围

参数名称	单位	默认值	参数范围	意义
电流死区	—	0.01	0～0.3	

2）交流电压死区。配置原则：取值为二次额定电压输入的比值，交流电压死区配置取值范围如表 5-9 所示。

表 5-9　　　　　　　　　　　交流电压死区配置取值范围

参数名称	单位	默认值	参数范围	意义
交流电压死区	—	0.01	0～0.3	

3）直流电压死区。配置原则：取值为额定直流电压输入的比值，直流电压死区配置取值范围如表 5-10 所示。

表 5-10　　　　　　　　　　直流电压死区配置取值范围

参数名称	单位	默认值	参数范围	意义
直流电压死区	—	0.01	0～0.3	

4）功率死区。配置原则：取值为二次额定功率的比值，功率死区配置取值范围如表 5-11 所示。

表 5-11　　　　　　　　　　　功率死区配置取值范围

参数名称	单位	默认值	参数范围	意义
功率死区	—	0.01	0～0.3	

5）频率死区。配置原则：取值为系统额定频率的比值，TV 一次额定配置取值范围如表 5-12 所示。

表 5–12　　　　　　　　　　　　　　频率死区配置取值范围

参数名称	单位	默认值	参数范围	意义
功率死区	—	0.005	0～0.3	

6）功率因数死区。配置原则：取值为额定功率因数的比值，功率因数死区信息体取值范围如表 5–13 所示。

表 5–13　　　　　　　　　　　　功率因数死区信息体取值范围

参数名称	单位	默认值	参数范围	意义
功率因数死区	—	0.01	0～0.3	

7）TV 一次额定值。配置原则：取值为 TV 一次额定电压值，TV 一次额定配置取值范围如表 5–14 所示。

表 5–14　　　　　　　　　　　　TV 一次额定配置取值范围

参数名称	单位	默认值	参数范围	意义
TV 一次额定值	kV	10.0	0.1～30.0	

8）TV 二次额定值。配置原则：取值为 TV 二次额定电压值，TV 二次额定配置取值范围如表 5–15 所示。

表 5–15　　　　　　　　　　　　TV 二次额定配置取值范围

参数名称	单位	默认值	参数范围（实际值）	意义
TV 二次额定值	V	220.0	0.1～400.0	

9）相 TA 一次额定值。配置原则：取值为 TA 一次额定电流值，相 TA 一次额定配置取值范围如表 5–16 所示。

表 5–16　　　　　　　　　　　　相 TA 一次额定配置取值范围

参数名称	单位	默认值	参数范围	意义
TA 一次额定值	A	600.0	1.0～2000.0	

10）相 TA 二次额定值。配置原则：取值为 TA 二次额定电流值，相 TA 二次额定配置取值范围如表 5–17 所示。

表 5–17　　　　　　　　　　　　相 TA 二次额定配置取值范围

参数名称	单位	默认值	参数范围	意义
TA 二次额定值	A	1.0	1.0 或 5.0	

11）零序 TA 一次额定值。配置原则：取值为零序 TA 一次额定电流值，零序 TA 一次额

定配置取值范围如表 5-18 所示。

表 5-18　　　　　　　　　　　零序 TA 一次额定配置取值范围

参数名称	单位	默认值	参数范围	意义
零序 TA 一次额定值	A	20.0	1.0～500.0	

12）零序 TA 二次额定值。配置原则：取值为零序 TA 二次额定电流值，零序 TA 二次额定配置取值范围如表 5-19 所示。

表 5-19　　　　　　　　　　　零序 TA 二次额定配置取值范围

参数名称	单位	默认值	参数范围	意义
零序 TA 二次额定值	A	1.0	1.0 或 5.0	

（2）越限类参数。配电终端的越限类参数包括低电压参数、过电压参数、重载参数和过载参数。

1）低电压报警。低电压报警配置取值范围如表 5-20 所示。

表 5-20　　　　　　　　　　　低电压报警配置取值范围

参数名称	单位	默认值	参数范围	意义
低电压报警门限值	V	$0.9U_n$	$0.1U_n$～$2.0U_n$	0.9 倍的额定值
低电压报警周期	s	600	0～10 000	

2）过电压报警。过电压报警配置取值范围如表 5-21 所示。

表 5-21　　　　　　　　　　　过电压报警配置取值范围

参数名称	单位	默认值	参数范围	意义
过电压报警门限值	V	$1.1U_n$	$0.1U_n$～$2.0U_n$	1.1 倍的额定值
过电压报警周期	s	600	0～10 000	

3）重载报警。重载报警配置取值范围如表 5-22 所示。

表 5-22　　　　　　　　　　　重载报警配置取值范围

参数名称	单位	默认值	参数范围	意义
重载报警门限值	A	$0.7I_n$	$0.1I_n$～$2.0I_n$	0.7 倍的额定值
重载报警周期	s	3600	0～10 000	

4）过载报警。过载报警配置取值范围如表 5-23 所示。

表 5-23　　　　　　　　　　　过载报警配置取值范围

参数名称	单位	默认值	参数范围	意义
过载报警门限值	A	$1.0I_n$	$0.1I_n$～$2.0I_n$	1.0 倍的额定值
过载报警周期	s	3600	0～10 000	

（3）遥信类参数。配电终端的遥信类参数包括数字量采集防抖时间。遥信类参数配置取值范围如表 5-24 所示。

表 5-24　　　　　　　　　　　遥信类参数配置取值范围

参数名称	单位	默认值	参数范围	意义
开入量采集防抖时间	ms	200	10~60 000	

（4）遥控类参数。配电终端的遥控类参数包括分闸输出脉冲保持时间和合闸输出脉冲保持时间。

1）分闸输出脉冲保持时间。分闸输出脉冲保持时间配置取值范围如表 5-25 所示。

表 5-25　　　　　　　　　　分闸输出脉冲保持时间配置取值范围

参数名称	单位	默认值	参数范围	意义
分闸输出脉冲保持时间	ms	500	10~50 000	

2）合闸输出脉冲保持时间。合闸输出脉冲保持时间配置取值范围如表 5-26 所示。

表 5-26　　　　　　　　　　合闸输出脉冲保持时间配置取值范围

参数名称	单位	默认值	参数范围	意义
合闸输出脉冲保持时间	ms	500	10~50 000	

（5）蓄电池管理类参数。配电终端的蓄电池管理类参数包括蓄电池活化周期。蓄电池管理类参数配置取值范围如表 5-27 所示。

表 5-27　　　　　　　　　　蓄电池管理类参数配置取值范围

参数名称	单位	默认值	参数范围	意义
蓄电池自动活化周期	天	90	1~360	
蓄电池自动活化时刻	时	0	0~23	

5.3.2.3　配电终端故障处理逻辑及动作参数

（1）故障处理模式。配电线路的主要故障类型为短路故障和接地故障，配电终端一般配置过负荷告警、过流保护、零序电流保护、重合闸等故障处理功能，快速判别并处理故障线路。配电终端故障处理包括直接跳闸和上报故障信息两种方式。

1）故障信息上报模式。

故障信息上报模式包括检测到过流信息直接上报和检测到故障跳闸后上报两种模式：① 检测到过流信息直接上报。当装置检出过流后上报故障信息，即不区分是否为临时故障或永久故障。一般适用于配电线路配置断路器的模式。如果接入开关为负荷开关，并且故障隔离程序可以检出变电站出口跳闸后启动，那么也可以应用该种模式。② 检测到故障跳闸后上报。当装置检出过流故障信息，并且检测出变电站出口跳闸后上报，不区分是否为临时故障或永久故障。一般适用于配电线路配置负荷开关模式。

2）故障跳闸。根据现场应用模式，用户可以通过软压板投退故障跳闸，并通过控制字选择跳闸模式。跳闸一般包括过流跳闸和过流失压跳闸。其中，过流跳闸为装置检出故障后跳闸，适用于分支线断路器模式；过流失压跳闸为装置检出故障并失压后跳闸，适用于用户分支线接入负荷开关的模式。

（2）故障检测与处理逻辑。

1）过负荷告警主要用于线路安全运行的监视，可通过控制字选择告警投入或退出。其检测逻辑如图 5-17 所示。

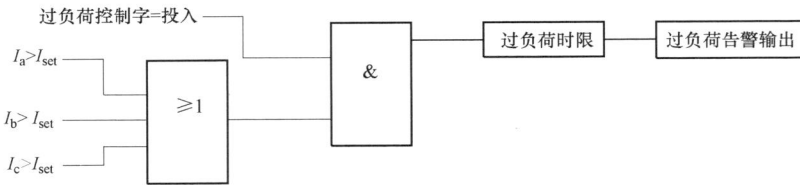

图 5-17　过负荷告警检测逻辑

2）过流保护主要用于短路故障的判别，可通过控制字选择告警或跳闸。这里以过流 I 段保护为例，其过流告警检测检测逻辑如图 5-18 所示。

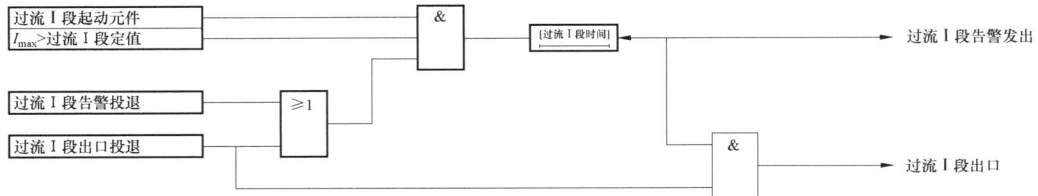

图 5-18　过流告警检测逻辑

3）零序电流保护主要用于接地故障的判别，可通过控制字选择告警或跳闸。其零序电流保护告警检测逻辑如图 5-19 所示。

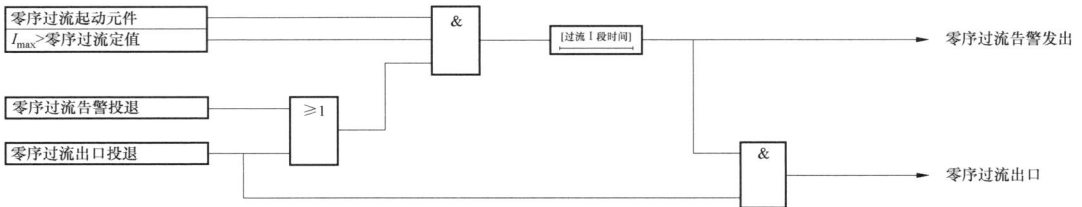

图 5-19　零序电流保护告警检测逻辑

4）重合闸功能是将因故障跳开后的断路器按需要自动投入，快速恢复瞬时性故障线路供电的一种自动功能，可通过控制字选择投入或退出。其重合闸功能逻辑如图 5-20 所示。

（3）故障电流模式。动作参数的配置方式分为单个参数设置、单组参数设置、整组参数设置，考虑到各动作参数之间有可能需要互相配合，减少配电主站运行维护人员的操作风险，避免下装步骤不合理，造成配电终端误发故障告警或误出口。下装执行原则：

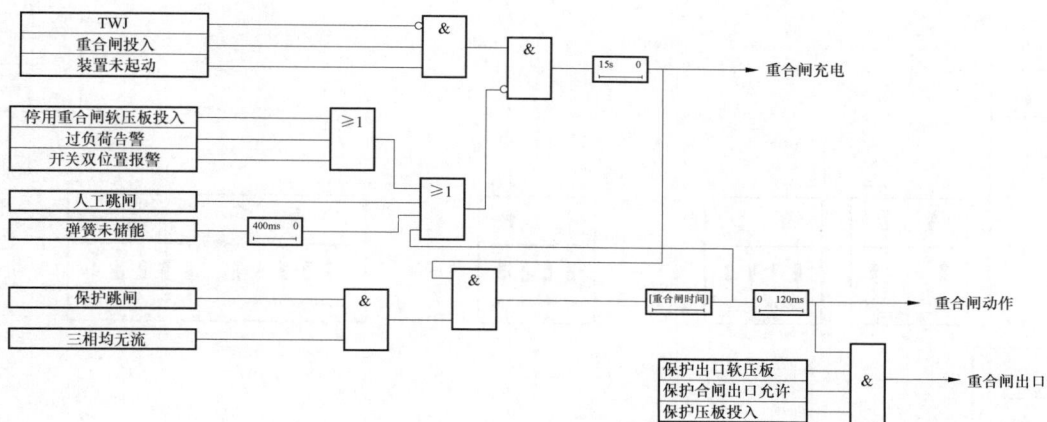

图 5-20　重合闸功能逻辑

1）整组参数设置方式。如果需要修订的参数较多，涉及多个"参数类型"组，建议采用配电终端动作参数采取"整组参数设置"方式。所有需要修改的动作参数，在配电主站全部修改完后，一次下装，整体激活。规约需支持多个不连续参数的设定。

2）单组参数设置方式。如果需要修订的参数只涉及单个"参数类型"组，应采用"单组参数设置"方式，"参数类型"组内包含的参数一次修改完毕，下装后激活。定值设定的错误过程示例：需要修改"过流Ⅰ段"定值，先修改"过流Ⅰ段出口投退"为"1"（投入），下装激活后，再修改"过流Ⅰ段定值"；这样的设定过程有可能造成配电终端误出口。

3）单个参数设置方式。如果需要修订的参数只有一个，应采用"单个参数设置方式"。

（4）自适应就地馈线自动化模式。配置原则：① 主线。变电站出线开关至线路主线的第一台分段开关 X 时间定值配置以保障重合闸充电完成为前提，一般为 21～35s 之间，具体时间需结合具体断路器机构及保护装置确定。线路主线的第二台及以后的分段开关均应整定为 7s。② 分支线。变电站出线开关至线路第一条分支线，第一条分支线第一台开关 X 时间定值整定为主线所有开关 X 时间定值之和再加 7s，该支线第二台及以后开关 X 定值应整定为 7s；变电站出线开关至线路第二条分支线，第二条分支线第一台开关 X 时间定值整定为第一条支线开关的 X 时间定值之和加 7s，该支线第二台及以后开关 X 定值应整定为 7s。X 时间整定遵循先合主线后按顺序合分支线原则。

5.3.3　配电电缆线路典型配置

以 10kV 配电电缆线路故障处理参数典型配置为例，介绍典型配电电缆线路在发生不同故障位置时（主干线故障、分支线故障），定值参数及时序配合配置。

1. 场景描述

配电电缆线路典型示意图如图 5-21 所示。

2. 终端配置

如配电电缆线路典型示意图，从变电站 A、变电站 B、变电站 C 中压母线引出的配电电缆线路 A、线路 B、线路 C。一种配电电缆线路终端配置方案如表 5-28 所示。

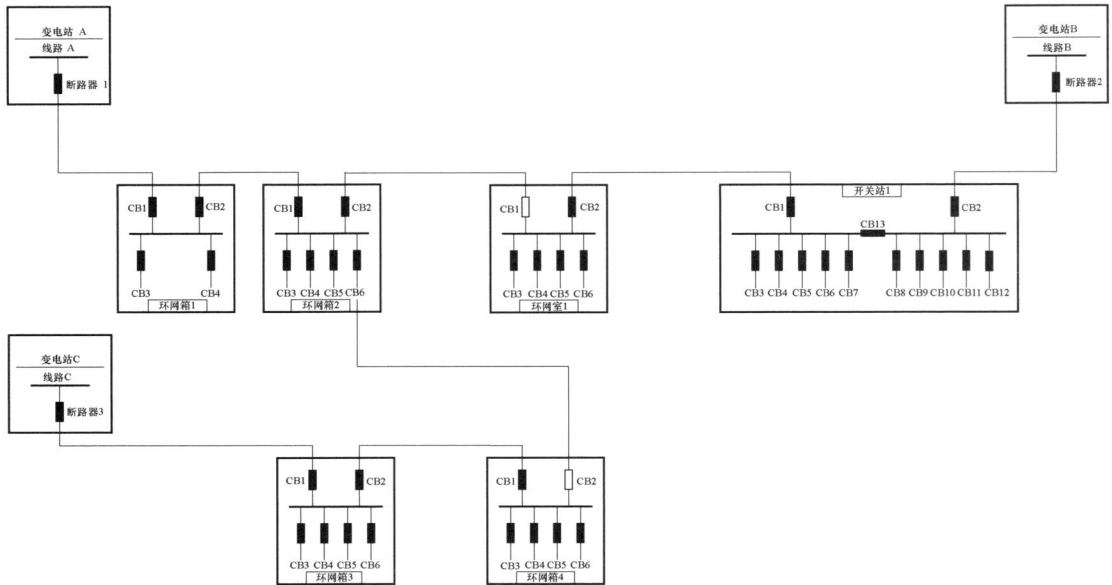

图 5-21　配电电缆线路典型示意图

表 5-28　　　　　　　　　一种配电电缆线路终端配置方案

序号	场 景 分 类	开 关 列 表	配套设备类型
1	变电站中压馈线开关	断器1、断器2、断器3	变电站中压馈线保护
2	配电环网箱1主干线开关	环网箱1CB1、环网箱1CB2	"三遥"DTU
3	配电环网箱1分支/分界开关	环网箱1CB3、环网箱1CB4	"二遥"动作型DTU
4	配电环网箱2主干线开关	环网箱2CB1、环网箱2CB2、环网箱2CB6	"三遥"DTU
5	配电环网箱2分支/分界开关	环网箱2CB3、环网箱2CB4、环网箱2CB5	"二遥"动作型DTU
6	配电环网室1主干线开关	环网室1CB1、环网室1CB2	"三遥"DTU
7	配电环网室1分支/分界开关	环网室1CB3、环网室1CB4、环网室1CB5、环网室1CB6	"二遥"动作型DTU
8	配电开关站1主干线开关	开关站1CB1、开关站1CB2、开关站1CB13	
9	配电开关站1分支/分界开关	开关站1CB3、开关站1CB4、开关站1CB5、开关站1CB6、开关站1CB7、开关站1CB8、开关站1CB9、开关站1CB10、开关站1CB11、开关站1CB12	"三遥"DTU（接入所有开关）
10	配电环网箱3主干线开关	环网箱3CB1、环网箱3CB2	"三遥"DTU
11	配电环网箱3分支/分界开关	环网箱3CB3、环网箱3CB4、环网箱3CB5、环网箱3CB6	"二遥"动作型DTU
12	配电环网箱4主干线开关	环网箱4CB1、环网箱4CB2	"三遥"DTU
13	配电环网箱4分支/分界开关	环网箱4CB3、环网箱4CB4、环网箱4CB5、环网箱3CB6	"二遥"动作型DTU

5.3.4　配电终端配置工具

目前，国内配电终端品牌繁多，类型各异，各生产厂家开发各自的后台维护软件，对本公司的配电终端相关配置进行设定，主要配置包括系统参数、网络参数、遥信参数、遥控参数、遥测参数、故障定值参数等相关内容。下面以某终端配置工具为例对其基本功能进行介绍，方便现场运维人员熟悉。

（1）报文监视。报文监视可以实时地看到当前最近的报文收发的具体值，配电终端与配置工具间实现正常通信过程中报文监视界面，如图 5-22 所示。

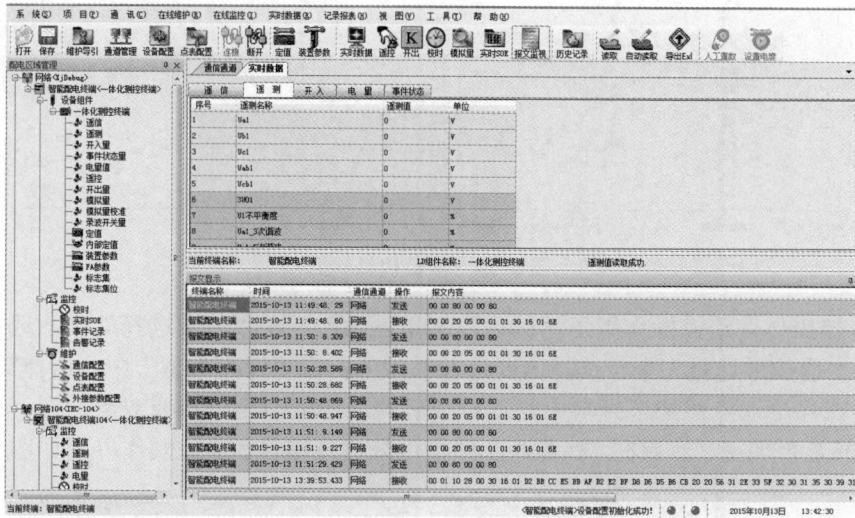

图 5-22　报文监视界面

（2）实时数据。实时数据显示包括遥测量、遥信量等，可以实时查看各个量的当前值，实时数据界面如图 5-23 所示。

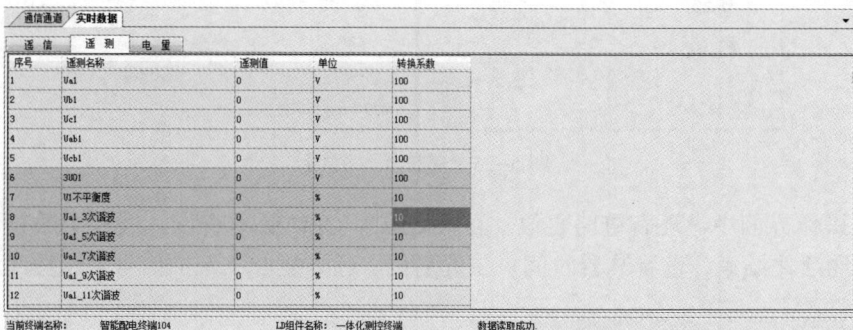

图 5-23　实时数据界面

（3）参数校核。用三相高精度可调电源模拟 TV 二次输出 U_a、U_b、U_c、$3U_0$ 及 TA 二次输出 I_a、I_b、I_c、$3I_0$ 来进行线路遥测量的调试。

进入参数校核界面，选择需要校验的线路号，修改标准值为三相高精度电源加上的额定电压值和额定电流值，修改角度标准值为 0，选择需要校验的电压相、电流相和角度进行校验，参数校核如图 5-24 所示。

图 5-24　参数校核界面

（4）遥控操作。遥控操作用于测试遥控动作正确性。在"装置选择"中，选择需要校验的厂站；在"遥控号选择"中，选择需要遥控的点号；在"操作类型"中，选择需要的分闸、合闸操作；在"单双点遥控选择"中，选择正确的遥控类型是单点或双点；在"遥控出口加密"中，选择是否加密。然后在"操作栏"中按步骤进行操作，遥控操作界面如图 5-25 所示。

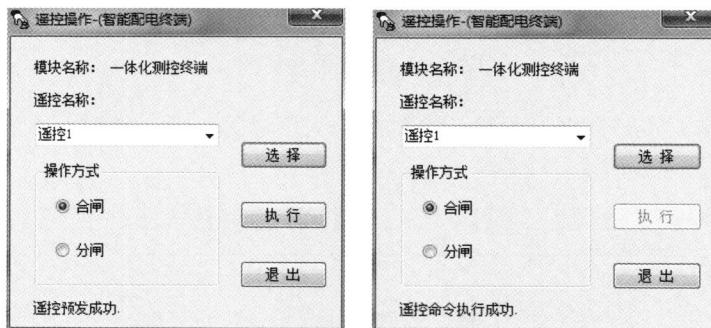

图 5-25　遥控操作界面

在遥控操作界面中，还有链路复位、召唤 CRC、CPU 版本查询、板件个数查询、电池活化开始、电池活化结束、查看装置时间、装置复位、远方复归（保护信号）和按线路复归（保护信号）等功能。

（5）保护定值。以 PDZ800 系列智能配电终端为例，其参数、定值的设定和修改是通过"PDZ800 系列智能配电终端维护系统"在"设置参数"中设置和修改后，再下装到终端装置中的。保护定值用于配置线路故障检测和保护动作相关信息，如图 5-26 所示为典型线路的保护定值界面。

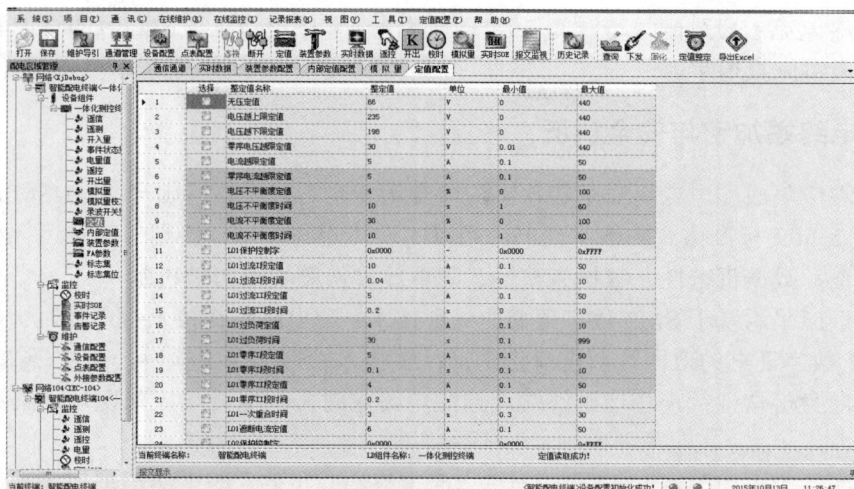

图 5-26　保护定值界面

1）过负荷定值：用于配置过负荷故障时的电流阈值，当线路任意相的负荷大于阈值时，过负荷保护启动，配合过负荷告警投退字和过负荷跳闸投退字。

2）过负荷检故障时间：用于配置过负荷故障持续时间的阈值，当故障持续时间大于阈值，过负荷保护启动，配合过负荷告警投退字和过负荷跳闸投退字。

3）过负荷跳闸等待时间：用于配置出现过负荷故障时的跳闸延时，配合过负荷跳闸投退字。

4）过流Ⅰ段定值：用于配置过流Ⅰ段故障时的电流阈值，当线路任意相的电流大于阈值时，过流Ⅰ段保护启动，配合过流Ⅰ段告警投退字和过流Ⅰ段跳闸投退字。

5）过流Ⅰ段检故障时间：用于配置过流Ⅰ段故障持续时间的阈值，当故障持续时间大于阈值，过流Ⅰ段保护启动，配合过流Ⅰ段告警投退字和过流Ⅰ段跳闸投退字。

6）过流Ⅰ段跳闸等待时间：用于配置出现过流Ⅰ段故障时的跳闸延时，配合过流Ⅰ段跳闸投退字。

7）过流Ⅱ段定值：用于配置过流Ⅱ段故障时的电流阈值，当线路任意相的电流大于阈值时，过流Ⅱ段保护启动，配合过流Ⅱ段告警投退字和过流Ⅱ段跳闸投退字。

8）过流Ⅱ段检故障时间：用于配置过流Ⅱ段故障持续时间的阈值，当故障持续时间大于阈值，过流Ⅱ段保护启动，配合过流Ⅱ段告警投退字和过流Ⅱ段跳闸投退字。

9）过流Ⅱ段跳闸等待时间：用于配置出现过流Ⅱ段故障时的跳闸延时，配合过流Ⅱ段跳闸投退字。

10）零序电流Ⅰ段定值：用于配置零序电流Ⅰ段故障时的电流阈值，当线路零序电流大于阈值时，零序电流Ⅰ段保护启动，配合零序电流Ⅰ段告警投退字和零序电流Ⅰ段跳闸投退字。

11）零序电流Ⅰ段检故障时间：用于配置零序电流Ⅰ段故障持续时间的阈值，当故障持续时间大于阈值，零序电流Ⅰ段保护启动，配合零序电流Ⅰ段告警投退字和零序电流Ⅰ段跳闸投退字。

12）零序电流Ⅰ段跳闸等待时间：用于配置出现零序电流Ⅰ段故障时的跳闸延时，配合零序电流Ⅰ段跳闸投退字。

5.3.5　配电终端加密与安全认证

配电终端应集成配电专用安全芯片。配电专用安全芯片应支持国产 SM1/SM2/SM3 密码算法，支持 X.509 标准格式的数字证书，用以实现终端与主站、终端与现场运行维护终端之间的身份认证、数据机密性、数据完整性、防重放攻击等安全防护机制。

身份认证应采用基于 SM2 数字证书的认证技术。配电终端在接入生产控制大区时，应实现基于 SM2 数字证书的双向、双重身份认证；在接入管理信息大区时，应实现基于 SM2 数字证书的双向身份认证；现场运维终端连接配电终端时，配电终端应对现场运维终端进行单向身份验证。

数据机密性应采用国密 SM1 密码算法，配电终端与主站、配电终端与现场运维终端之间的数据传输应采用加密保护机制。

数据完整性应采用消息认证码、数据签名等技术，根据业务类型不同，配电终端与主站、配电终端与现场运维终端之间的数据传输应采用不同的数据完整性保护机制。

防重放攻击应采用随机数的方式，随机数应由专用安全芯片中的硬件随机数发生源产生。配电自动化专用安全芯片作为配电终端侧安全防护保障的主要手段和核心部件，相关功能及性能要求如下：

（1）配电终端应集成安全芯片，芯片支持 X.509 标准格式 SM2 数字证书的解析功能，支持 SM1 数据加密和解密功能，支持 SM2 算法的签名和鉴签功能，支持 SM2 算法公私密钥对的产生功能，支持消息认证码 MAC 计算和验证功能。

（2）终端和安全芯片采用 SPI 通信，稳定通信速度不低于 5Mbit/s。

（3）安全芯片供电电压为 2.7～5.5V，最大工作电流 30mA。

（4）安全芯片 RAM 空间不小于 16KB，Flash 擦写次数不低于 10 万次，数据保持时间不低于 10 年。

（5）安全芯片应具备安全特性：真随机数发生器（至少具有 4 个独立随机数源），存储器保护单元，存储器数据加密，内置电压、频率、温度检测告警机制。

5.4　配电终端运维

配电终端一般置于街边道旁，容易受到外力破坏、盗窃、交通、气象因素等影响，运行环境较为恶劣，部分元件故障率高，现场运维人员需要具备常见缺陷处理能力。运行单位需要对配电终端开展日常运维和特殊巡视，此外，也通过主站值班人员反馈终端运行状况的良莠。下一步，主站远程维护配电终端以及终端采用模块化设计、标准化接口、整体化更换、工厂化维修等，工艺、工序与工作方法可以逐步实现高效运维、少量运维、保障设备健康运行的目标。

目前，配电终端现场缺陷主要集中在通信、电源以及开关机构及二次回路等环节，特别地，存量配电网改造的配电自动化系统，其设备缺陷率较高。以某地市级供电公司 2015

年配电终端及通信缺陷为例，共计缺陷 85 次，其中配电终端本体设备质量 8 次，占比 9%；通信 21 次，25%；二次接线端子及开关机构 30 次，35%；电源模块 15 次，18%；其他原因 9 次（网线损坏等），13%。

5.4.1　遥测数据异常处理

遥测是电力系统远方监视的一项重要内容，其采集并传送设备运行数据，包括线路上的电压、电流、功率、相角、频率等测量值。遥测数据异常主要有交流电压异常、交流电路异常和直流量异常等。

1. 交流电压采样异常的处理

（1）首先判断电压异常是否属于电压二次回路问题，用万用表直接测量终端遥测板电压输入端子电压值即可判断。如果测试发现二次输入电压异常，应逐级向电压互感器侧检查电压二次回路，直至检查到电压互感器二次侧引出端子位置，若电压仍然异常，即可判定为电压互感器一次输出故障。

（2）如果测试发现二次输入电压正常，就应使用终端维护软件查看终端电压采样值是否正常，若正常即可判定为配电主站侧遥测参数配置错误，否则应检查终端遥测参数配置是否正确，当检查发现终端遥测参数配置正确的情况下，即可判定为终端本体故障。

（3）终端本体故障可能是终端应用程序、遥测采样板故障或者 CPU 板故障引起的，处理终端本体故障应按照先软件后硬件、先采样板件后核心板件的原则进行。

（4）更换终端内部板件时，一定要注意板件更换后相应参数重新进行配置。

2. 交流电流采样异常的处理

（1）首先判断电流异常是否属于电流二次回路问题，用钳形表直接测量终端遥测板电流输入回路电流值即可判断。如果测试发现二次输入电流异常，应逐级向电流互感器侧检查电流二次回路，直至检查到电流互感器二次侧引出端子位置，若电流仍然异常，即可判定为电流互感器一次输出故障。

（2）如果测试发现二次输入电流正常，就应使用终端维护软件查看终端电流采样值是否正常，若正常即可判定为配电主站侧遥测参数配置错误，否则应检查终端遥测参数配置是否正确。当检查发现终端遥测参数配置正确的情况下，即可判定为终端本体故障。

（3）终端本体故障可能是终端应用程序、遥测采样板故障或者 CPU 板故障引起的，处理终端本体故障应按照先软件后硬件、先采样板件后核心板件的原则进行。

（4）更换终端内部板件时，一定要注意板件更换后相应参数重新进行配置。

（5）因为交流电流的采样值是根据负荷的大小而变化的，所以在检查过程中一定要结合整条线路上下级的终端采样值进行比较和核对。此外，一定要确认电流互感器的变比。

3. 直流量异常的处理

配电终端的直流采样主要包括后备电源电压、直流 0~5V 电压或 1~20mA 电流的传感器输入回路，直流量异常情况分以下几点：

（1）外部回路问题的处理。如果输入电压，可以解开外部端子排，用万用表测量电压；如果输入是电流，可以用钳表直接测量。

（2）内部回路问题的处理（包含端子排）。检查装置内部回路问题的时候，首先要了解直流采样的流程，从端子排直接到装置背板。

（3）端子排的检查：查看端子排内外部接线是否正确，是否有松动，是否压到二次电缆表皮，有没有接触不良情况。

（4）线路的检查：断开直流采样的外部回路，从端子排到装置背部端子用万用表测量一下通断，判断是否线路上有问题。

（5）直流采样板件问题的处理。当直流 0～5V 电压或 1～20mA 电流、温度电阻回路、温度变送器没有问题时，可以更换直流采样板件。

5.4.2　遥信数据异常及处理

遥信是一种状态量信息，反映的是断路器、隔离开关、接地开关等位置状态信息和过流、过负荷等各种保护信号量。遥信根据产生的原理不同分为实遥信和虚遥信。实遥信通常由电力设备的辅助接点提供，辅助接点的开/合直接反映出该设备的工作状态；虚遥信通常由配电终端根据所采集数据通过计算后触发，一般反映设备保护信息、异常信息等。

1. 遥信信号异常的处理

（1）遥信电源问题的处理。遥信电源故障会导致装置上所有遥信状态都处于异常，因此处理遥信信号采样异常首先应检查遥信电源是否正常。

（2）其次应判断信号状态异常是否属于二次回路的问题，可以将遥信的外部接线从端子排上解开，用万用表对遥信点与遥信公共端测量，带正电压的信号状态为 1，带负电压的信号状态为 0。如果信号状态与实际不符，则检查遥信采集回路的辅助接点或信号继电器接点是否正常，端子排内外部接线是否正确，是否有松动，是否压到电缆表皮，有没有接触不良情况。

（3）若检查二次回路，判断外部遥信输入正常，就应使用终端维护软件查看终端遥信采样值是否正常，若正常即可判定为配电主站侧遥信参数配置错误，否则应检查终端遥信参数配置是否正确，当检查发现终端遥信参数配置正确的情况下，即可判定为终端本体故障。

（4）终端本体故障可能是终端应用程序、遥测采样板故障或者 CPU 板故障引起的，处理终端本体故障应按照先软件后硬件、先采样板件后核心板件的原则进行。

（5）更换终端内部板件时，一定要注意板件更换后相应参数重新进行配置。

2. 遥信异常抖动的处理

由于配电网设备现场运行环境比较复杂，遥信信号有可能出现瞬间抖动的现象，如果不加以去除，会造成系统的误遥信。主要应从以下几个方面进行处理。

（1）检查接地。首先检查配电终端装置外壳和电源模块是否可靠接地，若没有接地则做好接地。

（2）检查设置。检查配电终端防抖时间设置是否合理，可以适当延长防抖时间 200ms 左右。

（3）二次回路检查。同时检查该二次回路连接点是否牢靠，螺丝是否拧紧，压线是否压紧。

（4）二次回路短接。将配电终端误发遥信的二次回路在环网柜辅助回路处进行短接后进行观察。

（5）主站观察及实验室测试。在配电主站监视该配电终端误信号在二次回路短接之后7天内是否有继续发生遥信误报：① 如果遥信误报消失，则更换开关辅助接点后观察7天；② 如果遥信误报仍然存在，则可能配电终端存在电磁兼容性能不过关情况，需对配电终端重新进行电磁兼容性测试。

5.4.3　遥控信息的异常及处理

配电终端遥控信息异常主要是指配电终端对遥控选择、遥控返校、遥控执行等命令的处理异常。

1. 遥控选择失败的处理

遥控选择是遥控过程的第一步，是由配电主站向配电终端发"选择"报文，如果报文下发到装置后，装置无任何反应，说明遥控选择失败，通常有以下几种可能：

（1）配电主站"五防"逻辑闭锁。配电主站设置有五防逻辑闭锁功能，如带接地开关合断路器、带负荷电流拉开关导致误停电。

（2）配电主站与配电终端之间通信异常。可以在通信网管侧查看终端侧通信终端是否在线，应确保终端在线、与主站通信正常的前提下，进行遥控操作。

（3）配电终端处于就地位置。配电终端面板上有"远方/就地"切换把手，用于控制方式的选择。"远方/就地"切换至"远方"时可进行遥控操作；切换至"就地"时只可在终端就地操作；当"远方/就地"切换至"就地"时，会出现遥控选择失败的现象，将其切"远方"即可。

（4）CPU 板件故障。关闭装置电源，更换 CPU 板件。

2. 遥控返校失败的处理

在配电主站遥控选择指令下发成功后，是配电终端遥控返校。总体来说遥控返校失败的原因有以下几种情况：

（1）遥控板件故障。遥控板件故障会导致 CPU 不能检测遥控返校继电器的状态，从而发生遥控返校失败，可关闭装置电源，更换遥控板件。

（2）遥控加密设置错误，密钥对选择错误。

3. 遥控执行失败的处理

（1）遥控执行继电器无输出。如终端就地控制继电器无输出，则可判断为遥控板件故障。可关闭装置电源，更换遥控板件。

（2）遥控执行继电器动作但端子排无输出。检查遥控回路接线是否正确，其中遥控公共端至端子排中间串入一个硬件接点—遥控出口压板，除检查接线是否通畅外，还需要检查对应压板是否合上。

（3）遥控端子排有输出但开关电动操动机构未动作，检查开关电动操动机构。

5.4.4　通信通道异常及处理

配电终端通信通道异常表现为主站与终端无法正常通信，引起终端掉线或频繁投退。通信通道异常可能是由于物理通信链路出现异常造成的，也有可能是在通信设备或配置不当造成的。配电终端通信异常的原因比较多样化，需要分段排除。

1. 通信通道异常处理

配电终端通信异常一般由主站发现并发起异常处理流程，为了更快的对配电自动化系统通信异常进行处理，可将配电主站到终端的通信链路区段分为配电主站到通信主站核心交换机、通信主站到终端侧通信终端、配电终端通信接口。

（1）首先通信运维人员核查通信网管系统，核查通信终端是否有异常告警信息。

（2）对于单个配电终端通信异常，可由现场运维人员到现场检查终端网口是否正常通信，网络线是否完好，网络交换机工作是否正常。还要检查网络参数配置的正确性，并正确配置路由器，合理分配通信用 IP、子网掩码及正确配置网关地址。

（3）对于某条线路出现终端同时掉线情况，可在网管系统判断是否出现 OLT 设备故障告警信息，如无则可判断为通信光缆被破坏，需要通信运维人员到现场进行确认，并尽快恢复。

（4）对于主站系统内所有终端出现同时掉线情况，基本可以判断为配电主站到通信主站之间的链路或核心交换机设备故障，应由主站运维人员与通信运维人员协同处理。

2. 终端通信接口异常处理

（1）RS232 通信口通信失败。确认通信电缆正确并与通信口（RS232）接触良好。使用终端后台维护工具通过维护口确认通信规约、波特率、终端站址配置正确。若通信仍未建立，立即按复位按钮（RESET）持续大约 2s，使终端复位。

（2）网络通信失败。确认通信电缆正确并与网络口（TCP/IP）接触良好，可观察网络收发及链接指示灯是否正常。使用 USB 维护口工具读取 IP 配置，确认 IP 配置的正确性。通过 PC 机采用 Ping 命令，测试设备网络是否正常。若通信仍未建立，立即按复位按钮（RESET）持续大约 2s，使终端复位。

5.4.5 配电终端电源系统运维

从现场运行的经验来看，配电终端电源系统异常是导致现场终端损坏或出现故障的主要原因之一，因此配电终端电源系统的运维是终端整体运维的关键，要求对电源系统各部分运行状态进行监视，及时发现异常或缺陷。优化对后备电源系统定期充放电、活化等日常运维措施，加强对后备电源外观、内阻、容量等运维管理、状态评估，实现对配电终端后备电源有效管理是一项艰巨的任务。后备电源出现异常情况时，针对不同状况采取不同措施，提高配电终端后备电源的可靠性。

1. 终端电源系统运维原则

（1）定期检查电源管理模块运行参数是否在合格范围内，浮充电压、充电电流应结合蓄电池容量进行选择，应采用浮充电压、充电电流的下限值设定，是否有故障告警信号。不论在任何情况下，蓄电池的浮充电压不应超过生产厂家给定的浮充值，并且要根据环境温度变化，随时利用电压调节系数来调整浮充电压的数值。

（2）在电源管理模块配置蓄电池活化电阻，关注蓄电池内阻，偏差超过额定内阻值 30% 应跟踪处理，超过额定值或超过投运初始值 50% 的应进行活化或充放电处理。

（3）加强后备电源在线监视，对蓄电池端电压、充放电电流、内阻等关键指标进行实时监测，及时掌握后备电源运行情况。

（4）环境温度对后备电源的放电容量、寿命、自放电、内阻等方面部有较大影响，虽然开关电源有温度补偿功能，但其灵敏度和调整幅度毕竟有限。因此，蓄电池室推荐单独配置环境调节设备，将温度控制在 22～25℃之间，这不仅可延长蓄电池的寿命，还能使蓄电池有最佳的容量。

（5）在蓄电池均衡性异常较大或较深度地放电以后，以及在蓄电池运行一个季度时，应采用均衡的方式对电池进行补充充电。在均衡充电时要注意环境温度的变化，并随环境温度的升高而将均衡电压设定的值降低。例如，如环境温度升高 1℃，那么均衡充电的电压值就要降低 3mV。

（6）精心维护，在阀控式电池组投产运行前应认真记录每只单体电池的电压和内阻数据，作为原始资料妥善保存，以后每运行半年，需将运行的数据与原始数据进行比较，如发现异常情况应及时进行处理。

（7）阀控铅酸蓄电池运行到使用寿命的 1/2 时（注：如何把握这个时间，应有一些建议或遵循的原则），需适当增加测试的频次，尤其是对单体 12V 的电池增加测试。如果电池内阻突然增加或测量电压有数值不稳（特别是小数点后两位），应立即作为"落后电池"进行活化处理。

2．电源异常处理

常见的电源回路异常主要包括主电源回路异常和后备电源异常，以下针对各类异常情况进行分析原因并提出相应的解决办法。

（1）主电源回路异常的处理。主电源回路异常包括交流回路异常、电源模块输出电压异常等。

处理方法是分别测量 TV 柜、终端屏柜接线端子电压，以确定问题所在。如果电源模块输入异常，即交流回路异常，需按以下步骤进行检查：

1）检查交流空气开关是否跳闸或者熔丝是否完好，若没跳闸且熔丝没问题，检查电源回路是否有故障。

2）若空气开关正常，检查确认 TV 所在线路是否失电。

3）若线路有电，检查 TV 柜侧二次端子是否有电。

4）若 TV 柜侧有电，检查终端屏柜侧端子排是否有电。

5）若端子排有电，检查到空气开关导线是否有松动，空气开关是否坏掉，以及中间继电器是否正常。

6）如果电源模块输入正常，但是输出异常，就需检查电源模块接线和模块本身是否损坏。

（2）后备电源异常的处理。后备电源异常主要是指交流失电后后备电源不能正常供电。

原因分析是：① 蓄电池本体故障。② AC/DC 电源模块后备电源管理出现故障。

处理方法是查看蓄电池接线是否松动、蓄电池是否有明显漏液或损坏，排查后若无接触不良或损坏；查看蓄电池输出电压是否正常，是否存在"欠压"；如果蓄电池电压正常，则可判定为 AC/DC 模块故障。

第6章 配　电　通　信

配电通信是配电自动化系统的中间环节，数据传输的介质和纽带，是电力系统通信的组成部分。在一定条件下也是输配用电企业管理、专业管理和系统设备之间信息沟通的纽带，地位十分重要。配电通信也称配电接入通信，与电力骨干通信系统相比具有点更多、面更广、运行环境更恶劣、网络变更更频繁等特点。

世界信通产业飞速发展给电力通信带来了多向选择的条件，配电通信的发展和应用不可避免地随潮流而动，不同通信技术体制将派生出不同的配电自动化设计路线，从而展示出不同应用特点的配电自动化。如何选择配电通信方式并成功融合在配电自动化整体技术中，需要权衡利弊，需要在保证配电自动化主体业务实用化或根据地区对配电自动化应用任务要求的前提下做出相对合理的决策。

介绍省地电力骨干网及配电通信（接入）系统两者概念和特点，系统结构、功能定位和运用差异性，帮助了解配电通信系统业务特性。由于配电通信一般处于中压电网层次，需要上一层基于输变电的骨干通信网支撑，因此简单介绍省地电力骨干通信网基本技术和结构，包括 SDH、MSTP 以及与配电接入网的逻辑关系等，了解配电通信通道基本框架和技术入口很有必要。另一方面按照不同技术体制描述终端通信接入网应用技术原理，重点对光纤通信技术，如 EPON、工业以太网、无线专网、无线公网、电力线载波以及混合组网等主要技术体制下的组网技术、运行技术，同时涉及电力系统中低压领域可能的其他短距离、微功率通信技术也进行适当点评和应用分析。强调通信介质、网络管理系统和辅助设施运维管理的重要性。通过综合分析，了解通信技术发展的多样性和体制的可变性、传承性，做到保护已有通信资源、保护投资，构建合理高效的通信运维体系。

最后结合实例阐述实际配电通信接入网运维关键点、常见故障处理、运行统计分析方法以及配电通信一般故障处理流程，特别对接入通信提出了协同配电自动化系统整体故障查找与处理的要求。

6.1　电力通信网结构及承载业务

电力通信网主要是为满足电力系统运行、维修和管理的需要而进行的信息传输与交换。电力系统为了安全与经济的发供电、合理地分配电能、保证电力质量指标、及时地处理和防止系统事故，就要求集中管理、统一调度，建立与之相适应的通信系统。因此电力通信网是电力系统不可缺少的重要组成部分，是电网实现调度、配电自动化和管理现代化的基础，是确保电网安全、经济调度以及供电服务的重要技术手段。

电力通信网承载的主要业务为电力生产运维、调度控制类业务，由于电力系统生产的不间断性和运行状态变化的突然性，电力通信网应具备高度可靠、传输时延低、安全性要求高等特点。电力通信网根据功能不同，分为传输网、业务网和支撑网。电力通信系统框架示意图如图 6-1 所示。

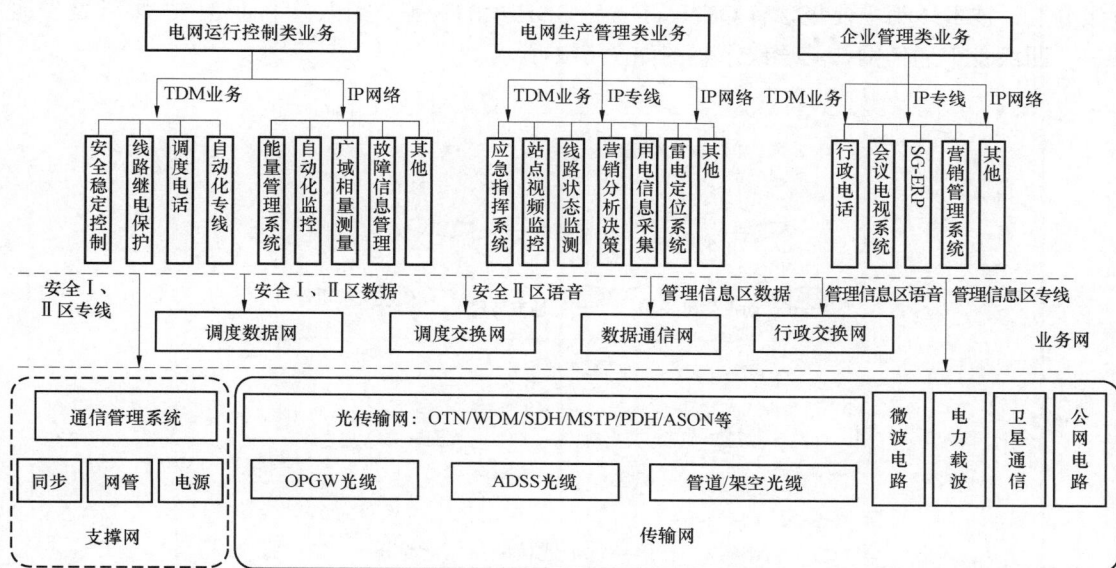

图 6-1 电力通信系统框架

传输网又分为骨干通信网和终端通信接入网，骨干通信网主要覆盖 35kV 及以上的变电站、直调厂站及各级生产调度场所，主要实现各类生产调度及管理信息的传输和交互。根据其覆盖的范围不同，传输网可划分为省际、省级、地市三个层次的网络，省际网覆盖总（分）部至各省公司及直调厂站，省级网主要覆盖各省公司至所辖地市公司及直调厂站，地市及以下（含县级）为地市级网络。终端通信接入网主要覆盖 10kV 及以下（0.4kV）配电、用电装置，营业网点，电动汽车充换电设备及智能小区等，满足配电自动化、用电信息采集以及智能电网用电环节相关业务需求。

业务网主要承载实际的各类业务需求，主要业务网层面包括调度交换网、行政交换网、通信数据网以及调度数据网等。调度、行政交换网主要承载各级电网调度及管理办公电话，通信数据网主要实现管理信息大区内各类信息系统应用，是各类业务信息化开展的主要承载网络。调度数据网承载生产控制大区调度自动化等相关业务。支撑网是各类传输网、业务网安全稳定运行的重要支撑，主要包括各类网络的网管、电源、同步系统等。

现有的传输网已形成以电力光纤为承载介质，以大容量骨干传输网（OTN）为基础，以同步数字体系传输系列设备（SDH）和密集波分传输设备（DWDM）为骨干，以电力线载波、微波、卫星通信、无线通信为补充的综合传送平台，实现了对省、自治区、直辖市的覆盖，承载的业务涉及语音、数据、远动、继电保护、电力监控和移动通信等领域。

147

6.2 配电骨干通信网

骨干通信网是用来连接多个区域或地区的高速通信网，每个骨干通信网中至少有一个连接点与其他骨干通信网相连接。目前，电力通信网典型的省级骨干通信网已建成覆盖总部、区域、省、地、县，连接各级变电站、供电所、营业厅的通信网，实现了四级骨干通信网的分级分层，技术体制主要包含有 OTN、TVN、SDH/MSTP 等。配电骨干通信网主要涉及省地县三、四级骨干通信网，其层级示意图如图 6-2 所示。

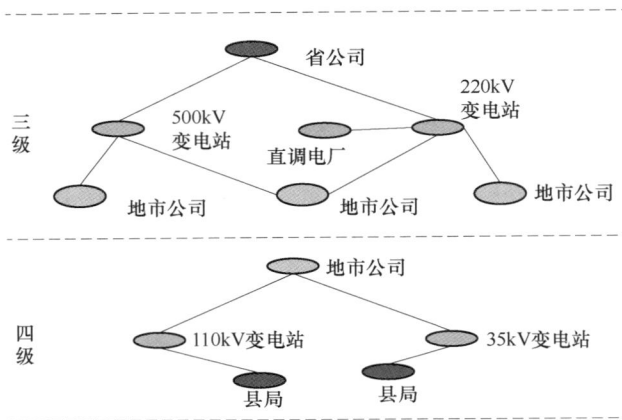

图 6-2 省地县骨干通信网层级示意图

其中，三级骨干通信网是以省电力公司为核心，连接各地（市）电力公司，覆盖省调直调变电站及电厂的通信网络；地（市）电力公司部署的配电自动化子站通过三级骨干通信网汇聚至省电力公司配电自动化主站，可以实现全省配电自动化系统的一体化运行控制、监控与管理。

四级骨干通信网是以地（市）电力公司为中心，连接所属各县局，覆盖地调直调变电站和电厂的通信网络。四级骨干通信网大多数由变电站构成（骨干通信网末梢或终端通信接入网的上联），实现了对 35kV 及以上变电站、供电所的光纤覆盖，四级骨干通信网接入层以下为终端通信接入网。随着配电自动化及其他配用电业务（如用电信息采集、配电巡检等）的不断发展，对四级骨干通信网站点的光传输设备接入端口和网络带宽均提出新的要求，需不断提高地区接入层光传输设备传输带宽和端口配置来满足日益增长的业务需求。

6.3 配电终端通信接入网

终端通信接入网是以 110kV/66kV/35kV 变电站为起点，沿 10kV 配电线路覆盖配电自动化站点和用户表的通信网络。终端通信接入网由 10kV 通信接入网和 0.4kV 通信接入网两部分组成，分别涵盖了 10kV 和 0.4kV 电网。10kV 通信接入网覆盖变电站 10kV 出线至开关站（开闭所）、充电站、环网单元（柜）、柱上开关、电缆分支箱、10kV 变压器等；0.4kV 通信接入网主要覆盖 10kV 变压器的 0.4kV 出线至用户表计、充电桩、营业网点、电力光纤到户等终端。本书主要描述与配电相关的通信接入网，为简便计，将涉及配电自动化业务的 10kV 通信接入网简称为配电终端通信接入网。通信技术受制于物理信道，本节首先介绍配电终端通信接入网的主要通信信道类别，并依次介绍相关具体通信技术，最后针对多技术体制展开对比分析，为配电终端通信接入网技术选型提供参考依据。

6.3.1　通信信道

信道可分为两大类：一类是电磁波的导引传播渠道，例如明线信道、电缆信道、波导信道等，习惯上称为有线信道；另一类是电磁波的空间传播渠道，如短波信道、微波信道等，习惯上称为无线信道。

6.3.1.1　有线信道

1. 电力线载波

电力线载波技术是以电力线作为传输通道的通信方式，是电力系统中唯一不需要线路投资的有线通信方式，它具有经济、稳定、可靠、不易破坏等特点，所以电力线载波通信技术具有在电力行业广泛应用的潜力。

2. 光纤通信

光纤通信是以光波作为信息载体，以光导纤维作为传输介质的先进的通信手段。光纤通信的主要特点是传输容量大、高速率、传输距离长、抗干扰性强、绝缘性能好等，尤其是抗电磁干扰和绝缘性能好这两大特点可应用于变电所、高压线路等高电压强电磁干扰环境，是目前电力系统通信中正在逐步广泛应用的通信方式，除此之外，光纤成本不断下降，经济效益越来越显著。

目前，光纤通信技术已经成熟，较其他通信方式都优越之外在它对于电磁干扰不敏感。随着光缆技术的提高和生产成本的不断下降，光缆的性价比将继续提高，因此在 DAS 中，作为通信干道，光纤通信将被广泛地采用。

常用光缆分为两种类型：普通光缆和 ADSS 光缆。

1）普通光缆。

名称：GYFTZY–24B1（A1）光缆（24 芯层绞式非金属阻燃光缆），GY—通信室外（野外）光缆、F—非金属加强构件、T—填充式结构、Z—阻燃、Y—聚乙烯，24—光纤芯数为 24 芯，B1—非色散位移单模光纤，A1—渐变型多模光纤。普通光缆如图 6–3 所示。

用途：该光缆用于敷设在 10kV 电力杆塔上与管道内。

2）ADSS 光缆。

名称：ADSS—24B1（A1）—300M AT（PE），ADSS—All dielectric self–supporting optical fiber cable、全介质自承式光缆，24—光缆芯数为 24，B1—非色散位移单模光纤，A1—渐变型多模光纤，300M—光缆适用档距为 300m，AT—护套为抗电痕护套，PE—护套为普通聚乙烯护套。ADSS 光缆如图 6–4 所示。

用途：该光缆用于架空高压输电系统的通信线路，也可用于雷电多发地带、大跨度等架空敷设环境下的通信线路。目前 110kV 及以上

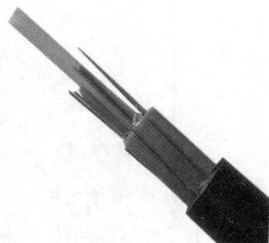

图 6–3　普通光缆

线路均使用 AT 护套。

6.3.1.2 无线信道

对于无线电波而言，它从发送端传送到接收端，其间并没有一个有形的连接，它的传播路径也有可能不只一条，但是为了形象地描述发送端与接收端之间的工作，我们想象两者之间有一个看不见的道路衔接，把这条衔接通路称为信道。无线信道也就是常说的无线的"频段（Channel）"，其是以无线信道信号作为传输媒体的数据信号传送通道。

图 6-4　ADSS 光缆

通过无线信道传输数据的终端模块即无线终端。根据支持无线通信技术的不同，可以分为 1G、2G、3G、4G 通信终端，McWiLL、WiMAX、Zigbee、230MHz 数传电台终端；根据承载业务的不同，可以分为语音终端、视频终端、多媒体终端、数据类终端等；根据无线模块的位置的不同，可以分为嵌入式无线终端和独立无线终端。

应用与配电通信系统的无线终端主要有嵌入到配电终端内部的无线通信模块和与配电终端相连接的独立无线通信终端两类。其中，前者可以将业务终端看作广义的无线终端，后者是为业务终端提供无线通信服务的无线终端。电力无线终端分类如图 6-5 所示。

6.3.2　EPON 技术

2000 年 IEEE 成立 802.3EFM 研究组，正式开展 EPON 标准化工作。2004 年发布 IEEE802.3ah 标准。EPON 在物理层采用 PON 技术，在数据链路层使用以太网协议，利用 PON 的拓扑结构实现以太网接入，为用户提供高带宽互联网接入业务。

EPON 的基本装置与其他 PON 技术一样，EPON 技术采用点到多点的用户网络拓扑结构，利用光纤实现数据、语音和视频的全业务接入的目的，主要由 OLT、ODN、ONU 3 个部分构成。EPON 网络结构如图 6-6 所示。

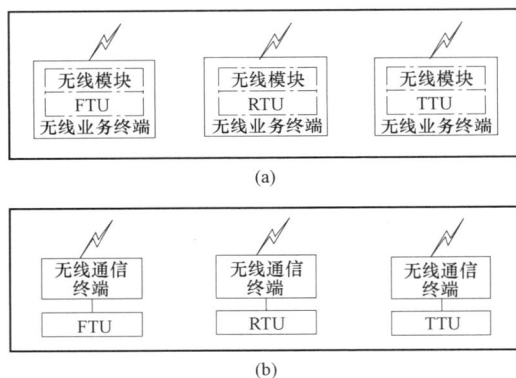

图 6-5　电力无线终端分类
（a）广义无线终端；（b）无线通信服务无线终端

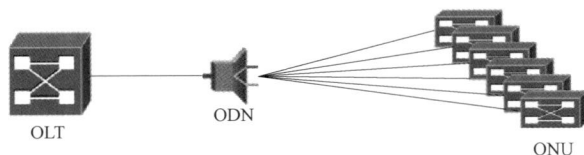

图 6-6　EPON 网络结构

OLT：作为整个网络/节点的核心和主导部分，完成 ONU 注册和管理、全网的同步和管理以及协议的转换、与上联网络之间的通信等功能；

ONU：作为用户端设备，在整个网络中属于从属部分，完成与 OLT 之间的正常通信并为终端用户提供不同的应用端口；

ODN：在网络中的定义为从 OLT-ONU 的线路部分，包括光缆、配线部分以及分光器（Splitter）全部为无源器件，是整个网络信号传输的载体。其中光缆部分选用 G.652、G.657 系列的全部型号光纤，分光器可以从 1:2～1:32 可选（1:64 的分光器因成本原因基本上在现网上没有使用，OLT 到 ONU 之间的传输距离一般 10km～20km，原则上是 10km 用 1:32 的分光器，20km 用 1:16，因为分光器分光比例越高，光衰耗越大。OLT（OTVical Line Terminal）放在中心机房，ONU（OTVical Network Unit）放在用户设备端附近或与其合为一体。它的功能是分发下行数据，并集中上行数据。EPON 中使用单芯光纤，在一根芯上转送上下行两个波（上行波长：1310nm，下行波长：1490nm，另外还可以在这个芯上下行叠加 1550nm 的波长，来传递模拟电视信号）。

OLT 既是一个交换机或路由器，又是一个多业务提供平台，它提供面向无源光纤网络的光纤接口（PON 接口）。根据以太网向城域和广域发展的趋势，OLT 上将提供多个 1Gbps 和 10Gbps 的以太接口，可以支持 WDM 传输。OLT 还支持 ATM、FR 以及 OC3/12/48/192 等速率的 SONET 的连接。如果需要支持传统的 TDM 话音，普通电话线（POTS）和其他类型的 TDM 通信（T1/E1）可以被复用连接到出接口，OLT 除了提供网络集中和接入的功能外，还可以针对用户的 QoS/SLA 的不同要求进行带宽分配，网络安全和管理配置。OLT 根据需要可以配置多块 OLC（OTVical Line Card），OLC 与多个 ONU 通过 POS（无源分光器）连接，POS 是一个简单设备，它不需要电源，可以置于相对宽松的环境中，一般一个 POS 的分光比为 8、16、32、64，并可以多级连接，一个 OLT PON 端口下最多可以连接的 ONU 数量与设备密切相关，一般是固定的。在 EPON 中系统，OLT 到 ONU 间的距离最大可达 20km。

在下行方向，IP 数据、语音、视频等多种业务由位于中心局的 OLT，采用广播方式，通过 ODN 中的 1：N 无源分光器分配到 PON 上的所有 ONU 单元。在上行方向，来自各个 ONU 的多种业务信息互不干扰地通过 ODN 中的 1：N 无源分光器耦合到同一根光纤，最终送到位于局端 OLT 接收端。

1. 性能指标

EPON 最大传输距离支持 20km，提供上下行对称的 1.25Gbps 传输速率，由于编码问题及协议开销，实际速率小于 1Gbps。EPON 系统的上行传输时延小于 1.5ms，下行传输时延小于 1ms。EPON 系统的可靠性从线路、设备和组网三个方面进行分析。对于线路可靠性而言，光纤不受电磁干扰和雷电影响，可以在自然条件恶劣的地区和电磁环境复杂的场合使用。在设备可靠性方面，配电网通信设备大多运行在户外，需保障能在恶劣天气下正常工作，并能抵抗噪声、雷电等强电磁干扰，保持稳定运行。对于网络可靠性而言，EPON 系统中各个 ONU 与 OLT 设备之间通过无源分光器采用并联方式组网，任何一个 ONU 或多个 ONU 故障或掉电，不会影响 OLT 和其他 ONU 的稳定运行，可抗多点失效；电力系统通常采用 ONU 双 PON 口设计，组网采用"手拉手"保护组网模式，光纤保护倒换时间≤100ms。"手拉手"保护方式下两处光纤断裂如图 6-7 所示，如果光纤发生了如图所示的两处断裂，每个 ONU 还是可以和某一个 OLT 实现通信，保证了网络的可靠性。

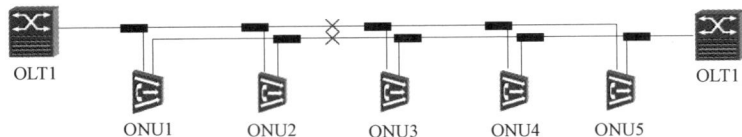

图 6-7 "手拉手"保护方式下两处光纤断裂

2. 信息安全

光纤中传输的是光信号，光信号在传输过程中辐射非常小，并且还未有技术能够通过光辐射解析信号。因此，数据通过光纤传输安全性非常高。但是，在 OLT 和 ONU 的光纤组网模式中，由于 OLT 是广播数据帧，所以，为了防止不可信 ONU 收到数据帧，提供三重搅动功能保护下行数据。

6.3.3 工业以太网技术

工业以太网技术与商业以太网（即 IEEE802.3 标准）兼容，能够满足工业控制现场的需要，并且可以在极端条件下（如电磁干扰、高温和机械负载等）正常工作，因此，在工业控制领域得到了广泛应用。工业以太网产品成熟、产业链完整，相关协议有 MODBUS/TCP、ProfiNet、Ethernet/IP、HSE 等。

1. 性能指标

工业以太网交换机覆盖距离＞20km，单个端口带宽接近 100/1000M；环网组网时，环上各个节点共享 100/1000M 带宽，单台交换机的时延＜0.5ms。从线路、设备和组网三个方面分析工业以太网的可靠性。对于线路可靠性而言，光纤不受电磁干扰和雷电影响，可以在自然条件恶劣的地区和电磁环境复杂的场合使用。在设备可靠性方面，从抗击恶劣环境上讲，工业以太网交换机的元器件、接口全部达到工业级要求，具有耐腐蚀、防尘、防水特性；工业以太网设备能够工作在更宽广的温度范围之内：−40～+85℃之间；电磁兼容性达到工业级 EMC 标准。对于网络可靠性而言，组网方面，采用环形组网方式保证传输系统可靠性，规范规定环网恢复时间通过每个交换机不超过 50ms。

环形组网和链式组网下单点断纤和单台设备故障如图 6-8 所示，环形组网光纤单点断裂，每个交换机可以和变电站的上联交换机保持通信，链式组网光纤断裂会导致部分交换机通信中断；环形组网发生单台设备故障（非变电站上联交换机）时，其他交换机通信不受影响，采用链式组网时，单台交换机故障会导致部分交换机通信中断。分析得知环形组网可靠性高于链式组网，但是环网不能抗多点失效，因此环形组网的工业以太网可靠性低于手拉手组网的 EPON。

2. 信息安全

以太网通信是采用电信号传输，一般采用双绞线传输，因电信号易解析，所以需要在传输数据之前进行数据的加密，防止非法用户截取到关键数据。

6.3.4 无线专网技术

目前，电力无线专网运用最多的技术是 230MHz 数传电台，传统的 230MHz 数传电台已基本停止推行。

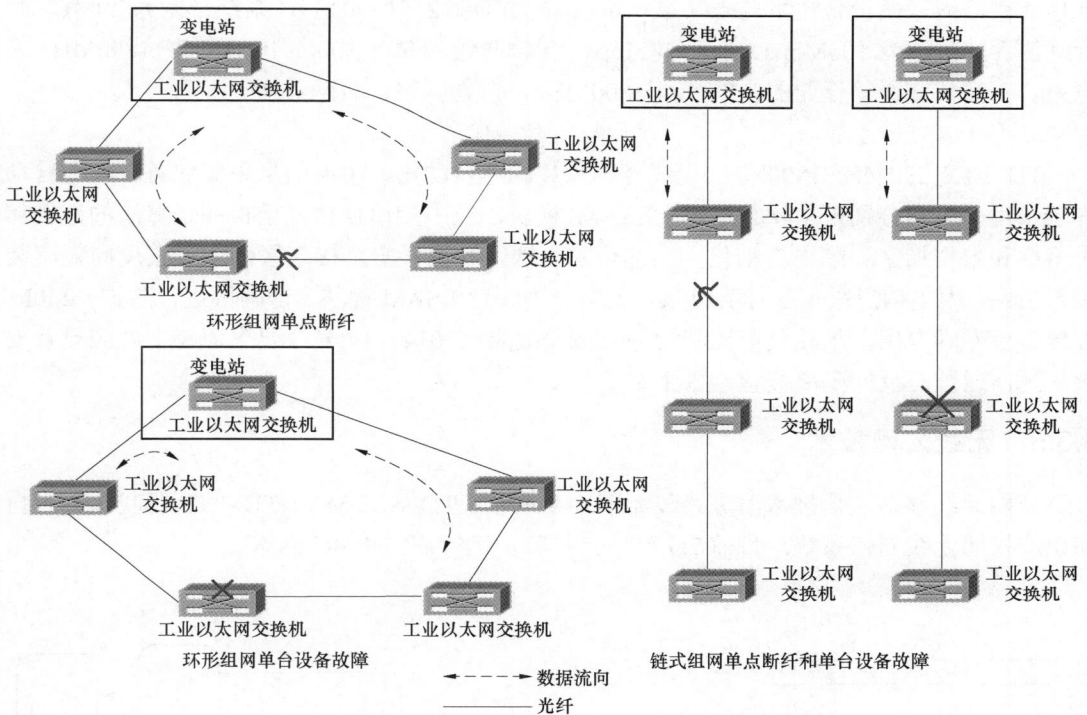

图 6-8　环形组网和链式组网下单点断纤和单台设备故障

1. 频谱政策

TD–LTE 为 4G 技术标准，目前电力行业开展的 TD–LTE 网络试点建设按工作频段可划分为 230MHz 和 1800MHz 两种不同类型。230MHz 频率政策根据（国无管〔1991〕5 号）文件规定，在 223～235MHz 之间分配 40 个离散频点共计 1M 带宽授权给电力系统传输负荷监控业务，其中 229.0～235.0MHz 频段在北京地区用于射电天文业务，其他业务不得对其产生有害干扰。按照国家无线电管理局规定，230MHz 频段须 5 年续申备案一次。同时，为满足交通（城市轨道交通等）、电力、石油等行业专用通信网和公众通信网的应用需求，依据国家无线电管理局《关于重新发布 1785～1805MHz 频段无线接入系统频率使用事宜的通知》（工信部 2015 年 3 月）文件规定，该段频率具体频率分配、指配和无线电台站管理工作由各省、自治区、直辖市无线电管理机构负责。

2. 性能指标

TD–LTE 230MHz 覆盖范围市区内约 3～5km，农村地区约 15～20km。TD–LTE 230MHz 频段共有 40 个离散频点共计 1M 带宽；TD–LTE 230MHz 系统基站最大发射功率 6W，终端最大发射功率为 200mW，基站支持全向/定向天线。针对电力业务上下行非对称的典型特性，TD–LTE 230MHz 无线宽带通信系统按照 TDD 方式进行设计，根据电网实际需要进行上下行带宽配比，上行峰值速率 1.76Mbps，下行峰值速率为 0.5Mbps，传输时延（无线终端至核心网）约为 100～300ms，实际速率为 500kbps～1Mbps。

TD–LTE 1800MHz 覆盖范围市区内 1～3km，农村地区 5～10km。参照《TD–LTE 数字蜂窝移动通信网基站设备技术要求（第一阶段）》（YD/T 2571–2013），系统带宽为 20MHz 时下行峰值吞吐量约为 100Mbps、上行 50Mbps，传输时延为 30～100ms。TD–LTE 1800MHz 采用电力、石油、交通等行业的公共频段 1800MHz，自建网络，组网灵活。

3. 信息安全

TD–LTE 230MHz/1800MHz 无线专网承载配电自动化、用电信息采集业务。配电自动化终端、用采终端分别采用软算法库、ESAM 模块，空中接口使用基于祖冲之算法的密钥体系对信令和数据加密。配电自动化主站部署防火墙，并设置安全接入区，通过正反向隔离装置接入主站；用电信息采集在业务终端、主站分别配置 ESAM 模块、密码机进行防护。230MHz 数传电台专网专用，承载负荷控制业务。按发改委〔2014〕14 号令要求，在主站应设置安全接入区，通过正反向隔离装置接入主站。

6.3.5 无线公网技术

公网无线移动通信技术演进路线如图 6–9 所示。TD–SCDMA、TD–LTE 是我国具有自主知识产权的无线通信系统。目前 2G 已停止扩容，运行商主推 4G 网络。

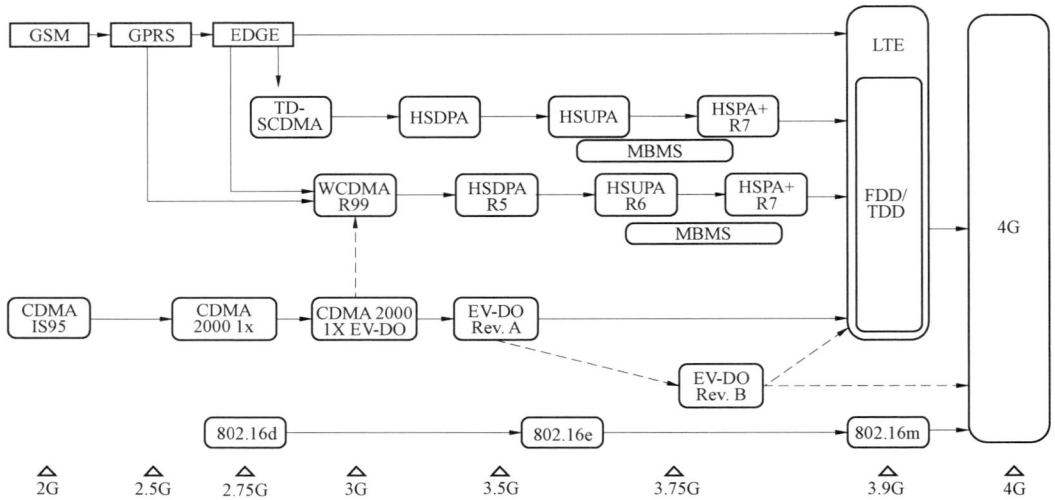

图 6–9 公网无线移动通信技术演进路线

无线公网为运营商无线网络，技术标准完备，技术成熟，产业链成熟完整。目前，电网对带宽与时延要求较小的业务，各网省公司仍选择以 GPRS 承载为主，如配电自动化业务中的非 A/A+类区域的非控类业务、用电信息采集业务中的集中抄表与分布式能源计量等，考虑运营商网络性能与经济成本，部分地市选择以 3G/4G 网络进行承载。

1. 性能指标

无线公网的带宽是多用户共享，单用户的通信速率会受到系统容量限制，用户越多，速率越低,实时性越难以保障。2G 系统平均速率约 10～90kbps。3G 系统平均速率为 80～700kbps,

4G 峰值下行速率 100Mbps、上行速率 50Mbps，平均速率可达 5～10Mbps。无线公网的传输延时为 600ms～2s。无线公网的可靠性主要体现在线路、设备和组网三个方面，较之专网无线，不可控因素较多。

2. 信息安全

无线通信本身固有的开放性使得它更容易受到监听、滥用等安全威胁。GPRS 安全主要包括核心网对用户的单向鉴权、空中接口加密和对用户身份信息的保护三部分；TD–SCDMA/CDMA 系统相比 GPRS 增加了双向认证、数据完整性保护等方面的安全性；LTE 采用了接入层和非接入层两层安全机制，采用更为复杂的密钥体系保护信令和数据的机密性和完整性，安全性增强。

无线公网/电力无线虚拟专网承载用电信息采集、配电自动化、分布式电源、电动汽车充电站（桩）等无线接入业务。终端采用专用 SIM 卡、安全 TF 卡/安全加密芯片，运营商内部通过 APN、VPN/VPDN 技术实现业务横向逻辑隔离，运营商核心网至电网公司采用有线专线接入。管理信息大区业务主要通过电力无线虚拟专网接入，在业务主站部署防火墙、安全接入平台；生产控制大区业务在业务主站部署防火墙，并设置安全接入区，通过正反向隔离装置接入主站。无线公网/电力无线虚拟专网安全防护措施符合相关规定，能够满足承载业务防护需求。

终端采用专用 SIM 卡、安全 TF 卡/安全加密芯片，GPRS、3G、4G 空中接口分别采用基于挑战应答机制的三元组、五元组、四元组对用户鉴权，加密算法分别采用 A3 和 A8 算法、f8 和 f9 算法、EEA0/128–EEA1/ 128–EEA2/ 128–EEA3 算法，运营商内部通过 APN、VPN（GRE/L2TP/MPLS 等）/VPDN 技术实现业务横向逻辑隔离，运营商核心网至电网公司采用有线专线接入。管理信息大区业务主要为省级部署，通过电力无线虚拟专网接入，在业务主站部署防火墙、安全接入平台进行隔离；生产控制大区业务主要为地市级部署，在业务主站部署防火墙，并设置安全接入区，通过正反向隔离装置接入主站。所采取信息安全措施基本满足前述相关要求，但由于安全接入平台性能不能满足业务要求等原因，管理大区业务未完全迁移到电力无线虚拟专网，由于发改委〔2014〕14 号令发布时间较晚，存在未按相关要求整改的情况。对于同时承载不同大区业务要求达到或接近物理隔离，但无线公网接入方式无法满足物理隔离要求，只能通过 APN+VPN 等技术实现逻辑隔离。

6.3.6　电力线载波通信技术

电力线载波通信是指利用电力线作为媒介，进行语音或数据传输的一种通信方式。根据电力线缆的电压等级不同分为高压、中压和低压电力线通信，根据使用频率范围和带宽的不同分为宽带技术和窄带技术。目前，在配电网应用的载波通信技术主要为中压电力线载波通信技术。

1. 性能指标

经过近 20 年的发展，中压窄带电力线载波相关设备和标准均已完备，产业链相对完整。电力行业已发布《采用配电线载波的配电自动化》（DL/T 790—2001）等标准。中压窄带载波通信点对点单跳架空电力线传输距离小于 10km，地埋电力电缆小于 2km，通过中继组网可以覆盖整个变电覆盖区域；传输速率 10～100kbps；单跳传输时延为 0.3～3s。中压宽带载波通信点对点单跳传输距离于 2km，组网后可覆盖同一变电覆盖区域；传输速率可达 1Mbps，单跳传输时延为 30～300ms。

载波技术的可靠性主要从设备和通信媒质两个方面进行分析。对于设备可靠性而言，中压电力线载波设备采用工业化标准设计，可满足高温、高湿度、野外等相对恶劣的工作环境。在通信媒质可靠性方面，中压电力线载波以电力线（缆）或屏蔽层为通信介质，受电网网架结构影响较大，难以适应中压电力线结构频繁变化。同时，虽然中压配电线路阻抗较稳定，但电线分支、架空地埋混合、负载等都会对通信稳定性产生一些影响，需要采取自适应控制技术提高系统可靠性。

2. 信息安全

中压电力线载波仅提供奇偶校验等功能，安全防护措施有待加强。

6.3.7 配电通信接入网混合组网技术

配电终端通过光纤专网、电力线载波、无线专网，经地市级骨干通信网与配电主站通信，或通过内置无线公网模块经无线公网与配电主站通信。配电终端采用单向认证方式，采用无线专网和无线公网时，通过安全接入区与配电自动化系统交互。

1. 性能指标

配电通信接入网混合组网技术性能指标可参考前文关于各种体制相关描述。

2. 信息安全

根据电力行业及公司相关规定，配电自动化业务部署在生产控制大区，可采用"单向认证（基于非对称密码算法）""单向认证+对称加密"和"单向认证+非对称加密"三种防护模式。由于遥控命令时间间隔较长、终端数量众多、光纤及无线等多种通信方式并存、未改造老旧终端无法支持报文加密特点，目前配电自动化系统中普遍支持单向认证的兼容模式，其他两个认证模式在实际中较少应用。在现有的网络条件下，采用单向认证的防护措施保证了下发命令不被篡改或仿冒，满足了安全防护要求。详见其他相关章节。

6.3.8 配电终端通信接入网技术对比分析

几种 10kV 接入网技术体制对比如表 6-1 所示。

表 6-1　　　　　　　　　几种 10kV 接入网技术体制对比

通信技术	光纤专网		中压载波	无线公网（GPRS/CDMA/3G/4G）	无线专网	
	EPON	工业以太网			TD-LTE 230MHz	TD-LTE 1800MHz
覆盖距离	<20km	>20km	点对点单跳架空电力线<10km，地埋电力电缆<2km	运营商覆盖范围	城域：3～5km，农村：15～20km	城域：1～3km，农村：5～10km
带宽	1.25G共享	100M/1000M共享	10～100kbps	GPRS/CDMA：10～90kbps，3G：30～700kbps，4G：50～100Mbps	1M 带宽 500kbps～1Mbps	20M 带宽 50～100Mbps
实时性	上行<1.5ms，下行<1ms	<10ms	0.3～3s	60ms～2s 服务质量可变因素较多，实时性难以保障	100～300ms	30～100ms

续表

通信技术	光纤专网		中压载波	无线公网 （GPRS/CDMA/3G/4G）	无线专网	
	EPON	工业以太网			TD–LTE 230MHz	TD–LTE 1800MHz
可靠性	不受天气、环境干扰		受电网负载和结构影响，易受干扰	租用网络，网络不受控，信道易受天气、地形、网络拥塞等因素影响	自建网络，信道受天气、地形、网络负荷等因素影响，易受信号干扰	
安全性	物理线路，多种安全防护方式		物理线路，但存在被监听的风险，需加密	终端认证、无线链路加密	采用 LTE 系统的安全防护体系	
技术成熟度和产业链完整性	技术标准完善，产品成熟，产业链完整		窄带标准较完备，产品较成熟，产业链较完整	标准完备，技术成熟，产业链完整	设备生产厂家较单一，产业链不完整	设备生产厂家较多，产业链比较完整

EPON：在标准化、实时性、可靠性、安全性、带宽、技术成熟度及产业链等方面具有优势，但由于光纤铺设成本高等因素，组网成本偏高，运维成本高，适用于可铺设光缆、对安全、可靠性有严格要求的业务，对于已预埋光缆、与主网架同步建设光缆的情况也建议采用EPON 技术进行业务承载。

工业以太网：在标准化、实时性、可靠性、安全性、带宽、技术成熟度及产业链等方面同样具有优势，但设备成本高于 EPON，运维成本高，适用于节点较多、通信距离较长的业务场景。

中压载波：施工简单，受配电线运行情况影响，系统运维频度较高，需要断电作业，不宜大规模组网，适合实时性、并发性要求不敏感的使用场合，可作为光纤网络的末端补充和延伸。

无线公网：覆盖范围较广，无需建设专用通道，适宜进行区域性覆盖。服务质量可变因素较多，实时性难以保障。易于建设，宜用于安全性、可靠性、实时性相对要求较低的场合。目前 2G 已停止扩容，运行商主推 4G 网络，同时考虑未来电力新业务对通信带宽、实时性的要求，2G 和 3G 网络带宽将会出现不足，采用无线公网接入的新终端应优先使用 4G网络。

无线专网：组网灵活，适宜进行区域性覆盖，前期试点应用规模较小，对频段选择、频率带宽、技术体制选择、网络性能等缺乏完整性的验证和评估。未来，随着接入网建设发展需求，要进一步扩大试点规模，对承载业务的吞吐量、时延、安全性、可靠性等技术指标等进行完整的验证和评估。

6.3.9　IP 地址规划

1. IP 地址规划原则

灵活高效的 IP 地址规划可以有效地利用网络地址空间，充分体现网络的扩展性、灵活性与层次性，降低路由算法复杂度，减少路由器资源消耗、提高路由变化的收敛速度。IP 地址规划的原则主要包含可扩展性、连续性、高效性、实意性。

可扩展性：从网络长远发展角度出发，坚持统筹规划、远期考虑、分区分域的原则，在

每一级规划深度上留有余量。

连续性：充分利用 CIDR 技术，连续地址规划针对层次化网络设计可以有效地提高路由选择效率。

高效性：采用可变长子网掩码（VLSM）技术，可以充分利用有限的 IP 地址资源，最大化利用效率。

实意性：采用 IP 地址含义与所属设备属性关联方法，加强地址规划的可读性。

唯一性：互联设备的 IP 地址必须保证唯一。

2. IP 地址划分方法

平均划分法：平均划分方法是指将可用的 IP 地址资源平均划分至各个单位。该方法对远期增量业务较少、IP 地址资源充足情况下比较适用。有效降低了 IP 地址资源的维护、调试难度。

规模划分法：根据各单位拥有的网络规模、业务系统部署范围按比例划分 IP 地址资源。该方式适用于 IP 地址资源较为紧张、远期业务增长与网络规模总体呈正比关系等情况。该方法可以有效缓解 IP 地址资源紧张、充分高效利用 IP 地址资源。

3. IP 地址规划设计

各业务系统在分级建设过程中已经对整体 IP 地址规划进行了专业设计，终端通信接入网在承载相应业务时应符合各业务系统的 IP 地址规划要求。终端通信接入网所用 IP 地址是指用于部署在具有 10kV（20kV）出线变电站的三层设备、OLT、工业以太网交换机、无线核心网、各种终端等设备所用的地址，包括设备之间的互联地址、设备管理地址和终端设备地址，其中，设备互联地址、设备管理地址由相应的网络建设管理部门分配与管理，终端设备地址由业务部门进行分配与管理。

（1）设备管理地址。主要为变电站设备的 OLT、工业以太网交换机、变电站三层设备、无线核心网等设备分配，主要用来对设备进行远程管理。

（2）设备互联地址。设备的互联地址主要是变电站配电自动化的三层设备与骨干网进行连接的 IP 地址，目的是为变电站的终端设备和地市主站建立通道互联，进行信息传递。

（3）终端设备地址。终端设备主要为开关站、环网单元、箱式变电站和柱上开关、集中器、负控终端等终端组成，具体 IP 地址的分配需部署专门的终端设备 IP 地址服务器。终端设备采用 EPON 设备、无线等组网方式时，使用地址服务器动态 IP 地址分配，采用工业以太网交换机组网方式使用静态地址分配方式。

6.4 配电通信系统运维

6.4.1 网络管理

配电通信网综合网管系统技术架构如图 6-10 所示，其系统由网络控制和数据采集层、平台层、管理应用层三层组成。

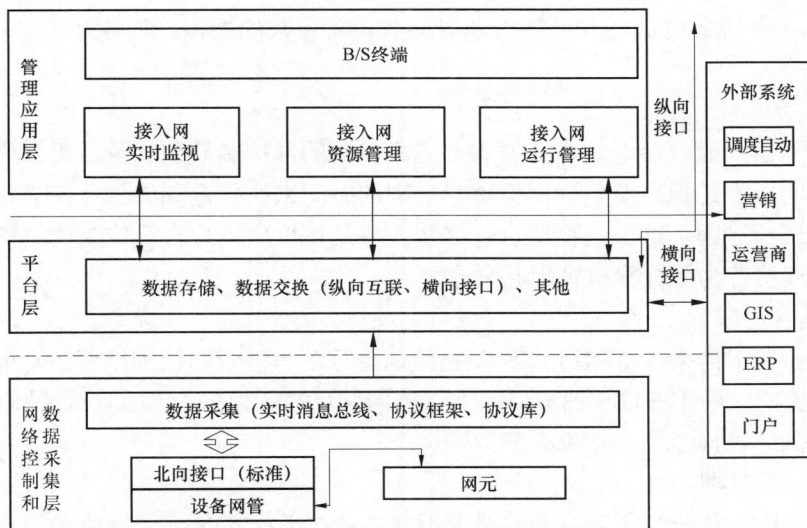

图 6-10　配电通信网综合网管系统技术架构

配电通信网综合网管功能模块主要包括实时监视、资源管理、运行管理 3 个方面。

6.4.1.1　实时监视

实时监视应用是在设备设备网管基础上，通过进一步扩展通信网络的监视范围，整合通信设备的各种实时信息和管理信息，为通信运行和管理人员提供更全面、完整的通信实时监视视图，实现在统一的界面下对多厂商设备运行状态的集中监视，实现面向业务的告警分析和故障处理，为通信调度提供技术手段。

1. 接入网集中监视

接入网运维管理向省集中逐渐演变已经成不可逆转的趋势，综合网管应监视到诸如 EPON（OLT、ONU）、路由器、工业以太网交换机等通信接入网的智能设备的告警监视，并实现各专业一点对多点的操作维护。

2. 性能管理

因接入网相关设备所处的外部环境复杂，故障概率相对骨干网较高。通过终端通信接入网拓扑、业务网络拓扑、设备面板图进行直观展现各类通信设备和通信网络的性能信息，结合性能量的相关信息协助故障的具体定位。

3. 性能劣化预警

接入网性能劣化预警，是指通过对接入网相关设备和网络的性能进行分析，掌握当前网络中各性能参数的发展趋势，通过指标设定和走向判断，对性能快速严重劣化的性能量进行分析，提前做出报警，以便系统能将预先指出故障可能发生为止，通过提前检修，避免较大事故的发生。

4. 设备工况在线分析

作为 EPON 系统中的通信终端，OLT 和 ONU 的在线率是系统运行中的重要指标，对终端通信设备的在线率进行实时统计也是了解系统运行情况的一个重要手段。

用终端设备在线的时间除以总时间，即可得到某台设备在一段时间内的在线率；用系统内同类设备不在线的时间相加，除以总时间与设备台数的乘积，即可得到某一类设备的在线率。

5. 设备自动巡检

设备智能巡检指通过命令脚本的方式，完成日常的维护和检测任务，提高维护工作效率和质量；所谓的智能是指系统可以根据用户定制的时间来执行定制的任务。当指定的时间点到达时，触发巡检过程，这个过程要执行哪些任务是可以由用户自己定制的。简言之，就是将用户的日常巡检行为用计算机管理起来。

6. 故障精确定位

故障定位系统中的推理机利用 GIS 拓扑结构进行动态搜索和回溯推理，从而得到故障系列，确定故障区域，并且在 GIS 图形界面上以不同颜色显示出来。专家诊断系统包括数据库、知识库、推理机、解释结构、知识库维护模块。

7. xPON 光缆监测

接入网光网路与传统光缆对监测的要求不同之处在于：PON 光缆网络是一点对多点的通信连接，由于引入大分光比的分光器，分光器后面会有多条光缆，从而带来测试的复杂性。由于 PON 网络涉及分光器和后面大量的光缆，不适宜采用备纤监测，只能采用波分复用技术。加入波分设备（WDM），利用与 PON 业务波长不同的 1650nm 波长进行测试，在接收端使用滤波器把测试波长滤除，消除测试光对 ONU 的影响。

光缆监测发生光缆中断的结果除了在告警列表中显示以外，还应在 GIS 地图中显示，以便用户定位及处理故障。

6.4.1.2 资源管理

通信资源管理应用对通信网络各种通信资源数据进行规范、常态管理，实现面向业务的资源管理。

1. 站点拓扑管理

终端通信接入网因其覆盖面广、网络节点众多，其逻辑拓扑的管理方式不能再使用传统拓扑展现和管理的方式，结合多方调研结果，可以发现，必须通过对其拓扑按照站点及线路等方式来进行拓扑分层，才能使得系统更具备更强的可视化、可用性、展现性能和效率。

站点拓扑管理按照站点对 EPON 设备及网络连接提供图形化的展示维护界面，对 EPON 网络提供逻辑拓扑管理，实现 EPON 拓扑节点（站点）和连接关系（连接）的展现维护。

2. 线路拓扑管理

每个终端节点 ONU 采用 2 个单 PON 上联两个局端节点 OLT。这样一个由若干个 ONU 和它们连接的两个 OLT 的 PON 口组成的相对独立的手拉手网络称为一个 EPON 线路。

3. 基于 GIS 的精细化管理

基于 GIS 地理信息系统的接入网网络管理系统的开发即是将网络的地理信息、网络管理层及业务相关层结合在一起，提供统一、详尽、全面和准确的接入网管线展现和维护功能。

地理信息管理应包括：地理信息的录入、查询、更新及显示；地理信息中建筑物、小区等三维信息分层管理及查询、显示；管理对象与地理信息关联、检索及多媒体显示等。

基于 GIS 的接入网网络管理系统，可以有效提升接入网配置维护、故障定位、拓扑关联及地理信息管理等功能模块的展现和管理效果。

4. 混合组网方式管理

由于不同配电网架构、不同业务需求、光缆已辐射到的位置、设备放置条件等多种因素，某一种接入技术难以独自满足配电网业务需求。在实际应用中，网络应用环境复杂，实际应用的通信技术十分多样。

在不同的应用场景下，会使用不同的组网方式以适应复杂的应用环境，这就对网络管理提出了更高的要求。在大部分区域，配用电通信网络采用带宽和稳定性都较高的光传输模式，如 EPON、工业以太网等；在部分不适合光纤铺设的区域，采用多种技术体制的混合组网方式，如光纤+PLC，光纤+无线专网等。

针对以上混合组网的情况，在进行系统设计是，一方面应当提供拓扑图层混合拓扑的展现和维护功能，支持在同一或者关联的拓扑图中反应多种技术体制的拓扑关联关系；另外一方面应当在进行接入网全链路路由管理时，反映整个链路中各组网技术网络自身和相互关联的环节，实现对其完整的管理和维护。

5. 业务链路管理

终端通信接入网的业务通常都是汇聚型业务。从接入网终端设备（如配电终端等），通过接入网络汇聚设备（如 ONU-分光器-OLT、PLC 主从设备等）、通信介质（如光纤、电力线载波、无线等）、交换机/路由器，并最终通过骨干传输通道到达主站业务应用系统端的一条全路径。

6. EPON 光路管理

EPON 光纤路由为 OLT 到 ONU 的一条完整路由，与传输段对应，由一系列网元、光纤、设备或端口组成。光路路由中包含大量的非智能设备，故只能以手工方式录入。由于配电网设备较多，数据量很大，在建立光路时，可根据用户关心的资源不同，可以按照需要选择性的选取其中的一部分路由，以简化光路模型，减少维护工作量。

7. 端到端全路由管理

电力通信端到端全路由，是指从接入网终端设备（如配电终端等），通过接入网络汇聚设备（如 ONU->分光器->OLT、PLC 主从设备等）、通信介质（如光纤、电力线载波、无线等）、交换机/路由器，并最终通过骨干传输通道到达主站业务应用系统端的一条全路径。

8. 网络基础配置管理

为实现对接入网设备网络基础参数的查看和配置，系统应当提供日常运维中对设备 IP 地址、交换机 VLAN 以及路由信息配置的实用功能。

6.4.1.3 运行管理

通信运行管理应用主要对通信核心运行业务进行管理，实现流程电子化、自动化。

1. 业务开通管理

终端通信接入网所支撑的业务主要包括配电自动化、用电信息采集、智能小区、智能充电站、视频监控等。系统应对业务信息、业务网元、业务通道和通道路由进行统一管理。

业务开通在综合管理系统当中实现直接的配置下发，是当前的趋势。因此，必须实现统一配置下发接口（如 TL1-I1 接口）的情况下，集成各厂家管理系统配置下发功能，实现对业务的直接开通。与此同时，在通信运行方式管理中，必须同此业务开通环节形成闭环。最终实现对接入网各类业务的直接开通，一方面实现对流程闭环时，实现业务数据流转与数据维护的统一维护。

2. 业务配置下发

由于接入网设备众多，分布广泛，给通信运维带来极大的压力，为解决这一问题，综合网管提供对网络设备的配置的集中管理。可以一次性对网络域内所有设备进行相同配置部署。同时，用户也可以根据业务开通指定某个设备的特殊配置。

3. 工单流程归一化

接入网检修、缺陷与运行方式流程与骨干网系统流程基本无大差异。但目前从南京、扬州、成都供电公司的调研情况来看，都是通过值班记录来记录接入网的故障，没有走电子流程或纸质工单。

4. 告警自动匹配自动派单

网络监控人员必须随时查看各类设备网管采集的各类设备告警。进行告警信息核实等预处理工作，甄别有效告警，及时派发故障处理工单。设备告警是备故障和业务阻断的前兆，为确保设备告警被及时、有效地处理，对所有需要处理的告警都必须派发故障工单。

5. 厂家设备评价

为进一步适应"大运行"管理变革的需要，进一步提升接入网管理的智能化，提高网络保障能力，有必要实现接入网设备分析评价和网络规划功能，根据实际情况，对上线的EPON、工业以太网交换网等设备进行分析评价，进一步为接入网网络优化提供数据支撑。

在充分参考公司现有标准体系的前提下，重点研究电力通信网设备故障率、通道运行率的设备分析评价体系及相关算法，建立合乎实际、有效可行的设备运行分析指标体系；研究故障、告警、性能统计和运行趋势的数据来源可靠性，在此基础上，进行传输网、业务网、交换网、接入网等专项分析模块设计，侧重从维护单位、平均无故障时间（MTBF）、生产厂家、具体设备型号、建设投运年限等角度，进行设备分析评价，最终通过统计、报表的方式，实现对维护单位的运维效率考核、厂家设备质量评价和设备寿命周期分析，为人员考核、厂家设备采购、设备寿命周期管理提供有效的数据支撑。

6.4.2 通信电源

作为通信系统的"心脏"，通信电源在通信局（站）中具有无可比拟的重要地位。它包含的内容非常广泛，不仅包含48V直流组合通信电源系统，而且还包括DC/DC二次模块电源，UPS不间断电源和通信用蓄电池等。通信电源的核心基本一致，都是以功率电子为基础，通过稳定的控制环设计，再加上必要的外部监控，最终实现能量的转换和过程的监控。通信设备需要电源设备提供直流供电。电源的安全、可靠是保证通信系统正常运行的重要条件。

6.4.2.1 通信设备对电源系统的基本要求

1. 高可靠性

由于通信系统运行的高可靠性，通信电源系统要在各个环节多重备份，保证供电可靠。这就包括"多路、多种、多套"的备用电源。在暂还没有条件时，应有后备电池。

2. 高稳定性

各种通信设备都有要求电源电压稳定，不允许超过容许的变化范围，尤其是计算机控制的通信设备，数字电路工作速度高，频带宽，对电压波动、杂音电压、瞬变电压等非常敏感。所以，供电系统必须有很高的稳定性。

3. 高效率

能源是宝贵的，电信设备在耗费巨资完成设备投资后，日常运维的费用支出中，电费是一笔比重很大的开支。尤其随着通信容量的增大，一个母局的各种设备用上百、上千安培直流的用电量已是司空见惯，这时效率问题就特别突出。这就要求电源设备（主要指整流电源）应有较高转换效率，即要求电源设备的自耗要小。

4. 小型化

现在各种通信设备的日益集成化、小型化，这就要求电源设备也相应的小型化，尤其对于配电自动化业务应用，作为后备电源的蓄电池也应向免维护、全密封、小型化方面发展，以便将电源、蓄电池随小型通信设备布置在同一场所，不需要专门的电池室。

6.4.2.2　通信电源系统的构成

通信电源系统一般由交流供电系统、直流供电系统和接地系统组成。通信动力系统构成如图 6-11 所示。

1. 交流供电系统

通信电源的交流供电系统由高压配电所、降压变压器、油机发电机、UPS 和低压配电屏组成。交流供电系统可以有三种交流电源：变电站供给市电、油机发电机供给的自备交流电、UPS 供给的后备交流电。

为了确保通信电源不中断、无瞬变，可采

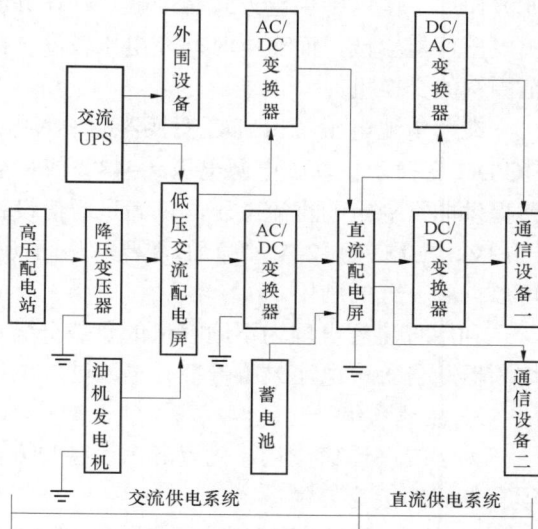

图 6-11　通信动力系统构成

用静止型交流不停电电源系统。UPS 一般都由蓄电池、整流器、逆变器和静态开关等部分组成。市电正常时，市电和逆变器并联给通信设备提供交流电源，而逆变器是由市电经整流后给它供电。同时，整流器也给蓄电池充电，蓄电池处于并联浮充状态。当市电中断时，蓄电池通过逆变器给通信设备提供交流电源。逆变器和市电的转换由交流静态开关完成。

对输入的市电，通过交流配电屏为各路交流负载分配电能。当市电中断或交流电压异常时（过压、欠压和缺相等），低压配电屏能自动发出相应的告警信号。

大型通信站交流电源一般都由高压电网供给，自备独立变电设备，而基站设备常常直接租用民用电。为了提高供电可靠性，重要通信枢纽局一般都由两个变电站引入两路高压电源，并且采用专线引入，一路主用，一路备用，然后通过变压设备降压供给各种通信设备和照明设备，另外还要有自备油机发电机，以防不测。一般的局站只从电网引入一路市电，再接入自备油机发电机作为备用。一些小的局站、移动基站只接入一路市电（配足够容量的电池），油机为车载设备。

2. 直流供电系统

通信电源的直流供电系统一般由高频开关电源（AC/DC 变换器）、蓄电池、DC/DC 变换器和直流配电屏等部分组成。

从交流配电屏引入交流电,利用整流器将交流电整流为直流电压后,输出到直流配电屏与负载及蓄电池连接,为负载供电,给电池充电。

当交流供电系统停电时,通过蓄电池向负载提供直流电,是直流系统不间断供电的基础条件。目前蓄电池常用并联浮充供电方式供电,即将整流器与蓄电池直接并联后对通信设备供电。在市电正常的情况下,整流器一方面给通信设备,一方面又给蓄电池充电,以补充蓄电池因局部放电而失去的电量;当市电中断时,蓄电池单独给通信设备供电,蓄电池处于放电。由于蓄电池通常处于充足电状态,所以市电短期中断时,可以由蓄电池保证不间断供电;若市电中断期过长,则应启动油机发电机供电。采用这种工作方式时,蓄电池还能起一定的滤波作用。但这种供电方式有个缺点—在并联浮充工作状态下,电池由于长时间放电导致输出电压可能较低,而充电时均充电压较高,因此负载电压变化范围较大。它适用于工作电压范围宽的交换机。

在蓄电池电压(DC/DC 变换器的输入电压)由于充、放电而在规定范围内变化时,使用 DC/DC 变换器将基础电源电压(−48V 或+24V)变换为各种直流电压,为通信设备的内部电路提供非常稳定的直流电压,以满足通信设备内部电路多种不同数值的电压(±5V、±6V、±12V、±15V、−24V 等)的需要,从而使交换机的直流电压适应范围更宽,蓄电池的容量可以得到充分的利用。

利用直流配电屏为不同容量的负载分配电能,当直流供电异常时要产生告警或保护,如熔断器断告警、电池欠压告警、电池过放电保护等。

3. 接地系统

为了提高通信质量、确保通信设备与人身的安全,通信局站的交流和直流供电系统都必须有良好的接地装置。

目前,通信机房的接地系统主要包括交流接地和直流接地。交流接地包括交流工作接地、保护接地、防雷接地;直流接地包括直流工作接地、机壳屏蔽接地。

通信电源的接地包括交流零线复接地、机架保护接地和屏蔽接地、防雷接地、直流工作地接地。

通信电源的接地系统通常采用联合地线的接地方式。联合地线的标准连接方式是将接地体通过汇流条(粗铜缆等)引入电力机房的接地汇流排,防雷地、直流工作地和保护地分别用铜芯电缆连接到接地汇流排上。交流零线复接地可以接入接地汇流排入地,但对于相控设备或电机设备使用较多(谐波严重)的供电系统,或三相严重不平衡的系统,交流复接地最好单独埋设接地体,或从直流工作接地线以外的地方接入地网,以减小交流对直流的污染。以上四种接地一定要可靠,否则不但不能起到相应的作用,甚至可能适得其反,对人身安全、设备安全、设备的正常工作造成威胁。

6.4.3 EPON 接入

随着标准和产业链的快速成熟,EPON 标准和技术已经成熟,迅速进入了大规模商用阶段,各厂家的 EPON 运维解决方案也日趋成熟,为保证 EPON 网络能够稳定、高效、准确的运行,除现场设备运维检修,EPON 网管系统的监视与维护也尤为重要。

6.4.3.1　网络拓扑

EPON 是基于以太网的一种点到多点的光纤接入技术，它由局侧的 OLT、用户侧的 ONU 以及 ODN 组成。所谓"无源"指 ODN 中不含有任何有源电子器件。EPON 网络的上下行数据传输过程不同：在下行方向，OLT 采用广播的方式将发送的信号通过 ODN 到达各个 ONU，ONU 通过识别分组头/信元头的匹配地址来接收处理相应的数据；在上行方向，采用 TDMA 多址接入方式，ONU 发送的信号只会到达 OLT，而不会到达其他 ONU。

EPON 追求高分光比为用户提供高带宽互联网接入服务，EPON 设备组网灵活，可与配电网线路结构很好吻合。EPON 典型组网拓扑结构如图 6-12 所示，其中 OLT 放在变电站机房，ONU 放在开关站、环网柜和分支箱，可组成星型、总线型和手拉手结构，手拉手保护也可以连接到同一个变电站 OLT 不同的 PON 口上。

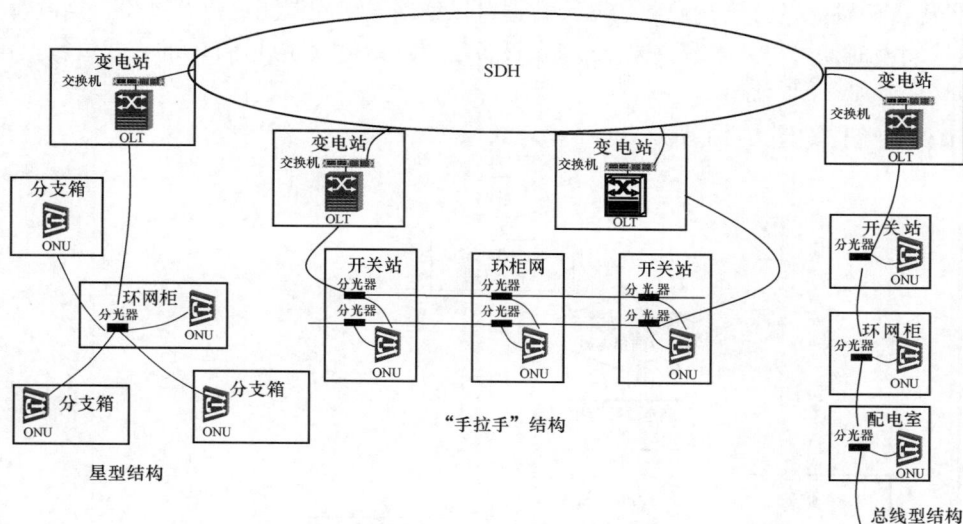

图 6-12　EPON 典型组网拓扑结构

对于 10kV 变电线路而言，可靠性要求较高，可选择手拉手结构进行组网。EPON 全链路保护组网时，其结构契合双电源"手拉手"网络，在两个变电站分别布放 OLT，通过两个方向利用 POS 进行级联延伸，每个 ONU 的上行链路都通过双 PON 扣进行链路 1+1 冗余保护，网络架构满足业务可靠性要求。

当变电站覆盖范围内的终端地理位置呈近似线性分布时，可采用总线型结构组网。针对分布地域较广、通信节点比较分散的情况，可选择采用星型结构组网，各分支箱 ONU 经环网柜汇聚至变电站，通过 SDH 传输至主站。

目前，ONU 一般作为外置设备。在施工难度方面，EPON 较之于无线网络难度更大。

6.4.3.2　运维管理

1. 日常维护

EPON 日常维护工作主要包括以下几点：

（1）网管的日常维护及现场设备的在线监测工作。实际配电 EPON 通信中，工程技术人员日常除了对网管软硬件功能进行日常监测，同时对在线设备的状态进行实时监控，一旦发现有离线或者工作不正常的点位，第一时间通知局方，并派工程技术人员赶往现场检修。

（2）设备日常检修。配电网网管一旦监测到有设备工作状态不正常，工程技术人员第一时间赶往现场，配合局方、光缆施工方等多部门，快速高效的对设备进行排障。

（3）巡检工作。每周在无故障时间安排工程技术人员对各站点的设备进行现场巡检，制作标签，理清线路，设备清扫，制作现场巡检工作报告，并定期向局方汇报现场巡视工作，对有隐患的点位做好记录并指定处理方案。

（4）资料制作。资料的构成主要包括网管维护报告、检修工作报告、巡检工作报告、故障隐患报告等。这些报告不但详细准确的记录了工作内容，也对之后开展各项工作有着很大的帮助。

（5）数据备份。数据备份包括网管配置数据备份和设备配置数据备份，完整的数据备份有利于设备出现问题时及时恢复业务。网管数据可以使用导出配置指令进行备份，当网管系统出现问题时，可及时通过导入备份来恢复业务。设备配置数据可以通过 FTP 的方式进行上传下载。

2. 故障处理

故障处理流程如图 6-13 所示。

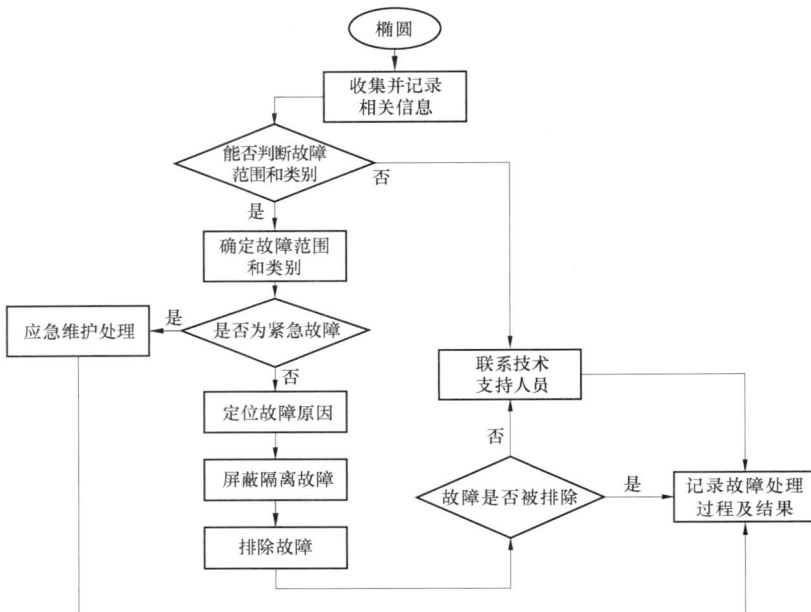

图 6-13　故障处理流程

在按照此流程处理重大故障时要注意以下几点：

（1）以尽快恢复业务为原则，但同时一定要作好故障处理过程及相关网管告警、性能数据的记录，以备故障分析，防止遗漏潜在的故障问题。

（2）在解决问题的过程中尽可能少地进行带电拔盘等危险操作，注意防静电措施，避免因为维护操作不当而导致问题扩大化。

（3）尽量通过故障分析解决问题不要盲目地换盘。

（4）在自身无法解决问题的情况下，若条件允许尽可能联系技术支持人员获取技术支援，并配合维护人员利用电话指导或远程维护方式定位故障，以便尽量减少业务中断时间。

（5）做好设备维护人员的培训工作，从实战中学习和掌握处理故障的方法。

（6）应将故障的现象和处理过程的详细记录及时向技术支持人员反馈并存档。

由于 EPON 设备属于接入层设备，和普通用户联系非常紧密，一般出现故障即会导致用户业务中断，因此就要求维护人员迅速判断故障的性质、位置，以便修复故障。故障处理中，第一步而且最关键的一步就是将故障点准确定位，然后才是采取的措施。

故障处理的关键在于故障定位，故障定位的常用方法有：告警分析、性能分析、分段处理、仪表测试、对比分析、互换分析、配置数据分析、协议分析等。故障发生时，首先利用网管通过对设备状态的查看，对告警事件的分析以及观察设备的运行状况，初步对故障进行判断；接着，可以用替换法，在用户端排除用户自身问题；再通过逐段检测，排除上联故障；最后，通过替换单盘，将故障排除。当然，还可以通过丰富的实践经验处理故障，而且随故障范围、故障类型的不同，所使用的故障处理方法也可能综合并用。故障信息来源主要包括以下几点：

（1）用户或客户服务中心的故障申告。

（2）日常维护或巡检中所发现的异常。

（3）网管告警系统的告警输出。

（4）对接设备维护人员的故障通告。

故障处理要求判断是线路故障还是设备故障。如果是线路故障，则要求定位出故障的是馈线光缆还是配线光缆，然后通知线路维护人员进行修复；如果是设备故障，就需要根据故障现象判断出设备的故障原因，以便能够及时处理和排除。

根据故障的不同，具体处理的方法和步骤也不相同，应注意结合具体情况，具体问题具体分析，采取适当的方法和措施，多观察，多分析，避免盲目性。设备运行中的重大故障是指由于掉电、断纤、网管配置数据设置不准确、维护操作不当，以及设备不稳定等原因引起大量用户甚至是所有用户业务中断的故障，也是维护工作中需要快速准确定位和处理的故障。

配电网网络的核心是 OLT 设备，它负责网络中所有设备信息的传输。OLT 一旦发生故障，影响面很大。因此这里以 OLT 的故障为例，对可能的故障现象及解决方案进行介绍：

（1）设备温度过高。

现象：虽然设备工作场所要求温度为−40～80℃。但在应用的时候，温度过高或过低将降低设备效率，使它的潜能得不到充分发挥。机房环境温度过高及卫生环境对设备散热影响很大，会引起设备板卡死机等问题。

解决方案：运行维护人员针对设备安装的地点、环境进行维护。通常三步骤：对设备进行除尘、检查元器件是否出现老化、改善环境通风条件。

（2）环境问题。

现象：主要是小动物啃咬光纤，引起业务中断。10kV 线路中的接入端光缆损坏，导致整条线路 DTU、FTU、TTU、开关站通信中断。NET2100 统一网管平台发现故障，提示告警。

解决方案：设备启动应急通信，自动切换至无线 GPRS，保证通信在 20ms 内完成切换。同时，光缆抢修人员迅速到达现场进行修复。

（3）EPON 网络出现广播风暴。

现象：EPON 定位于接入层，在运行维护期间曾经发生过广播风暴。

解决方案：运维人员先查看 OLT 是否启用生成树协议。然后查看汇聚层的交换机是否启用。最终查出汇聚层交换机未启用生成树协议，技术人员及时更改配置。

3. 案例分析

EPON 系统主备通道正常运行信息流向示意如图 6-14 所示，其中 FTU 终端通过主备通道与前置机进行通信，ONU 根据线路状态（up、down）进行数据转发选择，同一时间只有一条线路处于 aTAive 状态（数据转发）。正常情况下，终端通过主通道接入 OLT1，通过变电站路由器 1 将数据转发到主站前置机；如果主通道出现故障，ONU 迅速切换到备通道接入 OLT2，通过变电站路由器 2 将数据转发到主站前置机。

（1）OLT 故障。当 OLT1 设备发生电源故障或 PON 接口故障，会导致 OLT1 下联 ONU 的 pon1 口 down，ONU 切换到 pon2 口进行数据传输，通过上联 OLT2 将数据传送至主站前置机，OLT 设备故障时的通道信息流向示意如图 6-15 所示。若是 OLT1 接口故障，网管系统会在告警菜单中显示相应的告警信息；若是电源故障，在网管平台显示 OLT 电源故障告警并伴随 PON 口的 down 告警。

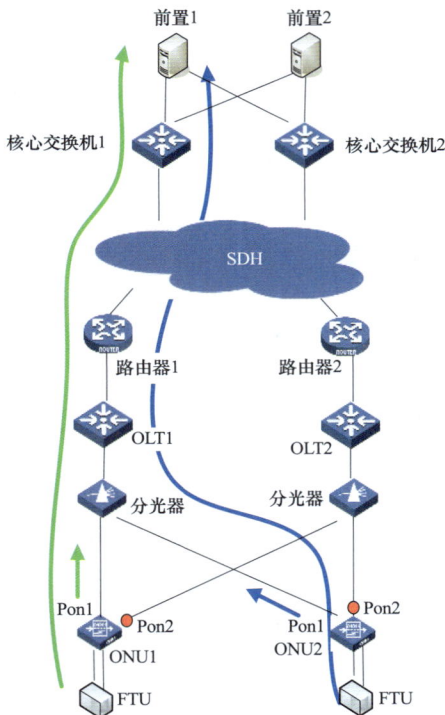

图 6-14　EPON 系统主备通道正常运行信息流向示意

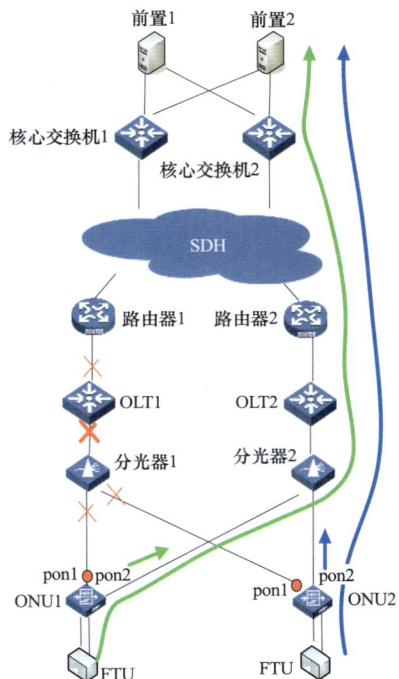

图 6-15　OLT 设备故障时的通道信息流向示意

（2）光缆故障。光缆故障时的通道信息流向示意图见图 6-16。当光缆②出现故障，ONU2 检测到 pon1 口 down 后迅速切换到 pon2 口进行数据传输，通过 OLT2 将数据传输到主站前置机，光缆故障时的通道信息流向为如图 6-16 中蓝色数据流；而 ONU1 的数据传输不变，还是通过 OLT1 进行，为图 6-16 中绿色数据流。

当出现光缆故障时，网管系统会在告警菜单中显示此故障光缆所连接的 OLT 和 ONU 端口告警信息，此时需要根据告警信息进行现场查看，排除是设备问题还是线路问题。

6.4.4　工业以太网交换机接入

工业以太网交换机采用存储转发交换方式，同时提高以太网通信速度，并且内置智能报警设计监控网络运行状况，使得其能够在恶劣危险的工业环境中保证以太网可靠稳定的运行。

6.4.4.1　网络拓扑

工业以太网交换机一般采用环状拓扑结构组网，在难以形成环网的应用场景可运用链式或星型组网结构。工业以太网典型组网结构如图 6-17 所示。

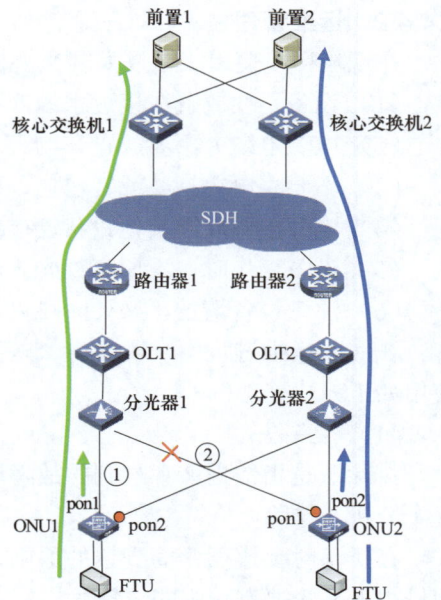

图 6-16　光缆故障时的通道信息流向示意

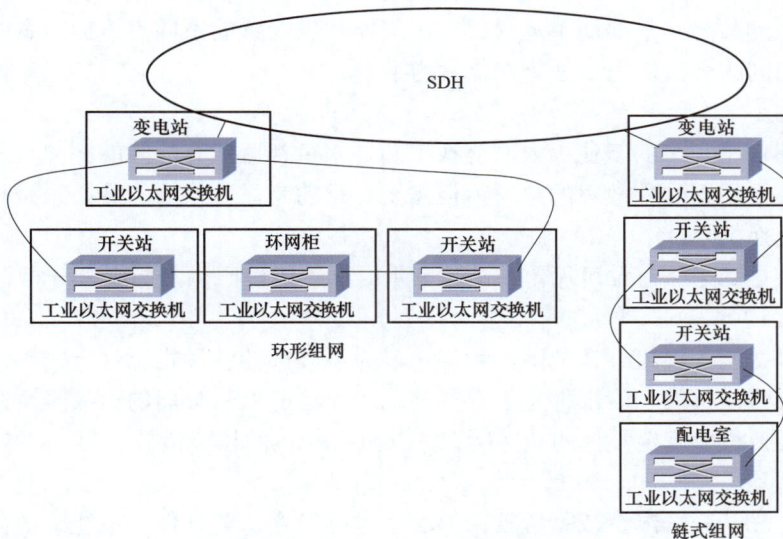

图 6-17　工业以太网典型组网结构

采用链式组网时，单台交换机故障会导致其他交换机通信中断。采用环形组网方式可保证传输系统可靠性，环形组网发生单台设备故障（非变电站上联交换机）时，其他交换机通信不受影响。但是环网不能抗多点失效，即环上多个交换机出现故障时，会影响到其他交换机的通信。目前，工业以太网交换机一般作为外置设备。在施工难度方面，工业以太网交换机组网较之于无线网络同样难度较大，且比 EPON 成本略高。

6.4.4.2 运维管理

在现场环境使用工业以太网交换机时需要注意以下使用事项：

（1）设备不要放置在接近水源或者潮湿的地方。

（2）电源电缆上不要放置杂物。

（3）不要将电缆打结或者包住，以免发生火灾。

（4）电源接头以及其他设备连接件需要连接牢固，并经常检查线路的牢固性。

（5）设备工作时，不要直视光纤的断面。

（6）注意设备清洁，必要时可以用棉布擦拭。

在实际运维过程中，可能由一些不可控的细节因素导致网络故障，针对这类故障现象可使用如下方式处理：

（1）排除法。

排除法是指依据所观察到的故障现象，尽可能全面地列举出所有可能发生的故障，然后逐个分析、排除。

在排除时要遵循由简到繁的原则，提高效率。使用这种方法可以应付各种各样的故障，但维护人员需要有较强的逻辑思维，对交换机知识有全面深入的了解。

（2）对比法。

所谓对比法，就是利用现有的、相同型号的且能够正常运行的工业以太网交换机作为参考对象，和故障工业以太网交换机之间进行对比，从而找出故障点。这种方法简单有效，尤其是系统配置上的故障，只要简单地对比一下就能找出配置的不同点，但是有时要找一台型号相同、配置相同的交换机也不是一件容易的事。

（3）替换法。

替换法是指使用正常的工业以太网交换机部件来替换可能有故障的部件，从而找出故障点的方法。它主要用于硬件故障的诊断，但需要注意的是，替换的部件必须是相同品牌、相同型号的同类交换机才行。

当然为了使排障工作有章可循，在故障分析时，一般按照以下原则来分析。

（1）由外而内。

如果工业以太网交换机存在故障，我们可以先从外部的各种指示灯上辨别，然后根据故障指示，再来检查内部的相应部件是否存在问题。无论能否从外面的出故障所在，都必须登录工业以太网交换机以确定具体的故障所在，并进行相应的排障措施。

（2）由软到硬。

发生故障，先从系统配置或系统软件上着手进行排查，若软件上不能解决问题，那就是硬件故障。比如某端口不好用，一般先检查用户所连接的端口是否不在相应的 VLAN 中，或者该端口是否被其他的管理员关闭，或者配置上的其他原因。如果排除了系统和配置上的各种可能，那就可以怀疑存在硬件故障。

（3）先易后难。

在遇到故障分析较复杂时，一般先从简单操作或配置来着手排除。这样可以加快故障排除的速度，提高效率。

6.4.5　电力线载波接入

中压电力线载波通信以中压（10kV）配电网电力线为传输介质的通信方式，由主载波机、从载波机、耦合器及电力线通道组成。主载波机和从载波机之间采用问答方式进行数据传输，从载波机之间不进行数据传输。载波机通过耦合器将载波信号耦合到中压配电线路上实现数据传输，包括用于架空线路的电容耦合和用于电力电缆线路的电感耦合两种方式。

6.4.5.1　网络拓扑

电力线载波通信技术与配电网线路高度吻合。网络拓扑为一主多从方式，主载波机一般安装在变电站或开关站，从载波机一般安装于配电站或配电设施附近。典型的中压电力线载波网络拓扑如图 6-18 所示。

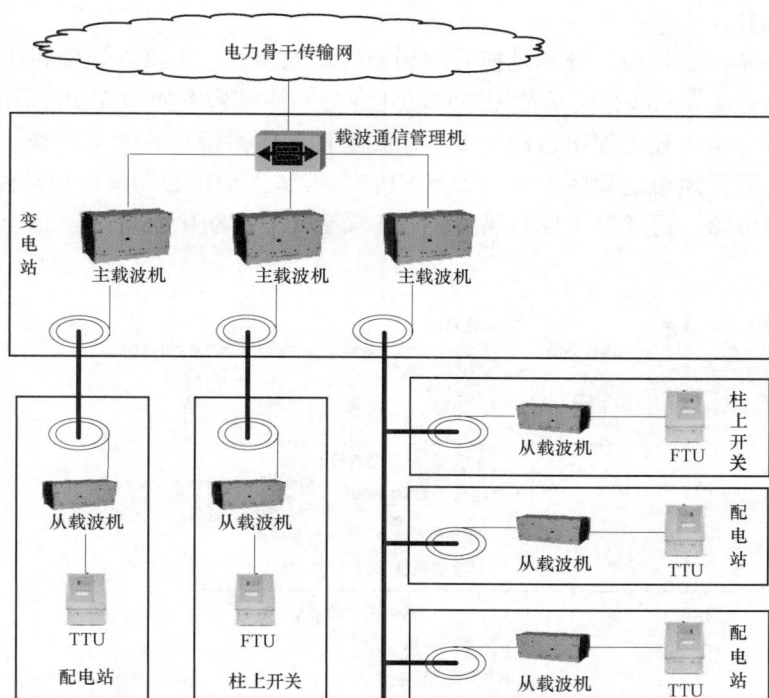

图 6-18　典型的中压电力线载波网络拓扑

中压 PLC 为电力特有通信技术，利用配电线路传输数据，载波设备外置，施工难度小。

6.4.5.2　运维管理

（1）一次线路更改而引起的载波线路故障。

由于电力线路中一次网架供电方式的切改（联络开关、分段开关动作不影响通信），从而将载波通信节点切改到不同的馈线中，从而影响载波通信物理信道。

应对方案：耦合器同步接入切改后的线路中，重建载波通信链路。

（2）线路信号串扰而引起的载波通信故障。

电力线路中，在一次线路侧安装了不洁净的用户装置，在载波通信频段中（40kHz～500kHz）生成大量的干扰噪音，从而干扰了电力线载波通信。

应对方案：更换现场载波通信频率，规避用户设备的干扰噪声频段。

（3）网络地址分配冲突而引起的通信故障。

主站、光交换设备、载波通信设备、终端用户设备的 IP、MAC 等网络参数配置不一致，从而导致通信数据异常。

应对方案：重新配置网络设备参数。

（4）电源、连接线等故障引起的设备故障。

电源接入、数据线、通道线等连续线路接口出现异常，从而导致通信系统异常。

应对方案：重新确认线路连接无误。

6.4.6 无线公网通信系统接入

6.4.6.1 网络拓扑

无线公网由两部分构成，分别是核心网和无线接入网。电力接入通信租用公网承担配电自动化接入通信业务，无线公网承载配电自动化业务网络结构图如图 6-19 所示。无线公网承载生产控制大区业务主要为配电自动化业务，配电自动化系统在各地市部署，通信终端数据通过无线公网汇聚至地市运营商，经运营商 VPN 专线进入地市公司配电自动化前置交换机、网关以及前置服务器，再通过正反向隔离装置传输至配电自动化主站。

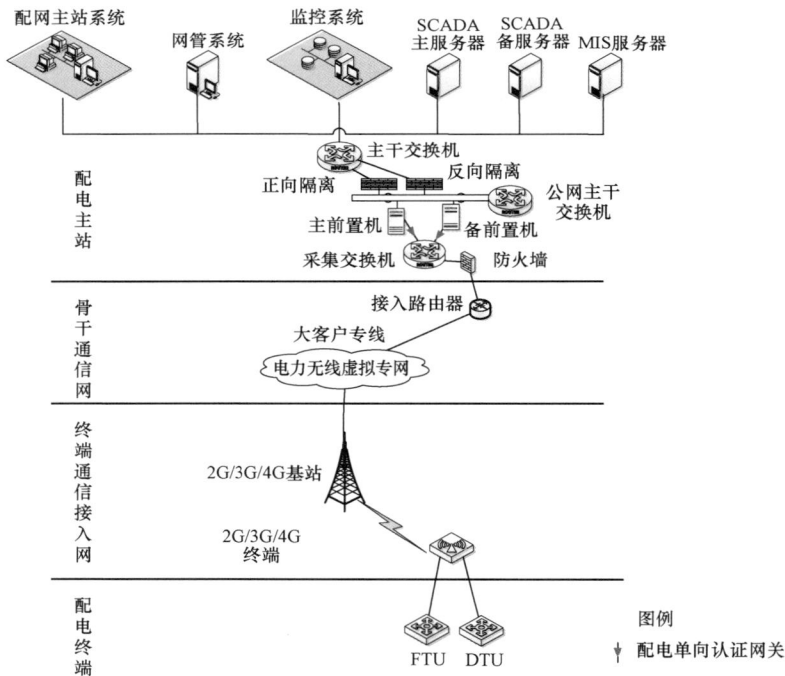

图 6-19　无线公网承载配电自动化业务网络结构图

配电自动化无线虚拟专网针对管理信息大区建设，主要接入配电自动化二遥终端；采用"APN+VPN"或 VPDN 技术实现无线虚拟专用通道，在管理信息大区与公网边界处部署路由器、交换机、防火墙以及 IDS 设备，对接入终端进行身份认证和地址分配，实现电力业务的安全接入。

无线公网模块可以设计成通用内置模块，方便安装和更换。无线公网为租用网络，不存在建设与运维成本，可以在基站覆盖范围内可以实现全覆盖。

6.4.6.2　运维管理

1. 质量保障关键评价指标

信号强度：信号强度为一般为 0～31，信号值在 12～31 之间质量较好。

注册网络状态：表明移动 GGSN 服务器工作状态，模块是否可以成功注册，并获取 GPRS 网内 IP 地址。

延时：表明网络好坏的一个指标，模块可借用与无线服务器之间的心跳帧交互，获取交互延时值。

在线率：表明终端在线时间的长短，衡量无线质量的关键指标。可在主站或网管平台做终端在线率统计，并绘制在线率曲线。

关键指标获取途径：无线模块实现实时监测、统计，将信息上送主站或网关平台，通过主站或网关平台查看终端安装地点质量。或者现场调取模块保存的日志，判断安装地点的质量。

2. 运行问题与对策

（1）运行现场外部影响。

问题：当地无线信号覆盖不好，或由于周围建筑环境改变而影响当地信号；存在严重的高频信号发生源等干扰情况；配电终端停电，配电终端直接取用不可靠市电；通信模块与配电终端匹配存在不相容。自然灾害、重大节日或突发事件，公用网络发生堵塞。

对策：工程实施时，事先测试安装点信号强度，对信号弱、信号容易失效的站点提前采取补救措施。

如有些与 DTU 配套的终端安装在地下室，无线信号屏蔽可能较严重，不能很好地满足正常的无线，可以考虑使用一些信号增强器［如图 6-20（a）所示］或特殊天线［如图 6-20（b）、（c）所示］，由电信运营商增建微型直放站做信号增强等措施解决站点所在位置无 GPRS 信号、信号弱或不稳定问题，定期进行检查维护，减少因运行环境改变对带来影响。

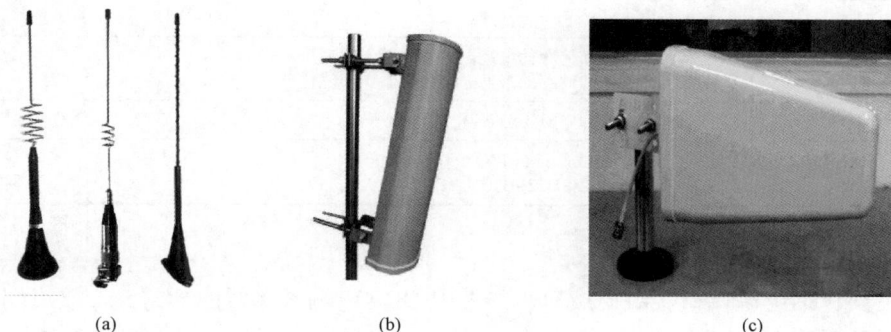

(a)　　　　　　(b)　　　　　　(c)

图 6-20　信号增强器或特殊天线

（a）信号增强器；（b）高增益天线；（c）定向天线

由于 GPRS 和 SMS（手机短信服务）通信属于不同信道，因此当 GPRS 拥塞或故障时不影响 SMS 通信。采用"短信+GPRS"融合的方式解决信号偶发性干扰或屏蔽而影响关键信息上报的问题。

（2）数据流量不足。

终端流量超标，如没有提前考虑，就会发生因 SIM 卡数据流量超过额度而被主动关停的情况。

措施：配电主站全数据总召周期≥15min/次；结合采用的规约，对遥测数据设置合理门限值；对 FTU 可采用 30M 包月流量，DTU 采用 50M 包月流量；协商运营商在后台做相应设置，如 SIM 卡数据流量即将超过限额发出告警。

（3）SIM 卡状态异常。

SIM 卡变形、卡松、关键接口生锈均可导致 SIM 卡工作异常，影响质量。普通 SIM 卡无法满足恶劣的配电网工作环境。配电站点环境往往存在很强的电磁干扰，且高温也潮湿，此环境下普通 SIM 卡的读写寿命下降，易于损坏；普通 SIM 卡对写操作的保护不够，写操作时异常中断容易引起数据丢失。若 GPRS 信号弱、GPRS 终端参数设置不合理等因素导致 GPRS 终端频繁重拨（每次重拨时需要读写 SIM 卡），将大大加速 SIM 卡的损坏。

措施：选用工业级 SIM 卡，提高 SIM 卡工作的可靠性，保证 GPRS 的稳定。工业级 SIM 卡主要技术指标要求如表 6-2 所示。

表 6-2　　　　　　　　　　工业级 SIM 卡主要技术指标要求

项目	技术指标要求
工作温度	−40～+85℃
储存温度	−40～+100℃
工作/储存湿度	10%～90%（25℃无凝结）
使用寿命	正常工作时间：>10 年（正常使用条件） 数据保存时间：>10 年（极端温、湿度条件）
读次数	无限次
擦写次数	擦写次数：>50 万次（25℃）
工作电压	3V/1.8V ±10%
静电防护	接触放电±4kV
基材材质	耐高温：工作和储存的最高温度条件下卡不变形； 耐低温：工作和储存的最低温度条件下卡不脆化
异常保护	任何时刻异常掉电时不应损坏卡
其他	抗 X 光、紫外线：符合 ISO10373 规范； 防震动：符合 JESD22−B103 规范

（4）接口。

接口主要包括电源接口、数据接口，常采用 DB9 或端子接线的形式。一般终端长时间户外运行，需承受高温、潮湿等恶劣天气，如果接口密封性、匹配性等问题将影响整个系统正常运行。

措施：采用配电终端与终端一体化设计，同时配电终端防护等级满足 IP54 及以上来规避这些问题。

（5）GPRS 链路检测机制。

GPRS 终端一般采用流量监测或 ICMP 探测的方法来检测 GPRS 链路的状态，在异常掉线时自动恢复。如果 GPRS 终端的链路检测机制存在缺陷，将导致 GPRS 掉线后无法自主恢复。单纯的 ICMP 检测机制要求周期性地发送探测报文以检测链路状态，在站点规模很大时将给探测服务器带来很大的压力，容易引起误判，同时还会增加数据流量。

措施：采用基于流量监测辅以 ICMP 探测的链路检测机制，可能解决 GPRS 终端看似在线却数据失败的问题。

（6）流量。

终端流量计算：GPRS 方式产生的流量主要包括 GPRS 模块因自身心跳及链路测试等原因产生的数据流量（固定流量）；终端与配电主站正常产生的业务流量。目前，配电终端采用变化数据主动上送（如 10min 上送一次）和主站轮询（15min 轮询一次）结合的方式进行数据传输，主要的业务流量来自总召唤（遥信+遥测）和变化遥测数据。

一般 GPRS 月度总流量（业务数据和固定流量）<40M，为防止参数设置过小、GPRS 终端/无线服务器/网管系统等异常出现流量大额超标的极端情况，通常对 FTU 采用 30M 包月流量，DTU 采用 50M 包月流量。

降低流量措施：项目实施前对主站和站端在参数的设置上预先计算和验证，并预留一定余量；全数据总召周期根据实际可≥15min/次，如 60min/次等；配电终端参数设置在合理范围内，避免反复修改定值；遥测数据门限值提高，避免频繁产生多余的报警信息；针对小流量方式进行优化，取消不必要的链路测试报文，减少不必要的总召量；考虑通道的延迟，避免频繁重发，多个可合并的确认帧尽量同时发送；可考虑采用 UDP 方式传输，消除不必要的网络层确认；与电信运营商协商，由运营商在后台做相应设置，在超出套餐限定的流量前及时给出预警。

6.4.7　混合组网系统接入

6.4.7.1　网络拓扑

配电通信接入网混合组网如图 6-21 所示。

（1）EPON 设备部署方式依赖配电网架构，EPON 通信系统部署方案如图 6-22 所示。

OLT 集中安装在变电站、开关站、配电室中，设备采用站用一体化电源，双路供电。为考虑升级扩容，EPON 系统设计时应保留光功率裕量。OLT 设备应预留一定的端口备用。ONU 安装在 10kV 配电站，与配电终端宜安装在同一机箱（柜）内，但应保持相对独立，且应采用同一设备电源进行供电；对于架空线路上柱上开关的配电自动化通信设备宜进行独立安装。ONU 设备应具有双 PON 接口，并支持业务的双 PON 口保护。

POS（光分路器）宜安装在光缆交接箱、光纤配线架、光纤接头盒中，或随 ONU 集中部署。POS 宜选用星形、链形等接入形式灵活组网，采用星形组网方式时分光级数一般不宜超过 3 级，采用链形组网方式时分光级数一般不宜超过 8 级。其中，A+类/A 类供电区域 EPON 系统采用双 PON 口保护组网方式，满足配电自动化"三遥"业务高可靠性要求，可采用手拉手或环形组网。B、C 类供电区域依据应用场景和可靠性重要程度不同可采用链型、环型、星型、"手拉手"拓扑组网。

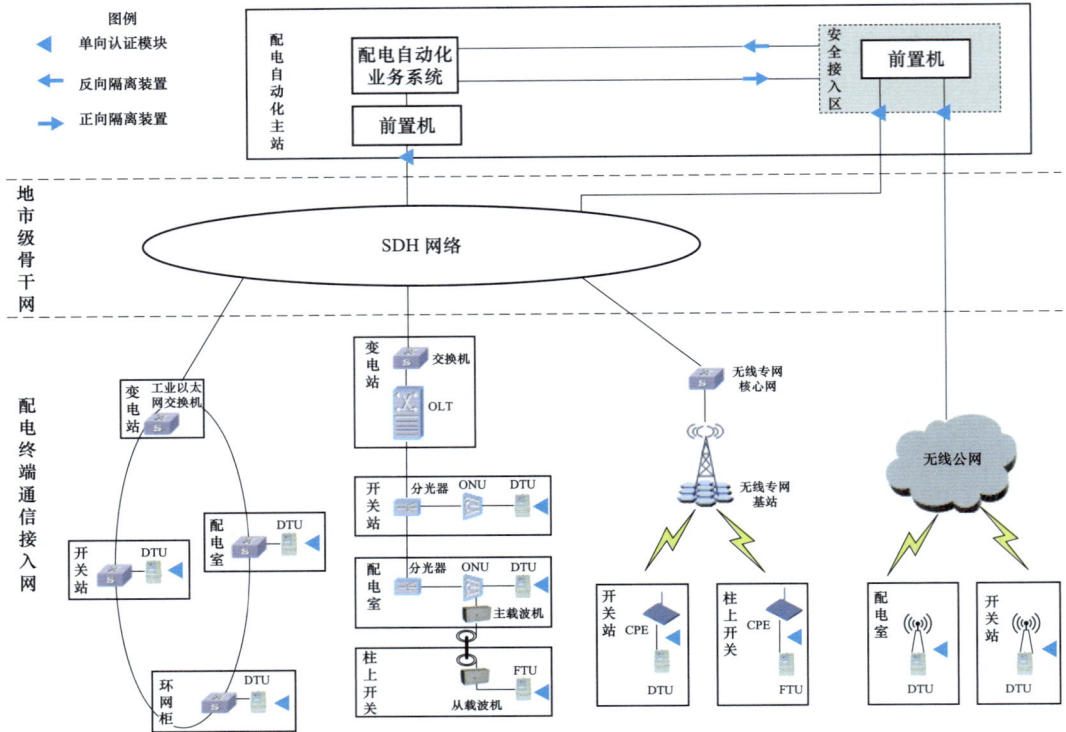

图 6-21 配电通信接入网混合组网

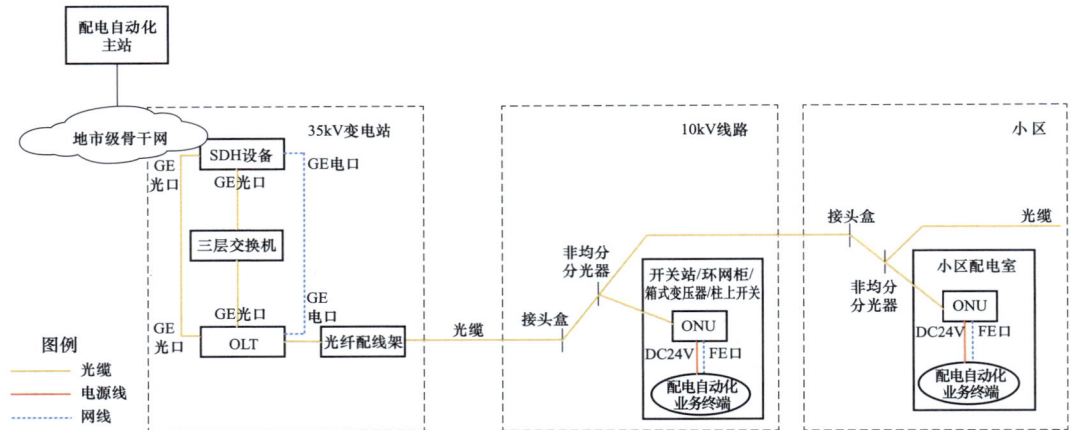

图 6-22 EPON 通信系统部署方案

（2）工业以太网设备部署方案依赖于配电网架构，工业以太网设备部署方案如图 6-23 所示。

工业以太网交换机布放在开关站、环网柜、箱式变压器等位置，并通过以太网接口和配电终端连接；上联节点的汇聚型工业以太网交换机一般配置在变电站内，负责收集环上所有通信终端的业务数据，并接入地市级骨干通信网。

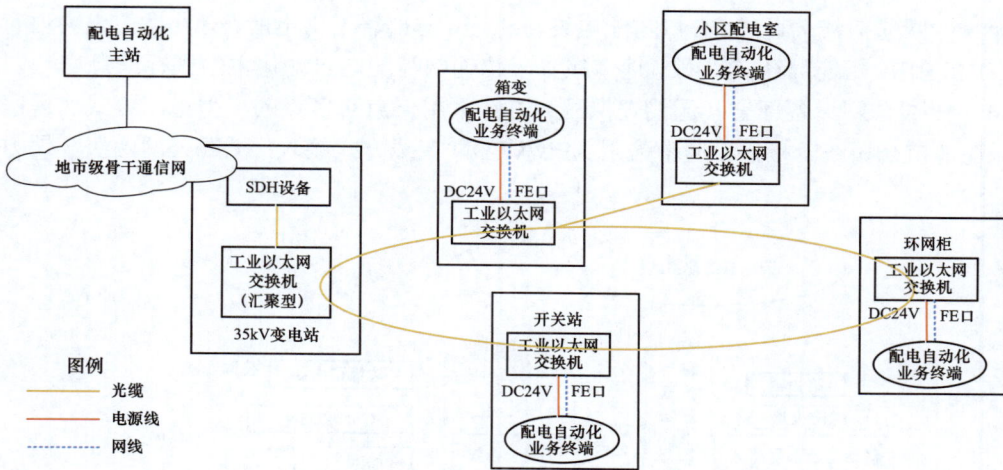

图 6-23　工业以太网设备部署方案

工业以太网可采用环型和链型组网结构，环形组网结构可以实现冗余保护，提升配电网业务传输可靠性；链式组网结构适用于难以形成环网的应用场景。环型拓扑结构适用于节点数超过 8 个的应用场景，且同一环内节点数目不宜超过 20 个。

（3）无线专网组网方案采用一点对多点的星型组网方式实现区域性覆盖。无线专网组网方案如图 6-24 所示。

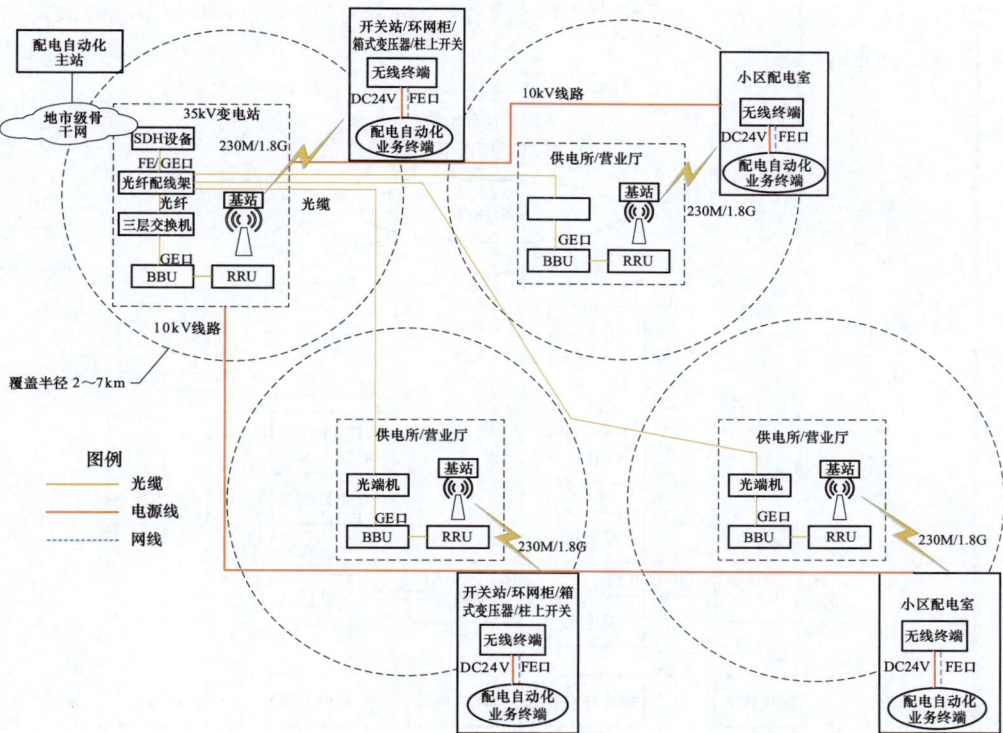

图 6-24　无线专网组网方案

无线专网通信终端通过 FE 口与配电终端相连，与部署于供电所、营业厅等电力自有物业的 RRU 和 BBU 相连，经核心网、地市级骨干传输网与配电自动化主站进行信息交互。

（4）无线公网设备部署（无线虚拟网）方案采用一点对多点的星型组网方式实现区域性覆盖，在地市公司统一接入，通常采用 APN/VPDN 专线方式接入，无线公网两级部署方案如图 6-25 所示。

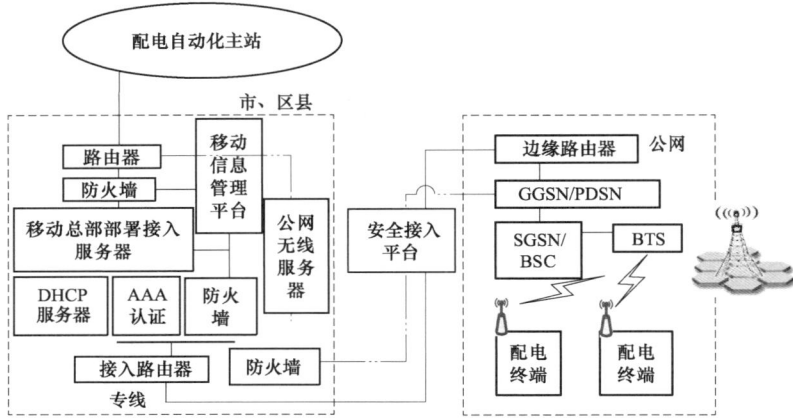

图 6-25　无线公网两级部署方案

（5）光纤和载波混合组网设备部署方案通常应用在光缆难以敷设区域，一般采用电力线载波方式作为补充手段，形成光纤和电力线载波混合组网方案。光纤和电力线载波混合组网模式如图 6-26 所示。

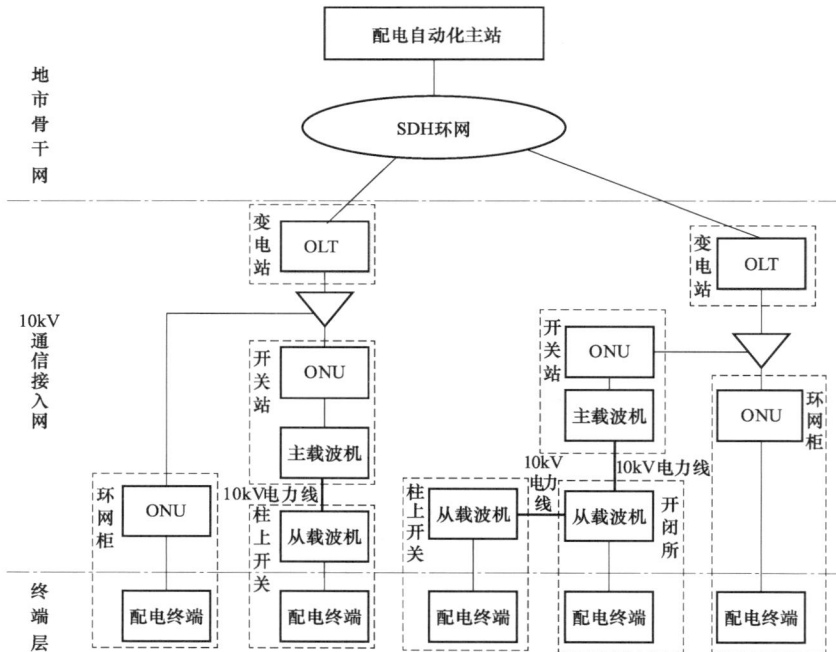

图 6-26　光纤和电力线载波混合组网模式

光纤和电力线载波混合组网模式中，主载波机与 ONU 部署在同一机房，通过 10kV 电力线与部署在开关站、环网柜、开闭所、柱上开关的从载波机通信。

6.4.7.2　运维管理

混合组网系统的运维包括各种通信技术体制自身独立的运维和多种通信技术联合组网的运维。其中，各种通信技术体制自身独立的运维已经在前文进行了详细描述，以下将主要描述多种通信技术联合组网的运维。

通信系统的维护包括设备维护、通道维护、网络维护和业务维护 4 个层面，包括远程维护、现场维护、故障处理等。

（1）远程维护。主要通过厂家专业网管或 AMS 综合网管进行，具体包括监控网元重要和紧急告警、检查网元配置数据备份情况、统计单板 CPU 占用率、统计以太网上行端口性能、检查网元用户级别等。

（2）现场维护。现场维护主要是运维人员到现场对设备、通道、网络或业务进行维护，具体包括检查设备接地情况、检查传感器、检查防雷箱、检查风扇硬件状态、清洁机柜防尘网、检查电源系统、检查蓄电池、检查防鼠板、检查机柜外观等。

（3）故障处理。故障处理主要是运维人员评估、定位、处理和排除故障的过程，具体包括以下步骤：评估是否为紧急故障、收集并记录故障场景信息、定位并排除故障、确认故障是否排除、联系厂家技术支持。

第7章　配电网故障与处理

配电网故障处理通常采用继电保护与馈线自动化相结合的方式实现，利用继电保护快速切除故障，利用馈线自动化实现故障定位、隔离甚至恢复无故障区域供电。

从配电网故障特征入手，在配电自动化 SCADA 功能基础上，阐述馈线自动化功能原理以及实现技术，涉及如何在配电网继电保护和自动装置之间达成新的故障处理平衡关系，设计并与继电保护配合制定故障处理策略，以及馈线自动化运维关键技术等。

馈线自动化可以从实现的模式上划分为远方和就地，远方模式即集中控制模式。就地馈线自动化可根据技术实现方法的不同又分为智能分布式和电压电流时间型两类。

要实现馈线自动化，除了传统意义上的配电终端之间联动与参数配合技术之外，不可避免要涉及到配电网线路上一些特殊二次装置，如"用户分界隔离装置"或传统的二次设备，如"继电保护与自动装置"。馈线自动化设计中必须考虑与其配合或根据运行需要适时部署等技术问题。通常继电保护和自动装置部署在配电站点的断路器节点，而用户分界隔离装置则部署在供电客户专用配电网、特殊结算计量点与公共配电网交界的配电站点处，用户分界隔离装置是一种专用现场控制装置。由于继电保护及其自动装置是一类比较成熟的专业，其装置已经有 GB/DL/GDW 标准的命名以及专有功能定位，普遍作为独立装置而存在，因此，一般情况下配电自动化与其技术在专业上是并列、可相互补充的关系；而用户分界隔离装置由于可加装远方通信终端，自身保护功能完善，且可以选配远方遥控功能，为此可作为一种独有的配电终端（比如动作型配电终端）纳入配电自动化系统体系中进行研究和应用。但是作为馈线自动化技术，在设计分析应用策略时，上述所有装置或终端的配置都应统一管控，统一策略、统一部署，据实投运。但制定统一策略的技术难度很大，不同装置间相互配合的要求也很高。

本章阐述配电网继电保护与自动装置（分类、作用、配置、运行）、馈线自动化（分类、作用、配置、运行）的特点；重点介绍普遍应用的集中模式，描述发展很快且用户关心的就地型分布智能型及电压时间型等馈线自动化功能原理和实现技术；介绍馈线自动化与配电网继电保护自动装置协同应用（场景、原则）等。讨论配电网故障处理相关运行问题，具体包括配电网短路、接地故障的特征分析和继电保护及自动装置在配电网中的应用。介绍配电网馈线自动化的分类、实现方式、技术原理以及典型应用，馈线自动化和继电保护配合需求以及展望分布式电源接入配电网后对传统故障处理方式的影响等。

7.1　配电网故障特征

配电线路是电力输送的末端，配电线路点多线长面广，路径复杂，设备质量参差不齐，运行环境较为复杂，受气候或地理的环境影响较大，并且直接面对用户端，供用电情况较为复杂，这些都直接或间接影响着配电线路的安全运行。

相对于输变电系统，配电网的故障率远高于输变电系统。配电网运行中，可能发生各种故障和不正常运行状态，对配电网故障进行分类时，主要可以归纳为短路故障和单相接地故障。

短路故障分为两相短路和三相短路。其中，三相短路时回路依旧对称，因而又称对称性故障。电流增大和电压降低是电力系统中发生短路故障的基本特征。

接地故障是指导线与大地之间的不正常连接，包括单相接地故障和两相接地故障。接地故障与中性点接地方式密切相关，相同的故障条件但不同的中性点接地方式，接地故障所表现出的故障特征和后果、危害完全不同。最常用的中性点接地方式分类方法是按单相接地故障时接地电流大小分为大电流接地系统和小电流接地系统两类。中性点采用哪种接地方式主要取决于供电可靠性和限制过电压两个因素。我国 35kV 及以下的系统一般采用中性点不接地或经消弧线圈接地。

7.1.1　中性点不接地系统典型的配电网故障

1. 单相接地故障

正常运行时，三相对地电压是对称的，中性点对地电压为 0，电网中无零序电压。由于各相对地电容相同，在相电压的作用下，各相电容电流相等且超前于相电压 90°。

当发生单相接地故障时，三相电路对称性受到破坏，此时不形成短路回路，只是通过线路对地电容形成容性电流回路，故障电流很小，不要求保护装置动作，允许配电网带故障运行 1～2h。然而，此时配电网中性点电压发生了偏移，导致非故障相电压升高。如 A 相发生金属性单相接地故障，A 相对地电压变为 0，其对地电容被短接，B 相和 C 相对地电压升高为 1.732 倍，对地电容电流相对增大，流过接地点的电流为所有线路对地电容电流之和。

由此可见，故障线路的零序电流在相位上比零序电压滞后 90°，幅值比正常线路大。

单相接地典型录波图、单相接地典型向量图分别如图 7-1 和图 7-2 所示。金属性单相接地故障具有以下特点：

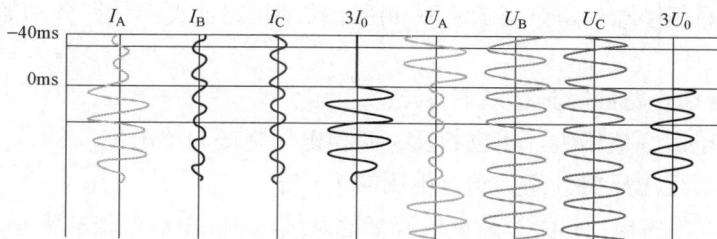

图 7-1　单相接地典型录波图

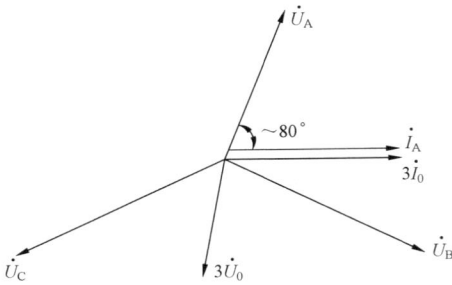

图 7–2　单相接地典型向量图

1）故障相电压降低为 0，非故障相电压升高为线电压。

2）中性点电压升高为相电压。

3）故障电流为电容电流，幅值非常小，可以忽略不计。

2. 两相短路故障

配电网两相短路是指配电网线路任意两相发生直接短路或经过渡电阻短路。两相短路故障属于非对称性短路故障，具体配电网中当系统发生两相短路故障时，故障相间产生较大的对称性故障电流，故障相电压降低。A 相和 B 相发生相间短路，其相间短路典型录波图和相间短路典型向量图分别如图 7–3 和 7–4 所示。

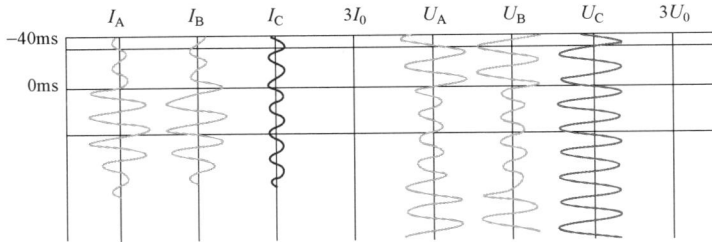

图 7–3　相间短路典型录波图

金属性两相短路故障具有以下特点：

1）短路电流和电压中不存在零序分量。

2）两故障相中的短路电流的绝对值相等，方向相反，幅值增大。

3）短路时非故障相电压在短路前后不变，两故障相电压总是大小相等，数值上为非故障相的一半。

4）故障相电压相位与非故障相电压相位相反。

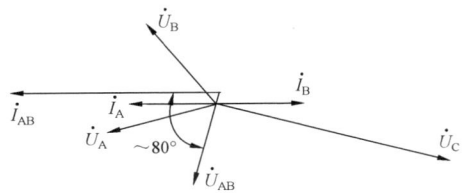

图 7–4　相间短路典型向量图

3. 两相接地短路故障

配电网系统任意两相发生金属性接地短路故障时，相当于将单相接地和两相短路故障叠加，通过接地相对地电容形成容性电流回路，系统中性点电压发生偏移。故障相电流增大，电压减小为 0。其两相接地短路典型录波图和两相接地短路典型向量图分别如图 7–5 和图 7–6 所示。

金属性两相接地短路故障具有以下特点：

1）故障两相电流幅值增大，相位相反；两相电压降低为地电位。

2）非故障相对地电压将升高为额定电压的 1.5 倍。

3）系统中出现零序电压，由于是小电流接地系统，零序电流幅值非常小，可以忽略不计。

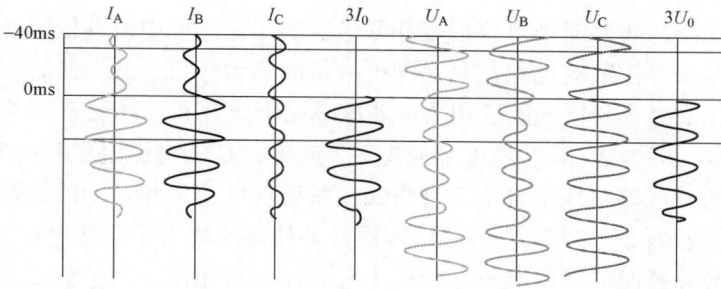

图 7-5　两相接地短路典型录波图

4. 三相短路故障

配电网三相短路故障是指三相发生短路，相当于上一级变压器低压侧三相短接，故障电流较大。

配电网系统三相短路故障属于对称性故障，其三相短路典型波形图和三相短路典型向量图分别如图 7-7 和图 7-8 所示。

其具有以下特点：

1）三相电流增大，三相电压降低。

2）没有零序电流、零序电压。

3）故障态的电压与电流仍然保持对称。

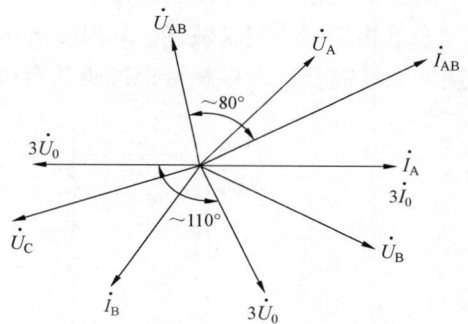

图 7-6　两相接地短路典型向量图

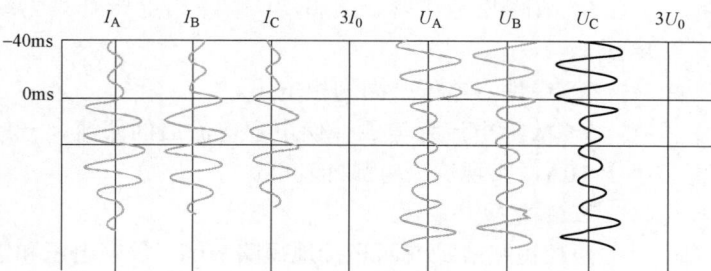

图 7-7　三相短路典型波形图

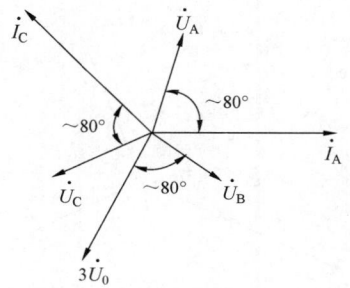

图 7-8　三相短路典型向量图

7.1.2　经消弧线圈接地的配电网故障

1. 单相接地故障

正常运行时，三相对地电压存在一定的不平衡电压 U_0，一般为系统额定电压 U_n 的 $0.5\%\sim 1.5\%$。由于各相对地电容相同，在相电压的作用下，各相电容电流相等且超前于相电压 $90°$。

消弧线圈连接于中性点到大地之间（如果配电网变压器绕组采用三角形连接，没有中性点，可通过接地变压器引出中性点）。由于消弧线圈与配电网对地电容为串联状态，对中性点电压有谐振放大效应，中性点电压一般会大于系统不平衡电压 U_0。根据规程规定，中性点电压小于 $15\%U_n$，一般通过将消弧线圈调偏谐振点或串联阻尼电阻等措施，限制中性点电压。

当发生单相接地故障时，三相电路对称性受到破坏，不平衡电压上升为系统额定电压，通过中性点消弧线圈与线路对地电容形成并联电流回路，感性电流补偿容性电流，补偿后零序电流很小，不要求保护装置动作，允许配电网带故障运行 1～2h。此时配电网中性点电压发生了偏移，变化的大小与接地阻抗相关，非故障相电压升高。如 A 相发生金属性单相接地故障，A 相对地电压变为 0，其对地电容被短接，B 相和 C 相对地电压升高为 1.732 倍，流过接地点的电流为所有线路对地电容电流与消弧线圈感性电流之和。一般消弧线圈设置为过补偿状态，脱谐度一般为 2%～15%，消弧线圈感性补偿电流略大于容性电流。

由此可见，故障线路的零序电流在相位上与零序电压相比，与消弧线圈过补偿、欠补偿状态相关，幅值与正常线路无固定的大小关系。因此，通过消弧线圈接地系统，难以通过简单的比幅比相实现故障选线功能。

单相接地典型录波图、单相接地典型向量图分别如图 7-9 和图 7-10 所示。通过消弧线圈接地系统的金属性单相接地故障具有以下特点：

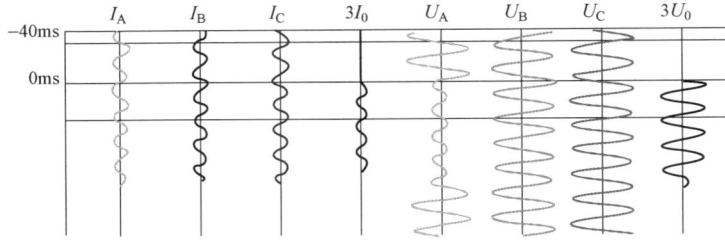

图 7-9 单相接地典型录波图

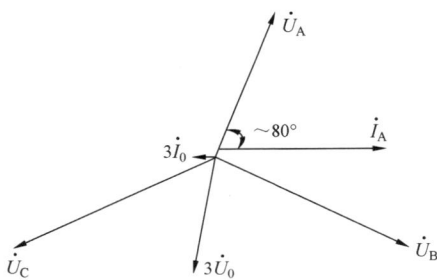

图 7-10 单相接地典型向量图

1）故障相电压降低为 0，非故障相电压升高为线电压。

2）中性点电压升高为相电压。

3）故障电流为消弧补偿电容电流后的残流，一般小于 10A，实现熄灭电弧的功能。

2. 两相短路故障

两相短路故障或两相接地短路故障，零序电压和零序电流为 0 或非常小，消弧线圈无影响或可忽略，可参照中性点不接地系统配网故障特征。

3. 三相短路故障

三相短路故障无零序电压和零序电流，与消弧线圈无关联，可参照中性点不接地系统配网故障特征。

7.1.3 中性点经小电阻接地的配电网故障

1. 单相接地故障

正常运行时，三相对地电压存在一定的不平衡电压 U_0，一般为系统额定电压 U_n 的 0.5%～1.5%。由于各相对地电容相同，在相电压的作用下，各相电容电流相等且超前于相电压 90°。

低电阻连接于中性点到大地之间（如果配电网变压器绕组采用三角形连接，没有中性点，可通过接地变压器引出中性点），低电阻的阻值一般在 10Ω 以内。由于低电阻与配电网对地电容为串联状态，对不平衡电压 U_0 分压，因此中性点电压一般会小于系统不平衡电压 U_0。

当发生单相接地故障时，三相电路对称性受到破坏，不平衡电压上升为系统额定电压，通过中性点低电阻与线路对地电容形成并联电流回路，由于低电阻远小于对地电容阻抗，零序电流主要为阻性电流，根据电阻大小，一般可达 400~1000A，触发零序保护装置动作，快速切除故障线路，恢复系统正常运行。接地故障发生时，配电网中性点电压发生了偏移，变化的大小与接地阻抗相关，非故障相电压升高。如 A 相发生金属性单相接地故障，A 相对地电压变为 0，其对地电容被短接，B 相和 C 相对地电压升高为 1.732 倍，故障线路的零序电流为阻性电流与容性电流的和。

由此可见，故障线路的零序电流在相位上与零序电压相比，与消弧线圈过补偿、欠补偿状态相关，幅值与正常线路无固定的大小关系。因此，通过消弧线圈接地系统，难以通过简单的比幅比相实现故障选线功能。

单相接地典型录波图、单相接地典型向量图分别如图 7-11 和图 7-12 所示。通过消弧线圈接地系统的金属性单相接地故障具有以下特点：

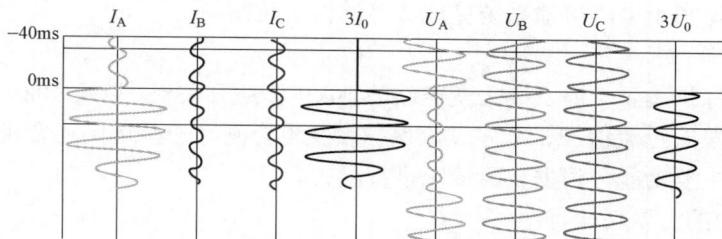

图 7-11　单相接地典型录波图

1）故障相电压降低为 0，非故障相电压升高为线电压。

2）中性点电压升高为相电压。

3）故障电流为阻性电流与容性电流的和，一般大于 400A，触发零序保护动作切除故障线路。

2. 两相短路故障

两相短路故障或两相短路接地故障，零序电压和零序电流为 0 或非常小，中性点低电阻无影响或可忽略，可参照中性点不接地系统配网故障特征。

3. 三相短路故障

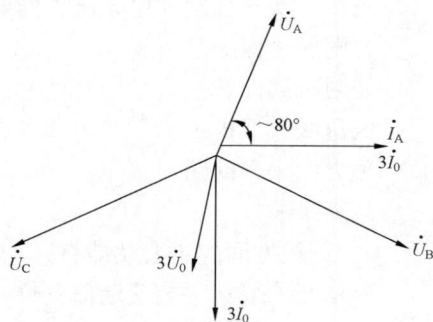

图 7-12　单相接地典型向量图

三相短路故障无零序电压和零序电流，与中性点低电阻无关联，可参照中性点不接地系统配网故障特征。

7.2　配电网继电保护

继电保护是电网的保护神，是基本的电网设备之一，所谓一、二次设备实际上二次就是指继电保护与自动装置，这是设备级的就地控制，包括广域保护都属于这种性质。配电自动化实际上是在继电保护和自动装置基础上二次系统的高级发展，属于系统级的自动化体系范畴，它们都是配电网运行和供电服务的重要保障。对配电网的控制，首先是就地的继电保护和自动装置的控制，然后是与继电保护自动装置协同部署好自动化系统的就地或远方监控，实现系统级整体监控和管控，使得它们能共同完成配电网的安全可靠优质服务的任务。

7.2.1　配电网继电保护装置功能简述

考虑到经济和技术方面的原因，配电线路一次设备及变电站出线开关一般采用速断保护和过流保护方式，速断保护瞬时动作切除故障，过流保护作为线路的后备保护，延时动作。配电架空线路瞬时性故障较多，因此多配置重合闸装置，快速恢复瞬时性故障，提高供电可靠性。

目前，常见的配电网继电保护自动装置按照应用分类主要有线路保护装置、光纤差动电流保护装置、站用变保护装置以及备用电源自动投入装置。其中线路保护装置是配电网最常见的继电保护形式，通常安装在变电站出线开关位置，用于实现整条馈线的继电保护功能，包括相间短路故障和小电阻接地系统接地故障的保护跳闸。

1. 线路保护装置

配电网线路保护装置一般安装于变电站的 10kV 馈线开关柜，以及 10kV 开关站的出线间隔。主要配置三段式过流保护、零序过流保护以及重合闸，一些地区还要求配置低频或低压保护。保护装置主要功能可根据实际情况进行配置。

1）保护方面的主要功能有：

定时限过流保护（可经方向或复合电压闭锁）；

零序过流保护/小电流接地选线；

三相一次重合闸（检无压、同期、不检）；

合闸加速保护；

低周减载保护；

低压减载保护；

独立的操作回路；

故障录波。

2）测控方面的主要功能有：

遥信开入采集、装置遥信变位、事故遥信；

正常断路器遥控分合；

电流、电压、频率等模拟量的遥测；

开关事故分合次数统计及事件 SOE 等。

3）保护信息方面的主要功能有：

保护定值、区号的远方查看、修改；

保护功能软压板的远方查看、修改；

装置硬压板状态的远方查看；

装置保护动作信号的远方复归。

2. 光纤差动保护

光纤差动保护一般安装于变电站的 10kV 馈线开关柜，以及 10kV 开关站的进线间隔。主要配置光纤差动保护、三段式过流保护、零序过流保护以及重合闸。

1）保护方面的主要功能有：

光纤差动保护；

定时限过流保护（可经方向或复合电压闭锁）；

零序过流保护/小电流接地选线；

三相一次重合闸（检无压、同期、不检）；

合闸加速保护；

低周减载保护；

低压减载保护；

独立的操作回路；

故障录波。

2）测控方面的主要功能有：

遥信开入采集、装置遥信变位、事故遥信；

正常断路器遥控分合；

电流、电压、频率等模拟量的遥测；

开关事故分合次数统计及事件 SOE 等。

3）保护信息方面的主要功能有：

保护定值、区号的远方查看、修改；

保护功能软压板的远方查看、修改；

装置硬压板状态的远方查看；

装置保护动作信号的远方复归。

3. 站用变压器保护

站用变压器保护用于保护开关站内的配电变压器，主要配置三段式过流保护、零序过流保护、负序过流保护以及非电量保护。保护装置主要功能可根据实际情况进行配置。

1）保护方面的主要功能有：

高压侧三段过流保护（可经复合电压闭锁）；

过负荷保护跳闸/报警；

两段定时限负序过流保护；

高压侧接地保护；

低压侧接地保护；

高压侧低电压保护；

非电量保护：重瓦斯跳闸、压力释放跳闸；

开关量保护：轻瓦斯报警、超温报警或跳闸；

具有独立的操作回路；

故障录波。

2）测控方面的主要功能有：

遥信开入采集、装置遥信变位、事故遥信；

断路器遥控分合闸；

电流、电压、频率等模拟量的遥测；

开关事故分合次数统计及事件 SOE 等。

3）保护信息方面的主要功能有：

保护定值、区号的远方查看、修改；

保护功能软压板的远方查看、修改；

装置硬压板状态的远方查看；

装置保护动作信号的远方复归。

4．备用电源自动投入装置

备用电源自动投入装置一般安装于 10kV 开关站的进线开关间隔及母线分段开关间隔，用于在单侧母线失电时，通过备自投功能对失电母线恢复供电。备用电源自动投入装置主要功能可根据实际情况进行配置。

1）保护方面的主要功能有：

两种方式的进线自投功能；

两种方式的分段（桥）开关自投功能；

两段或三段定时限过流保护（可经复合电压闭锁）；

合闸后加速保护（可经复合电压闭锁）；

一段零序过流保护；

故障录波。

2）测控方面的主要功能有：

遥信开入采集、装置遥信变位、事故遥信；

分段/桥断路器遥控分合闸；

开关事故分合次数统计及事件 SOE 等。

3）保护信息方面的主要功能有：

保护定值、区号的远方查看、修改；

保护功能软压板的远方查看、修改；

装置硬压板状态的远方查看；

装置保护动作信号的远方复归。

7.2.2 配电网继电保护运行

随着配电网的不断发展和配电自动化系统的广泛应用，配电网继电保护装置的运行和定值整定对于配电网运行的安全性、可靠性起着非常重要的作用。当配电网发生故障的时候，配电网继电保护装置能快速地、有选择性的、可靠地做出正确反应，快速隔离故障，将停电范围控制到最小，影响降至最低。同时，对于配电网运行和抢修人员来说，可以快速找到故障点，尽快恢复供电，为国民经济和人民生活提供更好的供电服务。

10kV 配电网的继电保护整定计算应尽可能满足继电保护的选择性、灵敏性和速动性的要求，当不能兼顾选择性、灵敏性和速动性要求时，应保证规程规定的灵敏系数要求，并按照下一级电网服从上一级电网，保护电力设备的安全和保障用户供电的原则合理取舍。配电网定值整定计算可遵循《3kV~110kV 电网继电保护装置运行整定规定》（DL/T 584—2007）要求。下面以成都地区配电网继电保护整定为例进行介绍。

1. 变电站 10kV 线路整定原则

（1）电流速断保护。

整定原则：为防止 TA 饱和造成 10kV 线路开关拒动越级到主变开关动作，城区 10kV 线路保护投入电流速断保护，电流速断定值按 TA 变比一次值 20 倍整定。

（2）过电流保护。

整定原则：10kV 线路过流保护定值按 TA 变比一次值 2 倍整定，110kV 变电站的 10kV 出线最末段相间保护时限不能大于 0.6s。

2. 线路重合闸投退原则

电缆线路和电缆超过 50%的混合线路，不投重合闸；

对全线架空和架空线路超过 50%的混合线路，主电源侧投入检线路无压方式，小电源侧投入检同期方式；

10kV 线路串供环网柜、分支箱，电缆出现多，人口密集，情况复杂的线路不投重合闸；

220kV 变电站 10kV 出线不投重合闸。

3. 定时限零序电流保护配置原则

（1）零序电流 I 段：

对本线路全线任一点单相接地故障有不低于 2.0 的灵敏度。动作时间起始时间 0.3s，级差 0.3s。或者写动作时间取固定值 1.0s。满足配合与灵敏度要求时，可固定取值 300A。

（2）零序电流 II 段：

对本线路全线任一点单相接地故障有不低于 2.0 的灵敏度。可靠躲过线路的电容电流。动作时间起始时间 0.3s、级差 0.3s 或者写动作时间固定取值 2.0s。满足配合与灵敏度要求时，可固定取值 100A。

在配电网实际运行过程中，一般可将配电网继电保护和馈线自动化相结合，按照"快速隔离故障、停电范围最小、快速恢复供电"的原则，综合考虑配电网继电保护运行。

7.3　配电网馈线自动化

目前，配电网故障处理通常采用继电保护与馈线自动化相结合的方式实现，利用继电保护快速切除故障，利用馈线自动化实现故障定位、隔离并恢复无故障区域供电。馈线自动化（简称 FA）是指利用自动化装置或系统，监视配电网的运行状况，及时发现配电网故障，进行故障定位、隔离和恢复对非故障区域的供电。包括集中型馈线自动化、就地型馈线自动化两种。

7.3.1　集中型馈线自动化

集中型馈线自动化是通过配电自动化主站系统收集配电终端上送的故障信息，综合分析后定位出故障区域再采用遥控方式进行故障隔离和非故障区域恢复供电。配电自动化主站系统不仅可以在故障发生时起作用，而且在正常运行时也可以对配电网进行监控，其故障处理策略也可以根据实际情况自动调整。

1. 技术原理

（1）故障定位。

当线路发生短路故障或小电阻接地系统的接地故障时，若为瞬时故障，变电站出线开关跳闸重合成功，恢复供电；若为永久故障，变电站出线开关再次跳闸并报告主站，同时故障线路上故障点上游的所有 FTU/DTU 由于检测到短路电流，也被触发，并向主站上报故障信息。而故障点下游的所有 FTU/DTU 则检测不到故障电流。主站在接到变电站和 FTU 的信息后，作出故障区间定位判断，并在调度员工作站上自动调出该信息点的接线图，以醒目方式显示故障发生点及相关信息。

当线路发生接地故障时，变电站接地告警装置告警，若配电线路未安装有选线、选段开关，则通过人工或遥控方式逐一试拉出线开关进行选线，然后再通过人工或遥控方式试拉分段开关进行选段。如果配电线路已安装有具备接地故障选线功能的配电终端，则配电主站系统在收到变电站接地告警信息和配电终端的接地故障信息后，作出故障区间定位判断，并在调度员工作站上自动调出该信息点的接线图，以醒目方式显示故障发生点及相关信息。

（2）故障区域隔离。

故障区域隔离有两种操作方案，手动或自动。

1）手动隔离：主站向调度员提示馈线故障区段、拟操作的开关名称，由调度员确认后，发令手动遥控将故障点两侧的开关分闸，并闭锁合闸回路。

2）自动隔离：主站发令给故障点两侧开关的 FTU/DTU 进行分闸操作并闭锁，在两侧开关完成分闸并闭锁后 FTU/DTU 上报主站。

（3）非故障区域恢复供电。

主站在确认故障点两侧开关被隔离后，执行恢复供电的操作。恢复供电操作也分为手动和自动两种。

1）由调度员手动或由主站自动向变电站出线开关发出合闸信息，恢复对故障点上游非故障区段的供电。

2）对故障点下游非故障区段的恢复供电操作，若只有一个单一的恢复方案，则由调度员手动或主站自动向联络开发发出合闸命令，恢复故障点下游非故障区段的供电。

3）对故障点下游非故障区段的恢复供电，若存在两个及以上恢复方案，主站向调度员提出推荐方案，由调度员选择执行。

2. 典型应用

故障处理从简单故障和复杂故障两个层面来考虑。

如果环网是双电源供电，且满足 $N-1$ 原则，即当一个电源点发生故障时，对端电源能带动环网上的所有负荷，系统按简单故障处理模式进行处理。断路器出口故障、母线故障、电缆线故障、负荷侧故障、线路末端故障都属于简单故障的范围。下面将分别对其故障处理过程做介绍。

如果环网具有多电源（大于2），或虽是双电源供电，但不满足 $N-1$ 原则，系统将进一步按复杂故障处理模式进行处理。针对故障电流信号不连续故障、一侧多点故障、一侧及对侧同时故障、开关不可控需要扩大范围的故障、负荷不能全部被转供需要甩负荷、负荷拆分的故障、联络开关处故障都属于复杂故障。

典型电气接线示意图如图 7-13 所示，以此为例说明简单故障和复杂故障的故障处理方案。

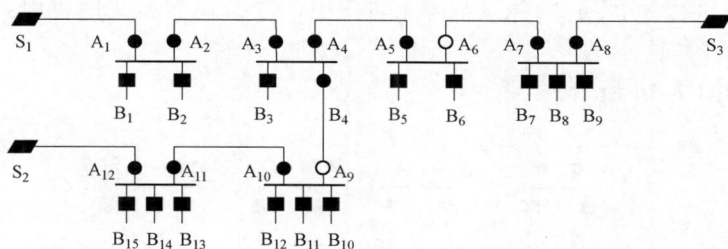

图 7-13　典型电气接线示意图

注：S_1，S_2，S_3 为变电站出线开关，其余为配电网开关，开关黑色实心为合位，白色空心为分位。

（1）简单故障。

1）断路器出口故障。

断路器出口故障如图 7-14 所示。

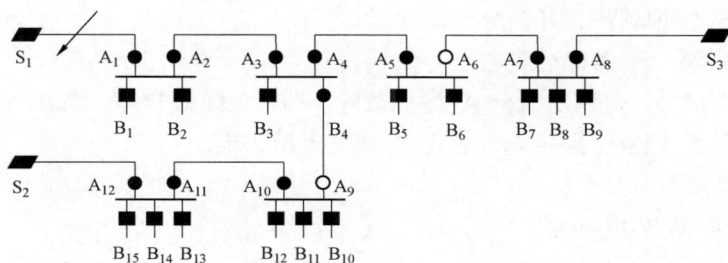

图 7-14　断路器出口故障

故障处理：

① 断路器 S_1 保护动作、开关分闸；

② 根据动作信号可判定 S_1～A_1 之间区域发生故障，即出口断路器 S_1 故障，断开 A_1 完成故障区域隔离，合上 A_9 或者 A_6 恢复故障下游，下游故障恢复原则见负荷转供优选原则。

2）母线故障。

母线故障如图 7-15 所示。

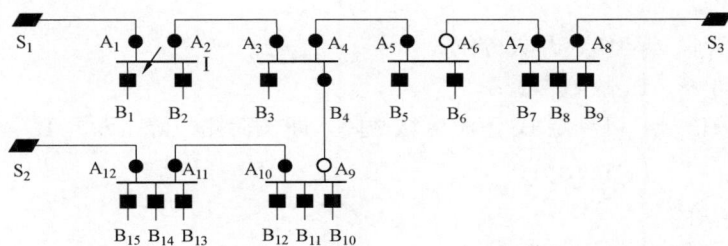

图 7-15　母线故障

191

故障处理：

① 断路器 S_1 保护动作、开关分闸；

② A_1 故障告警；

③ 根据动作信号，可判定 $A_1 \sim A_2$ 之间区域发生故障，即母线 I 故障，断开开关 A_1、A_2 隔离故障区域，合上 A_9 或者 A_6 恢复故障下游供电，合上 S_1 恢复上游供电。

3）电缆线故障。

电缆故障如图 7-16 所示。

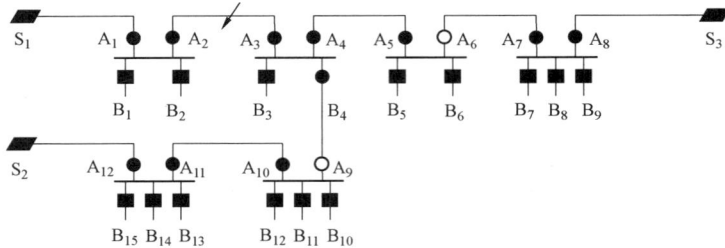

图 7-16 电缆故障

故障处理：

① 断路器 S_1 保护动作、开关分闸；

② A_1 故障告警，A_2 故障告警；

③ 根据动作信号，可判定 $A_2 \sim A_3$ 区域故障，即，电缆线故障，断开 A_2、A_3 隔离故障区域，合上 A_9 或者 A_6 恢复下游供电，合上 S_1 恢复上游供电。

4）负荷侧故障。

负荷侧故障如图 7-17 所示。

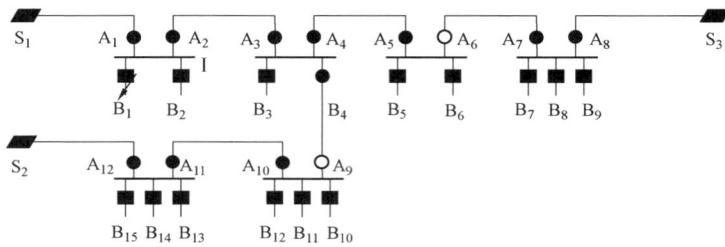

图 7-17 负荷侧故障

故障处理：

① 断路器 S_1 保护动作、开关分闸；

② A_1 故障告警，B_1 故障告警；

③ 根据故障信号，可判定 B_1 下游区域故障，即负荷侧故障，断开 B_1 隔离故障，合上 S_1 恢复上游供电。

5）线路末端故障。

线路末端故障如图 7-18 所示。

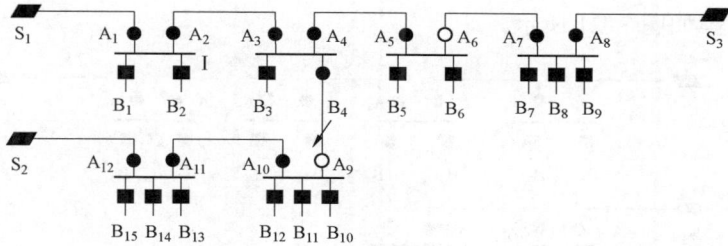

图 7-18　线路末端故障

故障处理：

S_1 跳闸，开关 A_1、A_2、A_3、B_4 有故障电流，可判定 B_4 下游区域发生故障，断开 B_4 隔离故障，合上 S_1 恢复上游供电。

（2）复杂故障。

1）未有转供路径的处理策略。

未有转供路径故障如图 7-19 所示。

故障处理：

① 断路器 S_1 保护动作、开关分闸；

② A_1 故障告警，A_2 故障告警；

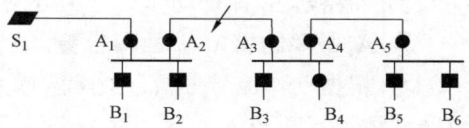

图 7-19　未有转供路径故障

③ 根据故障信号分析，故障区域发生在 A_2 与 A_3 之间，由于此时下游无转供路径，为了尽快进行故障处理，系统设定针对下游无转供路径的故障，只需要对上游区域进行隔离，并对上游区域进行恢复，下游不做操作。因此，此时故障处理策略为断开 A_2 隔离故障，合上 S_1 恢复上游供电。

2）故障不连续。

故障信号不连续如图 7-20 所示。

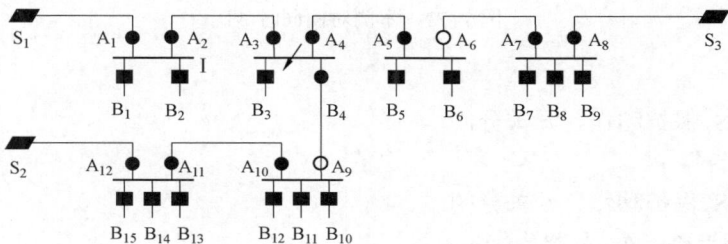

图 7-20　故障信号不连续

故障处理：

① 断路器 S_1 保护动作、开关分闸；

② A_1 故障告警，A_3 故障告警；

③ 根据故障信号分析，故障信号不连续，但是根据故障信号仍可判定故障区域为定 A_3-A_4-B_4 区域故障，断开 A_3、A_4、B_4 隔离故障，合上 A_6 和 A_9 恢复下游供电，合上 S_1 恢复上游供电。

3）本侧多点故障。

本侧多点故障如图 7-21 所示。

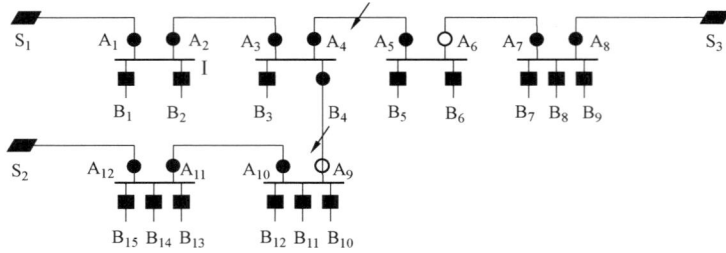

图 7-21　本侧多点故障

故障处理：

① 断路器 S_1 保护动作、开关分闸；

② A_1 故障告警，A_2 故障告警，A_3 故障告警，A_4 故障告警，B_4 故障告警；

③ 根据动作信号分析，故障区域大于一处，根据故障信号断定，可判定 $A_4 \sim A_5$ 和 B_4 下游区域故障，断开 A_4、A_5、B_4 隔离故障，合上 A_6 恢复下游供电，合上 S_1 恢复上游供电。

4）本侧对侧同时故障。

本侧对侧同时故障如图 7-22 所示。

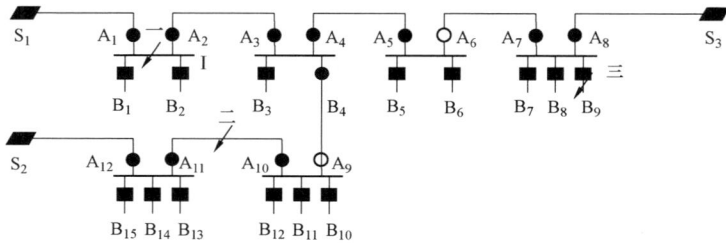

图 7-22　本侧对侧同时故障

故障处理：

① 断路器 S_1 保护动作、开关分闸；

② A_1 故障告警；

③ 断路器 S_2 保护动作、开关分闸；

④ A_{12} 故障告警，A_{11} 故障告警；

⑤ 断路器 S_3 保护动作、开关分闸；

⑥ A_8 故障告警，B_9 故障告警；

⑦ 根据故障信号分析，发生三个故障分别导致 S_1、S_2、S_3 跳闸，根据故障电流，可判定 A_1-A_2、A_{11}-A_{10}、B_9 下游三个区域故障，分别给出故障处理方案，断开 A_1 合上 S_1 处理故障一，断开 A_{11}、A_{10} 合上 S_2 处理故障二，断开 B_9 合上 S_3 处理故障三；

⑧ 并发故障时，如果是耦合性故障，给出两个故障的处理可能没有转供方案，如故障一和故障三，但是当一个故障处理完毕之后，可以对另一个故障做二次分析的处理，可能得到转供方案。如故障三处理之后，对故障一再次分析，可以得到下游恢复方案，即合上 A_6；

⑨ 再次分析只对交互方式可操作，自动方式下，为了安全考量，不考虑耦合故障信息。

5）扩大隔离范围。

直接根据过流保护（或故障指示器）确定的故障区域是故障隔离最小区域，因为各种要求，故障隔离区域还可能需要被扩大。比如：隔离开关被挂有不可操作标志牌；隔离开关已经尝试分闸，但不成功，上送拒动标志信号（主站和就地配合时用到）；开关是否可遥控，包括该开关是否有遥控点号，通信是否正常；是否挂有短接牌。此时，需要通过扩大隔离范围，确保隔离故障和最大范围恢复非故障区域的供电。扩大隔离范围如图 7-23 所示。

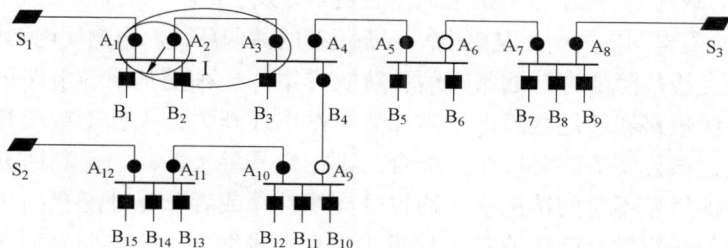

图 7-23　扩大隔离范围

故障处理：

断路器 S_1 跳闸，A_1 有故障电流，判定故障区域为 $A_1 \sim A_2$ 之间，如果开关 A_2 不可遥控，故障区域就由 $A_1 \sim A_2$ 自动扩大为下一个可控的开关即 $A_1 \sim A_3$，如图 7-23 所示。所以断开 A_3、A_1 隔离故障，合上 A_6 或者 A_9 恢复下游供电，合上 S_1 恢复上游供电。本系统关于是否扩大隔离范围需要配置相关的系统参数才能启动此项功能。

6）甩负荷。

当需要转供的负荷容量大于转供容量时，需要考虑甩去部分负荷。甩负荷如图 7-24 所示。

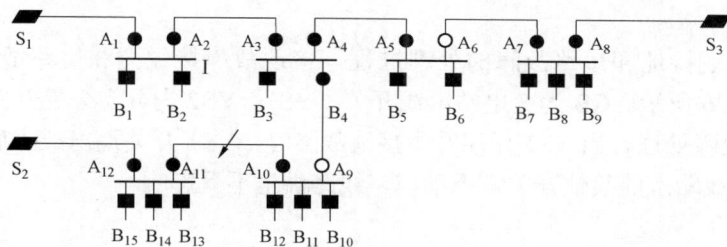

图 7-24　甩负荷

故障处理：

S_2 跳闸，A_{12}、A_{11} 有故障电流，判定故障区域为 $A_{11} \sim A_{10}$，断开 A_{10} 和 A_{11} 隔离故障，合上 A_9 恢复下游负荷供电，如果此时可转供容量小于非故障区域需转供负荷量即 $B_{12}+B_{11}+B_{10}$，需要甩去部分负荷。甩负荷的原则是从最小容量的负荷甩，挂有保电的负荷最后甩。

7.3.2　就地型馈线自动化

就地型馈线自动化是指在配电网发生故障时，不依赖配电主站控制，通过配电终端相互通信、保护配合或时序配合，实现故障区域的隔离和非故障区域供电的恢复，并上报处理过程及结果。

就地型馈线自动化按照是否需要通信配合，又可分为智能分布式馈线自动化和不依赖通信的重合式馈线自动化如分支分界型、电压时间型、电压电流时间型以及其改进型等。下面分别描述几种常见的馈线自动化模式的技术原理和典型应用。

7.3.2.1 分支分界特殊就地馈线自动化

配电线路是电力输送的末端，分支线和 T 接用户非常多，特别是用户线路往往存在线路老化、设备陈旧、缺乏定期维护和规范管理等问题，易发生故障，从而导致单一用户事故波及整条配电线路停电。配电网支线一直是配电网可靠运行的薄弱环节，影响配电网供电可靠性。

目前，解决支线故障的办法通常有两种解决方案：一种是基于继电保护方式利用级差配合快速切除分支线短路和接地故障，通常在变电站出线开关、大分支首端开关、用户分支开关配置三级级差；该方案需要多级级差配合，不一定具备条件；二是利用分支分界型馈线自动化，满足在保护级差不足的情况下，通过分支线首端或者分界处配置的负荷开关利用分界馈线自动化逻辑和一次重合闸快速隔离故障和恢复全线供电。分支分界型馈线自动化通常不单独使用，可与其他几种就地型馈线自动化和集中型馈线自动化同时应用和互补配合。

1. 技术原理

（1）自动切除支线界内单相接地故障。支线发生单相接地时，分界负荷开关自动识别接地故障后直接分闸。支线或责任用户停电而主干线及相邻用户不发生停电。

（2）快速隔离用户界内相间短路故障。当支线界内发生相间短路故障时，分界负荷开关控制器检测到相间短路电流后，记忆该过流状态。当变电站出线开关保护分闸后，分界负荷开关控制器判断线路无压无流后，发出分闸命令使分界开关分闸，同时令分界负荷开关控制器闭锁，快速隔离故障。当变电站出线开关重合闸后，用户分界负荷开关已可靠分闸，达到隔离支线（用户）故障区域的目的。

2. 典型应用

通过图示简述接地和短路故障的处理过程，接地故障接线图和短路故障接线图分别如图 7-25 和图 7-26 所示。CB 为变电站出线开关，YS1、YS2 为分支分界开关。

（1）接地故障处理。当 YS1 后端发生接地故障时，YS1 开关检出故障后自动切除故障，站内 CB 开关及线路上的其他开关都不动作，线路供电不受影响。

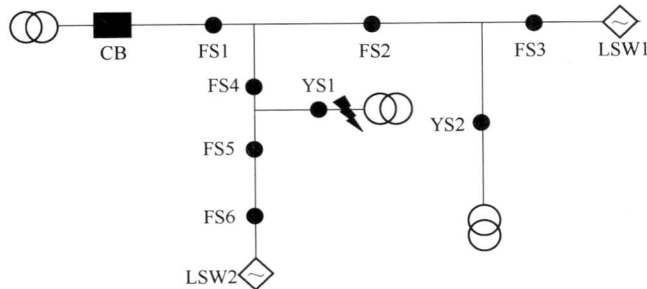

图 7-25　接地故障接线图

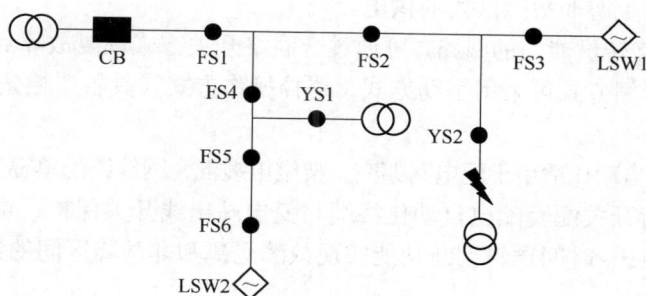

图 7–26　短路故障接线图

（2）短路故障处理。当 YS2 后端发生短路故障，YS2 和 CB 都检出故障，YS2 记忆故障信息，CB 保护跳闸，YS2 在无压无流后分闸完成故障隔离，站内 CB 开关一次重合，线路供电不受影响。

7.3.2.2　传统电压时间型

1. 技术原理

电压时间型馈线自动化主要利用开关的"失压分闸、来电延时合闸"功能，以电压和时间为判据，与变电站出线开关重合闸相配合，依靠终端设备自身的逻辑判断功能，自动隔离故障，恢复非故障区间的供电。

（1）短路故障定位与隔离。当线路发生短路故障时，若为瞬时故障，变电站出线开关（CB）重合成功，分段开关逐级延时合闸，线路恢复供电。

当线路发生短路故障时，若为永久故障，变电站出线开关（CB）检出故障并跳闸，分段开关失压分闸，CB 延时合闸，分段开关逐级感受来电并延时 X 时间（线路有压确认时间）合闸送出，当合闸至故障区段时，CB 再次跳闸，故障点前端的开关合闸保持不足 Y 时间闭锁正向来电合闸，故障点后端开关因感受瞬时来电（未保持 X 时间）闭锁反向合闸。

（2）单相接地故障定位与隔离。为实现小电流接地系统单相接地故障的故障定位与隔离，还需在变电站内安装具备单相接地故障选线功能的自动装置或者在线路首端安装选线开关。

当线路发生接地故障时，单相接地故障选线自动装置检出故障并告警，通过人工或者自动控制变电站出线开关（CB）并跳闸，接地故障告警消失，正确选线；然后采用与短路故障相同的隔离逻辑即可实现故障区段的定位和隔离。

对于同时存在多条主干线路或大分支线路的配电线路，通过设定不同的时间延时逐条线路进行故障识别和隔离。

（3）非故障区域恢复供电。电压时间型 FA 利用一次重合闸即可完成故障区间隔离，然后通过以下方式实现非故障区域的供电恢复：

1）如变电站出线开关（CB）已配置二次重合闸或可调整为二次重合闸，在 CB 二次自动重合闸时即可恢复故障点上游非故障区段的供电。

2）如变电站出线开关（CB）未配置二次重合闸且不好改造时，可通过调整线路靠近变电站首台开关的来电延时时间（X 时间），躲避 CB 的合闸充电时间，然后利用 CB 的二次合闸时即可恢复故障点上游非故障区段的供电。

3）对于具备联络转供能力的线路，可通过合联络开关方式恢复故障点下游非故障区段的供电；联络开关的合闸方式可采用手动方式、遥控操作方式（具备遥控条件时）。

2. 典型应用

电压时间型馈线自动化适用于配电网架空、架空电缆混合网线路的单辐射、单环网等网架。

主干线分段负荷开关配套配电自动化终端与变电站出线开关保护、重合闸配合，依靠配电自动化终端自身电压–时间逻辑判断功能实现故障隔离和非故障区间的恢复供电。典型线路图如图 7-27 所示。

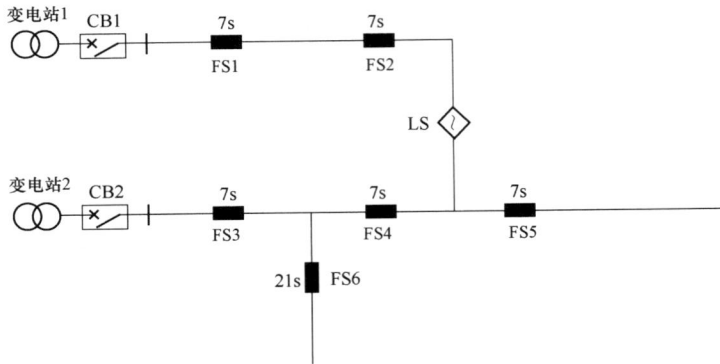

图 7-27　电压时间型馈线自动化典型线路图

其中：CB1～CB2 为变电站出线开关，为断路器；

FS1～FS6 为主干线分段开关、分支线开关；

LS 为联络开关。

（1）主干线故障。

1）变电站馈出线主干线 FS4 和 FS5 之间发生故障。变电站出线开关 CB2 跳闸，FS3～FS7 干线分段开关、大分支线分段开关因失压分闸。如图 7-28 所示。

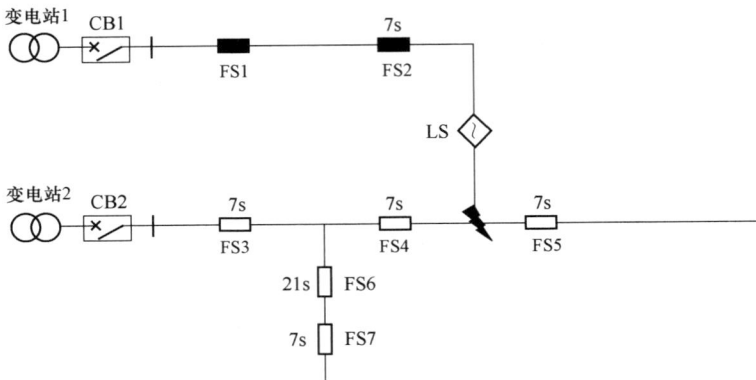

图 7-28　主干线故障处理过程一

2）变电站出线开关 CB2 一次重合闸，FS3 来电后延时 7s 合闸。如图 7-29 所示。

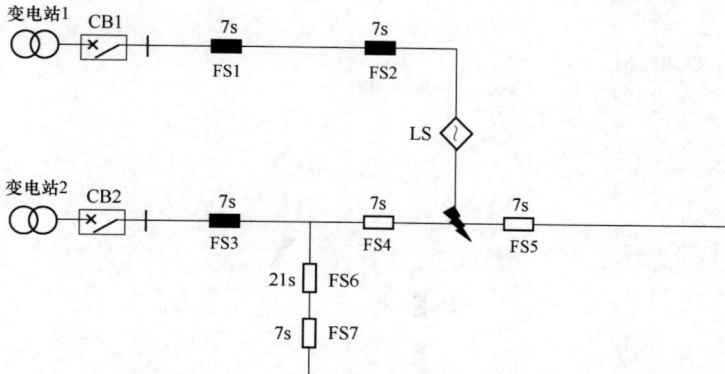

图 7-29　主干线故障处理过程二

3）FS3 合闸后，FS4、FS6 得电，FS4 延时 7s 合闸，FS6 需要压实 21s 才合闸，FS4 合闸后 CB 再次跳闸，FS4 合闸未保持闭锁正向来电合闸、FS5 和 LS 感受瞬时来电闭锁合闸。如图 7-30 所示。

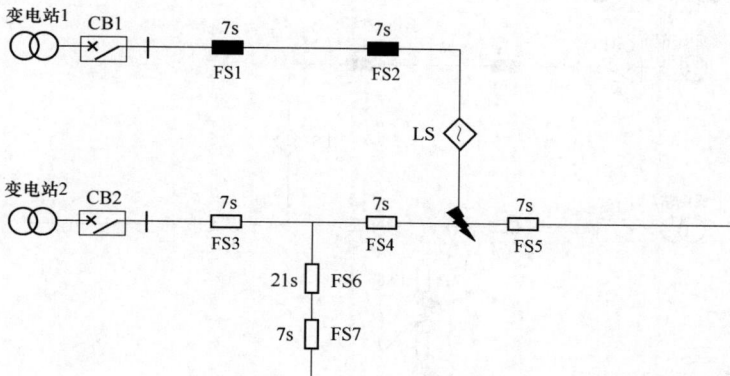

图 7-30　主干线故障处理过程三

4）变电站出线开关 CB2 二次重合闸，FS3 得电延时 7s 合闸。如图 7-31 所示。

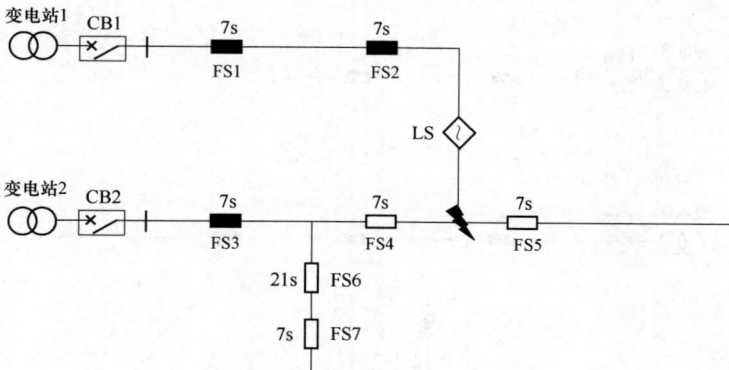

图 7-31　主干线故障处理过程四

199

5）FS3 合闸后，FS6 得电延时 21s 合闸，FS7 得电顺序延时 7s 合闸恢复非故障区域供电。如图 7-32 所示。

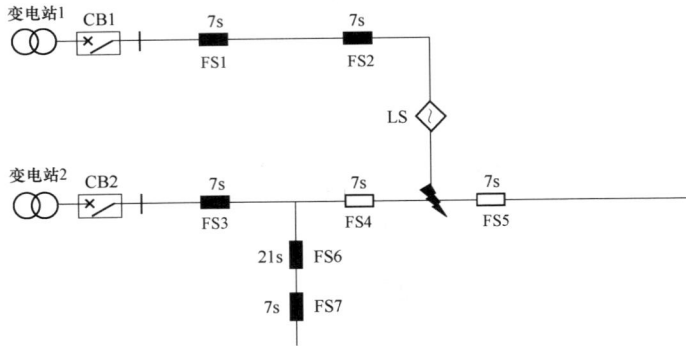

图 7-32　主干线故障处理过程五

（2）分支线故障。

1）变电站馈出线分支线 FS6 后发生故障。变电站出线开关 CB2 跳闸，FS3～FS7 主干线分段开关、分支线负荷开关因失压分闸。如图 7-33 所示。

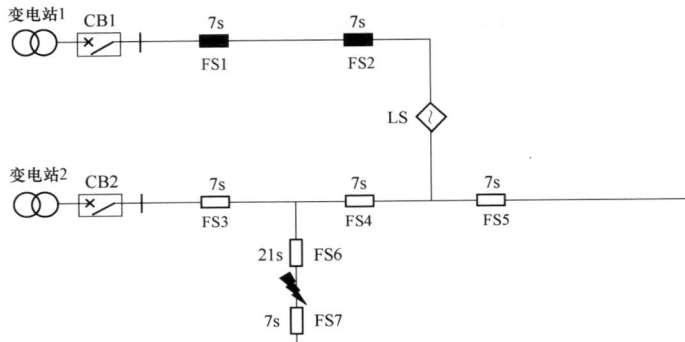

图 7-33　分支线故障处理过程一

2）变电站出线开关 CB2 一次重合闸，FS3、FS4、FS5 依次得电并分别延时 7s 合闸。如图 7-34 所示。

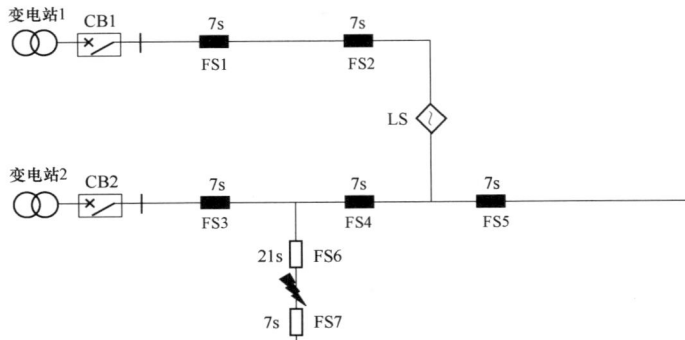

图 7-34　分支线故障处理过程二

3）FS6 在 FS3 合闸后延时 21s 合闸至故障点，CB 再次跳闸，FS6 合闸未保持闭锁正向来电合闸，FS7 感受短时来电闭锁合闸。如图 7-35 所示。

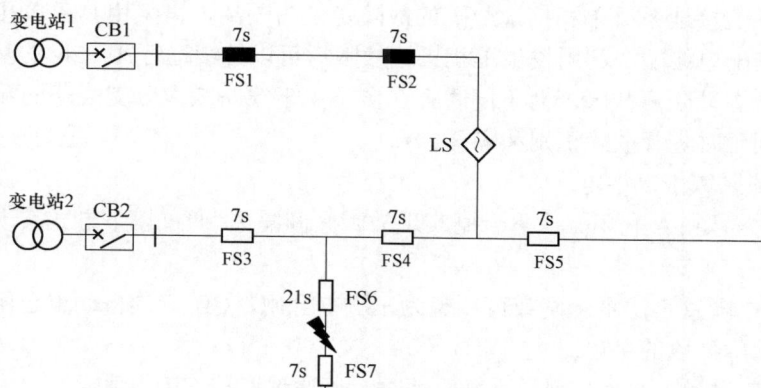

图 7-35　分支线故障处理过程三

4）变电站出线开关 CB2 二次重合闸，FS3、FS4、FS5 顺序得电延时 7s 后合闸，非故障区域恢复供电。如图 7-36 所示。

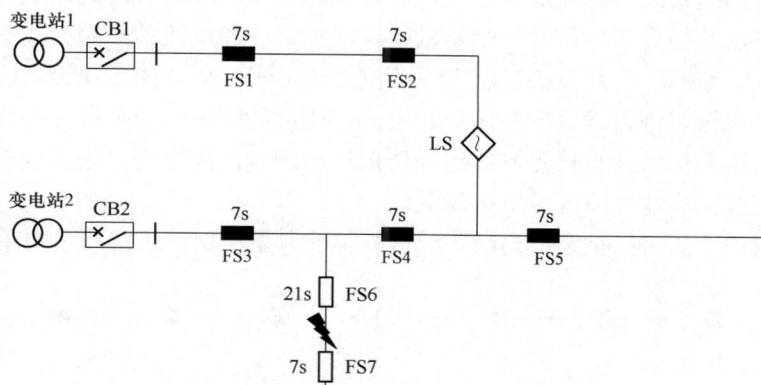

图 7-36　分支线故障处理过程四

7.3.2.3　电压电流时间型

1. 技术原理

电压电流时间型馈线自动化主要利用在变电站出线开关的多次重合闸过程中记忆失压次数和过流次数，实现故障区间隔离和非故障区段恢复供电。一次重合闸识别瞬时性故障，二次重合闸定位故障区间并隔离，三次重合闸恢复故障点前端非故障区域供电。

（1）短路故障定位与隔离。

当线路发生短路故障时，若为瞬时故障，变电站出线开关（CB）跳闸后一次重合闸成功，线路恢复供电。

当线路发生短路故障时，若为永久故障，CB 跳闸后一次重合闸不成功，故障点电源方向前端的分段开关无压无流后分闸。CB 二次重合闸后，分段开关逐级执行来电延时合闸，若合闸成功则闭锁分闸，若合闸至故障点，CB 再次跳闸，分段开关合闸不成功，闭锁再次合闸，故障点后端的开关因短时来电闭锁合闸。

（2）单相接地故障定位与隔离。

为实现小电流接地系统单相接地故障的故障定位与隔离，需采用具备单相接地故障特征检出功能的新型配电终端，利用发生单相接地故障后可以持续运行 1～2h 的基础，采用时间定值级差方式，主动隔离故障。对于同时存在多条主干线路或大分支线路的配电线路，通过设定不同的时间延时进行故障识别和隔离。

（3）非故障区域恢复供电。

电压电流时间型 FA 利用二次重合闸实现故障区间隔离，通过以下方式实现非故障区域的供电恢复：

1）如 CB 已配置三次重合闸或可调整为三次重合闸，CB 三次自动重合闸后时即可恢复故障点上游非故障区段的供电。

2）如 CB 未配置三次重合闸且不好改造时，可通过遥控 CB 实现。

3）对于具备联络转供能力的线路，可通过合联络开关方式恢复故障点下游非故障区段的供电；联络开关的合闸方式可采用手动方式、遥控操作方式（具备遥控条件时）。

2. 典型应用

电压电流时间型馈线自动化适用于配电网架空、架空电缆混合网线路的单辐射、单环网等网架。电压电流时间型在电压时间型基础上，增加了故障电流辅助判据。主干线分段开关在单侧来电时延时合闸，在两侧失压状态下分闸。当分段开关合闸后在设定时间内检测到线路失压以及故障电流，则自动分闸并闭锁合闸，完成故障隔离；当分段开关合闸后在设定时间内未检测到线路失压，或虽检测到线路失压但未检测到故障电流，则闭锁分闸，变电站出线开关第二次重合完成非故障区域快速复电。

以下实例说明电压时间型馈线自动化处理故障的典型应用，正常线路如图 7-37 所示。

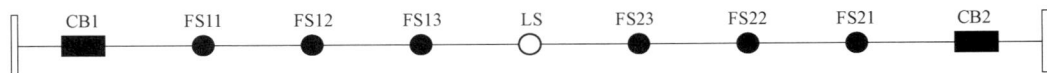

图 7-37　多分段单联络架空馈线正常线路

（1）FS12 与 FS13 之间发生瞬时故障。如图 7-38 所示。

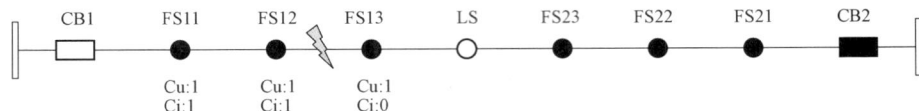

图 7-38　瞬时故障处理过程

CB1 跳闸，FS11、FS12、FS13 失压计数 1 次，FS11、FS12 过流计数 1 次，CB1 一次重合成功。

（2）FS12 与 FS13 之间发生永久故障。

1）CB1 跳闸，FS11、FS12、FS13 失压计数 1 次，FS11、FS12 过流计数 1 次。如图 7-39 所示。

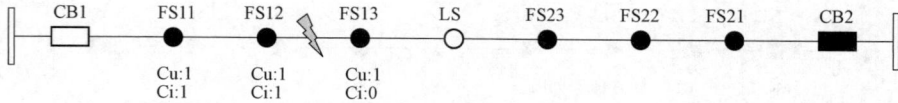

图 7-39　永久故障处理过程一

2）CB1 一次重合失败，FS11、FS12、F13 失压计数 2 次，FS11、FS12 过流计数 2 次。因失压计数 2 次到，FS11、FS12、FS13 均分闸。如图 7-40 所示。

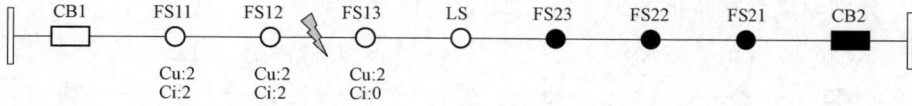

图 7-40　永久故障处理过程二

3）CB1 二次重合，经合闸闭锁时间 X（大于 CB1 一次重合闸时间），FS11 合闸，并经故障确认时间 Y（一般为 X-0.5），FS11 闭锁。如图 7-41 所示。

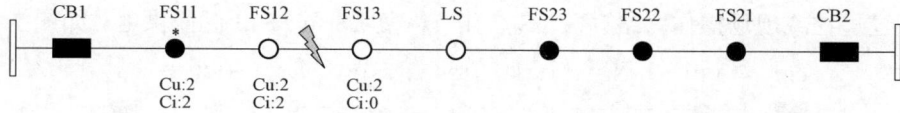

图 7-41　永久故障处理过程三

4）FS11 合闸后经 X 时间，FS12 合闸于故障，CB1 跳闸，在 Y 时间内 FS12 检失压分闸并闭锁，FS13 在 X 时间内检残压闭锁。如图 7-42 所示。

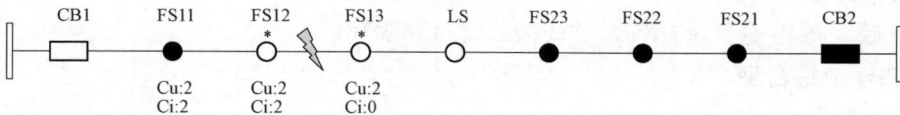

图 7-42　永久故障处理过程四

5）CB1 三次重合成功。如图 7-43 所示。

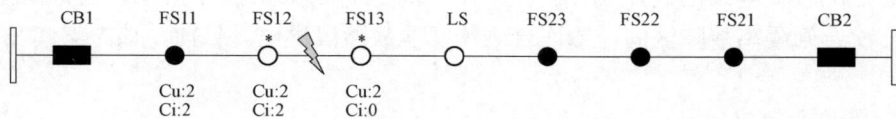

图 7-43　永久故障处理过程五

6）非故障路径的其他分段器，因过流计数为 0，即使失压计数到 2 次也不分闸。

（3）分支故障。

分支建议安装分支断路器配一次重合闸，并与变电站出线开关保护进行级差配合。

1）分支发生瞬时故障时处理过程类似干线瞬时故障，由变电站出线开关一次重合闸，分支断路器重合恢复供电。

2）分支发生永久故障时，变电站出线开关一次重合闸，分支断路器重合速断跳闸隔离故障。

（4）接地故障。接线图如图 7-44 所示。按照功率方向整定各分段器的定值。

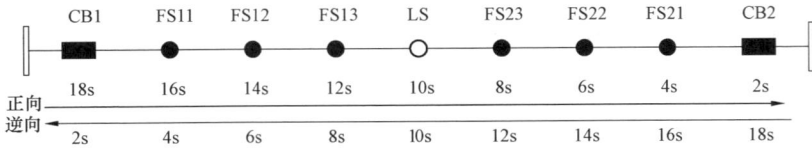

图 7-44　接线图

1）FS12 与 FS13 之间发生单相接地故障，FS12、FS11、CB1 检测到负荷侧发生了单相接地故障，分别启动单相接地故障计时。如图 7-45 所示。

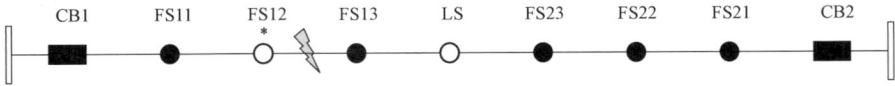

图 7-45　接地故障处理过程一

2）14s 后，FS12 分闸并闭锁，完成故障定位和隔离。

如果要恢复故障点下游非故障区段供电：

1）通过遥控或现场操作联络开关 LS 合闸，恢复 LS 至 FS13 区段供电。如图 7-46 所示。

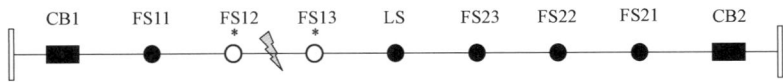

图 7-46　接地故障处理过程二

2）FS13、LS、FS23、FS22、FS21、CB2 检测到负荷侧发生了单相接地故障，分别启动单相接地故障计时。

3）8s 后，FS13 分闸并闭锁，完成故障定位和隔离。

7.3.2.4　自适应综合型

1. 技术原理

自适应综合型馈线自动化需选用具备单相接地故障暂态特征量检出功能的新型配电终端，通过"无压分闸、来电延时合闸"方式、结合短路/接地故障检测技术与故障路径优先处理控制策略，配合变电站出线开关二次合闸，实现多分支多联络配电网架的故障定位与隔离自适应，一次合闸隔离故障区间，二次合闸恢复非故障段供电。目前，该方案尚在初步探索和发展中。

（1）短路故障定位与隔离。

当线路发生短路故障时，若为瞬时故障，变电站出线开关（CB）重合成功，分段开关依据有无故障记忆依次采用不同延时合闸送出，线路恢复供电。

当线路发生短路故障时，若为永久故障，CB 检出故障并跳闸，分段开关失压分闸，故障路径上的开关记录故障信息，CB 延时一次重合闸，分段开关按照故障路径优先原则，有故障记忆的分段开关逐级感受来电并延时 X 时间（线路有压确认时间）合闸送出至故障点，CB 再次跳闸，故障点前端开关因合闸后未保持 Y 时间闭锁正向来电合闸，故障点后端开关因感受瞬时来电（未保持 X 时间）闭锁反向合闸。非故障路径上的分段开关因无故障记忆执行长延时，隔离过程未动作。

（2）单相接地故障定位与隔离。

新型配电终端具备单相接地故障选线功能和选段功能，通常线路首台开关配置为选线模式，其余开关配置为选段模式，首台开关应该尽量靠近变电站出线开关，最好是第一个杆或者第一个站室。

当线路发生接地故障时，故障线路的故障点前端开关通过暂态信息检出故障，首台开关延时选线跳闸，线路上的其他分段开关失压分闸并记录故障暂态信息，首台开关延时一次重合闸，分段开关根据故障信息按照故障路径优先方式依次延时合闸，当合闸至故障点后，因接地故障导致零序电压突变，故障点前端开关判定合闸至故障点，直接跳闸并闭锁，故障点后端开关感受瞬时来电闭锁合闸，故障隔离完成。非故障路径开关执行长延时（$X+t$）时间依次延时合闸，故障点前端非故障区域一次重合即可恢复供电。

（3）非故障区域恢复供电。

自适应综合型 FA 利用一次重合闸实现故障区间隔离，通过以下方式实现非故障区域的供电恢复：

1）如 CB 已配置二次重合闸或可调整为二次重合闸，在 CB 二次自动重合闸时即可恢复故障点上游非故障区段的供电。

2）如 CB 未配置二次重合闸且不好改造时，可通过调整线路中最靠近变电站的首台开关的来电延时时间（X 时间），躲避 CB 的合闸充电时间，然后利用 CB 的二次合闸时即可恢复故障点上游非故障区段的供电。

3）对于具备联络转供能力的线路，可通过合联络开关方式恢复故障点下游非故障区段的供电；联络开关的合闸方式可采用手动方式、遥控操作方式（具备遥控条件时）。

2. 典型应用

典型线路图如图 7-47 所示。

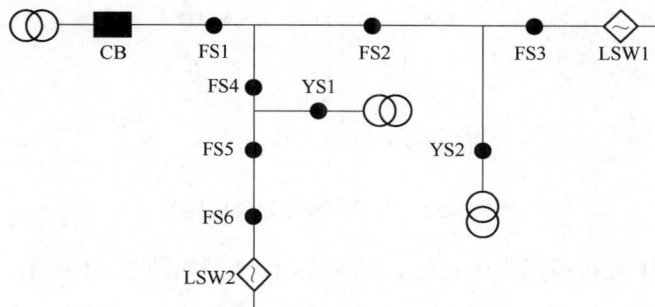

图 7-47　自适应综合型馈线自动化典型线路图

其中：CB 为变电站出线开关，为断路器；FS1～FS6 为负荷分段开关；LSW 为联络开关；YS1、YS2 为用户分界开关。

（1）主干线短路故障。

1）FS2 和 FS3 之间发生永久故障，FS1、FS2 检测故障电流并记忆。如图 7-48 所示。

2）CB 保护跳闸，线路 FS1～FS6 因失电分闸。如图 7-49 所示。

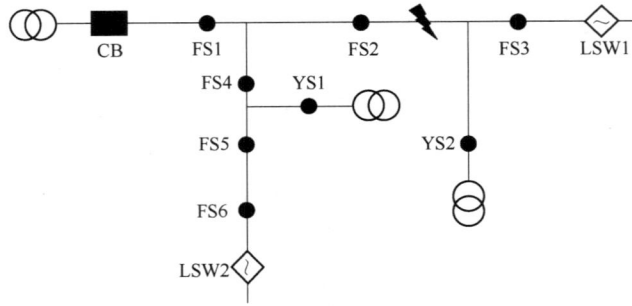

图 7-48 主干线故障处理过程一

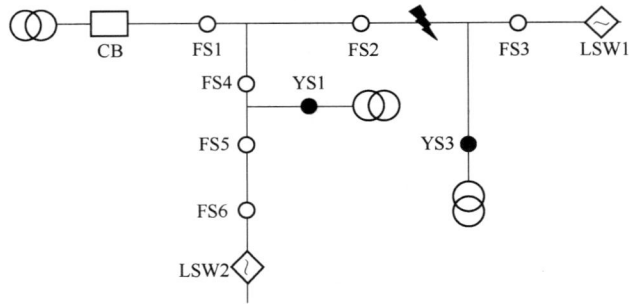

图 7-49 主干线故障处理过程二

3）CB 在 2s 后第一次重合闸，如图 7-50 所示。

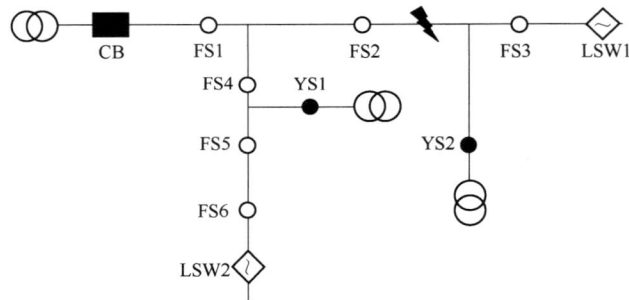

图 7-50 主干线故障处理过程三

4）FS1 一侧有压且有故障电流记忆，延时 7s 合闸，如图 7-51 所示。

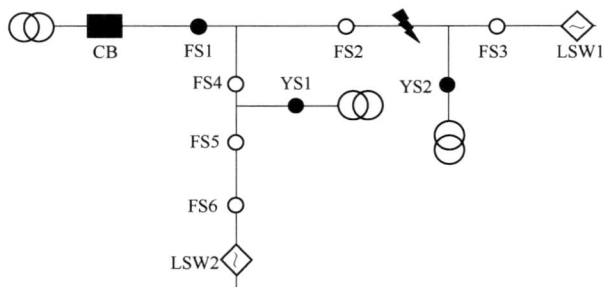

图 7-51 主干线故障处理过程四

5）FS2 一侧有压且有故障电流记忆，延时 7s 合闸。FS4 一侧有压但无故障电流记忆，启动长延时（7+N）计时，N 是最长干线上全部开关延时之和，以三开关四分段为例为 21s。如图 7-52 所示。

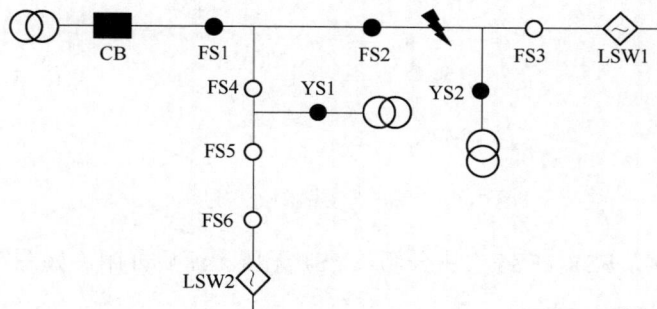

图 7-52　主干线故障处理过程五

6）由于是永久故障，CB 再次跳闸，FS2 失压分闸并闭锁合闸，FS3 因短时来电闭锁合闸。如图 7-53 所示。

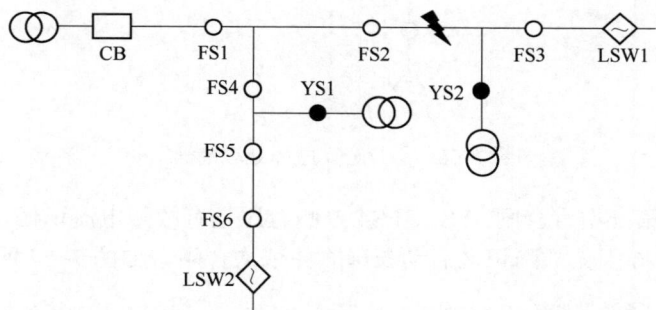

图 7-53　主干线故障处理过程六

7）CB 二次重合，FS1 一侧有压且有故障电流记忆，延时 7s 合闸。FS4、FS5、FS6 因无故障电流记忆启动长延时，逐级合闸。如图 7-54 所示。

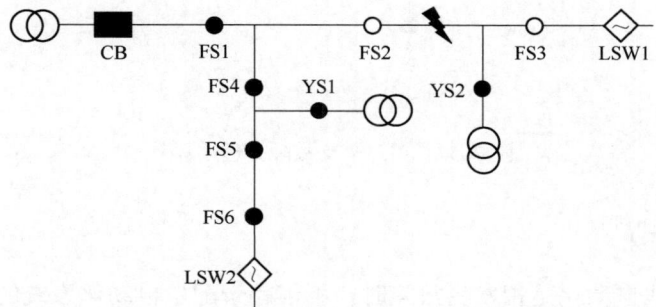

图 7-54　主干线故障处理过程七

（2）用户分支短路故障。

1）YS1 之后发生短路故障，FS1、FS4、YS1 记忆故障电流。如图 7-55 所示。

配电自动化运维技术

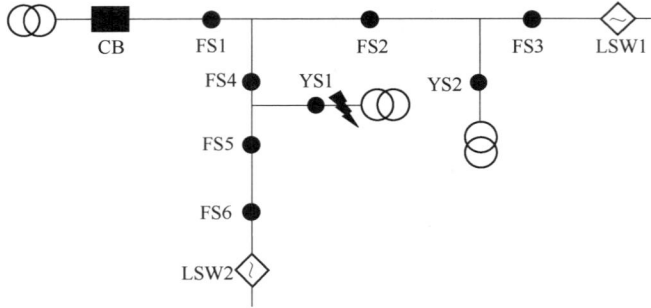

图 7-55　用户分支故障处理过程一

2）CB 保护跳闸，FS1～FS6 失压分闸，YS1 无压无流后分闸。如图 7-56 所示。

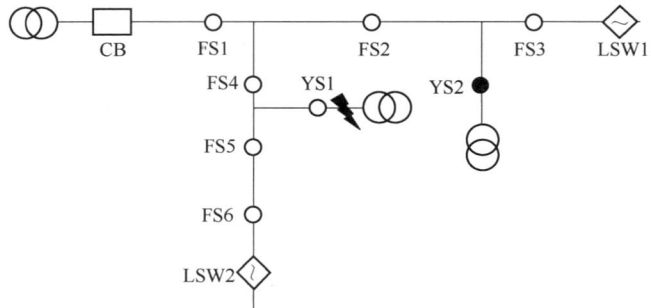

图 7-56　用户分支故障处理过程二

3）CB 在 2s 后第一次重合闸，FS1、FS4 一侧有压且有故障电流记忆，依次延时 7s 合闸；FS2、FS3、FS5、FS6 因无故障记忆启动长延时并依次合闸。如图 7-57 所示。

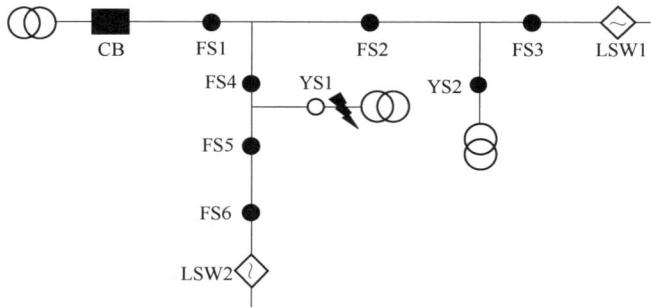

图 7-57　用户分支故障处理过程三

7.3.3　智能分布式

　　智能分布式馈线自动化是指发生故障时，不依赖于配电自动化系统的全局信息，通过配电终端相互通信，实现故障的快速定位和隔离。适用于电缆及以电缆为主的混合线路。电缆线路变电站不投重合闸，混合线路变电站投一次重合闸。适用的线路类型为单环网、双环网等线路。

208

1．技术原理

智能分布式馈线自动化（简称分布式 FA），是配电馈线主干线上各个开关配置的终端设备与相邻开关的终端设备之间通过可靠快速的通信网络，相互通信交换电压/电流、开关位置和故障状态等多种信息。在获悉失压/故障信号后进行故障区域就地定位、故障快速隔离和非故障区域自动恢复供电的功能，过程无需主站参与，结果可主动上报配电自动化主站系统。

为实现智能分布式馈线自动化，DTU（或 FTU）与相邻的 DTU（或 FTU）之间建立横向通信联络，实时交互配电网络拓扑保护需要的相关信息，智能分布式馈线自动化通信示意图如图 7-58 所示，DTU（或 FTU）之间通过快速可靠的通信网络交互多种运行状态信息。

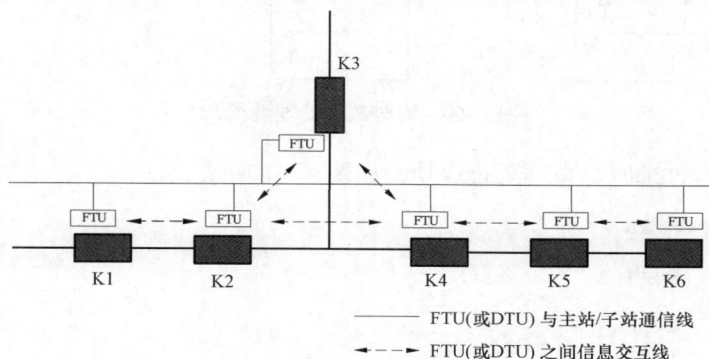

图 7-58 智能分布式馈线自动化通信示意图

2．典型应用

以架空电缆混合线路为例，图 7-59 中 CB1、CB2 为出口断路器，FS1～FS8 为配电架空线及环网柜断路器，LSW1 为联络开关。

（1）瞬时故障。

1）瞬时故障发生在 FS2\FS3\FS5 之间，如图 7-59 所示。

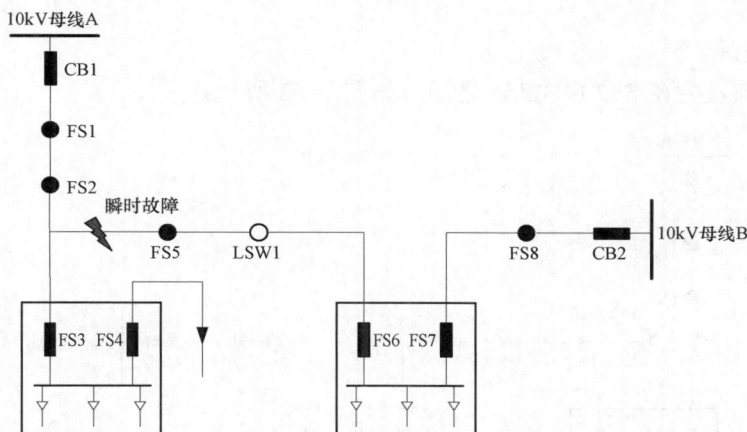

图 7-59 瞬时故障处理过程一

2）FS2 开关通过与 FS1\FS3\FS5 的配电终端通信，判断出故障发生在 FS2\FS3\FS5 之间，FS2 先跳闸，如图 7-60 所示。

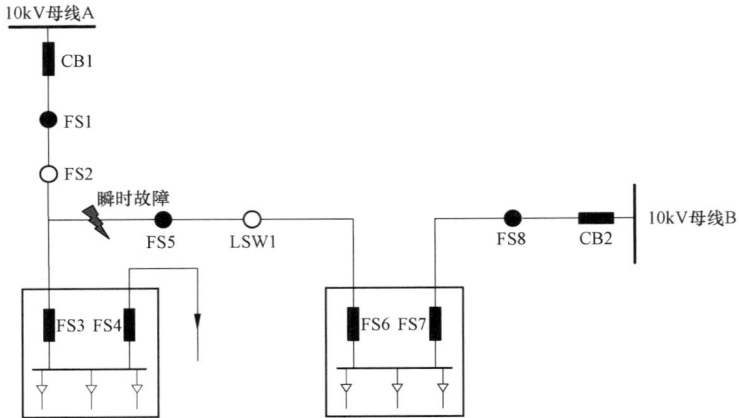

图 7-60 瞬时故障处理过程二

3）FS2 开关经过延时，自动重合成功，如图 7-61 所示。

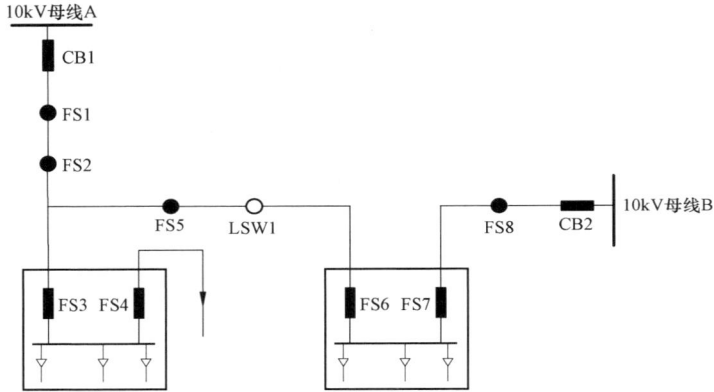

图 7-61 瞬时故障处理过程三

（2）永久故障。

1）永久故障发生在 FS2\FS3\FS5 之间，如图 7-62 所示。

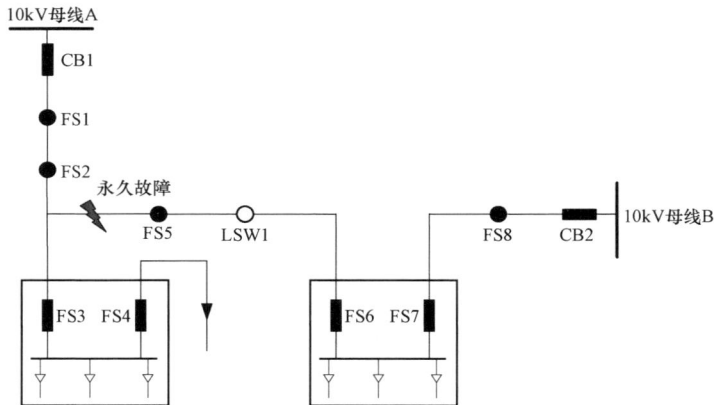

图 7-62 永久故障处理过程一

2）FS2 开关通过与 FS1\FS3\FS5 的配电终端通信，判断出故障发生在 FS2\FS3\FS5 之间，FS2 先跳闸，如图 7-63 所示。

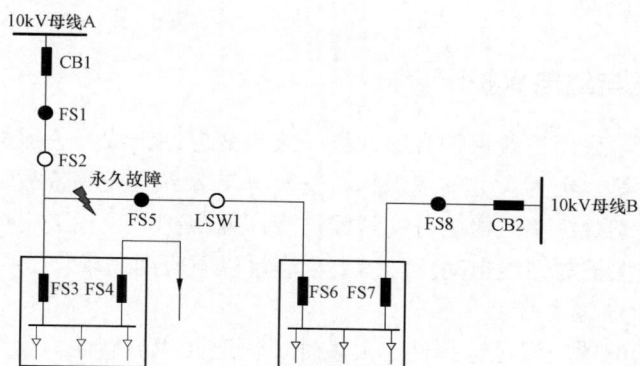

图 7-63　永久故障处理过程二

3）FS2 开关经过延时，自动重合，重合于永久故障再次跳闸，同时 FS3 和 FS5 跳闸，故障点隔离成功，如图 7-64 所示。

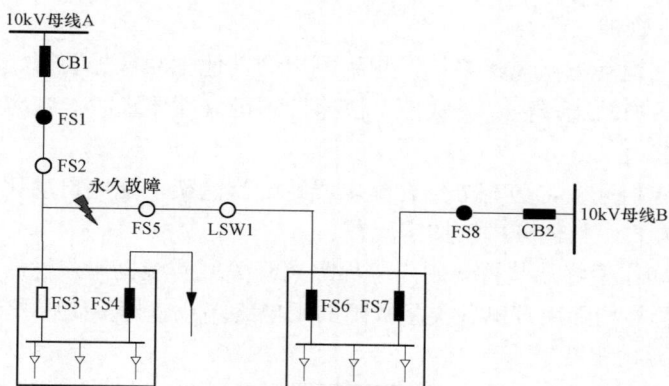

图 7-64　永久故障处理过程三

4）故障点隔离成功后，合闸联络开关 LSW1，恢复非故障区供电，如图 7-65 所示。

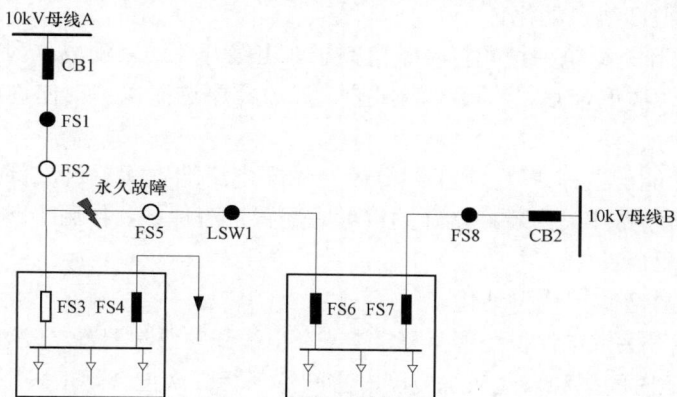

图 7-65　永久故障处理过程四

7.4 馈线自动化运维

7.4.1 馈线自动化与继电保护配合

配电网线路一般可采用三级保护方案：第一级为变电站出线开关保护，配置三段式电流保护，配置重合闸；第二级为大分支线保护，安装分支分界开关等带故障切除的设备，可实现分支故障的检测与切除；第三级为分支线配电变压器保护，一般采用熔断器保护。在馈线自动化模式下，继电保护与馈线自动化总体上应满足以下应用需求。

1. 继电保护及配电终端的配置需求

（1）配电网保护配置应满足选择性、灵敏性、快速性和可靠性的总体要求。配电主站应能根据电网运行要求合理整定配电终端定值，包括终端的自动化、保护定值。

（2）对于具备保护功能（具有保护跳闸出口功能）的配电终端，以及不具有保护出口跳闸功能的配电终端，其保护定值或故障检测定值配置（如判别过流、过负荷故障）均应满足配电网运行与故障信息采集需要。配电主站应能实现配电终端定值的就地/远方下装、远方调阅校核，以便于运维管理。

（3）由于配电网运行方式灵活多样，导致配电网其他独立保护装置、配电终端中涉及的保护功能不能兼顾保护的选择性、灵敏性、快速性和可靠性要求时，则应在保护整定时保证规定的灵敏系数要求。

（4）配电终端定值配置，应充分结合配电线路一次网架，配电自动化一、二次设备类型和馈线自动化实现方式，具体分析，按需配置。

（5）"二遥"动作型终端装置（用户分界隔离开关）应根据用户性质和电网安全运行要求，配置能够快速可靠切除用户侧各类型故障的配电终端或就地控制保护装置。

2. 不同应用场合的配合需求

在馈线自动化模式下，线路分段开关可不配置级差保护，通过主站集中式或智能分布式、就地重合式等馈线自动化，实现故障隔离/恢复的功能。不同馈线自动化模式下配电终端与继电保护配合需求如下：

（1）对于集中型馈线自动化。

1）变电站出线开关继电保护配置及整定需求。出线开关通常配置二段过流保护、二段零序过流保护、三相一次重合闸。二段过流保护、二段零序过流保护动作均可作用于跳开出线开关。

2）配电终端功能配置需求。① 干线分段开关配电终端宜配置过流保护，只发出过流信号。② 用户分支线分界开关为断路器开关可考虑配置过流保护，作用于跳闸，并与变电出线开关进行保护级差配合。

（2）对于就地重合式馈线自动化。

1）变电站出线开关继电保护配置及整定需求。出线开关通常配置二段过流保护、二段零序过流保护、采用电压时间型和自适应综合型时宜配置三相二次重合闸，采用电压电流时间型时宜配置三相三次重合闸。二段过流保护、二段零序过流保护动作均可作用于跳开出线开关。

2）配电终端功能配置需求。① 主干线路配电终端应配置满足馈线自动化应用要求的逻辑功能，并至少具备二遥动作型终端功能要求。② 用户分支线分界开关为断路器开关可考虑配置过流保护，作用于跳闸，并与变电出线开关进行保护级差配合。③ 如果变电站仅能配置一次重合闸，可通过设置首个分段开关来时间定值躲过变电站出线开关重合闸充电时间，使重合闸再次动作。

（3）对于就地型智能分布式馈线自动化。

1）变电站出线开关继电保护配置及整定需求。出线开关通常配置二段过流保护、二段零序过流保护、三相一次重合闸。二段过流保护、二段零序过流保护动作均可作用于跳开出线开关。

2）配电终端功能配置需求。① 配电线路开关采用断路器时，变电站出线开关保护若提供 150ms（含）以上延时，分布式 FA 配合该延时，就地自动实现配电线路全线无级差故障判断、隔离，出线开关无需跳闸，对联络线转供下游非故障区进行过载预判，满足转供条件再自动合闸联络开关，恢复非故障区域供电。② 配电线路开关采用负荷开关时，故障时出线开关跳闸，分布式 FA 先就地自动实现故障判断、隔离，变电站出线开关一次重合闸，恢复上游非故障区域供电；对联络线转供下游非故障区进行过载预判，满足转供条件再自动合闸联络开关，恢复非故障区域供电。

7.4.2　分布式电源接入后的故障处理

配电网和分布式发电系统相结合是智能电网的特征之一，可节省投资，降低能耗，提高系统安全性和灵活性，是配电网发展的趋势。但分布式电源接入后，配电系统由原来的单电源放射状网络变成多电源供电的复杂网络，这使得其中的潮流分布及短路故障电流大小、流向和分布均发生变化。分布式发单系统的接入对现行配电网故障处理模式提出了新的挑战。

分布式电源接入 10kV 配电网线路后，将对配电网现有继电保护配置、系统短路电流水平、配电自动化系统功能应用、电能质量、现场作业安全等产生影响，可在不改变现有线路设备情况的前提下，在分布式电源接入点或产权分界点处安装具备公共电网和分布式电源的故障分界、离并网管控以及接入后的电能质量仲裁功能的开关设备，可将其定义为"网源分界开关"。实现以下功能：

（1）故障分界功能，满足快速切除分布式电源内部故障的功能。

（2）防孤岛保护功能，系统侧无压掉闸，防止分布式电源非计划性孤岛运行，避免检修情况下反送电，消除线路检修安全隐患。

（3）电能质量仲裁功能，实时监测和评价分布式电源向配电网送出的电能质量，为分布式电源电能质量仲裁提供依据。电能质量仲裁结果根据需要可作用于掉闸和告警。

（4）联络转供功能，当大电网停电后，配合主站系统实现分布式电源的计划性孤岛运行，构建区域配电网，最大限度消纳分布式电源。

（5）源荷特性监测功能，监测并网点的电源特性和负荷特性，为区域配电网中分布式电源的规划、建设、运行、检修提供数据支撑。

7.4.3　集中式馈线自动化运维

馈线自动化在正常状态下，实时监视馈线分段开关与联络开关的状态和馈线电流、电压情况，实现线路开关的远方或就地合闸和分闸操作。在故障时获得故障记录，并能自动判别和隔离馈线故障区段，迅速对非故障区域恢复供电。其中故障定位、隔离和自动恢复对提高供电的可靠性和缩短非故障区的停电时间有重要意义，FA 动作具有较强的时序性、逻辑性，容易受到各种因素的影响，需要在 FA 投入运行后，不断进行案例分析，分析影响 FA 正确性问题，及时进行运维消缺，从而提升 FA 准确性。

（1）站内保护与跳闸信号对 FA 准确性的影响。

站内保护与跳闸信号对于 FA 正确的启动起着至关重要的作用。站内保护动作加上断路器跳闸产生停电区间启动 FA，但是为了不误启动 FA，正确启动 FA 还需要满足如下条件：

1）保护先于断路器跳闸，两者时间相差在 Ys 以内启动 FA；

2）断路器跳闸先于保护，两者时间相差在 Xs 以内启动 FA；

3）配合启动的保护信号有：过流、速断、接地、变电站事故总等。

（2）一次设备对 FA 准确性的影响。

从 FA 的动作过程中可以看出，故障区间判断、隔离与恢复非故障区间供电都要涉及到对一次设备的控制操作，这也就对一次设备的可靠性提出了一定的要求，如果出现一次设备控分、控合不成功或者该跳不跳的情况，会大大降低 FA 准确性。

一次设备存在的主要问题如下：

1）一次设备机构拒动影响 FA 隔离、恢复供电；

2）凝露导致机构误动或误送遥信信息，影响 FA 区间判断、隔离、恢复供电；

3）一次设备触点损坏，无信号输出，影响 FA 区间判断、隔离、恢复供电；

4）未安装 TA 无法采集故障电流，影响 FA 区间判断；

5）分段开关（除出站第一个开关外）、联络开关未安装双侧 TV，影响 FA 隔离、恢复供电；

6）一次设备产品缺陷导致开关误动、拒动影响 FA 区间判断、隔离、恢复供电。

（3）二次设备对 FA 准确性的影响。

FA 的整个处理过程，需要依赖与二次设备主动上送的遥信、遥测信息，以及主站下发的遥控命令的执行情况，主站才能进行正确的故障区间的判断、隔离、恢复供电。如果二次设备应该上送的信号未上送，或者误报信号，或者上送的不正确，或者延时上传信号等情况，都会造成事故区间定位错误或隔离失败，或是转供失败，从而无法实现 FA 全自愈。

常见的二次设备对 FA 影响的主要问题如下：

1）信号漏报，如果是真正故障区间前端第一个设备故障信号漏报将直接影响故障区间误判，影响 FA 全自愈；

2）信号误报，二次设备故障信号的误报将直接影响故障区间误判，影响 FA 全自愈；

3）后备电源（蓄电池或电容）的续航能力不足，一旦线路发生故障跳闸，二次设备短时间内变为离线状态，会造成信号不能上传或者延时上传，从而导致区间判断错误或者遥控失败，整个自愈过程中止，扩大了事故的停电范围；

4）二次设备的保护定值设置不合理，也会影响 FA 的正确处理，定值设置的过大会导致应该跳闸的设备未跳闸，导致上一级开关跳闸，扩大停电区间，定值设置得过小会导致 FA 误启动，本来运行正常的区间发生故障跳闸停电；

5）二次设备加密不成功影响 FA 隔离不成功或恢复供电不成功；

6）二次设备自身缺陷导致故障信号误送或漏报，直接影响 FA 的正确性。

可以看出二次设备从终端运行状态监视，到定位故障区间，隔离故障区间，甚至对于整个 FA 动作过程都起着非常重要的作用。

（4）通信网络对 FA 准确性的影响。

通信系统是主站系统与配电网终端设备联接的纽带，主站与终端设备间的信息交换可借助可靠的通信手段，因此必须有稳定可靠的通信系统，才能实现配电自动化的功能。通信系统将控制中心的控制命令下发到各执行机构或远方终端，同时将各远方监控单元（RTU、FTU、TTU 等）所采集的各种信息上传至控制中心。

常见的通信网络影响因素分析：通信网络的稳定性、可靠性是 FA 正常处理的重要保障，通道信号延迟会造成终端频繁上下线，影响信号传递，丢包或者误码会导致关键信号丢失或者上传错误，影响 FA 正常判断、策略的执行等；可能是由于通信运营商的运维问题，也可能是无线通信模板质量问题，或者网络设备（ONU、EPON、OLT 等）的稳定性问题都可能导致通信网络的可靠性，从而影响 FA 正确判断处理。

（5）网架结构对 FA 准确性的影响。

常见的影响 FA 动作准确性的网架结构方面的问题一般指单辐射线路或联络开关安装位置不合理，这个从根本上直接影响非故障区间的恢复供电。

（6）主站系统图形、参数维护对 FA 准确性的影响。

主站系统是 FA 处理的大脑，FA 监视与处理过程需要主站系统来进行综合的分析判断、动作指令下发。

常见的主站系统影响 FA 的主要问题如下：

1）系统图模数据不一致，直接导致系统拓扑关系与现场运行方式发生脱节、错乱，导致 FA 处理逻辑的正确性；

2）FA 策略配置错误，导致主站系统不能按照最优的 FA 动作策略进行处理；

3）参数配置不正确，允许合环运行的线路设定成不允许合环，会导致恢复原有方式供电的时候非事故区间多停电一次；具备全自愈的线路，在系统维护成了非自愈线路，在 FA 动作过程中系统只会进行区间的判断，不会进行区间的隔离和非事故区间的转供电；线路负荷维护错误、或者三遥点号维护错误等都会导致 FA 处理策略不合理或者错误等情况发生。

由于整个 FA 的动作过程都是在配电主站控制下完成的，所以配电主站图模数据、配置参数、故障处理策略的维护对于 FA 准确性的影响至关重要。

（7）站内信号对 FA 正确性的影响。

目前配电主站获取站内保护与跳闸信号主要依赖于 EMS 转发和变电站直采的方式，信号的正确性直接影响 FA 的成功与否，同时配电主站要实现 FA 全自愈需要拥有对站内出线开关的遥控，从这两方面因素都将影响 FA 正确性。

常见的站内信号影响 FA 的主要问题如下：

1）站内保护、跳闸信号的丢失，直接影响 FA 的正确启动；

2）站内保护、跳闸信号的时间配合，直接影响 FA 的正确启动；

3）站内保护、跳闸信号的误报，将导致配电主站误启动 FA；

4）站内装置本身问题，导致信号丢失、误报，直接影响 FA 的正确性；

5）站内一、二次重合闸的投运或退出直接影响 FA 的逻辑处理；

（8）运维管理对 FA 准确性的影响。

FA 正确性很大程度与运维管理分不开，健全的管理制度、流程对 FA 动作准确性提升息息相关。运维管理影响 FA 准确性的主要问题如下：

1）自动化设备正确投运，主要体现在具备自动化的设备未投远方位置、遥控压板未投运或开关处于强合位置；

2）用户分界开关未储能，直接影响用户故障时用户分界开关不跳闸隔离故障；

3）蓄电池、无线通信天信丢失；

4）保护定值设置不合理；

5）EMS 未开通遥控权限；

6）二次设备通信掉线未及时消缺；

7）挂实验牌、传动、检修、接地、操作禁止等工作牌未及时在系统中摘除；

8）自动化覆盖面够，缺少自动化投运开关。

以上问题都直接影响主站 FA 的启动、故障区间判断、故障隔离和恢复供电环节。

（9）提升 FA 可靠性的思路与方法。

1）建立分析机制。因 FA 正确处理涉及到多个环节，包括一、二次设备正确动作、通信稳定性、主站系统的正确处理，按管理部门划分涉及配调、运检、配电工区、信通公司等多个部门，建立各部门间高效运作机制非常重要。

2）案例分析、汇总。通过对每日的 FA 动作明细进行汇总、统计，建立周汇报、月总结制度，进行全方位全时段的 FA 问题调查分析，找出影响 FA 动作准确性的问题，并制定详尽的整改计划。

3）问题归类。影响 FA 正确的问题主要分为变电站、EMS、运维管理、网架、配电自动化设备（系统）问题。

变电站：变电站信号误报、漏报，变电站保护或跳闸信号丢失，变电站保护、跳闸时间配合问题、变电站装置问题。

EMS：主要包括 EMS 信号误报、漏报，EMS 保护或跳闸信号丢失，EMS 保护、跳闸时间配合问题。

运维管理：EMS 遥控权限未开通、变电站出线开关未投一次/二次重合、线路上无自动化开关、联络开关未上自动化、自动化未投运、检修（实验）未挂实验牌、线路未改造、未作图、终端掉线未消缺等。

网架：单辐射线路。

配电自动化设备（系统）：主站 FA 策略问题，一次、二次设备本身故障。

4）现场及时消缺处理。按照 FA 分析报告，对于存在的问题及时调查、分析并处理，不断优化网架结构，提升运维管理水平和工作流程，提升主站、一、二次设备的产品质量，提高通信质量，提升 FA 正确率。

5）运行管理提升。① 完善配电自动化运行管理办法并落实执行；② 对于未上自动化的设备可以通过人工置数来保持现场电网运行状态一致，保证拓扑一致率；③ 检修、现场实验时需要提前在配电主站中提前挂牌；④ 加强电网架构的改造；⑤ 优先联络开关、主分段开关的自动化改造；⑥ 完善新投异动管理流程；⑦ 完善终端传动、消缺流程；⑧ 开通 EMS 遥控权限；⑨ 加强图形的审核，线路切改需要确保 EMS、DMS 同步；⑩ EMS 台账、模型变更进应该及时通知 DMS 进行修改，完善同步流程；⑪ 对于线路未进行自动化改造的线路、线路上只有看门狗或故指这种三遥自动化设备建议不要投全自动；⑫ 对于投自愈的线路加强联络开关的投运（部分地市联络开关禁止遥控或者将联络开关旁边的隔离开关拉开，这些都不具备转供条件）；⑬ 落实运维问题的消缺。

6）配电网架完善。合理的配电网架是实施配电自动化的基础，配电网架规划是实施配电自动化的第一步，配电网架规划应遵循如下原则：

遵循相关标准，结合当地电网实际；

主干线路宜采用环网接线、开环式运行，导线和设备应满足负荷转移的要求；

主干线路宜采用多分段多联络，并装设分段/联络开关，分段主要考虑负荷密度、负荷性质和线路长度；

配电设备自身可靠，有一定的容量裕度，并具有遥控和某些智能功能。

7）配电终端和一次设备运维。配电一次设备和二次设备肯定是不可分割的整体，二次设备不论是保护还是自动化都是通过采集一次设备的信息，感知一次设备运行状态，实现一次设备健康运行的目的。二次设备也担负着分析判断或者转发主站系统的命令，下发指令实现对一次设备的控制操作，从而满足配电网运行的要求，比如实现馈线自动化功能，更快地处理故障和恢复电网的正常运行。

为了保证一、二次设备完美配合，让馈线自动化正确动作起到良好的效果，必须提升一、二次设备的运维水平。① 熟练掌握各类型配电设备及终端的功能、接口、配置与操作，确保终端检修的安全，制定相应操作规程；② 结合设备运行状况和气候、环境变化情况，加强巡视，制定配电终端和一次设备的定期巡视、特殊巡视或故障巡视制度；③ 针对配电自动化不同类型的馈线自动化模式，完善相应的自愈投运流程；④ 建议建立统一的缺陷管理平台，实现配电自动化一、二次设备缺陷的闭环管理，并定周期的开展缺陷分析评估会，提升设备运维水平；⑤ 加强一、二次设备的入网监测、联调工作，严控终端程序版本，提高入网设备的可靠稳定运行。

8）配电通信运维。配电通信网络是整个配电自动化实现的关键环节，而配电网的通信方式和通信设备选择又具备多样性的特点，所有为了提高其稳定可靠的运行，必须开展配电通信网络专业提升运维工作。① 成立专门的配电通信网络运维班组。② 建立通信的主备通道，实现网络冗余。③ 每日通过通信网管系统监视配电通信网络，发现异常及时启动缺陷处理流程。④ 积极做好与无线通信运营商的沟通协调，避免因无线服务网络升级等问题导致无线终端大量离线；协调解决终端无线信号弱、通信延时大等问题。⑤ 为避免重复巡视，运维人员巡视配电一次设备及终端时，应同时检查终端配套通信单元的工作状态，发现故障后及时启动缺陷处理流程。

9）配电主站系统。配电主站系统是配电自动化 FA 动作准确性的集中体现与展示平台。在保证配电终端和一次设备、通信网络以及网架等运维提升的基础上，配电主站系统也需要提升自身的监测能力、FA 策略分析处理能力、应用支撑运维能力等。① 建立主站系统软硬件、机房巡视制度，确保系统安全稳定运行；② 辅助监测一、二次设备缺陷，为缺陷处理提供依据，比如：对蓄电池状态的在线监测，可疑遥测分析，网架优化调整支撑等；③ 常态化积累馈线自动化动作案例，积累线路实际运行经验，完善系统 FA 处理规格、策略；④ 主站系统版本升级控制，做好新升级功能的入网测试验证；并定期开展功能缺陷或者需求分析会；⑤ 加强新投异动流程闭环管理流程，保证图模维护的一致性；⑥ 建立系统参数维护管理流程，主要包括自愈现场设定、线路处理方式设定、合环设定、规约地址维护、"三遥"电能表维护等。

7.4.4 电流电压综合类就地型 FA 运维

前面技术原理已经阐述过，传统就地馈线自动化不依赖主站、通信等因素，依据配电一次、二次设备自身的特性和独特原理进行就地故障区间的判断、隔离和恢复供电。因而运行在就地型馈线自动化模式下的设备运行维护与集中型馈线自动化模式下的设备运维有较多差异，原因是影响传统就地型馈线自动化的故障隔离与恢复供电的主要因素在于设备本身，与设备的通信状态、通信可靠性和主站系统的运行状况等都关系不大，传统就地型馈线自动化好的运维工作集中在设备本身的运维上。

配电自动化设备主要包括配电开关（柜）、配电终端以及电源 TV 和连接电缆。对在运设备运维时，运行在传统就地型馈线自动化模式下与运行在主站集中型模式下最大的差异是操作规程和流程的不同。运行在传统就地型馈线自动化模式下的开关设备失压自动分闸，但是开关一侧来电还会自动合闸，检修时需要遵守特定的操作规程对已经分闸的开关进行手动解除合闸功能并确认，避免因开关来电自动合闸给人工检修带来安全风险。

7.4.4.1 电流电压型 FA 运维

传统电压时间型馈线自动化的事故处理过程大致为：故障发生→变电站出线开关 CB 跳闸→线路分段开关失压分闸→CB 重合闸→分段开关逐级合闸，直至故障点→变电站出线开关 CB 再次跳闸→故障点前端开关正向闭锁、后段开关反向闭锁、其余线路分段开关再次失压分闸→CB 再次重合闸→非故障区段供电恢复→故障抢修→故障解除区段恢复送电→故障前运行方式恢复。

电压时间型馈线自动化的故障定位隔离与恢复供电正常运行需满足以下 4 个条件：

（1）变电站保护跳闸后，开关能可靠分闸；

（2）变电站至少配置一次重合闸，最好是两次重合闸，如果只有一次则需要通过增加线路第一个分段开关的合闸延时实现两次试送电功能；

（3）同一时刻只能有一台开关进行合闸操作，分支 T 接处的多个开关存在同时得电情况，需配置不同合闸延时；

（4）开关能正常检出并完成合闸后有故障的正向闭锁和合闸前有故障的反向闭锁功能，闭锁功能正确且有效。

对于运行在电压时间型模式下的设备，按照设备投运前和设备投运后进行划分，运行维护工作也有所差异，主要运维工作和方式如下：

（1）设备投运前的状态检查与参数配置。

电压时间型设备的参数配置相比集中型少很多，运行参数仅需要配置有压确认延时定值一个。通信参数需要配置地址、点表等。

运行参数配置需要结合设备在线路中的位置和变电站的重合闸情况。在变电站配置了二次重合闸情况下，主干线上的所有分段开关的有压确认时间（X 时间）和合闸保持时间（Y 时间）可统一设置成同一个参数。有多条干线或者存在大分支线路的，X 时间整定遵循先干线后分支线原则。第二条干线或分支线的首台开关的 X 时间应大于第一条干线所有开关处理完的时间，时间计时起点都为得电时刻。

在变电站只配置了一次重合闸的情况下，变电站出线开关至线路主线的第一台分段开关 X 时间定值应配置满足重合闸充电完成，一般为 21～35s。

（2）设备投运后因网架调整带来的运行参数调整。

当网架或者线路电源分布发生变化时，需要重新调整设备的运行参数，主要涉及线路的第一台开关设备和有多条干线或者存在大分支线路连接处的开关设备，对开关设备的 X 时间进行相应调整，整定原则遵循先干线后分支线。第二条干线或分支线的首台开关的 X 时间应大于第一条干线所有开关处理完的时间，时间计时起点都为得电时刻。

（3）设备投运后的停电检修及异常运维。

电压时间型馈线自动化模式下的设备，在投运后的检修情况主要包括由运行转检修、由检修转运行、由备用转检修、由检修转备用、由备用转运行等多种情况，需要根据不同的检修模式进行区别对待，制定相应的操作规程。

7.4.4.2　电流电压型 FA 模式下的设备运维

传统电压电流时间型馈线自动化的事故处理过程大致为：故障发生→变电站出线开关 CB 跳闸→线路分段开关失压分闸→CB 重合闸→分段开关来电延时合闸，合闸后无故障闭锁再次分闸，逐级合闸直至故障点→变电站出线开关 CB 再次跳闸→故障点前端开关正向闭锁、后段开关反向闭锁→CB 再次重合闸→非故障区段供电恢复→故障抢修→故障解除区段恢复送电→故障前运行方式恢复。

电压电流时间型馈线自动化的故障定位隔离与恢复供电正常运行同样也需满足以下 4 个条件：

（1）变电站保护跳闸后，没有闭锁分闸的开关设备能可靠分闸；

（2）变电站至少配置一次重合闸，最好是两次重合闸，如果只有一次则需要通过增加线路第一个分段开关的合闸延时实现两次试送电功能；

（3）同一时刻只能有一台开关进行合闸操作，分支 T 接处的多个开关存在同时得电情况，需配置不同合闸延时；

（4）开关能正常检出并完成合闸后有故障的正向闭锁和合闸前有故障的反向闭锁功能，闭锁功能正确且有效。

对于运行在电压电流时间型模式下的设备，按照设备投运前和设备投运后进行划分，运行维护工作也有所差异，主要运维工作和方式如下：

（1）设备投运前的状态检查与参数配置。

电压电流时间型设备的参数配置比电压时间型稍多，但相比集中型还是少很多，运行参数除有压确认延时定值外还需要配置故障电流参数。通信参数需要配置地址、点表等。

运行参数中的故障电流参数配置相比继电保护要简单，可只配置过流 I 段即可。参数定值配置成比变电站保护参数灵敏、定值更小即可配合。

运行参数中的合闸延时参数配置原则与电压时间型一致，需要结合设备在线路中的位置和变电站的重合闸情况。在变电站配置了二次重合闸情况下，主干线上的所有分段开关的有压确认时间（X 时间）和合闸保持时间（Y 时间）可统一设置成同一个参数。有多条干线或者存在大分支线路的，X 时间整定遵循先干线后分支线原则。第二条干线或分支线的首台开关的 X 时间应大于第一条干线所有开关处理完的时间，时间计时起点都为得电时刻。

在变电站只配置了一次重合闸的情况下，变电站出线开关至线路主线的第一台分段开关 X 时间定值应配置满足重合闸充电完成，一般为 21～35s。

（2）设备投运后因网架调整带来的运行参数调整。

当网架或者线路电源分布发生变化时，需要重新调整设备的运行参数中的延时合闸定值即可。主要涉及线路的第一台开关设备和有多条干线或者存在大分支线路连接处的开关设备，对开关设备的 X 时间进行相应调整，整定原则遵循先干线后分支线。第二条干线或分支线的首台开关的 X 时间应大于第一条干线所有开关处理完的时间，时间计时起点都为得电时刻。

（3）设备投运后的停电检修及异常运维。

电压电流时间型馈线自动化模式下的设备，在投运后的检修情况主要包括由运行转检修、由检修转运行、由备用转检修、由检修转备用、由备用转运行等多种情况，需要根据不同的检修模式进行区别对待，制定相应的操作规程。

7.4.4.3 自适应综合 FA 运维

自适应综合型馈线自动化的事故处理过程大致为：故障发生→变电站出线开关 CB 跳闸→线路分段开关失压分闸→CB 重合闸→故障路径上的分段开关来电延时合闸，逐级合闸直至故障点→变电站出线开关 CB 再次跳闸→故障点前端开关正向闭锁、后段开关反向闭锁→CB 再次重合闸→非故障区段供电恢复→故障抢修→故障解除区段恢复送电→故障前运行方式恢复。

自适应综合型 FA 是电压电流时间型馈线自动化的一个分支，其故障定位隔离与恢复供电正常运行同样也需满足以下 4 个条件：

（1）变电站保护跳闸后，开关设备能可靠分闸；

（2）变电站至少配置一次重合闸，最好是两次重合闸，如果只有一次则需要通过增加线路第一个分段开关的合闸延时实现两次试送电功能；

（3）同一时刻只能有一台开关进行合闸操作，分支 T 接处的多个开关存在同时得电情况，需配置不同合闸延时；

（4）开关能正常检出并完成合闸后有故障的正向闭锁和合闸前有故障的反向闭锁功能，闭锁功能正确且有效。

对于运行在电压电流时间型模式下的设备，按照设备投运前和设备投运后进行划分，运行维护工作也有所差异，主要运维工作和方式如下：

（1）设备投运前的状态检查与参数配置。

自适应综合型设备的参数配置比电压时间型、传统电压电流时间型更为方便。因其自适应的逻辑功能，原则上只要变电站配置了两次重合闸，线路上的分段开关运行参数可配置为相同，在默认参数可用时，无需配置。接入主站系统时，通信参数需要配置地址、点表等。

在变电站只配置了一次重合闸的情况下，变电站出线开关至线路主线的第一台分段开关 X 时间定值应配置满足重合闸充电完成，一般为 21～35s。

（2）设备投运后因网架调整带来的运行参数调整。

无需调整运行参数。

（3）设备投运后的停电检修及异常运维。

自适应综合型馈线自动化模式下的设备，在投运后的检修情况主要包括由运行转检修、由检修转运行、由备用转检修、由检修转备用、由备用转运行等多种情况，需要根据不同的检修模式进行区别对待，制定相应的操作规程。

7.4.5　智能分布型 FA 运维

智能分布型馈线自动化主要应用于对供电可靠性要求较高的城区电缆线路。其故障定位与隔离主要依赖终端之间的信息交互，对通信的要求比较高，通常采用光纤对等通信。智能分布型馈线自动化的运维大部分内容与过程与主站集中型 FA 类似，可参照集中型 FA 的运维部分。此外，智能分布型 FA 的运维还有其特有的部分，主要包括逻辑策略制定、参数配置等。

（1）逻辑策略制定。

智能分布型在投运前需要制定完善的故障处理预案，同时完成各配电终端 FA 故障动作参数的计算校验并存档。现场投运前，应进行分布式 FA 系统测试。在变动部分设备投运前，完成动作参数、拓扑参数的现场调整和包含"现场二次回路—配电主站"整组传动测试的交接试验后，做好定值整定执行记录后存档。分布式 FA 配电终端的采集、控制和故障处理功能相关参数的计算整定、现场设定、交接试验应统一管理。

为确保一次及二次系统安全、稳定运行，在制定分布式馈线自动化相关逻辑策略时，要充分考虑在非正常状态时的处理方案。如以下情形发生时，分布式馈线自动化的相关部分功能宜闭锁，并向配电主站发出告警并报送闭锁原因；同时，在不影响安全条件下，异常发生时可采用适当扩大隔离区的逻辑策略，尽可能将故障区域隔离在较小范围，并恢复非故障区域的供电。主要闭锁关联项如下：

1）配电终端的硬压板和软压板未在投入状态；

2）终端分布式 FA 通信交互异常；

3）开关不在可控状态；

4）所在馈线回路中任一开关的操动机构及绝缘状态异常信号；

5）分布式馈线自动化执行过程中，环路中任何一台开关出现开关拒动或误动时；

6）参数下装过程中，所在配电线路的分布式馈线自动化功能应退出运行状态，校核无误后方可投运。

（2）参数配置。

参数主要分为动作参数与负荷转供参数。

动作参数主要包括动作限值和动作时限两组参数。动作限值满足可靠检测到故障，随着线路运行拓扑的改变，动作限值要适用不同的变电站出口断路器保护动作限值。

负荷转供参数，用于故障隔离后联络电源负荷转带的条件判断，主要包括各配电线路及电源的负荷转带限值。

参数配置要求如下：

1）故障判断逻辑及参数，满足变电站出口断路器保护切除故障之前，终端能可靠检测到故障并进行故障区段定位；

2）动作逻辑及参数，满足在变电站出口断路器保护可靠切除故障之后，再完成故障区段隔离的原则；

3）负荷转带限值应小于联络电源及线路的最大负载允许值。

（3）运维检修注意事项。

1）运维人员应熟练掌握现场分布式 FA 终端的调试、测试和运维技术。

2）现场一次线路、一次设备或二次设备的检修时，须按照运维需要，对相关出口和功能的硬压板、软压板进行正确的投退操作，避免引起检修时的安全生产事故。

3）分布式 FA 功能所在线路的配电主站图模异动管理，以及包含故障处理动作参数在内的各类现场参数管理，应纳入配电设备投运或停复役管理流程。

4）分布式 FA 功能的投退管理，应纳入所在配电线路的管理范围。

5）应定期检查环网箱的环境温度、湿度、防护等满足运行要求。

应定期检查开关机构及配套后备电源，确保开关分合及电源的正常工作。

第8章 信息交互及应用

配电网图形、模型及台账数据是配电自动化系统数据采集、监控和分析应用的基础。与配电网实时信息（动态数据）一道成为配电自动化系统实现配电 SCADA、FA 以及配电网其他应用功能的有机体。维护配电网图形、模型及基础数据，具有重要意义。

电力企业通过配电网设备新投异动机制来实现对这些图模和设备基本参数信息的维护更新。通常传统机制是人工录入，凡需要图模及其设备台账数据的应用通过不同管控流程去实现，俗称线下操作。而这些操作因不同系统和业务的不同，相互间没有或少有交集，包括信息、通信、自动化、配电网、调控等，管理难度很大，人工维护出错几率很大，效率低，尤其是 FA 以及依赖拓扑分析的那些重要功能长期以来实用化程度较低。数据源端维护是保证数据唯一性、同步变更协调性、数据来源可靠性保证的重要工作和思想方法，还可以发挥人力资源的最大效能，提高工作效率，减少重复劳动和无谓的数据失误，是技术作用于业务流程产生最大化效益的典型用例。

数据源端维护原理是依托电网 GIS、PMS 并与配电主站间通过信息交互流程来实现的。数据源端维护其中包括 GIS、PMS 内部数据生成、修改、校正、同步展示、导出导入、应用匹配等维护。配电主站作为业务系统应用端包括主站内部对配电网现场设备模型映射、比对拓扑关系（一次主接线图、网络拓扑等）、调度命名等，相关内容还包括数据源端维护与应用系统之间的编号一致性、前后数据比对、合理性检查和反馈日志生成、不相容数据告警等相关运维技术内容。

配电网设备新投异动业务，实现信息源端唯一，信息全局共享目标，涉及信息交互技术以及统一遵循的标准，本书主要介绍 IEC 61970/61968 两个相关理论和基本技术标准的思想。该系列标准使得一个组件（或应用）与另一个组件（或应用）在统一的信息模型表达方式下通过标准的数据交换平台进行信息交换成为可能，规范了每个组件采用标准接口去访问公共信息的途径等。

配电自动化系统运行与企业其他系统资源包括功能应用紧密相关，涉及的主要系统和资源包括：EMS，EMS 描述了输变电主网模型特性；电力 GIS，GIS 承载电力系统全部图模生成与应用支撑，目前重点在变配用电领域；生产管理系统（PMS），承载了配电网台账、设备静态参数管理；营销管理系统（CIS），承载用户信息、台区定义；95598 承担故障及其与用户互动服务功能；调度管理系统（OMS），承载调度业务与配电网运维业务交叉管理信息工作；用电信息采集系统或者配电变压器设备信息采集系统，承载配用电电源支撑服务运行工况管理及信息化；供电服务故障抢修指挥系统或供电服务指挥平台系统，担负与上述所有系统互动交互应用等。本章介绍 IEC 61970/61968 国际标准、信息交互和资源共享原理，介绍信息交互总线及其多系统互动共享资源实现技术。通过分析国内部分应用案例帮助理解信息交互及其相关技术标准在上述系统中的应用。

8.1　信息交互意义与应用框架

从电力公司内部不同应用系统之间，到不同的电力公司之间，使用的数据格式由于各种原因，通常是不同的。这些数据在使用时，通常需要转换成同时适合本公司内部各个应用程序以及适合其他电力公司需要的数据格式。通常情况下，各个应用系统由不同的开发商提供，所使用的数据模型、应用接口、开发平台、运行环境千差万别，大多数应用系统仍然基于专有的数据库，给信息的共享带来很大的困难。若要在现有的应用系统基础上实现信息共享，需要进行大量的数据转换工作，而这些呈几何级数增长的海量数据转换和交换工作浪费了大量的资源。所以，更好的方案是将这种交换建立在一种统一、规范的基础之上。电力系统迫切需要信息的共享和应用集成，这样才能保证互联的电力系统能够可靠运行。

8.1.1　信息交互解决信息孤岛问题

现代电网企业因专业划分和信息化建设，先后部署了如配电自动化系统（DAS）、电网调度自动化系统（又称能量管理系统，EMS）、电网地理信息系统（GIS）、生产管理系统（PMS）、营销系统 95598 系统等网内业务系统。各个应用系统之间以及各个电力公司之间的数据交换越来越频繁。EMS 获取主网模型与配电网模型进行拼接，GIS 提供配电网图形及拓扑，PMS 提供配电网台账，营销系统提供客户相关信息、提供用电信息采集数据、提供台区基本电气量和电量信息，而与 95598 系统的结合则是为了更好地将配电网抢修业务与客户服务融合。配电自动化信息交互典型数据流示意图如图 8-1 所示。

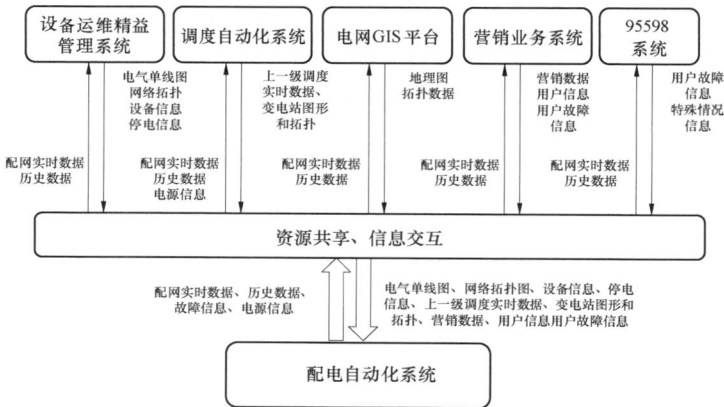

图 8-1　配电自动化信息交互典型数据流示意图

孤岛问题的解决方案之一是建立一个公共的电力系统信息模型，并通过信息交换总线等手段交换模型、图形和数据等信息，实现系统间数据的互联共享。多系统间数据的互联共享解决了信息孤岛、数据冗余等问题，实现信息一次录入、源端维护、全局共享。

　　系统之间做数据交换，传统的方式是在两两系统之间分别做接口。系统间传统交换方式如图 8-2 所示，这种做法效率较低，且维护困难。通过将系统间各自的接口进行集成，形成统一的接口体系，每个系统只需要与这个接口体系做一次对接（适配），由接口体系内部将所有统一格式的数据进行转发，系统间接口集成示意如图 8-3 所示。配电网自动化信息化系统间的信息交换遵循 IEC 61968 标准构架和接口方式已经越来越得到认可。

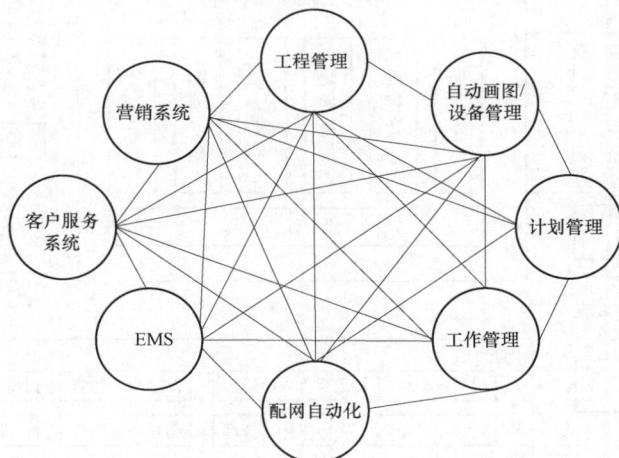

图 8-2　系统间传统交换方式

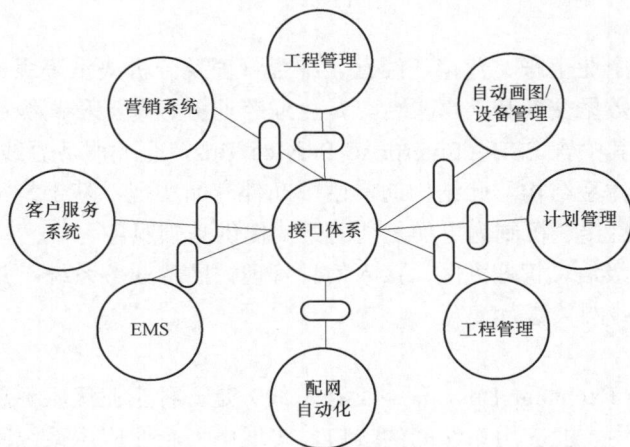

图 8-3　系统间接口集成

8.1.2　支撑配电自动化交换信息相关平台和工具

1. 生产管理系统（PMS2.0）

　　生产管理系统是面向国家电网公司各级管理部门与生产运维检修单位的统一业务系统，系统围绕资产全寿命管理和状态检修，通过优化关键业务流程，与 ERP、调度管理系统、营销业务系统等应用系统实现业务协同。

PMS2.0 的目标是将配电网的运维业务进行集成，结合配电网设备台账及图形拓扑信息、配电网设备运维检修信息、DAS 信息、营销业务系统信息、EMS 信息等，实现了配电网综合指标评价分析以及综合信息展现，准确反映配电网整体运行水平，把控重要运检业务指标，分析配电网存在的薄弱环节。目前，PMS2.0 配电网运维管控集成架构如图 8-4 所示。

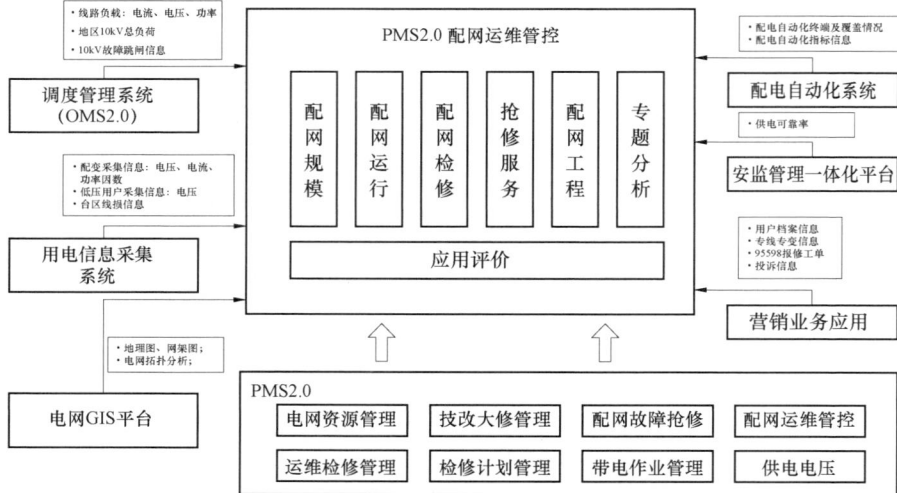

图 8-4　PMS2.0 配电网运维管控集成架构

2. 数据中心

数据中心是电力企业生产、营销、经营、综合管理及分析决策等服务的公共信息平台，是各业务应用系统的数据交换和共享平台，是企业跨业务、跨流程高级应用的部署于省级电网企业的支持平台，其中含 ESB（Enterprise Service Bus，企业服务总线），其总线指作为集成层使用的一个软件体系结构。此结构通常由中间件产品实现，基于统一的标准，通过事件驱动，基于标准的消息传送机制为更加复杂的架构提供基础服务。

ESB 部署在网省级信息管理大区，接入信息管理大区各业务系统，并以 WebService/JMS 的方式与信息交换总线网关进行交互。

3. 信息交换总线

IEB（Information Exchange Bus，信息交换总线）是一种企业级服务总线，它遵循 IEC 标准规范，通过规范电力企业应用系统间的接口，实现电力企业应用系统间信息交换，其部署既可以省级部署并共享各地市企业，也可以各地市独立部署并与省级企业平台进行交换信息。其特点主要是用于沟通非生产控制大区和管理信息大区，通过电力专用横向单向安全隔离装置以 WebService/JMS 的传输方式与网关实现跨信息安全区的信息交互。因此信息交换总线是电力企业应用系统与配电主站系统交互信息的基础平台，其消息封装格式遵循 IEC 61968 标准的相关要求，其数据格式符合遵循 IEC CIM 的电力企业统一信息模型。

企业服务总线主要提供基础服务对各系统提供的数据进行集成，而信息交换总线则为信息交换提供接口——不同系统间数据转换、传输。信息交换总线架构如图 8-5 所示。

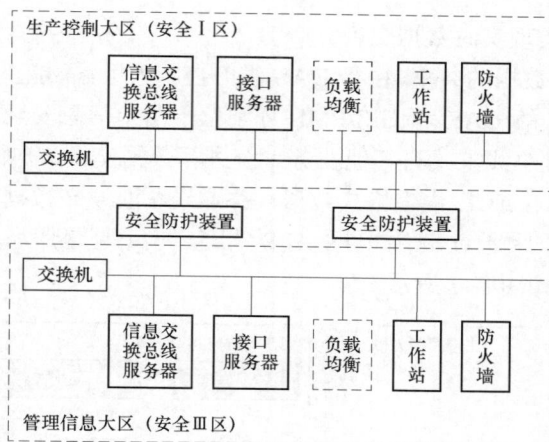

图 8-5　信息交换总线架构

4. 两种交换技术方案

（1）数据中心实现数据交换。

通过数据中心与其他业务系统进行数据交换，侧重部署在信息管理大区系统间的信息交换，如电网 GIS 平台通过企业服务总线（ESB）将专题图数据同步至数据中心，数据中心获取文件数据后，可直接以文件形式或将数据解析后按业务需求对外提供数据。

数据中心在共享区建立统一数据模型，PMS 依据统一数据模型向共享区提供完整准确的电网设备及其运维数据。网省各业务应用依据统一数据模型通过数据中心共享区横向获取所需数据。最为典型的就是 GIS/PMS 模式，两个系统直接通过 ESB 总线进行接口调用和数据共享。基于基础数据维护的集成方式如图 8-6 所示。

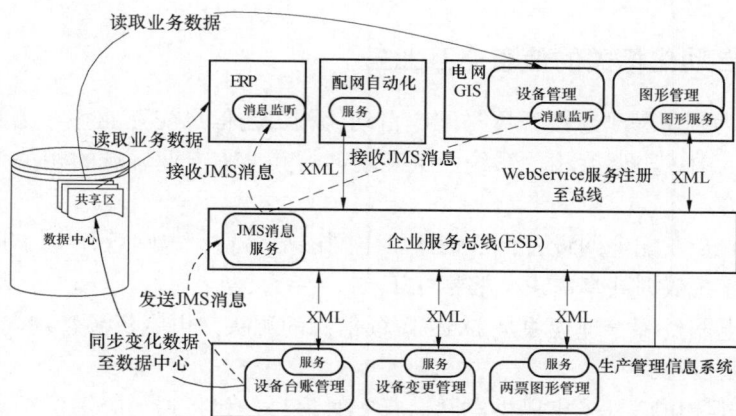

图 8-6　基于基础数据维护的集成方式

PMS 通过调用电网 GIS 平台提供的各类电网空间信息服务（电网图形服务、电网分析服务等）来实现相关业务应用。电网 GIS 平台不仅提供服务，还提供一个图形应用集成框架，将大多数 GIS 集成应用功能封装起来，PMS 通过调用该 GIS 应用框架，即可完成大多数应用集成功能；对于框架无法满足的功能需求，通过直接调用电网 GIS 平台服务来实现应用集成。

（2）信息交换总线实现实时数据交换。

对于 GIS/PMS/DAS 数据的共享，由于 DAS 生产控制大区，不能直接通过 ESB 进行访问，需要加装安全隔离装置，故 DAS 和 GIS/PMS 分别位于两个信息安全大区，并通过信息交换总线实现跨区访问。通过总线方式与其他业务系统进行数据交换，电网 GIS 平台以电网专题图为单位，发布 CIM/SVG 或 E 语言格式数据，并通过总线发布数据更新消息，其他业务系统接收到数据更新消息后通过调用电网 GIS 平台矢量地图服务获取相应数据文件。GIS/PMS/DAS 应用集成如图 8-7 所示。

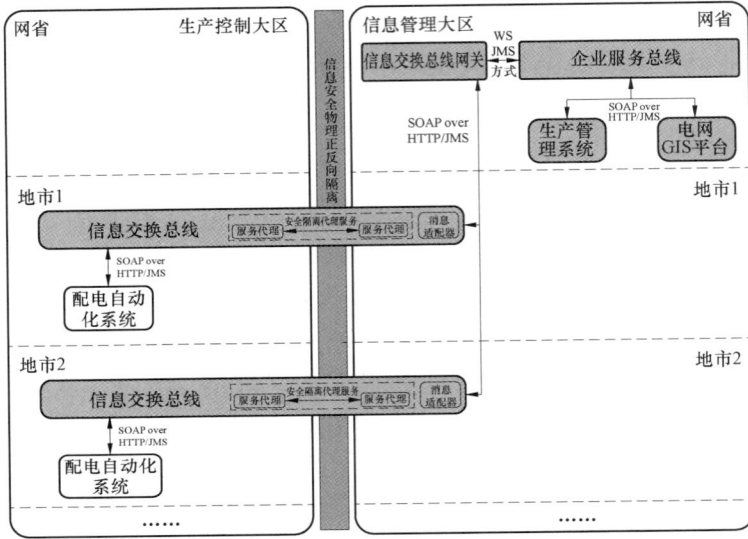

图 8-7　GIS/PMS/DAS 应用集成

8.1.3　与配电自动化相关的信息交互业务

以 PMS2.0 为例，基于总线开展与配电自动化相关的信息交互业务，比如：配电网设备新投异动；故障范围；与调度相关系统业务互动；与其他大专业领域的相关系统间的交互与营销系统的交互等。

PMS2.0 与 DAS 在配电网设备台账信息、电网图形信息、电网运行实时/历史信息、开关变位信息等方面存在数据共享需求。概括如下：

1）PMS2.0 电网资源管理模块是 DAS 图模信息的源头，电网资源管理向 DAS 管理提供电网资源图形台账信息。

2）DAS 通过配电信息采集提供电网运行实时信息，包括遥信、遥测信息给电网资源管理，展现动态电网。

3）DAS 为 PMS2.0 提供电网运行实时（准实时）故障信息、故障结果，支撑 PMS2.0 故障抢修管控，同时 PMS2.0 向 DAS 反馈故障抢修结果信息。

4）DAS 向 PMS2.0 提供符合逻辑的开关变位信息，PMS2.0 进行配电网运维指挥管理。

5）DAS 向 PMS2.0 提供电网运行历史信息，电网专题图（地理图、单线图、系统图、站内图等）进行实时信息可视化展示，如：电流、电压、功率等电网运行实时（准实时）信息。

6）DAS 向 PMS2.0 提供可采集到的配电网设备状态监测信息，PMS2.0 进行状态监测信息展示。

7）DAS 通过海量平台向 PMS2.0 提供电流、电压、功率等电网运行实时（准实时）信息，PMS2.0 辅助进行线损计算。

8）DAS 将日运行指标、月运行指标及 DAS 年度应用情况统计指标送至网省 PMS2.0，总部 PMS2.0 通过与网省公司 PMS2.0 纵向接入，实现 DAS 运行指标及 DAS 年度应用情况统计指标总部报送。指标包括配电终端在线率、遥控成功率、遥信动作正确率、配电自动化覆盖率、配电主站在线率等。

9）PMS2.0 电网专题图管理模块是 DAS 图模信息的源头，电网专题图管理向 DAS 管理提供电网资源图形台账信息及配电网 GIS 图模信息。

数据共享需求框架如图 8-8 所示。

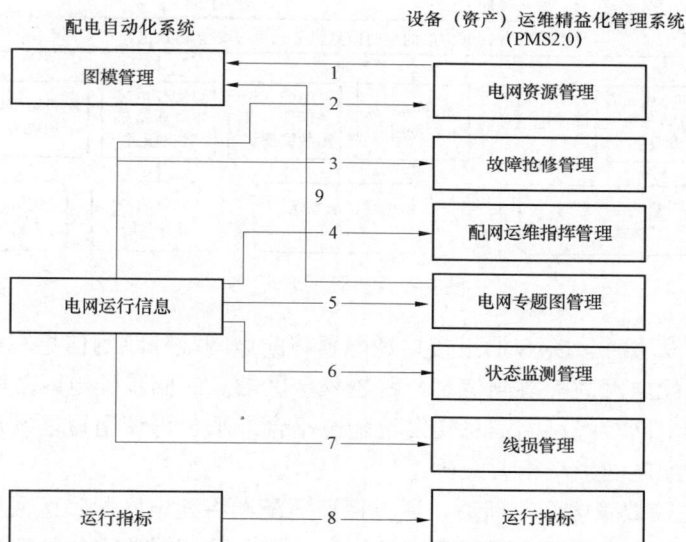

图 8-8　数据共享需求框架

8.1.4　配电自动化信息交互典型应用场景

信息交互的典型应用包括设备新投、异动、配电网故障停电、配电网抢修等场景，在这些场景的应用中都涉及了 DAS、EMS、PMS、GIS 等多个信息系统。通过信息交互使得各系统可能有机协调自动关联，在系统间交换、共享图形、模型和相关数据，支撑各个业务系统能够跨系统实现资源的远端维护，共享信息。

不同系统间的信息交互需要通过总线类的传输媒介，如企业服务总线或信息交换总线等，而总线是面向服务的，各系统要在总线上注册服务（供方），或订阅服务（需方）。如 DAS 向总线注册配电网故障停电信息数据服务、配电网设备遥信/遥测数据服务，配电生产运营指挥平台注册停电风险分析结果数据服务，GIS 注册 GIS 图形数据服务，短信平台注册短信发送服务等；这些系统也会向总线订阅其他系统注册的服务。

因各系统部署在不同的安全区，总线需要完成通过正反向隔离装置在生产控制大区与管理信息大区间同步服务注册与订阅信息的工作。注册/订阅服务如图 8-9 所示。

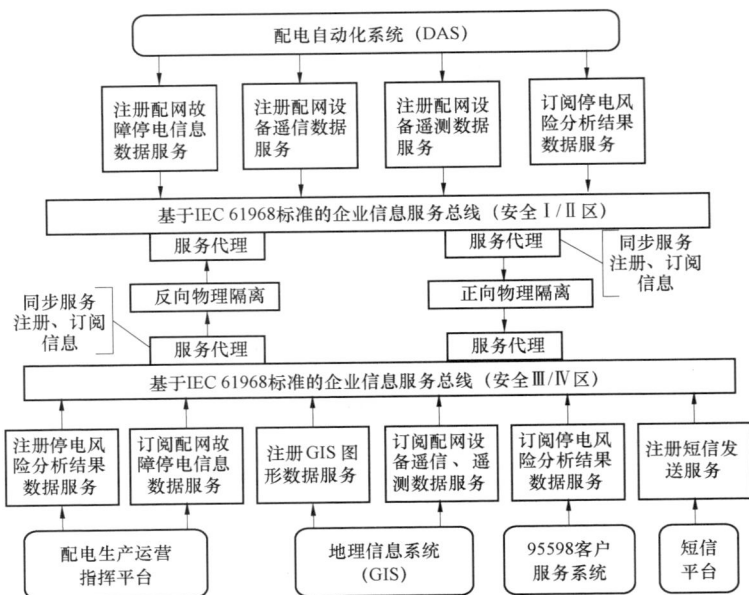

图 8-9　注册/订阅服务

当配电网故障发生时，DAS 通过接口适配器将配电网故障跳闸信息写入总线，总线根据服务订阅信息分发配电网故障跳闸信息，跨越安全区的总线同步配电网故障跳闸信息后，通过接口适配器将配电网故障跳闸信息转发给配电平台，平台再调用短信发送服务将配电网故障跳闸信息发送给配电网生产相关人员。

DAS 完成配电网故障区间判断后，通过接口适配器将配电网故障区段信息写入总线，总线则根据服务订阅信息分发配电网故障区段信息，如向已订阅该服务的配电生产运营指挥平台转发，该平台收到信息后去调用短信发送服务将该信息发送给配电网故障抢修人员，同时调用 GIS 图形数据服务进行故障区段定位。

通过 DAS 隔离配电网故障并完成负荷转供后，DAS 通过接口适配器将配电网停电区段信息写入总线，总线则根据服务订阅信息分发配电网停电区段信息，如向已订阅该服务的配电生产运营指挥平台转发，该平台收到信息后根据停电区段进行用户统计，然后调用短信发送服务将该信息发送给停电用户，同时调用 GIS 图形数据服务进行停电区段定位，还将停电风险分析结果写入总线，总线则向订阅了该服务的 DAS 转发给 SCADA。

通过 DAS 隔离配电网故障并完成负荷转供后，DAS 通过接口适配器将配电网瞬时停电区段信息写入总线，总线则根据服务订阅信息分发配电网瞬时停电区段信息，如向已订阅该服务的配电生产运营指挥平台转发，该平台收到信息后根据瞬时停电区段进行用户统计，然后调用短信发送服务将该信息发送给瞬时停电用户。故障停电用户通知的服务响应如图 8-10 所示。

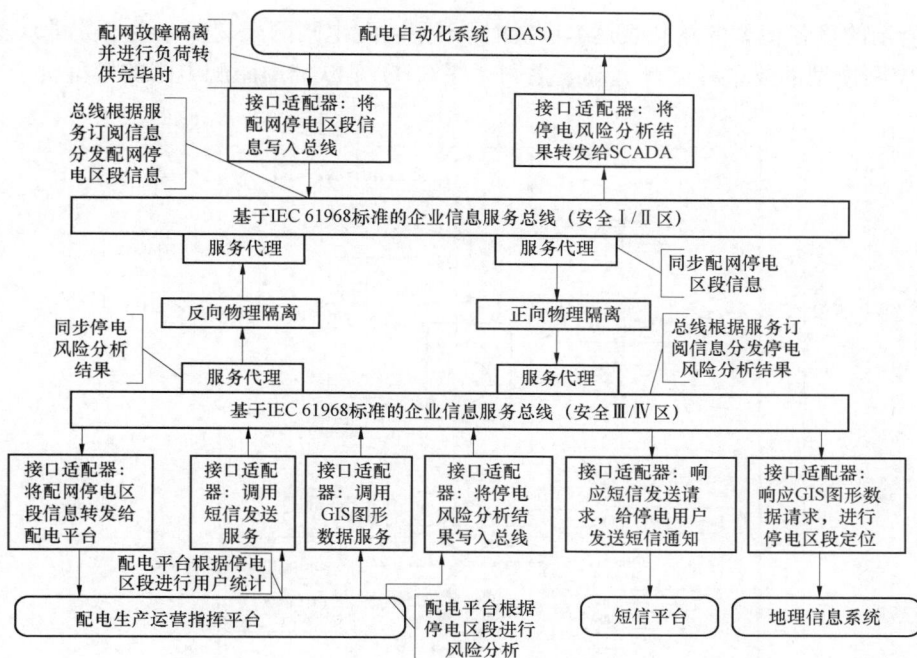

图 8-10 故障停电用户通知的服务响应

当配电网故障抢修完毕并恢复供电后，DAS 通过接口适配器将配电网恢复供电区段信息写入总线，总线则根据服务订阅信息分发配电网恢复供电区段信息，如向已订阅该服务的配电生产运营指挥平台转发，该平台收到信息后根据停电区段进行用户统计，然后调用短信发送服务将该信息发送给恢复供电用户。

8.2 配电网图形与模型

配电网信息交互的内容实质是配电网图形、模型和相关数据，而配电自动化系统运行的基础就是模型和数据，并通过图形化展示来进行管理。

配电网图形、模型及基础数据的维护工作依托于 GIS 和 PMS，并通过与 DAS 间的信息交互，实现其主业务流程——设备新投异动管理。此外在配电自动化系统的主站端，也应有相应手段或工具对配电网图模与现场设备的网络拓扑关系（一次主接线图）、调度命名、编号的一致性进行检查和纠正等相关的运维工作。

8.2.1 配电网模型定义

配电网模型采用公共信息模型（CIM）和通用数据接口（组件接口规范），可以实现各系统应用功能的"即插即用"——以用最小的工作量而且不改动任何源代码就可以安装在系统中的一块软件；这也就是在台式计算机上安装软件包的方式。

配电网模型是配电网一次网架结构和电气设备以及他们的拓扑连接关系的抽象表达方式，模型的内容为设备 ID（与图形关联、对应）、设备类型、设备属性以及拓扑连接关系（如

图 8-11 所示的设备模型的拓扑表达）。与主网不同，配电网网架复杂，设备数量众多、种类繁杂，配电网模型的复杂程度都远高于主网。图 8-11 是欧洲中压配电网的模型例子。

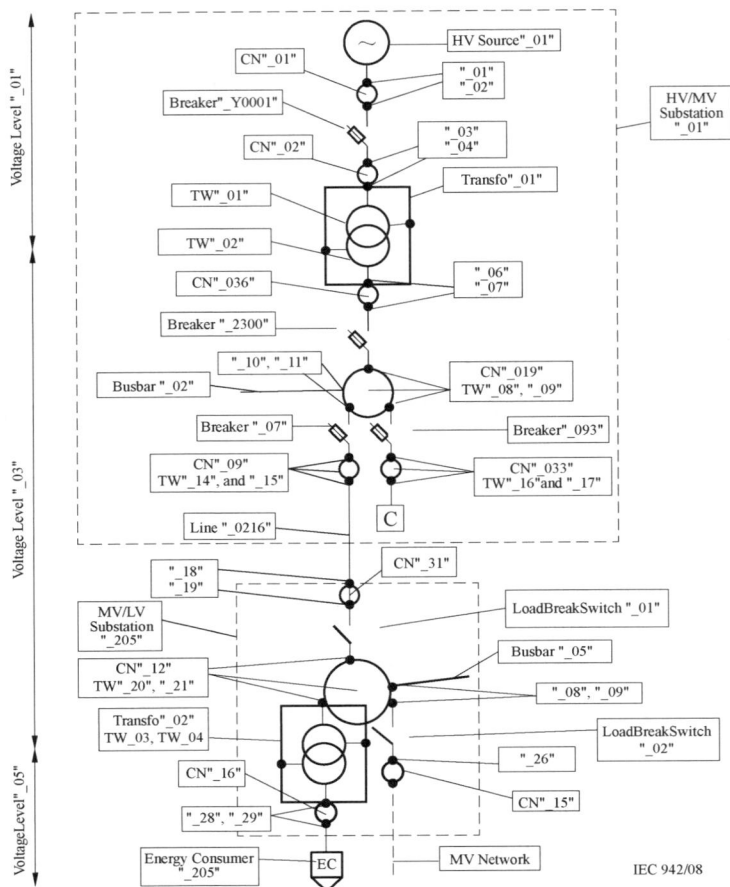

图 8-11　设备模型的拓扑表达

8.2.2　配电网图形分类

配电网图形则是配电网模型的可视化表达，满足使用人员了解电网模型的具体方式。

配电网图形主要指展现配电网电气设备和网络拓扑连接关系的接线图。配电网图形采用分层分区的思想，根据管理方式和作用的不同，从不同的维度，整体到局部，互为补充，共同组成了完整的配电网电气图体系结构，描述和反映了当前配电网的现状，为不同的业务应用提供精简准确的图形。按照应用角度不同，特别针对 PMS 中的图形管理，接线图主要分为如下几类，其中专题图包括单线图、站间联络图、站室图、区域系统图，线路延布图不属于专题图。

（1）单线图。单线图是以单条配电网线路（馈线）为单位的，采用一定布局算法自动生成的从变电站出线到配电变压器或线路联络开关之间的线路相关所有设备，包含变电站、电缆、架空线、开闭所、环网柜、配电变压器等的示意专题图形，并附有一定的统计信息，如线路总长度、配电变压器容量等。典型单线图如图 8-12 所示。

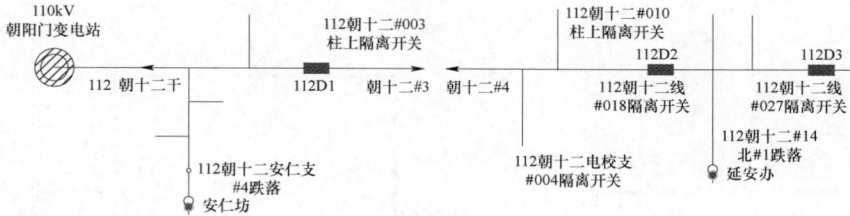

图 8-12　典型单线图

（2）站间联络图。站间联络图是以变电站为单位，由当前变电站出线及其联络线路组成的供电范围所生成的专题图。典型站间联络图如图 8-13。

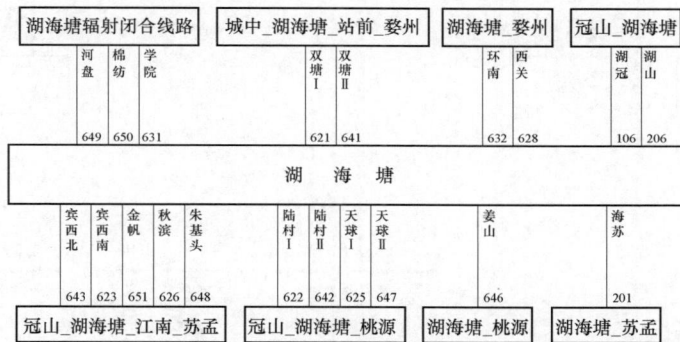

图 8-13　典型站间联络图

（3）站室图。站室图是以开关站、环网单元和起环网作用的配电室等站所为单位，通过生成站所内部接线和其间隔出线的联络情况，直观展示站所供电范围的示意专题图形。图形分布在 A3 幅面内，整体要求清晰、均匀、美观，线路保持正交，尽量避免交叉，线路和设备要保持原有的电气连接关系。典型站室图如图 8-14 所示。

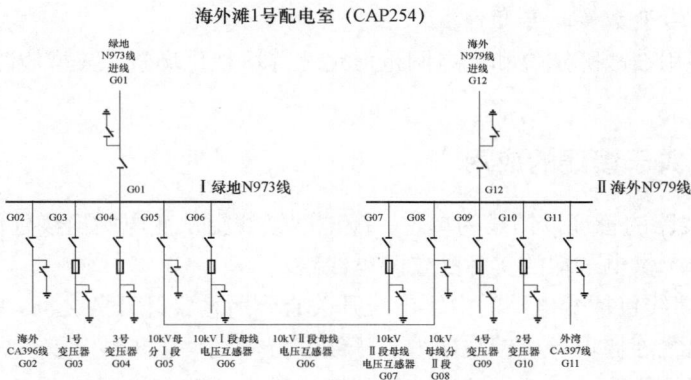

图 8-14　典型站室图

（4）区域系统图。区域系统图包含环网图，是站间联络图里每个供电范围的详细展现，包括供电范围内相关馈线的所有线路设备、厂站设备和站内设备的示意图形。典型区域系统图如图 8-15 所示。

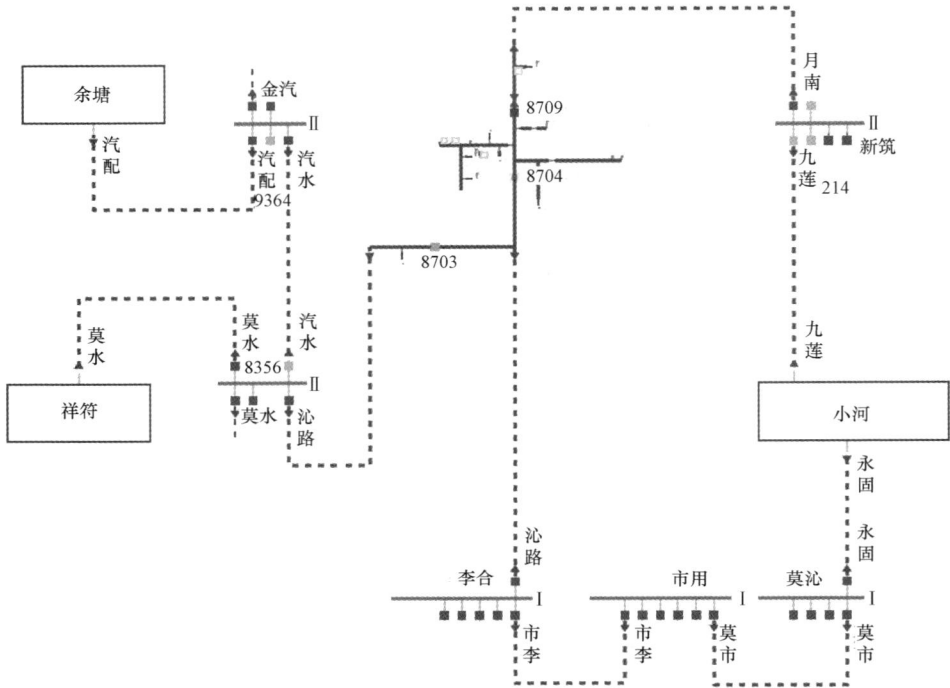

图 8-15　典型区域系统图

（5）线路沿布图。线路沿布图是以单条配电网线路的计划运行方式下所有配电网线路设备的地理沿布图，包含变电站、环网柜、开闭所、柱上负荷开关、柱上断路器、柱上隔离开关、跌落式熔断器、中压架空线、中压电缆、配电变压器、配电室、箱式变压器、分支箱、杆塔等，并附有一定的统计信息，如线路总长度、配电变压器数量、配电变压器容量、公变数量、公变容量、专变数量、专变容量。

线路沿布图多用在故障定位和配电网抢修定位等可视化场景。典型线路沿布图如图 8-16 所示。

8.2.3　PMS2.0 关于馈线的应用

PMS 对配电线路的管理以馈线为单位。配电网馈线指从变电站出线延伸到另一条配电线的联络开关或另一个供电末端的实际配置配电线路。

PMS2.0 中的馈线包括变电站的中压出线开关直到所辖常开开关之间，以及直到中压末端设备的所有中压电气连通设备。馈线区分主干线和分支线，主干线定义为从变电站中压出线开关到常开开关间的线路，对无常开开关的线路，整条线路都设置为主干线；馈线中除主干线之外的均定义为分支线，分支线下可以分为多层。馈线范围示例如图 8-17 所示。

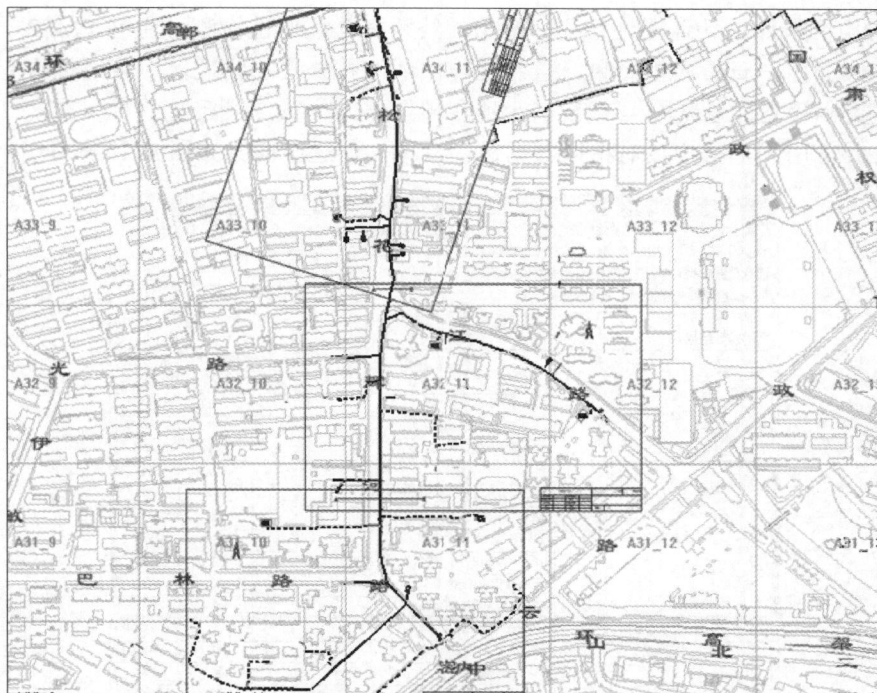

图 8-16　典型线路沿布图

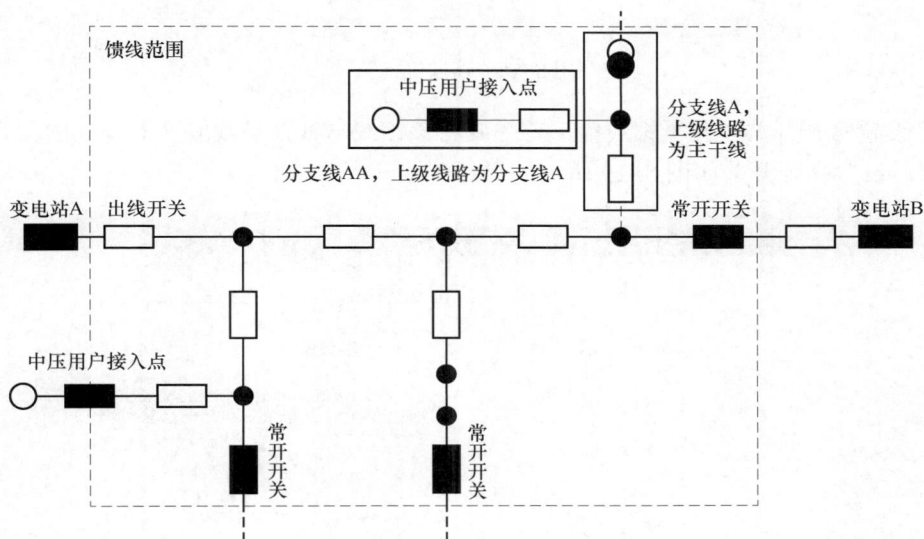

图 8-17　馈线范围示例

　　PMS2.0 对馈线的定义与实际工作中对配电线路的管理要求有较大差异，国网公司在浙江公司试点，在原有馈线模型的基础上进行改造。经过改造，提高了配电网单线图和区域系统图的自动成图效率，便于按照电网拓扑形成树状层级关系，使图形更加实用、美观。PMS2.0 做馈线图形模型管理，首先要完成配电网线路拓扑连通性检测，然后设置常开开关，再进行馈线分析（含创建分支线），经二次发布完成与配电自动化系统的图模交互。

（1）配电网线路拓扑连通性检测。配电网线路拓扑连通性检测可通过 PMS2.0 图形维护客户端—电网分析—查看质检结果，查看配电网线路拓扑连通情况，对连通性进行检查，包括线路缺少起点设备、电缆段/导线段缺少所属电缆/导线、线路图形连通性复核等 7 类可能存在的问题，并应用图形客户端对错误数据进行治理。连通性检查如图 8-18 所示。

图 8-18　连通性检查

（2）设置常开开关。分析馈线前，首先要将该馈线与其他馈线联络的开关的常开状态设置为常开。设置常开开关如图 8-19 所示。

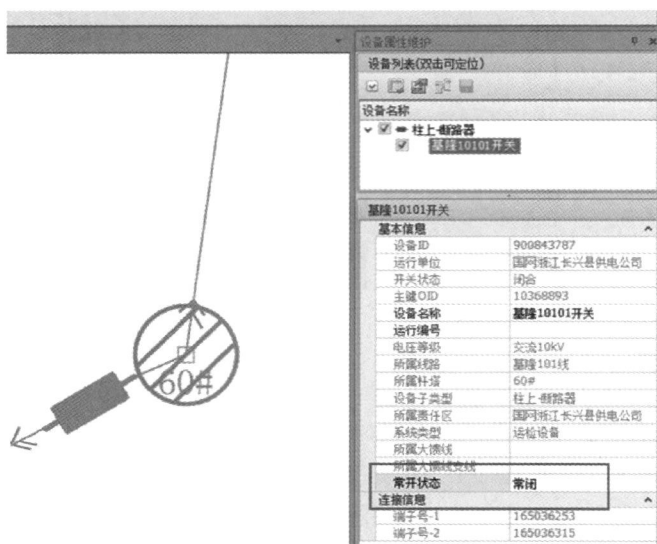

图 8-19　设置常开开关

（3）馈线分析。通过馈线分析功能依次分析出该馈线的所有设备、主干线和分支线，并可进一步创建分支线。馈线导航树如图 8-20 所示。

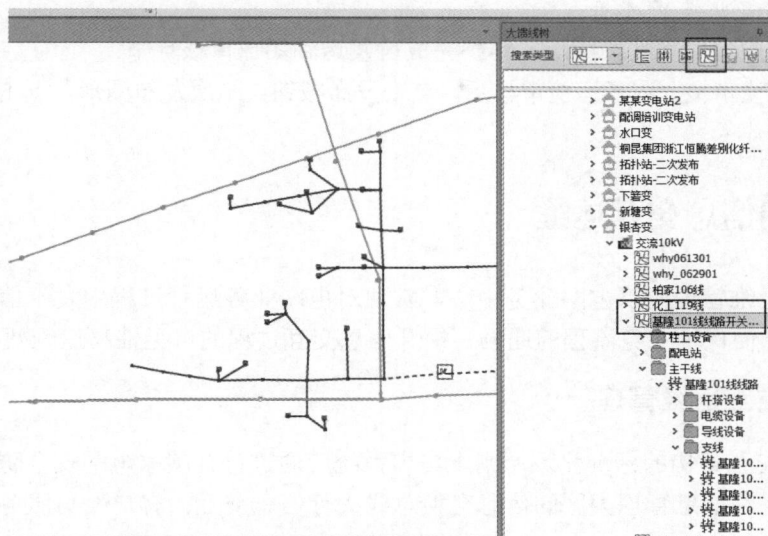

图 8-20 馈线导航树

（4）二次发布。

当配电网拓扑变更且需要向配电自动化系统发布时，设备变更流程如图 8-21 所示，具体流程环节可设计为以下节点：

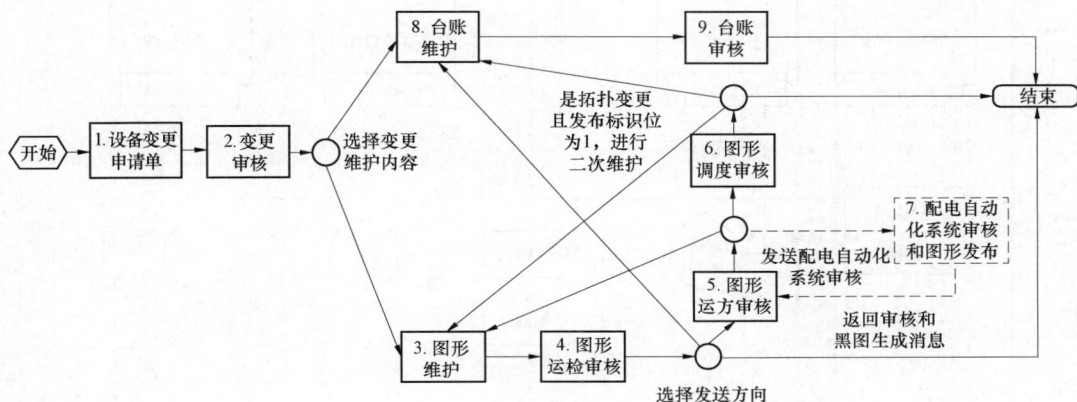

图 8-21 设备变更流程

1）新建设备变更申请单，勾选图形维护，选择输变配标识为配电；

2）设备变更审核，选择变更图形拓扑；

3）维护图形，生成图模，点击发送按钮，发送到图形审核环节；

4）审核图形，点击发送按钮，发送到运方审核环节；

5）运方专业审核，用户选择发送到配电自动化系统审核；

6）自动化审核，外部配电自动化系统审核发布图形后反馈消息给生产管理系统（如

PMS2.0）；

7）运方审核，运方接收配电自动化系统反馈的消息，配电自动化审核通过后，运方点击发送按钮发送到图形维护环节；

8）图形维护，二次维护图形，维护完成后发送到图形审核环节；

9）图形运检审核，图形运检审核后，点击发布按钮，二次发布图形，点击发送按钮发送到结束环节。

8.3 配电网信息交互运维

信息交互运维管理应以电网业务中心，实现对电网业务运行过程中发生信息交互的各个环节的监管，从而保证业务流程的通畅、提升信息交互过程的可见性与运维效率。

8.3.1 信息交互运维管理

（1）信息交互架构的标准化。原则上电力系统应通过符合国家电网安全防护要求并且贯通生产控制大区和信息管理大区的信息交换总线进行信息交互。客户端与服务端的接口符合标准的信息交互规范。

标准信息交互架构如图 8-22 所示，接口与信息交互平台直接进行交互，其中各系统可通过即插即用适配器实现接口标准化工作。客户端与服务端的接口符合信息交互规范，若客户端与服务端使用不同的传输机制，总线通过中间件适配器进行协议转换。

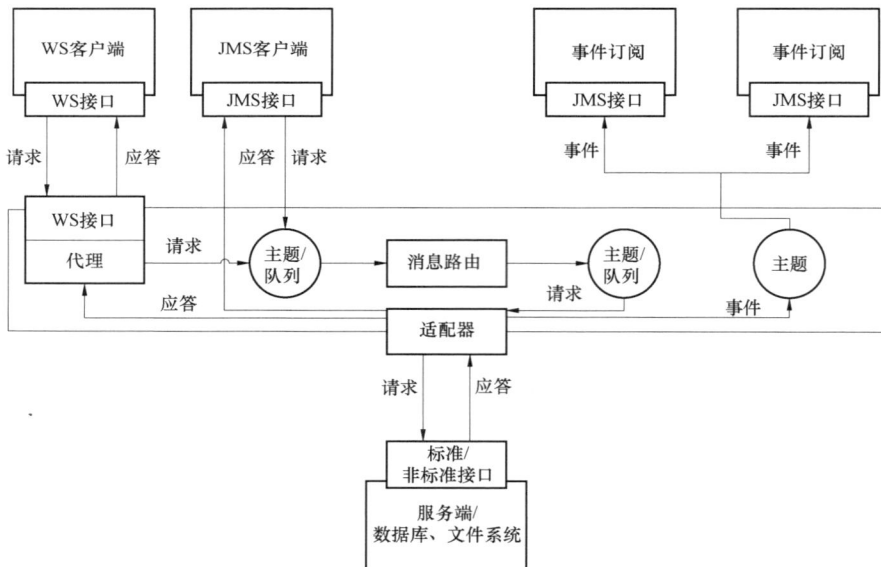

图 8-22 标准信息交互架构

（2）日常运维管理的常态化。目前围绕配电自动化建设并已投运的信息交互服务主要包含如下几类：生产管理系统与 DAS 间的设备资产台账共享，地理信息系统与 DAS 间的图模共享，用电信息采集系统与 DAS 间的配变准实时电气量测断面共享。

信息交互的日常运维管理除了对软硬件本身的巡检，更重要的是实现对这几类服务的常态化运维管理。

1）设备资产台账共享。以金凤区正源北街 11 号环网柜 911 区医院主供电源馈线开关产权归属属性修改为例。PMS 维护台账前如图 8-23 所示，PMS 维护台账后如图 8-24 所示。

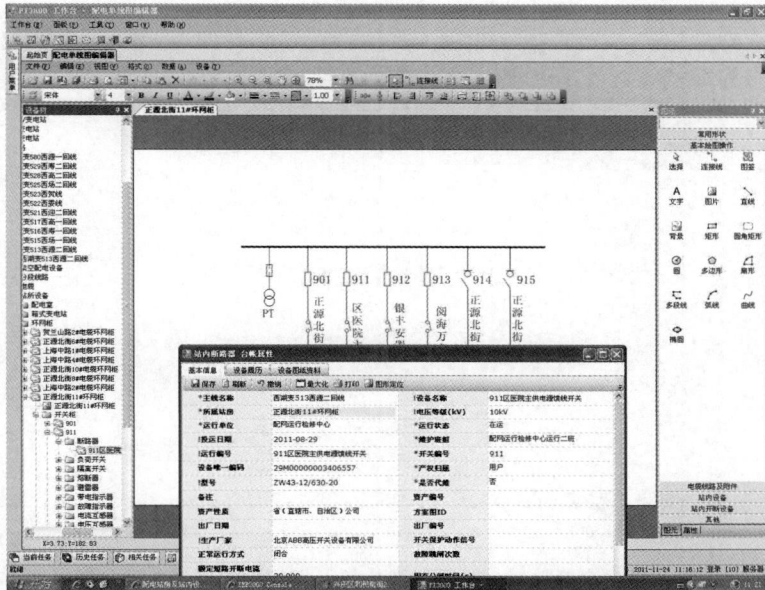

图 8-23　PMS 维护台账前

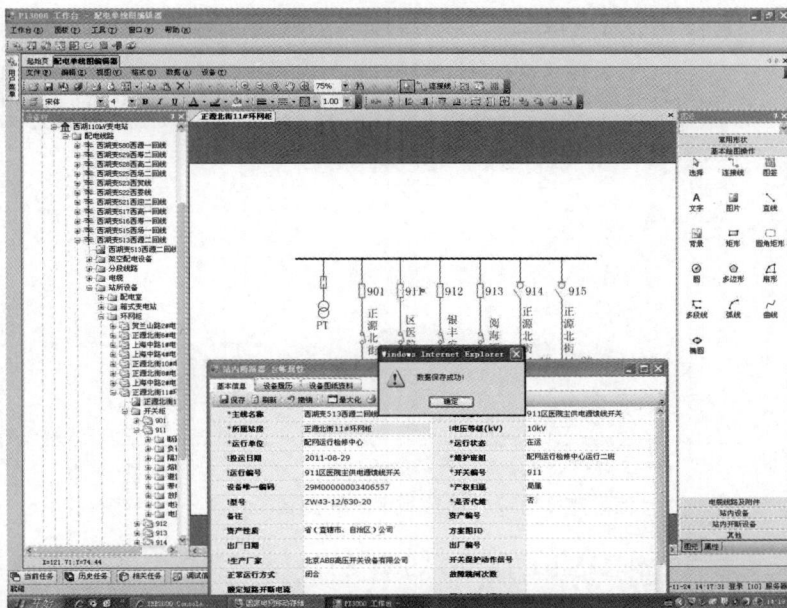

图 8-24　PMS 维护台账后

　　信息交换总线（管理信息大区）接收并追踪到该消息，本例信息交换总线为 IEB2000，PMS 台账修改后该新投异动属性同时同步至结构化数据中心，标准化接口适配器准实时捕捉到该新投异动并发布标准封装报文至信息交换总线，经过路由封装加密后经安全防护装置交换至信息交换总线（非控制区），明文消息如图 8-25 所示的信息交换总线（管理信息大区）捕捉到的新投异动台账报文。

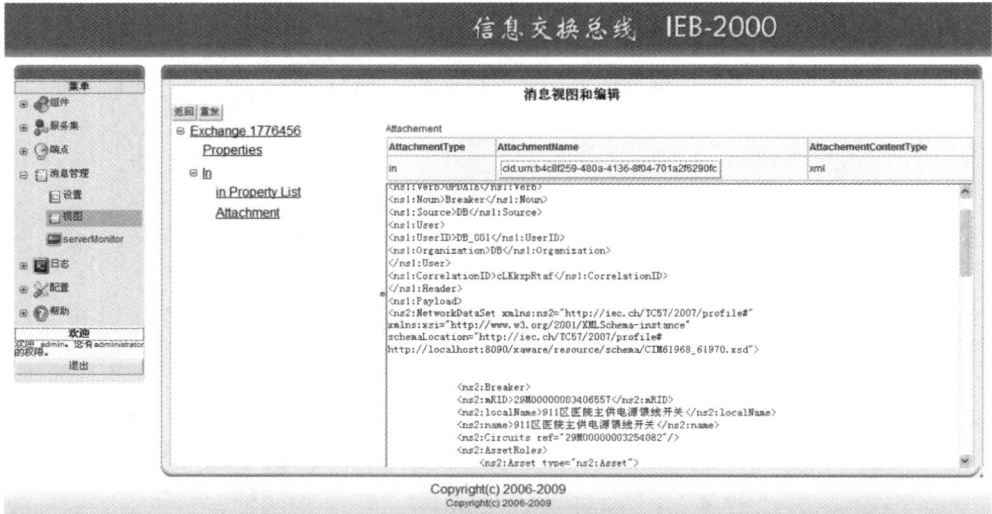

图 8-25　信息交换总线（管理信息大区）捕捉到的新投异动台账报文

　　信息交换总线（非控制区）追踪到该消息并解析，报文如图 8-26 所示的信息交换总线（非控制区）捕捉到的新投异动台账报文。

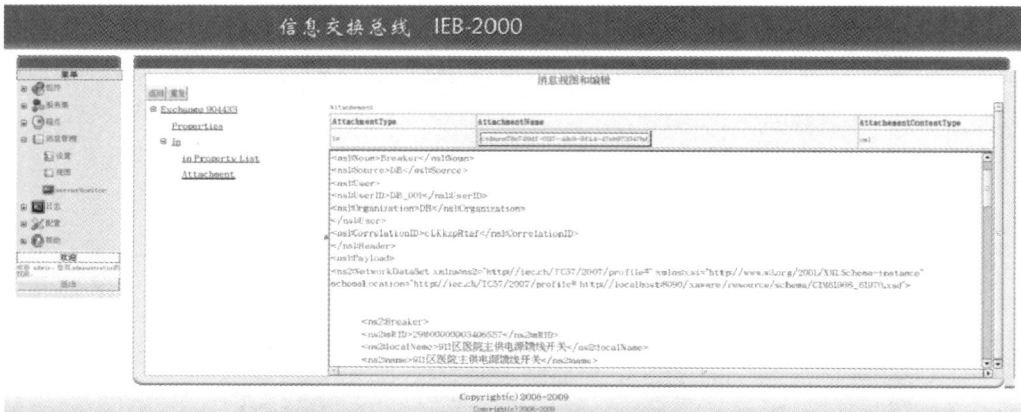

图 8-26　信息交换总线（非控制区）捕捉到的新投异动台账报文

　　基于信息交换总线的消息路由功能，DAS 成功订阅该设备新投异动信息，并更新入库展示，至此，可以确定设备资产台账共享服务是正常的。配电主站系统更新异动台账如图 8-27 所示。

图 8-27 配电主站系统更新异动台账

2）图模共享。图模共享相比其他信息交互服务而言比较复杂，我们在配电自动化主站监视画面中看到的厂站图和配电线路图及他们所展示的配电网模型都是通过信息交互服务从 GIS 和 PMS 获取的。

3）配电变压器准实时量测断面共享。与设备资产台账、图模共享不同的是，配变准实时量测断面可以由用电信息采集系统提供，该服务的正常运行应建立在营配贯通的基础上。

例如，用电信息采集系统召测当前 28 号北京路政府家属楼公用变压器有功无功数据，同时通过标准化接口适配器按某准实时周期（可约定，通常考虑到 GPRS 流量，一般上送周期设为 15 分钟）封装消息并对全网发布。用电信息采集主站系统召测集中器（或者采集终端）数据如图 8-28 所示。

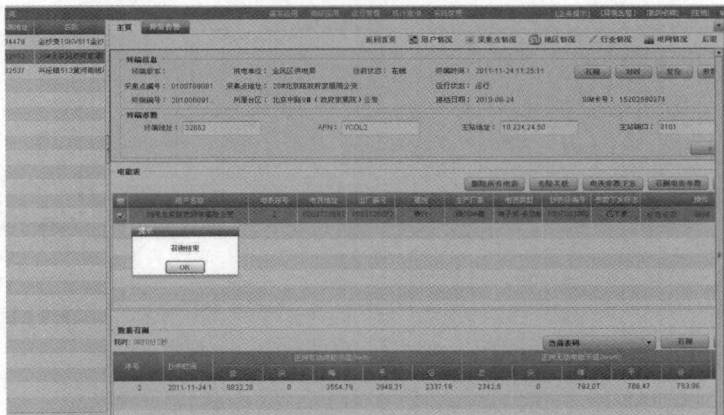

图 8-28 用电信息采集主站系统召测集中器（或者采集终端）数据

该消息经封装和安全防护装置交换至信息交换总线（非控制区），解析后报文如图 8-29 所示的信息交换总线（非控制区）捕捉到的断面报文。

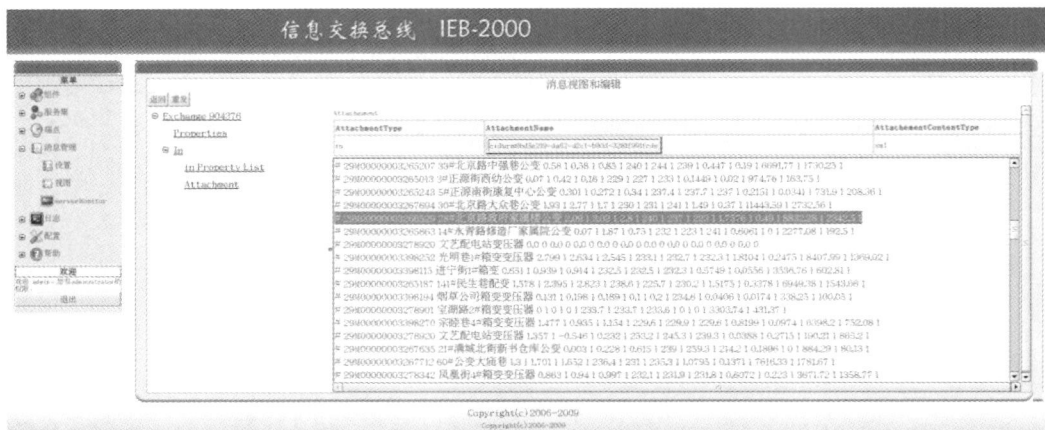

图 8-29　信息交换总线（非控制区）捕捉到的断面报文

配电主站成功订阅该设备新投异动信息，并更新入库展示，至此，可以确定配变准实时量测断面共享服务是正常的。配电主站展示订阅到的电气量信息如图 8-30 所示。

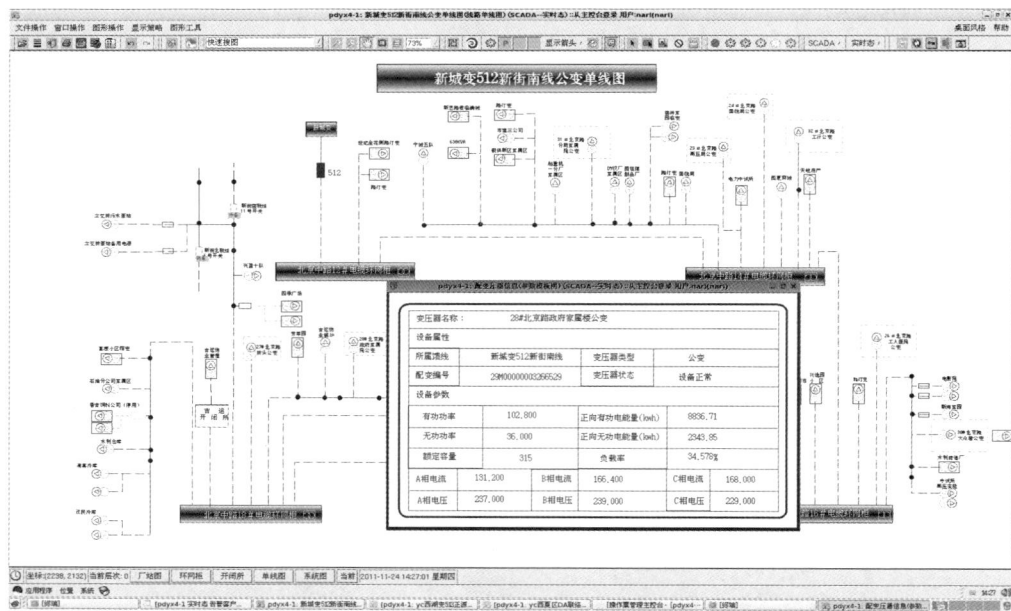

图 8-30　配电主站展示订阅到的电气量信息

（3）信息交互过程的可视化。在常态化信息交互运维管理的过程中，应建设可视化展示信息交互过程的功能，能够大幅缩短查找问题的时间，便于暴露问题的出现位置，最终提高运维管理的效率，以下为 GIS 与 DAS 图模共享过程的可视化运维管理案例。

图模共享示意图如图 8–31 所示，描述了 GIS 与 DAS 图模共享的全过程：

1）GIS 图模变更后将变更消息放入约定 IEB 相应队列；

2）IEB 监听相应队列，获取变更消息；

3）IEB 将变更消息经安全防护装置发送给 DAS；

4）DAS 接收到变更消息后，开始请求模型；

5）IEB（管理信息大区）从 GIS 取得模型后经安全防护装置给 DAS；

6）DAS 接收到模型后，开始请求图形；

7）IEB（管理信息大区）从 GIS 取得图形后经安全防护装置给 DAS。

图 8–31　图模共享示意图

显而易见，当这样一组复杂的信息交互过程发生问题时，快速运维管理的难度是非常大的，可视化能快速通知运维管理人员问题节点，从而提高运维管理的效率，一种可视化运维管理界面如图 8–32 所示。

8.3.2　配电网图模的维护

馈线自动化（FA）及负荷转供已成为配电主站的基本功能。这两项功能的有效应用依赖正确的配电网模型和参数。模型的正确性主要体现在拓扑连接关系上，现有工具对模型的检查校验多为语法校验和对应关系检查。

系统图模通过数据中心做接口、企业服务总线或信息交换总线方式进行维护。配电工区在 PMS 中维护基础数据和模型，工区和调度在 GIS 中维护图形，自动化在配电主站主站端维护模型和图形。

维护内容包括：设备基础信息、坐标信息、照片信息、拓扑连接关系和单线图、环网图、全网图等。

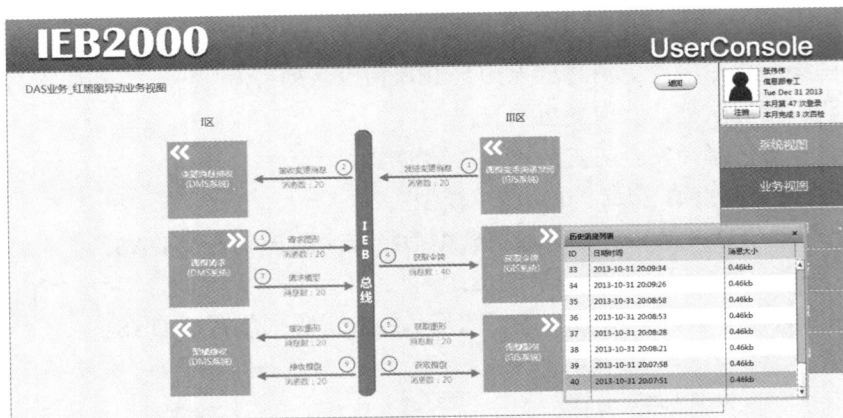

图 8-32　一种可视化运维管理界面

配电网建模主要通过 GIS/PMS 的设备新投异动流程来构建，配电主站通过导入并进行一体化映射并校核，从而实现整个配电网的建模与应用目标。

1. 配电主站自建模

配电主站通过可视化图形编辑工具进行自建模，这是一种传统的建模方法，配电主站绘图界面如图 8-33 所示，通过拖放式的作图以及"所见即所得"的图元编辑和属性编辑可完成图形部分工作。另外通过导入外部系统，比如通过 GIS/PMS 的设备新投异动流程来构建，那其源头的图模数据将得到最好地支撑和唯一性，也使得各个专业之间建立了技术的和管理上的联动机制，保障了应用的一致性和信息变更的及时性。

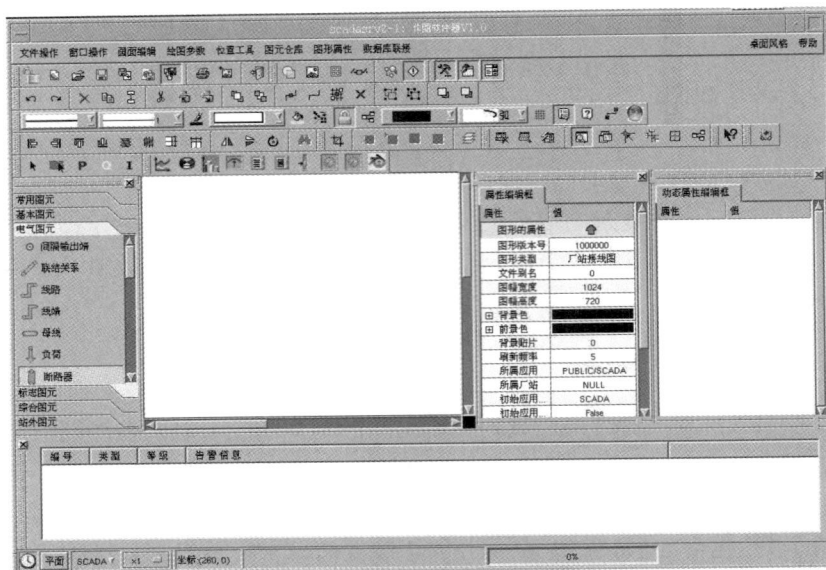

图 8-33　配电主站绘图界面

自建图模工作中，图形联库和节点入库则是图形编辑器最重要的功能之一。图形联库使图元与数据库相联，实现图模库一体化。保证图形上所有图元都联库以后，节点入库操作用以形成电力网络的电气连接关系,是高级应用软件中拓扑分析的基础。

(1) 设备联库。

对于新增设备的联库有两种方法:

方法一:打开数据库,在相应设备表中新增一条记录,添加这条记录的各个域值,然后在作图画布上添加图元,与这条新增记录相联。

方法二:作图画布上新增图元,在数据库属性编辑框中设置该图元的数据库属性。该操作实际上作了两个工作:一是在数据库相应的设备表中新增一条记录,二是将所编辑的图元属性添加到这条新增记录中。

对于已有设备的联库,可右键点击该设备图元,选择检索器,通过检索器找到数据库中该图元对应的设备表中的设备,托拽到图元上,完成联库。

(2) 节点入库。

点击菜单/工具栏中的"节点入库"按钮,节点入库对话框如图 8-34 所示,弹出选择入库厂站对话框,完成节点入库工作。

2. GIS/PMS 图模导入

按照信息一次录入、源端维护、全局共享思想,电网 GIS 平台已成为电网资源空间数据维护的统一平台。GIS 图模维护既包括沿布图图形、台账及拓扑的维护,也包括专题图成图和维护。GIS 维护完成后,需要将其图模转化为 CIM/SVG 交换格式数据,共享给其他系统使用。本节以 GIS 维护图模并导入到配电主站系统为例,具体说明图模维护流程(以 GIS/配电主站为例)如图 8-35 所示。

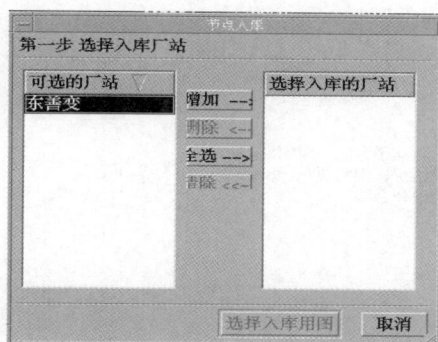

图 8-34　节点入库对话框

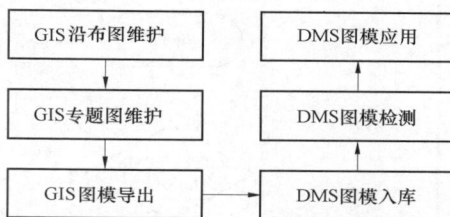

图 8-35　图模维护流程(以 GIS/配电主站为例)

3. GIS/PMS 图模维护

GIS/PMS 图模维护包括地理图图形台账维护、专题图自动成图、图模导出三部分工作。其中地理图图形台账维护涉及 GIS 的图形维护和 PMS 的台账维护。具体的 GIS 图模维护流程如图 8-36 所示。

(1) 维护地理图(沿布图)图形台账及拓扑。

1) 维护 PMS 台账。GIS 系统在维护电网资源图形和拓扑的同时,需要对 PMS 的生产台账进行同步维护。GIS 与 PMS 台账的差异之处就在于 GIS 只包含基础台账信息,而 PMS 存储设备专业台账。即 GIS 台账是 PMS 台账的一个子集。GIS 的业务系统字段保存的是对应的

配电自动化运维技术

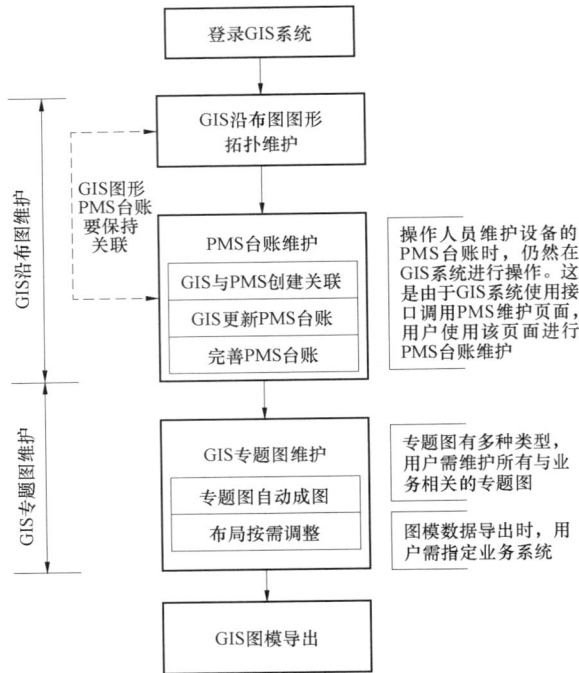

图 8-36　GIS 图模维护流程

PMS 台账 ID，两个系统通过该 ID 进行关联。GIS 与 PMS 进行了接口集成，在 GIS 系统中可直接调用 PMS 的台账页面供用户进行台账维护。

PMS 台账出现三种情况。一是 PMS 未与 GIS 进行关联，二是 PMS 台账不完整，三是 GIS 与 PMS 台账不一致。PMS 台账维护流程如图 8-37 所示。

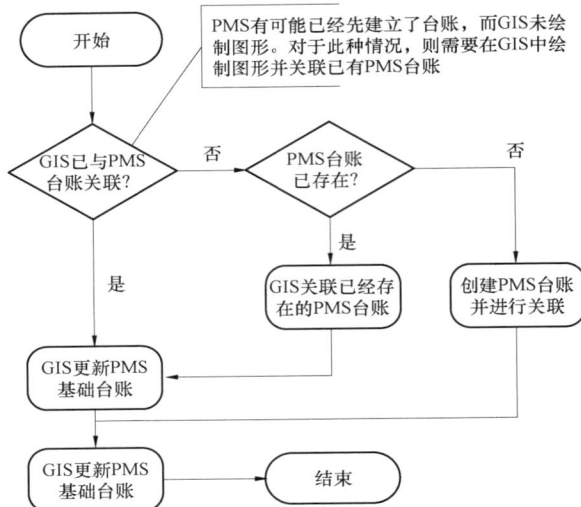

图 8-37　PMS 台账维护流程

台账关联、台账创建、台账更新操作均是在 GIS 属性窗口进行，用户需先选择设备并显

246

示设备台账页面，即 GIS 设备属性页面如图 8-38 所示。

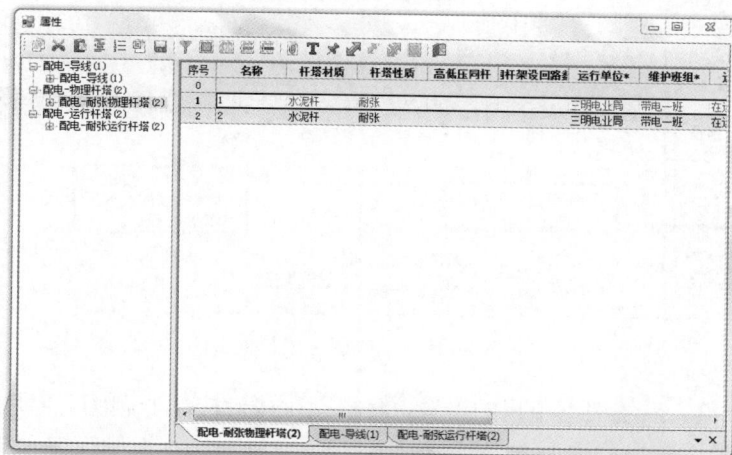

图 8-38　GIS 设备属性页面

2）设备关联。设备关联的前提是 PMS 已经建立了台账，该操作是把 GIS 与 PMS 的 ID 进行关联。点击属性页面的关联 按钮，弹出 PMS 设备选择页面。选择对应的设备，选择"确定选择"按钮，弹出"关联成功"，确定，关闭 PMS 设备选择页面，操作完成。

3）解除关联。设备解除关联的前提是 GIS 已经与 PMS 建立了关联，如果设备已经与 PMS 关联，则解除关联按钮可用。点击属性页面的"解除关联"按钮 ，弹出提示框，确认，解除关联，操作完成。

4）新增 PMS 台账。在 GIS 有图形、PMS 无台账的场景下，用户需新增 PMS 台账。点击属性页面的"新增关联"按钮 ，在 PMS 系统中创建新设备，并完成关联，弹出 PMS 数据信息。

5）修改 PMS 台账。在 GIS 与 PMS 建立关联后，用户可修改 PMS 台账。点击属性页面的点击"查看专业数据"按钮 ，弹出专业数据显示页面，用户进行查询和编辑操作。

6）维护专题图图模。

地理图维护完成后，就可以根据地理图编辑修改后的数据生成对应的专题图，或者在已有专题图的基础上进行局部更新。专题图维护流程如图 8-39 所示。

7）新建专题图。大部分的专题图是以馈线为单位进行的，图 8-40 展示的是单线图生成界面，即单线图的生成过程。用户需先在左侧导航树选择配电馈线，然后配置单线图的信息，点击"新建"按钮，GIS 将自动根据地理图的信息生成单线图。

对于不同的应用需求，可能对应多种专题图类型，如一条馈线设备的更改，可能影响到单线图、FA图更改，用户需对多种类型的专题图都进行修改

循环处理每类专题图

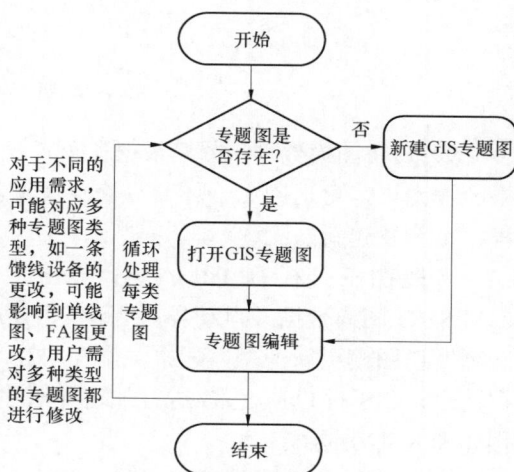

图 8-39　专题图维护流程

247

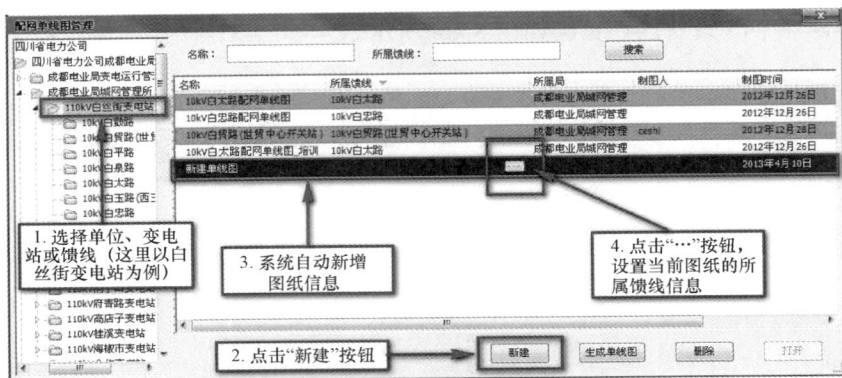

图 8-40　单线图生成界面

8）专题图调整。系统根据用户的设置，将自动生成对应的专题图，用户在导入图基础布局上调整后的专题图布局如图 8-41 所示。

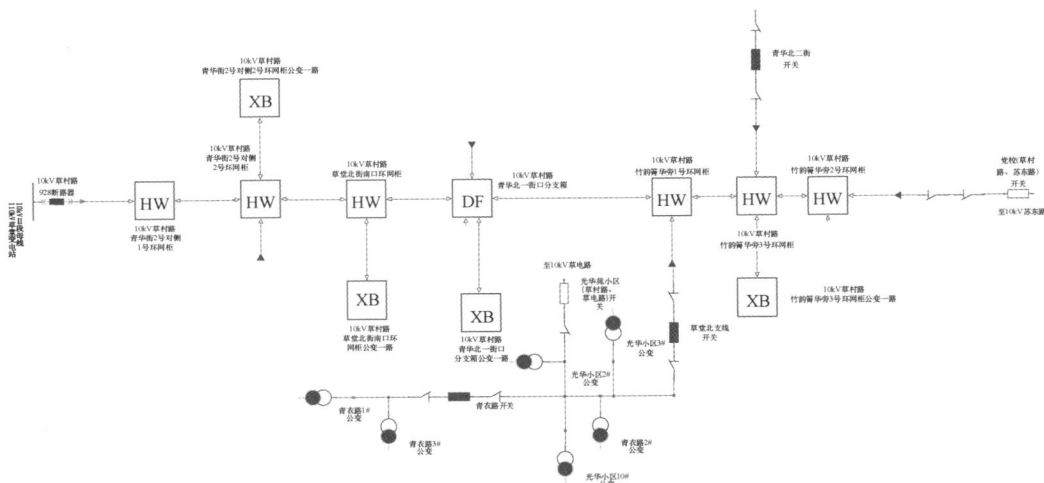

图 8-41　调整后的专题图布局

9）发布图模数据。图模数据在正式发布前都应经过专项审核并通过。审核未通过的，如果流程允许，可退回上一环节经修改后重新进行审核；如果流程不支持回退，则需终止该流程，重新发起新的流程。

专题图工具栏有 CIM/SVG 导出工具按钮，用户通过点击可将对应专题图生成为 CIM/SVG 图模数据并自动导入到配电主站系统。对系统而言，此过程 GIS 会先向 ESB 消息队列发送图模更新消息，配电主站在 ESB 侦听收到消息后，会向 GIS 发送 CIM/SVG 图模数据请求，GIS 对 CIM/SVG 进行加密并压缩后，返回给自动化系统。GIS/配电主站图模导出流程如图 8-42 所示。

10）GIS 发送图模发布消息。GIS 将图模数据发送给配电主站系统时，不会直接发送 CIM/SVG 数据，而是先发送一个图模发布消息到 ESB 消息队列。配电主站系统会在 ESB 消息队列进行侦听，该消息较为简单，只包含了图名称、ID、类型等相关信息。

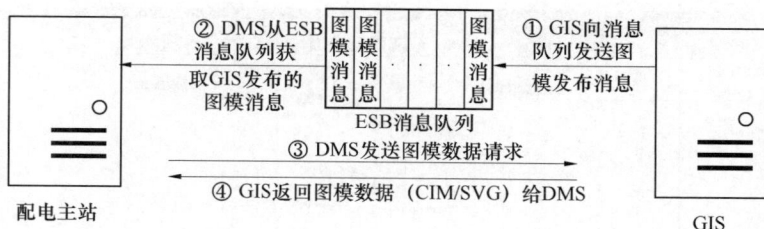

图 8-42　GIS/配电主站图模导出流程

11）配电主站发送图模数据请求。配电主站在 ESB 消息队列侦听到图模发布消息后，会对消息内容进行处理，构造图模数据请求，并把此请求直接发送给 GIS 系统。

12）GIS 返回图模数据。GIS 在接收到配电主站的请求后，会对请求中的图模数据进行BASE64 加密和压缩，形成二进制数据。并将其返回给配电主站系统。

13）配电主站解密图模数据。配电主站收到加密后的二进制数据流后，会将其进行解压和解密，恢复为 CIM/SVG 文件格式。

14）配电主站图模导入。GIS 将 CIM/SVG 图模数据发送到配电主站后，配电主站需要将GIS 图模入库并应用。

15）GIS/PMS/配电主站校验工具。涉及图模的各系统都有自己的模型校验工具，通常以模块的形式嵌入系统作为业务流程的一个环节。但这类工具通常功能比较简单，如 XML 语法校验，唯一性约束校验（设备 ID 和名称是否唯一），检查节点或设备是否孤立（不与其他设备或节点相连），检查设备必备属性是否缺失或为空域等。

（2）拓扑验证。

简单的拓扑连接关系验证可以通过配电自动化主站的网络拓扑着色功能来实现，从电源点依次遍历各馈线至分支或联络开关，这个需要人工在主站监控界面上完成。且无法发现一个设备两端节点颠倒这类错误。

一种 DATS-1000 配电自动化主站注入测试系统具备 CIM 模型导入功能，可以导入单线图或系统图的图模文件。在导入过程中对图模文件进行校验，部分图模的拓扑连接错误还可在成功导入后通过人工视觉对比来发现。如某 SVG 系统图局部应为模型导入—SVG 原图如图 8-43 所示，实际导入后为模型导入—拓扑错误图如图 8-44 所示，经查为图形与模型不对应，拓扑连接关系错误造成。

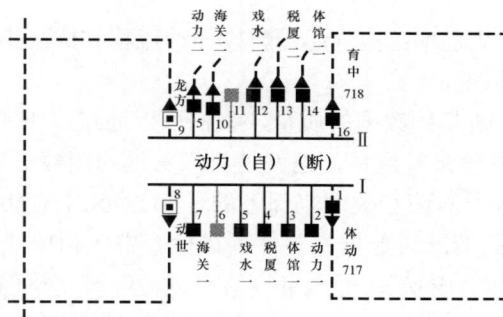

图 8-43　模型导入—SVG 原图

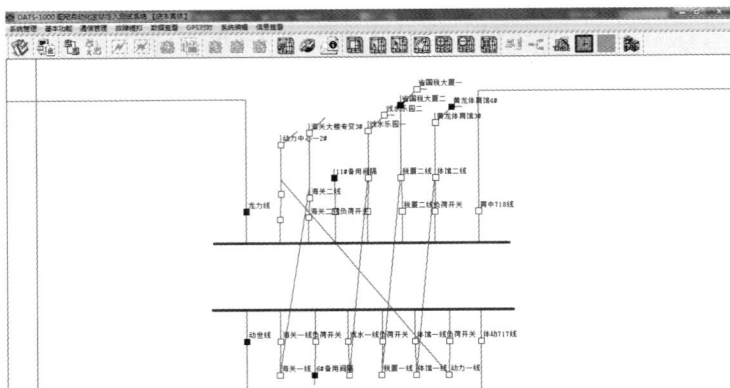

图 8-44　模型导入—拓扑错误

1）一致性校验。由中国电科院与上海交大合作研发的模型一致性校验工具，用于校验模型与标准的符合程度。在新的国标《电力信息交换总线技术导则》草稿中，倾向于将此类工具作为总线功能的一部分（模块）。

2）模型测试。用仿真或主站注入测试方式验证模型正确性。

在国家电网对公司各地市公司建设的配电自动化系统进行的工程验收测试中，通过主站 FA 测试、现场 FA 测试以及设备新投异动管理流程（测试模型在系统间交换）测试均有发现模型错误，特别是拓扑连接关系错误的情况。

4. 图模数检查

本节介绍图模数的检查工作，因为此类查验成形的工具较少，更多地需要通过人工核实。

（1）基础数据检查。

不仅在日常维护中，在配电网建设的信息化水平检查中，也对基础数据有相应要求，常通过一些指标来衡量。

1）设备关键属性完整率：检查电网 GIS 平台中各类电网设备所有关键属性全部维护字段的完整性。

2）站内图完整率：检查电网 GIS 平台中各类站房中完成站内图绘制的完整性。

3）配电图数对应率：检查电网 GIS 平台中各类配电设备中实现了与 PMS 台账对应情况。

4）配电图数一致率：检查电网 GIS 平台中已完成与 PMS 台账对应的配电设备中关键属性与 PMS 一致情况。

5）配电设备新投异动流程率：检查通过新投异动流程完成配电设备投运、退役、复役等运行状态变化过程管理的情况。

6）上述指标基本能反映基础数据的质量，我们可以通过以下手段进行核查。

7）PMS 与 GIS 的设备信息一致性，也就是我们常说的图数一致率检查。"源端维护"是由 PMS 与 GIS 中设备的一一对应和关联来保证的，在 PMS 中有相应的××功能菜单，可以检查出系统内图数不一致的情况。数据完整性。在检查中包括单线图资料完整程度、环网联络图等系统图资料完整程度、开关站/配电室等站室设备资料完整程度、配电网中压设备台账完整程度、低压用户数据维护完整程度、电缆通道的相关资料完整程度等。借助 PMS 的××功能菜单可以对设备台账的数据完整性进行检查，最低要求是设备台账中的必填项全部填写，对于非必填项也是要求尽量填写完整的。

8）涉及信息交互，基本要求是营配数据 100%贯通，营销的低压用户数据和 PMS 的设备台账能在配电主站中调阅。目前没有相应检查工具，检查手段是在配电主站监控画面中选择设备调阅设备台账或选择配变调阅台区信息（营配贯通应该有配变监测数据，上海做到了低压用户数据接入）。

（2）图模交互数据检查。

现有的对图形和模型进行检查的工具都是基于语法检查，一部分是检查 XML/SVG 内容是否符合 XML 语言规范，另一部分则是对图模的结构进行检查，如设备编号唯一性的检查等，且此类工具多为各系统的功能模块，作为流程环节中的一部分（校验环节）存在。对语义如拓扑连接正确性进行检查的工具很少见。

孤立设备、孤岛、端点与设备的对应、图模一致性、模型错误、图形错误这些都是需要通过工具来给予校核。

5. 配电网图模运维管理

配电网图模运维管理参照 Q/GDW 626—2011《配电自动化系统运行维护管理规范》和《国家电网公司电网地理信息服务平台运行维护管理规范（试行）》执行。各公司应该按照专业分工围绕配电网模型、图形、基础数据在各自系统中的维护、系统间的交互以及流程各环节的管控展开工作。

6. 设备新投异动管理

配电网图模除了满足基本的 SCADA 监控应用外，主要应用在对配电网的动态变化管理，针对配电网多态（实时态、研究态、外来态等应用场景）多应用和多态模型进行管理。其中，设备新投异动管理是核心内容，能反映各系统内是否有效运作，相关系统间是否有机结合。

设备新投异动管理指对设备新增、设备运行状态变更、刷号以及位置变化等的管理，设备新投异动是电网生产运行中的重要业务，关系到供电网络运行参数和网架结构。

设备新投异动管理是系统间信息交互的一种典型应用场景，有如下 4 个要点：

1）根据"源端维护、全局共享"的原则，应保障生产管理系统、电网 GIS、配电自动化系统对现场关键配电设备能一一关联，保持对应关系。

2）生产设备现场实际运行工况，是各系统基础数据准确性验证的唯一标准。各系统图形资源、基础台账的更新应与现场设备新投异动实际保持一致，做到真实、准确、及时。

3）新投异动管理涵盖生产系统中低压工程、大修技改工程、生产维护、小区配套费工程和线路迁改等产生的配电设备新投异动管理，以及公司营销系统中业扩报装、增减容、业务变更等产生的配电设备新投异动管理。

4）PMS 系统生成设备新投异动单，新投异动单随流程传递。新投异动单信息包括方案编号、线路信息、台区信息、改造原因、计划开始日期、计划结束日期、改造方案描述及线路、台区改造的具体信息。

7. 红黑图机制

所谓"红黑图"，其实是一种通俗的说法，它实际上描述的是配电网网络模型的一个动态变化过程。它不仅涉及图形，还涉及网络拓扑以及设备的投运状态。

（1）三种图形状态。

在配电网系统中存在着很多类的图形，包括网络图、地理图、单线图、沿布图、站内图等。其中网络图和地理图描述整个配电网络的总体结构；单线图和沿布图描述单个馈线的详细网络结构；站内图描述站房的网络结构。

为了简化描述，我们使用红图、黑图、黄图这三个术语来分别描述同一条馈线单线图的三种状态（实际上是三幅独立的图形）：

黑图：正在使用并用来进行现场调度监控的图形，它是当前配电网络结构和运行状态的一个图形显示。

红图：计划实施的图形，是未来配电网络结构的一个图形显示。

黄图：是指红图转为黑图（新版）投运之后，原来黑图（老版）图形的备份，实际上处于退役的状态。除非调控需要还原之前的版本的老图。

（2）两种拓扑模型。

拓扑结构描述了整个配电网络的电气连接关系，是进行网络计算和各种应用的基础。和EMS 相对稳定的拓扑不同，配电网络的拓扑模型每天都在发生着若干的变化，频次较多。系统的整体拓扑结构是由每条馈线的拓扑拼接而成，而每条馈线的拓扑是通过相对应的单线图节点入库而成。由于系统存在着需要变更的"红图"和正在运行的"黑图"，它们实际上代表了同条馈线的不同的拓扑结构，因此，在整个系统中也存在着不同的拓扑模型。

从理论上说，每个红图的存在都意味着整体拓扑的不同，这些组合会让系统中最多应该有 2 的 N 次方的拓扑模型（N 为红图的个数），这样的情况会造成软件上实现起来几乎没有可能。幸运的是，在实际应用中，一般也不会面对如此多的拓扑模型进行运算，因此，实际可以简化处理这个问题。

在系统中的任意时刻，最多只会存在两个拓扑模型。我们使用下面的术语来描述这两个拓扑模型：

黑拓扑：已经投运的网络拓扑结构。它是由所有馈线（当然要包括站内图）单线图的黑图节点入库拼接而成。

红拓扑：将来某个时刻需要变更的网络拓扑结构。它也是由所有馈线单线图节点入库拼接而成。

（3）三种设备投运状态。

每个设备都定义了三种设备投运状态，用来表示设备的生命周期。

已投运：正在投运的设备。

未投运：等待投运的设备。

待退役：在运设备，但是准备退役。

上述的三个概念在实际应用中很容易混淆，它们都描述了一个配电网络拓扑不断变化的过程。从整个系统来看，只有红黑两种拓扑；从图形来看，每个馈线单线图又可以分为红/黑/黄三种状态。

红拓扑还是黑拓扑都是描述一种静态拓扑模型，也就是不考虑开关刀闸的开合状态下的整个系统的电气连接状态。而动态拓扑模型则是在静态拓扑模型的基础上，再考虑开关刀闸的开合状态、各种标志牌的挂接、搭头与跳线的状况，以及设备投运状态以后的停电与带电分布。

8. 新投异动

针对配调业务与配电运检业务贯通的过程，阐述配电自动化图模及资源共享，信息交互紧密相关的配电网新投设备异动的实现方法。

（1）新投异动流程。

生产业务人员在生产管理系统（PMS 系统）中发起设备新投异动，通过与电网 GIS 平台紧耦合操作，进行设备新投异动申请，展开相应操作，同时在电网 GIS 平台中更新设备拓扑关系。由电网 GIS 平台将更新的设备拓扑结构提交审核，审核不通过将在系统中对新投异动进行调整；审核通过后，在 PMS 系统中安排工作并执行设备投运，同时在电网 GIS 平台中将更新专题图发布，同步至配电主站系统，典型新投异动流程如图 8-45 所示。

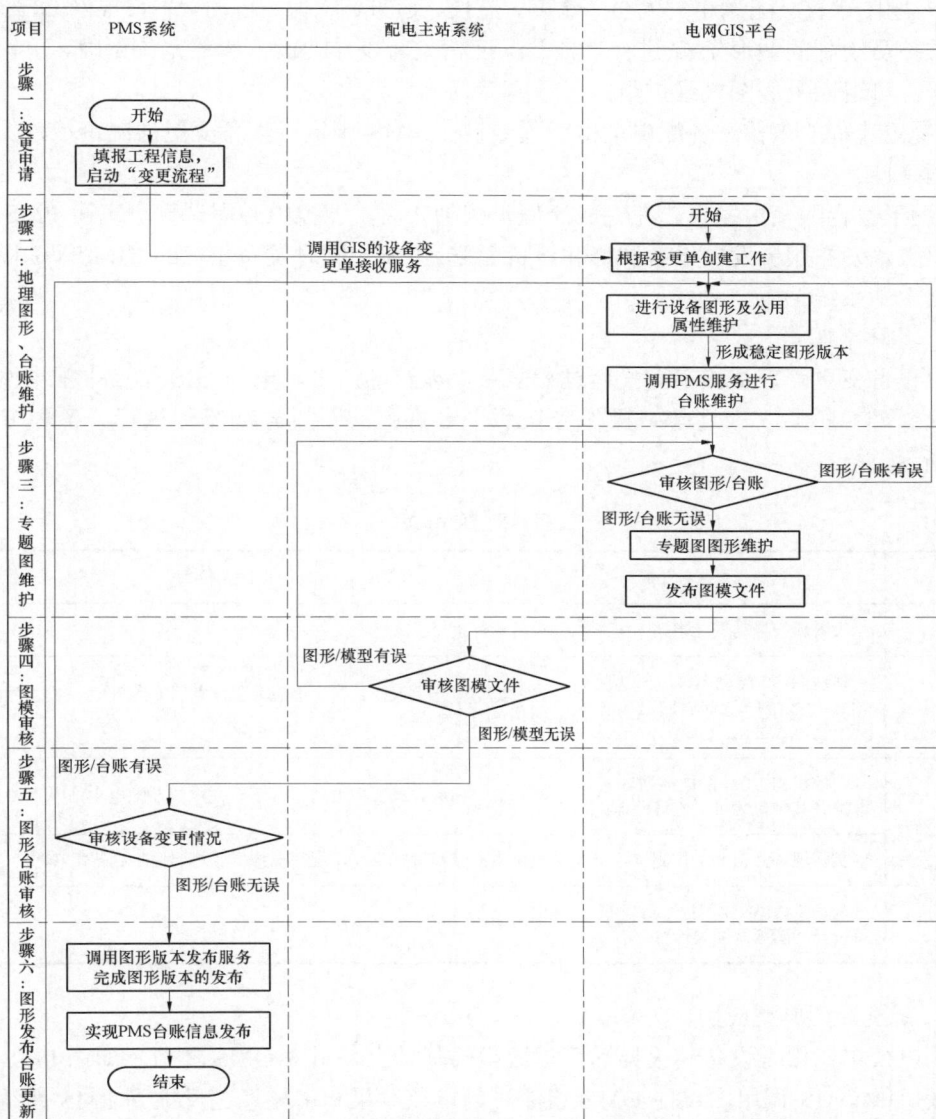

图 8-45　典型新投异动流程

1）设备变更申请。由各配电工区运维人员从 PMS 系统发起"配电设备变更（新投异动）申请"，填报"工程信息""变更内容"等关键信息，启动变更流程，向电网 GIS 平台发送变更单信息。

2）地理图形、台账维护。各配电运检工区电网 GIS 平台维护人员登录电网 GIS 平台，按照工程图纸和变更内容进行图形绘制，在绘制过程中对绘制设备的基础图形属性进行编辑，并且对需要退运的设备以及更换的设备进行标示。图形绘制完毕后，需要进行台账补充录入，由电网 GIS 平台自动检测变更清单，根据实际情况对变更设备分别进行处理。

3）专题图维护。各配电运检工区电网 GIS 平台维护人员在电网 GIS 平台中，进行配电网单线图的生成维护。

4）专题图审核。配调相关人员（调度、监控、运方、继保、自动化）在电网 GIS 平台中，对图形维护员绘制的图形/台账进行审核，保证相关新投异动设备参数完备正确。审核维护中发现错误，可退回上级图模维护员。

5）变更流程的审核。各配电运检工区专责在 PMS 中进行设备变更情况审核，保证配电设备的正确性。

6）图形、台账变更发布。在完成流程审核确认后，调控中心配调值班室在 PMS 中调用设备变更版本发布服务发布设备图形和设备台账；系统会同时发布相应的 CIM/SVG 图模至配电自动化主站系统。

（2）各环节职责。

配电设备变更管理从施工到投运过程复杂，涉及部门多，电网 GIS 平台中配电网设备新投异动（新建、拆除、改造等）操作应按照平台规范的新投异动流程进行。各环节角色如表 8-1 所示。

表 8-1 各 环 节 角 色

序号	主要节点名称	执行责任人角色
1	设备新投异动变更申请	设备运行检修主人
2	地理图形、配网图模（含专题图）、台账维护，（包含回退和修订、重审等）	设备运行检修主人及其指定信息人员（电网 GIS 平台完成）并由配网专业或领导给予审核
3	调控机构审核，配电主站导入维护（其中包含可以修订回退）	配网调控相关人员（在电网 GIS 平台完成或在配电主站中完成）
4	实际现场开工并工作完毕	按照生产流程进行工作，配网检修作业与调控中心各司其职
5	现场工作结束，调控中心发布新投异动新版本图模运行	调控中心发布，各个系统和专业接收命令存档

（3）新投异动典型应用。

某供电公司在原有设备新投异动管理流程的基础上，引入 OMS 环节。即由 PMS 开放一个服务接口供 OMS 调用，以便 OMS 将流程的审核结果和审核意见反馈到 PMS 系统，作为本次流程完结或者重启流程的信息。某供电公司新投异动流程如图 8-46 所示。

PMS　　省公司电网GIS平台　　配电GIS　　成都OMS

开始

填报工程信息，启动"变更流程"

调用GIS的设备变更单接收服务

设备变更单信息

配电GIS主动从电网GIS平台中获取变更单信息

获取设备变更单信息

根据变更单创建工作（创建版本）

调用电网GIS平台数据代理服务写入版本

创建版本（用于后面PMS调用发布图形）

进行设备维护及公共属性维护

形成稳定图形版本

获取流程退回信息重新维护设备

调用PMS提供的设备台账创建、台账维护、批量维护等服务进行台账维护

图形/台账有误流程退回信息

图形/台账有误

审核设备变更情况

调用流程迁移公共界面服务

图形/台账无误

待发布　　待发布　　待发布

人为将PMS流程挂起，PMS调用GIS服务将流程待发布状态推送至GIS

配电GIS从电网GIS平台中获取流程待发布状态

发布红图

图形/拓扑有误

判断OMS是否通过

图形/拓扑有误

流程退回，PMS根据现场实际完成的工作修改图模，并将实际完成的部分提交

是

调用图形版本发布服务（applyDeviceChangeVision）完成图形版本的发布

发布版本（不包含任何异动内容的版本）

发布新投异动版本（发布黑图）

配电GIS从电网GIS平台中获取流程已发布状态，并自行发布黑图

PMS台账信息发布

结束

OMS新投异动流程

调用OMS新投异动流程接口服务

OMS接受数据

补录数据

OMS审核

OMS执行
停电
开工

是否全部完工

是

送电

归档

结束

其一个环节需要自动化主站人员进行试验验证，该环节主站人员通过自动化系统从配电GIS中获取红图，进行试验验证

配网新投异动发起单位（含大检修部门和大营销部门）　审核专业1 …… 审核专业N

调控中心　审核专业1 …… 审核专业N

信通公司　审核专业1 …… 审核专业N

发送红图图模至自动化系统

DMS接收红图

允许调试

DMS执行红转黑

OMS通过IEB发送消息给自动化系统，让自动化系统进行红转黑

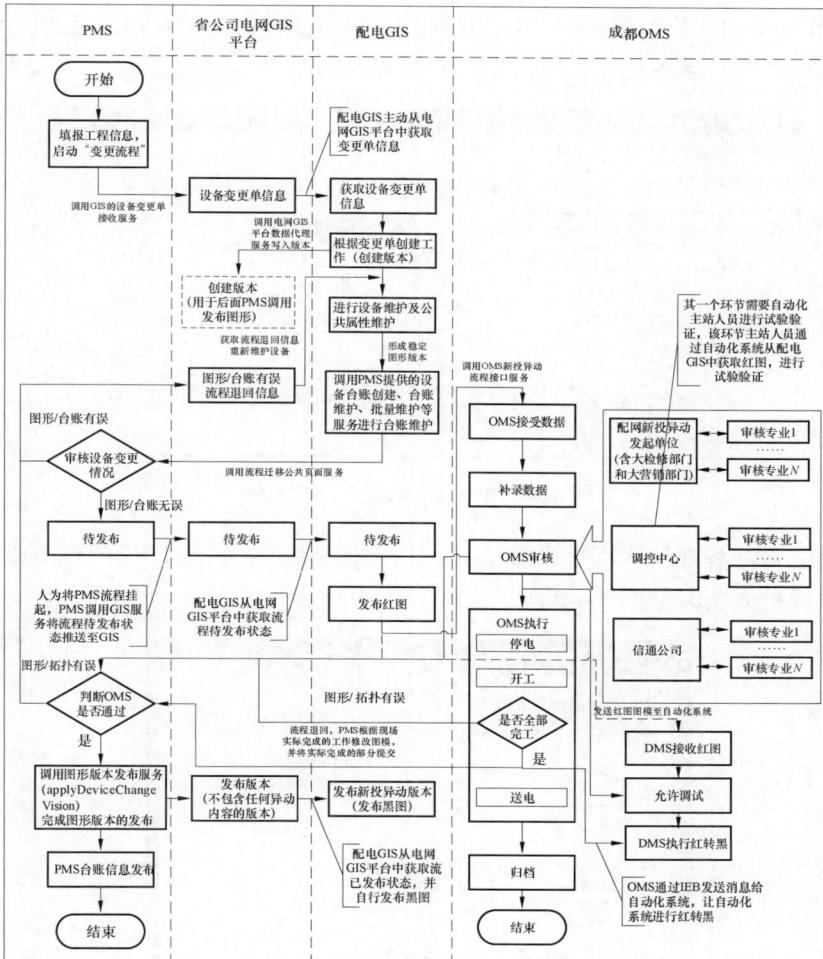

图 8-46　某供电公司新投异动流程

1）登录 PMS 系统。PMS 页面如图 8-47 所示，图中显示的是新投异动流程列表，用户可进行新投异动流程的处理和发起新的新投异动流程。

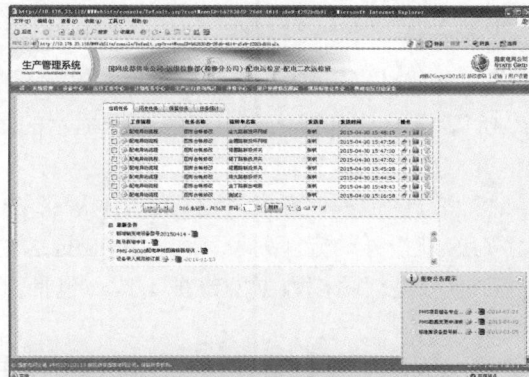

图 8-47　PMS 页面

2）发起新投异动流程。图 8-48 显示的是 PMS 发起新投异动流程，发起一个配电网改造的新投异动流程，用户填写完相关信息后，点击启动流程。

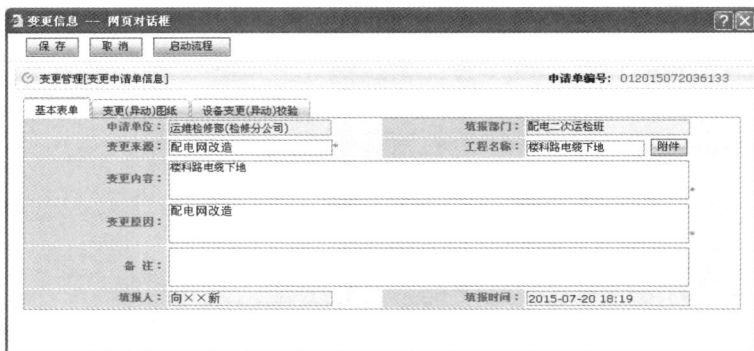

图 8-48　PMS 发起新投异动流程

系统弹出工作流程迁移对话框，选择流程下一步图模维护人员，即 PMS 发起新投异动流程（选择图模维护人员）如图 8-49 所示。

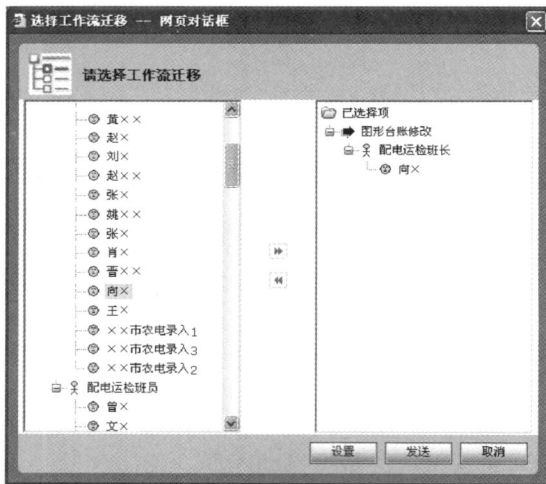

图 8-49　PMS 发起新投异动流程（选择图模维护人员）

3）查看流程状态。流程发起成功后，流程信息进入到 GIS 系统，用户可在 PMS 页面查看流程状态。图 8-50 中 PMS 新投异动流程状态中红色方框标示的是流程当前状态，已经进入 GIS 图形台账修改阶段（即 GIS 图模维护阶段）。

4）GIS 图模维护。当 PMS 将新建流程信息推送到 GIS 后，登录 GIS 系统就能看到对应的新投异动流程。图 8-51 显示了 GIS 新投异动流程列表，刚才 PMS 推送过来的新投异动工程列表。

GIS 接收到流程信息后，便可进行图模数据的维护工作。包括沿布图图形拓扑、PMS 台账维护和专题图的图模数据维护。

图模审核：GIS 图模维护完成后，新投异动流程自动进入到变更审核状态。变更审核工作主要由 OMS、配电主站完成。

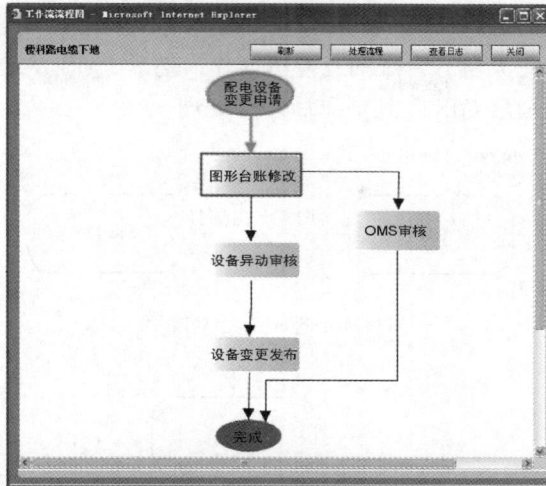

图 8-50 PMS 新投异动流程状态

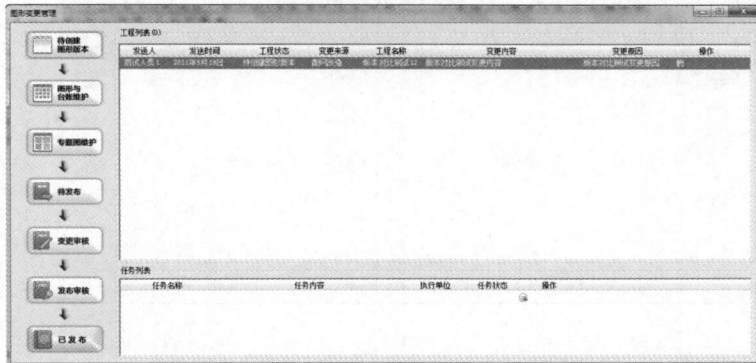

图 8-51 GIS 新投异动流程列表

5）图模审核发布。

在新投异动流程中维护的数据其实是红图数据，当审核通过后进行发布，实现红图向黑图的转换过程。未审核通过，则用户继续红图编辑直到审核通过，红黑图审核发布过程如图 8-52 所示。

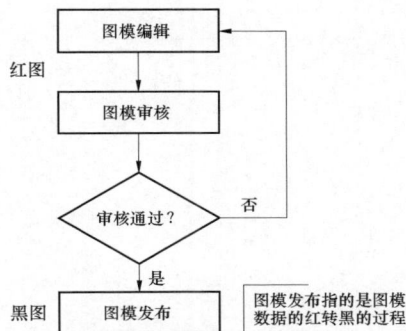

图 8-52 红黑图审核发布过程

图 8-53 展示了红转黑流程，即红转黑消息的流转过程以及处理逻辑，首先由 PMS 接收图模审核通过的消息，并完成自身台账的红专黑操作；然后 PMS 发送消息给 GIS，通知 GIS 进行图形的红转黑操作；最后 GIS 收到消息后进行处理。

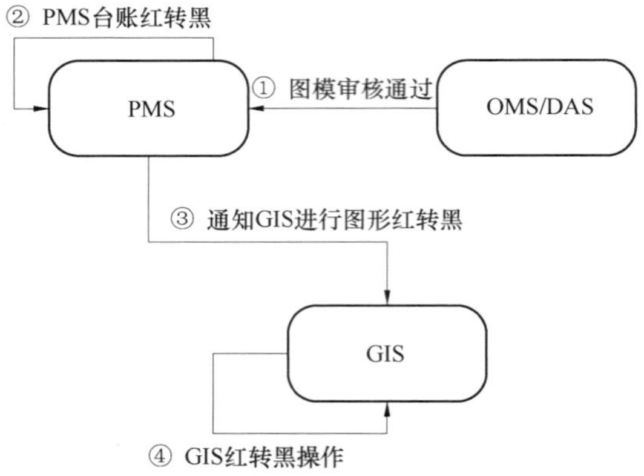

图 8-53　红转黑流程

第9章 配电自动化系统验收和运维

配电自动化系统投运前、中、后期都设计有相关验收环节。系统验收既是建设流程、运行接收的重要工作，还是配电自动化实用化过程中各个环节扩建改建等分散工程需要完成的必要管控流程，是保证新建工程或在运系统健康运行的重要技术环节之一。工程建设需要完成工厂验收（FAT）和现场验收（SAT），包括单体设备验收或系统整体验收。

在明确配电自动化系统关于 FAT 和 SAT 验收的相关组织管理基本要求前提下，重点阐述分系统（一次设备、辅助设备、二次设备、通信、主站）和系统（整体）如何开展技术检验、测试要求等，突出全系统联合传动、联合检测验收方法和主要技术手段。同时，对配电自动化系统各环节检验测试用的主要仪器和设备进行了介绍，以达到对整个配电自动化系统检验、测试、验收全过程系统化了解的目的。

Q/GDW 626—2011《配电自动化系统运行维护管理规范》提出了相关运行维护管理的基本原则和工作要求。围绕一次设备、辅助设备、主站、终端、图模、缺陷、指标等核心管理内容。依照既有技术标准，结合各企业管理标准开展配电自动化系统运维将是本章的主要思路。鉴于各地区在机制和界面维护界面划分的多样性，以各专业自身运维为主，如配电一次、辅助配套设施、二次设备、终端设备，信息通信系统，配电主站分散运维，集中管控；以应用主体为推动力，在运行指标管控上给予及时反馈监督，如配电网运维工区（中心）、调控中心及信通等。避免因地区技术储备、人员结构、配电网规模差异可能带来配电自动化系统运维分界不能覆盖应用的情况发生。

9.1 系统验收准备

配电自动化系统验收主要分为配电主站/终端/通信设备三个子系统的验收以及现场设备接入配电主站系统性验收，包括含一次设备的传动试验是否正确、可靠，整体信息安全部署是否已经按要求配置等。配电自动化系统级验收不论是从技术上还是从工程项目方面都是必要的工作流程，从中可以发现系统建设问题和技术缺陷以及运维管控制度是否与应用相适应等，最终达到建而有用，用而有效的目的。

9.1.1 验收条件和主要要求

配电自动化系统验收是当配电自动化系统设备安装工作结束以后，按照国家及电力行业、企业有关规范规程、制造厂家技术要求，逐项进行各个设备的检测和验收，以检验安装质量及设备质量是否符合有关技术要求。

1. 验收主要条件和要求

（1）配电自动化系统主站安装完毕，并已完成相应软硬件配置，具备配电自动化相应的功能，满足实际配电自动化终端接入能力。主站系统完成现场安装布置，主站系统到调度自动化系统、地理信息系统、生产管理系统、营销系统的接口已经开放。

（2）配电通信网络已经完成安装，配电自动化系统主站能通过通信通道接受到终端设备的正常信号。配电通信设备及通信线缆已经完成施工，通信线缆测试合格并标记正确。通信信道满足配电自动化系统实时性、可靠性、安全性等要求。

（3）配电终端和一次设备已按照配电自动化需求完成改造或新建，配电终端设备（含电源以及相关辅助设备）和一次设备完成现场安装。一次设备已经完成相关预试交接验收、传动试验等，具备停送电条件。

（4）配电自动化终端、主站系统具备所需要的内外部电源验收条件，所有试验仪器设备合格完好。配电终端及一次设备已经完成集成总装，并已到达建设区域完成安装布置。

（5）技术文档齐备，包括：工厂测试及验收报告、系统及设备技术说明书、设备调度命名文件、系统相关策略配置文件、配电终端远动信息表文件、配电终端参数单、IP 地址表、系统及一、二次、通信设备设计图纸、通信及网络设备配置文件、现场验收方案、其他需要的技术文档。

2. 投运前的三大子系统的单体验收

配电主站验收的目的主要是验证各个平台基本功能模块是否符合设计要求，包括功能和性能测试，通过测试验证系统功能正确性、实用性、易用性和系统稳定性，确保设备在现场投运后满足技术协议的要求。由于配电主站在 FAT 验收中已经对整个功能性能有详细的验收测试过程，故在 DAS 整体验收中的 SAT 测试环节中侧重验证配电主站 SCADA、配电运行状态管控、信息交互等满足实际运行要求的基本功能。

配电终端检测主要对终端功能及电源、电流互感器及二次回路进行试验或检验，包括外观及机械部分检查、绝缘电阻测试、装置电源试验、通电检验、通信及维护功能检试验、开关量输入检验、交流采样检验、录波功能检验、保护参数试验、遥控操作试验、TA 特性试验等项目，其中二次回路相关校验结合一次设备开展，确保整个二次回路的正确性。

配电通信系统检测可分为通信设备本体和通信链路现场检测。目前主要通信通道是光纤网络与无线通信网络。光纤网络铺设完成后，应用光功率计及光时域反射仪对终端接入点的光功率及整个光路进行测试。无线设备接入前，还应用无线信号分析仪对设备接入点的无线信号强度进行测试。

配电自动化设备现场投运验收工作面临设备数量大、分散面广、现场环境差、无法提供检验电源等问题，现场验收效率低、建设区域用户停电时间较长。为此，可以采用提高配电自动化现场投运验收效率的"仓库验收"方法，实现同步建设、集中验收的目的，主要思路是：相关设备到货先入物资库，然后转移到调试备用基地，在调试基地内将一次设备二次设备匹配起来集中模拟现场运用展开调试和验收，如此，对配电终端的单体测试具有较高的检验效率，检验质量也可提升。检验中要对终端功能及二次回路进行指标性进行检测，其检测定值最好选用最终运行定值，如果暂时没有可用调试定值替代。在基地库房中检验的终端应是实际对应线路和开关的设备，以便使基地检验与现场配电站点的一、二次具有设备与设备、与站点、与回路、与定值要求等条件成对应关系。终端的信息点表校核采用模拟主站方式进行，或者如果该调试基地是定点永久性配置，则引入实体主站系统直接，效果更直观。仓库验收准备现场如图 9-1 所示。待仓库集中检验完成、现场通信系统基本具备开通条件后，再进行一、二次设备的现场安装，改造工程可以预先进行土建等基础工程。这样，可以较好解决一、二次设备、通信设备，甚至主站系统等主要设备因到货时间不同产生的工程矛盾，做到同步检验、同步投运。

图 9-1 仓库验收准备现场

相应地，配电自动化系统交接验收工作可随着检验模式的不同而做不同的调整。如果采用基地仓库集中检验一、二次以及通信相关设备的性能或功能，则，部分调控中心和主站验收的节点就已经或可以前移到仓库内预先进行，包括配置终端信息点表、图模入库以及通信规约的调试等。

现场一旦具备配电自动化设备安装调试条件，其安装工程的检验工作将得到简化，仅开展一、二次之间，开展主站对现场配电终端或下层开关的实际传动，电流通流试验等复核性试验，以及对现场设备安装工艺、一次试验报告、二次回路设计接线正确性、仓库预先的相关测试检验报告等文件进行查证验收。

3. 主站与终端间系统级验收

主站与终端间系统级验收包括终端接入主站通信规约、信息电表、SCADA、FA 等功能测试和验证正确性，复核远方遥控操作正确性、保护定值调用并复核其正确性、故障信息上报实时性和准确性、遥测精度和响应时间、遥信信息准确性和实时性等满足指标要求、核对主站图模编号与实际设备间隔和线路编号与核对。安装和送电前验收合格后，多方签字确认。当一次设备送电后，还应使用钳形相位表对二次电流、电压回路的幅值、相位进行校验，避免出现接触不良、电流互感器极性接线错误等情况。

9.1.2 主要验收分类

为确保系统建设质量及应用成效，在系统建设、运行的不同时间段开展技术性和工作性检查或检测工作很有必要。技术上主要分为工厂验收、现场验收，工作上主要分为工程化验收和实用化验收等环节。

工厂验收（FAT）指配电自动化系统在出厂前所进行的检验。主要检验配电自动化系统集成、功能及性能在工厂模拟测试环境下是否满足项目合同技术文件的具体要求，包括配电自动化终端、通信设备在出厂前所进行的设备检验。

现场验收（SAT）是在施工、调试单位完成系统安装调试、具备投运条件的情况下，运行单位组织的对配电主站、终端、通信系统的系统级整体检验。主要检验配电自动化系统在实际验收环境中的功能和性能是否满足项目合同技术文件的具体要求，全系统是否满足整体试运行的条件。

工程化验收通常是对工程项目批复的内容进行验收的一种监督工作。监督验收一般依据批复的《配电自动化建设改造技术方案》（设计方案）来比对工程建设是否按要求完成。该验收将对配电自动化系统主站、配电终端和配电通信系统的硬件完整性、功能性能和稳定性，对终端、通信设备现场安装工艺、配电自动化系统主站机房等方面进行验收。还对配电自动化建设和运行的组织管理制度进行监督验收，包括管理体系、技术体系、运维体系、验收资料等。通常，配电自动化系统通过工程化验收后，系统正式进入试运行阶段，这是从管理的角度对工程建设施行的一种监督。

实用化验收通常是为了督促新建系统能够在实际工作得到很好地运用提升效益所开展的一种监督性质的工作。这种工作方法被多年实践，证明很有效。实用化验收通常要求配电自动化系统投入试运行半年以上，并至少有 3 个月连续完整地运行记录后进行，是对工程项目在管理上的一种考核性质的验收。工作内容包括配电自动化系统运维体系、验收资料、考核指标、实用化应用成效等内容。实用化验收的重点是考核配电自动化系统是否满足投入正常生产运行并产生效益。

9.1.3　配电主站验收

（1）主站系统验收简介。

配电自动化系统主站验收包括主站功能验收、性能测试、稳定性测试和安全性检验等。功能验收按照配电自动化系统功能规范及有关技术协议文件进行，以各种功能完成情况。性能测试按照验收规范结合系统实际配置开展，主要对系统各项功能的技术指标进行测试。稳定性测试主要检验系统运行稳定性，FAT 应连续测试 72h 以上，SAT 及投入试运行后在设定工况下连续运行，系统不能出现严重影响正常运行、降低实时性与可靠性方面的故障。安全性检验主要验证工程项目是否配置并满足信息安全防护相关文件要求的安全软硬件，检查相关权威机构提供的信息安全检测报告其结论是否合格。

配电主站现场检测框架如图 9-2 所示。支撑平台性能一般通过平台专用测试软件和通用软件性能测试工具来测试。支撑平台其上游模块包含操作系统和商业数据库管理系统，支撑平台上其应用程序接口相关参数可以方便修改、平台函数能被调用。

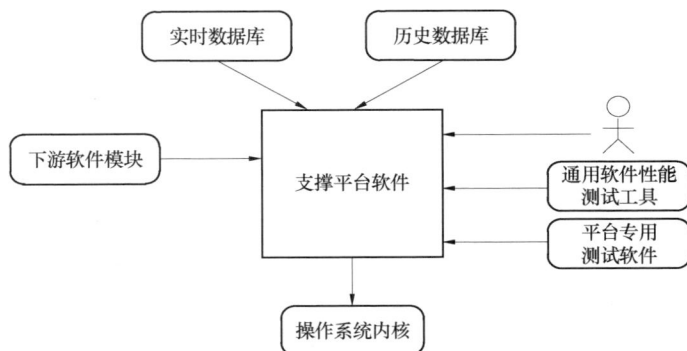

图 9-2　配电主站现场检测框架

（2）主站系统现场检验。

1）主站系统机房检查：根据设计图纸要求，检查主站系统设备安装位置，设备接线、设备接地是否符合要求，检查主站系统控制电缆是否排列整齐。

2）配电终端数据接入正确性检查：使用主站系统工具软件，检查主站设定的通信通道参数，是否与配电终端一致，数据接收是否满足实际情况。

3）功能测试：参考国家电网公司《配电自动化主站系统功能规范》和《配电自动化系统验收技术规范》相关内容进行。

4）信息安全配置检验：除了对软硬件模块配置的完整性以及信息安全相关检验报告查验检之外，可对主站系统进行加密设置，检查配电终端遥控功能的安全性与可靠性。通过主站系统下发加密验证命令，验证配电终端加密情况。

9.1.4　终端设备验收

对各类配电终端进行功能、性能的验收包括终端本体、电源系统、通信规约以及一、二次设备接口等功能和性能等方面。

配电终端的检验测试内容包括：通信接口和通信规约、远方操作及维护、交流模拟量采集、直流模拟量采集、遥信量输入、遥控输出、电源及功耗、设备本体外观及绝缘、一、二次设备接口测试、信息安全防护等，配电自动化终端检测内容如图 9-3 所示。

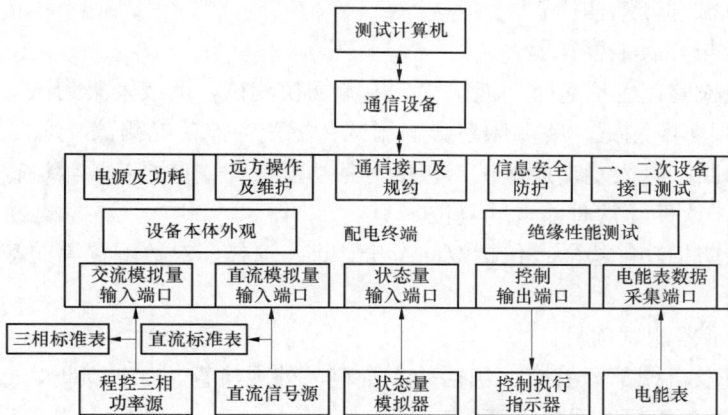

图 9-3　配电自动化终端检测内容

（1）DTU/FTU 检测项目。

1）外观部分及机械部分检查：包括基本资料、外观、保护接地、插件、二次端子排、TA/TV回路、人机接口等。

2）绝缘电阻试验。

3）装置电源的试验：包括装置电源自启动性能试验、电源模块及后备电源试验、直流拉合试验、装置电源工作稳定性检查等。

4）通电试验：包括配电终端通电自检、键盘和显示面板检查、软件版本和程序校验码检查等。

5）通信及维护功能试验：包括通信功能试验、信息点表核对、维护功能试验等。

6）开关量输入试验。

7）交流采样试验：包括交流电压电流采样、有功功率/无功功率基本误差、装置电压电流过量等。

8）保护定值核验：包括定值核查、定值整定误差试验、保护动作时间检查等。

9）遥控操作试验：包括遥控闭锁、开关传动、蓄电池远方活化、远方复位等。

10）TA 特性试验：包括伏安特性试验和变比、极性试验。

11）投运前核查：包括装置定值核查、开关量状态核查、二次负担核算、压板/开关核查等。

12）带负荷检查：包括调试记录、装置运行状态检查、交流电压和电流采样值检验、交流电压电流的相别核对等。

13）录波功能测试：包括录波启动条件、录波长度、录波精度、录波存储格式等。

14）终端自诊断、自恢复功能测试：包括对各功能板件、重要芯片等进行自诊断，异常时能上送报警信息，软件异常时能自动复位。

15）信息安全防护功能测试：包括双向身份认证，遥控、参数配置等的签名验证和数据加密保护。

（2）TTU 测试项目。

1）外观及机械部分结构检查。

2）绝缘性能与介质强度试验。

3）主要功能检验：包括对时功能检验、电源切换测试、谐波采集测试、终端谐波影响量测试、终端超量限影响测试、终端频率影响测试、配变保护功能测试、遥信及遥控测试等。

4）终端自诊断、自恢复功能测试：包括对各功能板件、重要芯片等进行自诊断，异常时能上送报警信息，软件异常时能自动复位。

5）信息安全防护功能检验：包括双向身份认证，遥控、参数配置等的签名验证和数据加密保护。

（3）故障指示器测试项目。

1）外观部分及机械部分检查：包括基本资料、外观检查、保护接地、二次端子排检查、人机接口检查、检查各部件卫生检查等。

2）绝缘电阻试验。

3）装置电源的试验：包括装置电源的自启动性能试验、电源模块及后备电源试验、直流拉合试验、装置电源工作稳定性检查等。

4）通电试验：包括配电自动化终端装置的通电自检、键盘和显示面板检查、软件版本和程序校验码检查等。

5）通信及维护功能试验：包括通信功能试验、信息点表核对、维护功能试验等。

6）开关量输入试验。

7）交流采样核验：包括交流电流采样试验和装置电流过量核验。

8）投运前核查：包括装置定值核查和开关位置核查。

9）带负荷检查：包括调试记录、装置运行状态检查、交流电流采样值检验、交流电流的相别核对等。

10）故障录波功能测试：包括录波启动条件、录波长度、录波精度、录波存储格式等。

11）信息安全防护功能测试：包括双向身份认证、签名验证和数据加密保护。

9.1.5　通信设备验收

目前，已建配电自动化系统的通信方式主要以光纤专网为主，无线网络为辅。现场针对通信终端设备的验收，主要包括光缆、通信终端、无线通信终端等施工、布线、功能以及性能检测。

（1）光纤通信。

目前，配电自动化系统采用的光纤通信传输技术主要有两种：EPON 技术和光纤工业以太网技术。现场针对光纤通信终端设备进行验收，主要包括：

1）设备本体检查。

2）施工工艺检查。

3）光缆接续质量检查。

4）光通信设备基本功能检测。

5）光链路保护功能检测。

以 EPON 通信方式为例，现场主要试验项目包括：

1）EPON 设备常规检查。

2）光损耗检查。

3）EPON 系统功能检测。

4）EPON 系统可靠性检测。

5）EPON 网管功能检测。

通信系统开通后，在配电主站侧可检查配电终端、通信终端 IP 地址分配、通信端口是否与规划设计一致。通信规约、通信模式的选择可由主站设定，可通过 ping 命令检查配电终端通信通道的是否正常运行。

（2）无线通信。

配电终端采用无线通信方式接入配电主站具有接入方便的优点，但相对光纤通信接入，无线接入的稳定性较差，现场无线通信模块与配电终端有两种连接模式：一是外置式无线通信终端设备，配电终端通过 RS485 接口或以太网接口与无线通信终端相连；另一种是配电终端在板卡级集成无线通信模块，无线模块内置于配电终端。无线通信终端验收具体内容如下：

1）无线通信设备功能验收。检查配电终端、无线通信终端 IP 地址分配、通信端口与设计一致，APN 网络名称配置正确；无线通信模块支持 UDP、TCP，两种通信方式，通信方式可由主站设定；在 TCP，通信方式下，通信模块初始化后和到心跳周期时，主动与中心站心跳 3 次，如不成功则在下一个心跳周期之前不再主动心跳。心跳周期可由主站设置，心跳周期和心跳内容可配置，亦可选择退出，由应用层规约完成主站和终端之间的链路心跳；支持"永久在线""时段在线"两种工作模式，可由主站设定；通信模块应具备通信超流量保护功能，上行通信流量门限可以由主站设置。

2）无线网络信号强度验收。在现场施工完成后，应利用专用设备（如无线频谱分析仪）

测试现场无线通信网络的信号强度，并记录在案。

9.1.6 加入一次设备联合验收

加入一次设备联合验收是指配电主站及现场一次设备、通信系统、二次终端设备均现场安装完成，系统具备与一次设备一起开展配电自动化整体联合测试、传动验收等的工作，确保现场一次设备可靠联动。

（1）配电终端接入主站整体传动试验。

1）配电终端与一次设备联调测试。在配电终端单体验收的基础上，还应对二次回路的相关校验结合一次设备开展，确保二次回路的正确性、完整性。

2）配电终端接入主站试验。包括远方遥控操作、电流互感器二次回路通流试验、实际设备间隔编号与主站图模编号核对等。在完成复核性试验后即可对设备送电试运行，在设备送电后还应使用钳形相位表对二次的电流、电压回路的幅值、相位进行校验，避免出现接触不良、电流互感器极性安装错误等情况。

（2）配电自动化系统功能及性能检测。

配电自动化系统功能检测包括配电运行监控、配电运行状态管控及信息交互三部分内容。

配电运行监控功能主要包括：

1）数据采集与处理。

2）操作与控制。

3）模型/图形管理。

4）综合告警分析。

5）馈线自动化及故障分析。

6）拓扑分析应用。

7）事故反演。

8）人机交互。

9）视觉展示。

10）Web 浏览功能。

配电运行状态管控功能主要包括：

1）数据采集与处理。

2）接地故障分析、短路故障提取并展示应用。

3）配电网运行趋势分析。

4）配电自动化运行数据质量管控。

5）配电终端管理。

6）配电自动化缺陷。

7）设备（环境）状态监测。

8）供电能力分析评估。

9）信息共享与发布。

信息交互功能是指配电主站能通过标准化接口适配器完成与电网调度控制、生产管理、国家电网公司配电自动化指标分析等系统进行信息交互。

配电自动化系统性能测试是通过现场加量、操作开关等方式对配电主站画面调阅响应时间、模拟量、状态量、遥控、配电 SCADA 等性能指标开展的系统级检测。配电自动化系统主要性能检测项目包括：

1）安全性。

2）冗余性。

3）计算机资源负载率。

4）系统节点分布监控。

5）生产控制大区、管理信息大区数据同步。

6）画面调阅响应时间。

7）模拟量。

8）状态量。

9）数值量。

10）遥控。

11）配电 SCADA。

12）负荷转供状态与沿布趋势。

（3）信息交换总线接口功能及性能检测。

1）接口一致性：对信息交换总线的服务接口进行一致性检测，保证总线接口符合标准要求。

2）交互功能：对信息交换总线的请求/应答（同步/异步）、发布/订阅、连接/取消连接、优先级传输、多通道传输功能进行检测，保证信息交互正确性、完整性、多通道及优先传输能力。

3）性能：包括最大消息体积、传输效率和并发能力检测。

4）可靠性：对信息交换总线在单个网络隔离设备故障情况下的数据传输可靠性与容错能力进行检测。

（4）馈线自动化（FA）检测。

主要内容有故障定位、隔离及非故障区域恢复供电的功能性检验以及网络拓扑功能，FA 时间响应、可靠性检测等。FA 检测方法及内容如表 9-1 所示。

表 9-1　　　　　　　　　　　　FA 检 测 方 法 及 内 容

测试项目	故障类型	测 试 内 容
电缆线路故障处理	1. 环网柜母线故障 2. 馈线故障 3. 负荷侧故障	针对给定的电缆配电网，采用 DTU 与注入测试系统配合的方式模拟多处故障现象，测试配电自动化系统主站的故障信息指示、故障定位、故障处理策略和自动故障处理
架空线路故障处理	1. 馈线故障 2. 负荷侧故障	针对给定的架空配电网，采用 FTU 与注入测试系统配合的方式模拟多处故障现象，测试配电自动化系统主站的故障信息指示、故障定位、故障处理策略和自动故障处理
多重故障处理	电缆线路 A+B=E1 架空线路 A+B=E2	针对给定的电缆和架空配电网，采用 DTU、FTU 与注入测试系统配合的方式模拟多处故障现象，测试配电自动化系统主站的多重故障处理性能
故障处理健壮性	馈线故障有漏报 馈线故障开关拒分	采用 DTU、FTU 与注入测试系统配合的方式模拟典型故障现象，并设置信息漏报和开关拒动现象，测试配电自动化系统主站的故障处理性能

9.1.7 信息安全验收

配电自动化系统信息安全验收主要通过操作验证、人工查看、渗透测试等方式来实现。用执行检测用例检测系统安全防护设备的功能性能、系统安全防护的完整性、有效性，以及安全防护措施对系统本身的影响程度。主要检测工具包括漏洞扫描仪、雪崩测试仪、客户测试端等。配电主站、终端安全防护功能检测拓扑图如图9-4所示。

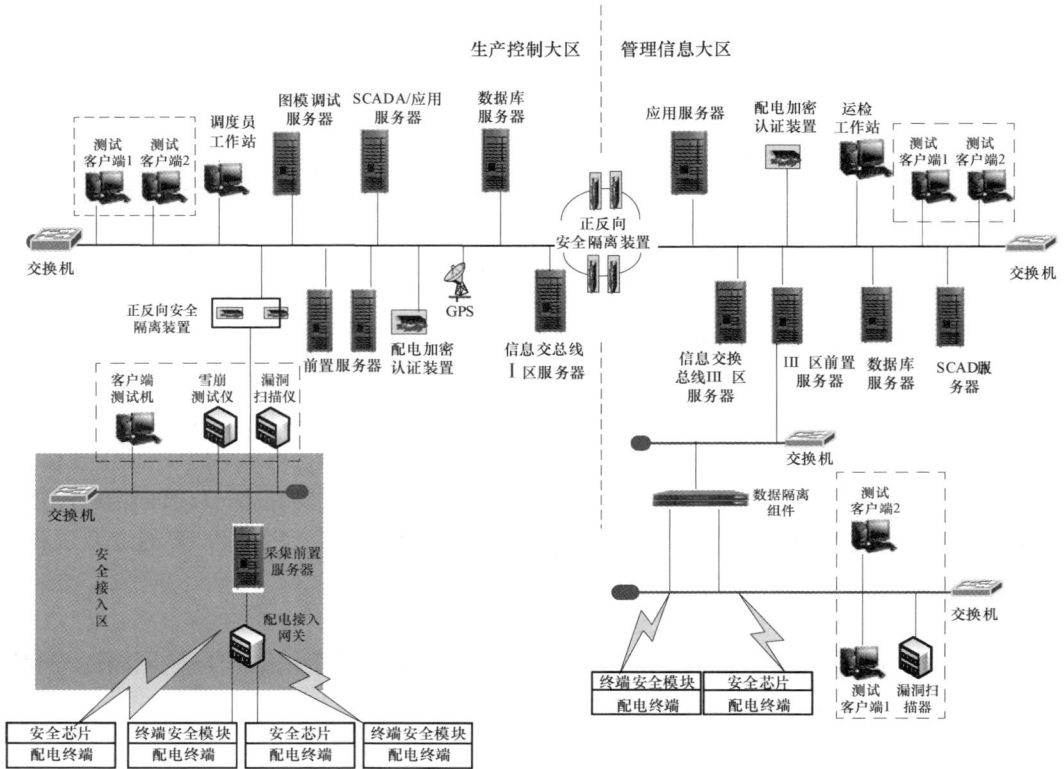

图9-4 配电主站、终端安全防护功能检测拓扑图

（1）配电主站信息安全验收。

主要从开发安全、身份鉴别、访问控制、安全审计等方面开展检测。配电主站信息安全主要检测内容如表9-2所示。

表 9-2　　　　　　　　　　配电主站信息安全主要检测内容

序号	检 测 内 容
（一）	开发安全
1	安装、生成和启动：检测应用系统软件应文档化安装、生成和启动所需的程序
2	指导性文档：检测应用系统软件是否提供被检软件的指导性文档
3	检测应用系统软件是否进行内部测试和第三方测试
（二）	身份鉴别

序号	检 测 内 容
4	用户标识：检测应用系统软件的标识和鉴别机制，确认应用系统对所有登录用户进行唯一身份标识
5	用户鉴别：检测应用系统软件的标识和鉴别机制，确认应用系统对所有登录用户进行身份鉴别，确保系统具备防重放、双向鉴别、多重鉴别的机制及对鉴别信息的管理
6	用户口令规范：检测应用系统软件的标识和鉴别机制，确认系统要求验证秘密满足规定的质量量度
7	鉴别失败：检测应用系统软件的标识和鉴别机制，确认应用系统能够对不成功的鉴别尝试次数进行定义，以及鉴别尝试失败时应用系统的行动进行定义
8	用户一客户端绑定：检测应用系统软件的标识和鉴别机制，确认系统能够提供维护用户的属性与代表用户活动的客户端间的关联
9	会话鉴别：检测应用系统软件的标识和鉴别机制，确认系统能够鉴别会话的连接状态
10	用户属性：检测应用系统软件的标识和鉴别机制，确认系统角色定义的完备性以及角色之间是否遵循权限互斥原则
（三）	访问控制
11	访问控制功能：检测应用系统软件的访问控制机制，确认提供访问控制的能力
12	访问控制策略：检测应用系统软件的访问控制机制，确认系统授权设置策略满足权限最小化原则和权限互斥原则，保证访问控制策略的严谨性
13	标记：检测应用系统软件的访问控制机制，确认系统具有对重要信息资源设置敏感标记的功能
14	访问控制管理：检测应用系统软件的访问控制机制，确认提供给系统管理员用户一个产生和修改用户授权的管理模块
（四）	安全审计
15	审计数据产生：检测应用系统软件的安全审计机制，确认审计数据产生的全面性
16	审计查阅：检测应用系统软件的安全审计机制，确认提供对审计数据进行搜索、查询、分析、统计、分类、排序等必要的审计查阅的能力
17	审计响应：检测应用系统软件的安全审计机制，确认具有安全告警能力
18	审计事件存储：检测应用系统软件的安全审计机制，确认提供保护审计记录存储的能力
19	审计事件选择：检测应用系统软件的安全审计机制，确认提供了选择性审计的能力及安全审计的管理能力
（五）	数据完整性
20	数据存储完整性：检测应用系统软件的数据完整性机制，确认具有对用户数据存储完整性的保护能力
21	数据传输完整性：检测应用系统软件的数据完整性机制，确认具有对用户数据传输完整性的保护能力
（六）	数据保密性
22	会话初始化验证：检测应用系统软件的数据保密性机制，确认具有对会话初始化验证的保护能力
23	数据存储保密性：检测应用系统软件的数据保密性机制，确认具有对用户数据存储保密性的保护能力
24	数据传输保密性：检测应用系统软件的数据保密性机制，确认具有对用户数据传输保密性的保护能力，保证其向客户端提供的数据信息中不包含泄露应用系统安全数据的内容及与用户请求无关的数据
（七）	抗抵赖
25	原发抗抵赖：检测应用系统软件的通信安全机制，确认提供了原发抗抵赖能力，确保信息的发起者不能成功的否认曾经发送过的信息
26	接收抗抵赖：检测应用系统软件的通信安全机制，确认提供了接收抗抵赖能力，确保信息的接收者不能成功的否认对信息的接收
（八）	软件容错

序号	检 测 内 容
27	数据有效性验证：检测应用系统软件的软件容错机制，确认具有用户输入数据的合法性检验，保证通过人机接口输入或通过通信接口输入的数据符合系统设定的安全属性要求
28	故障与恢复：检测应用系统软件的软件容错机制，确认系统在故障发生时，能够继续提供一部分功能，确保能够实施必要的措施
（九）	资源控制
29	会话超时：检测应用系统软件的资源控制机制，确认提供了可根据安全设置在一段时间后自动终止活动用户会话的能力
30	并发会话限制：检测应用系统软件的资源控制机制，确认提供了限制用户并发会话数量的能力
31	资源分配：检测应用系统软件的资源利用机制，确认系统具备资源分配的最大和最小限额的能力
32	服务优先级：检测应用系统软件的资源利用机制，确认系统具备服务优先级的能力
（十）	备份和恢复
33	备份与恢复：检测应用系统软件的备份和恢复机制，确认系统具备备份和恢复的功能
（十一）	信息探测
34	端口扫描：检测应用系统软件是否开放不必要和不安全的端口
（十二）	中间人攻击
35	中间人攻击：检测应用系统软件是否有足够的防护措施抵御中间人攻击

（2）配电终端信息安全检测，配电终端信息安全主要检测内容如表 9-3 所示。

表 9-3　　　　　　　　配电终端信息安全主要检测内容

序号	检测项目	检 测 内 容
（一）	入网控制	
1	设备接入控制	检测设备是否在建立业务连接之前进行接入控制，以支持业务通信功能和配置管理
（二）	访问控制与认证	
2	访问控制	检测设备的访问控制功能是否支持管理员用户角色，管理员具有创建用户账户和管理其他用户权限的能力
3	用户鉴别	检测设备的用户在执行操作前是否进行认证授权
4	用户角色	检测设备是否支持根据用户角色的操作进行权限分配
5	用户认证	检测设备是否支持用户名/口令的用户验证方式
6	鉴别失败处理	检测设备是否支持鉴别失败处理机制
7	会话超时	检测设备是否具备会话超时处理机制
8	重鉴别	检测设备是否具备关键操作的重鉴别机制
（三）	业务连续性	
9	事件报警	检测设备是否具备可配置的故障或事件通知功能
（四）	网络攻击防御	
10	泛洪保护	检测设备能否抵御一定的数据泛洪攻击

序号	检测项目	检 测 内 容
11	数据备份	检测设备及其支持工具是否提供了备份功能，以方便用户进行设备中用户级和系统级信息（包括系统安全状态的信息）的备份
12	数据恢复	检测设备是否提供了恢复功能，使用户可以在业务中断或设备故障后恢复并重组以前保存的用户级和系统级信息的备份文件
（五）	物理标识	
13	设备标记	检测设备是否在显著位置提供了标记（如型号、编号等）
14	组件标记	检测设备的关键组件（如主板、可更换芯片、网络模块等）是否设置了标记（如型号、编号等）
（六）	支撑系统安全	
15	隐藏用户	检测设备是否含有隐藏用户
16	用户口令复杂度	检测设备的管理及系统用户口令是否具备口令复杂度检查机制，用户口令应可修改
17	支撑系统扫描	检测设备是否包含严重的系统漏洞
18	关键信息加密存储	检测设备是否对关键信息进行了加密存储
（七）	日志审计	
19	日志审计	检测设备是否具备日志审计功能
（八）	软件容错	
20	数据有效性验证	检测设备是否具备软件容错机制

9.2 配电自动化系统验收

由本章前述内容可知，配电自动化系统的整体验收工作是保障配电自动化系统建设质量和应用成效，保证系统在验收交付后稳定、安全可靠运行的重要手段，也是项目规范化管理的有效措施之一。配电自动化系统验收工作按照国家电网公司《配电自动化系统验收技术规范》可分为工厂验收 FAT（Factory Acceptance Test）、现场验收 SAT（Site Acceptance Test）以及工程化验收 PAT（Project Acceptance Test）和实用化验收 AAT（Application Acceptance Test）四个环节，验收工作按阶段顺序进行。其中 FAT 和 SAT 由工程建设方组织，目的是确保配电自动化工程建设质量，有效落实配电自动化建设成效。工程建设方组织项目建设单位、运维单位、技术监督部门、生产厂家对配电自动化工程进行验收。验收工作坚持科学、严谨的态度，验收测试人员具备相应的专业技术水平，使用专业的测试仪器和检测工具、并做验收检测记录。

工程化验收、实用化验收由电网公司组织。

9.2.1 工厂验收（FAT）

工厂验收，又称 FAT，主要验证生产供货商出厂时系统设备与技术协议的符合度，质量是否达到要求等，及早发现并处理相关不符合项目。FAT 验收的对象包括主站系统、配电终端、通信网络设备等；主要对其硬件进行检查、功能符合性验收和功能实现的稳定性验收等内容。

1. 工厂验收条件

配电自动化系统工厂验收具体要求如下：

（1）主站系统所有硬件设备按合同配置要求在工厂环境下搭建调试测试完成，软件系统安装调试完成。建设单位所需的图形、报表、曲线、模型和数据库等系统工程化及用户化工作已基本录入、制作完成。

（2）一般情况下，FAT 在主站厂家进行配电终端研制，配电终端通过生产单位质量检验并运送至 FAT 验收场地。

（3）FAT 责任单位已搭建完成工厂验收模拟测试环境，模拟设备和测试设备准备就绪。

（4）FAT 责任单位已编制并提交技术手册、使用手册和维护手册、结构及布置图纸，并经设计单位、建设单位审核确认。

（5）建设单位或甲方系统运行维护人员、调度员等相关人员的工厂培训已完成，所有被培训人员的技术考试和应用操作考评成绩合格。

（6）FAT 责任单位完成系统工厂预验收，并达到项目技术文件及相关技术规范的要求，编制并提交工厂预验收报告和工厂验收申请报告，并经建设单位审核通过。

（7）FAT 责任单位已编制完成工厂验收大纲，并经验收工作组审核确认后，形成正式文本。

2. 工厂验收流程

项目主站系统按照最终配置及连接方式完成系统硬件平台的搭建工作，由于工厂验收项目较多，一般分为下面四个环节：

（1）第一阶段侧重整个测试系统的搭建，按照配电主站的配置和网络架构要求，搭建完整的测试系统，包括：主站硬件平台的搭建、应用软件的安装、建设区域主网、配电网图模的导入合并与拓扑检查、实际配电终端的接入、二次安全防护测试平台的搭建等。

（2）第二阶段主要实现主站和终端的联调，包括 DTU、FTU 等终端的联调，完成终端的通信、规约和功能检测；对于采用无线公网通信的终端，还需要在模拟管理信息大区部署数据采集服务器完成主站与实际无线终端的通信，同时应该测试传输数据穿过实际反向隔离装置进入模拟生产控制大区主站功能、性能是否满足 DAS 验收的要求。

（3）第三阶段进行完整的配电主站系统功能及性能测试。系统功能测试主要针对系统的人机界面、SCADA 功能、馈线自动化、系统设置及权限配置、信息分流、系统告警、拓扑分析等功能进行需求分析及定制开发。功能部分的测试需要结合厂内搭建的终端环境、FA 注入式测试等软件工具开展，测试要以典型配电网线路及实际配电网线路图模开展，以保证实施效果。性能测试主要测试主站系统的数据完整性和各节点的冗余性，测试搭建与招标文件一致的大容量测试环境，进行雪崩及系统冗余性测试。

（4）第四阶段进行配电主站整体出厂验收，包括主站系统 72 小时连续运行，采用测试算例进行全系统测试，验证系统是否在模拟环境下面满足技术合同要求，并根据厂验发现的问题与设备系统研制厂商一起采取对应的处理措施，确保发现问题的及时整改完善。

配电自动化系统工厂测试流程如图 9-5 所示。

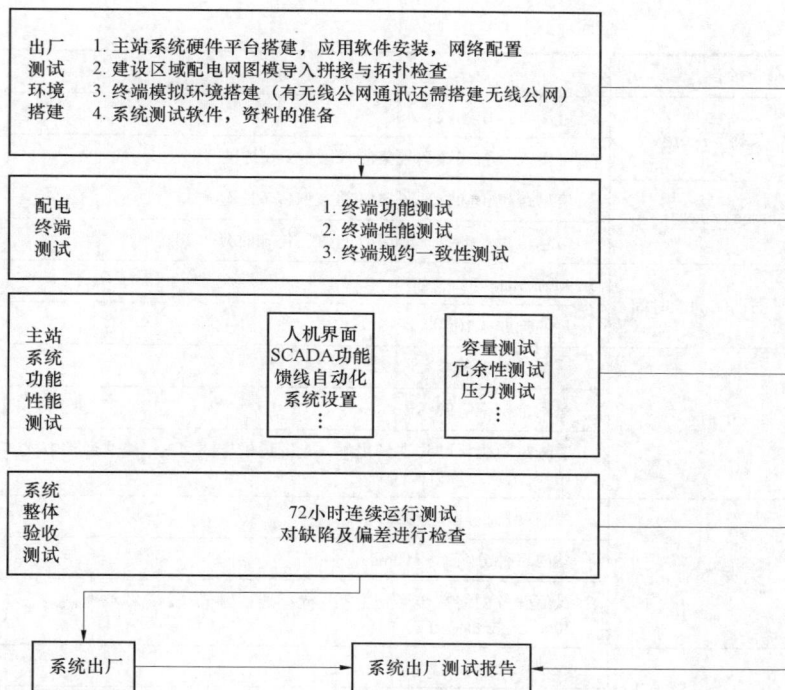

图 9-5　工厂测试流程

3. 工厂验收检测内容及要求

（1）主站。

配电主站测试包括功能、性能、稳定性和安全性项目检测等。

功能检测按照 DAS 功能规范及有关技术协议文件进行功能验证，具体验证协议中各种功能的完成情况。

性能检测按照验收准则结合系统配置进行，主要对系统各项功能的技术指标进行验证性测试。

稳定性检测主要测试系统运行的稳定性，FAT 连续测试时间不低于 72h，被检测系统试运行后在设定的工况下进行 SAT，系统无影响正常运行、降低实时性与可靠性等方面的故障。

安全性检测是验收配电主站、终端安全防护功能是否符合国家能源局和国家电网公司最新技术规范要求。配电主站工厂验收表、配电主站 72h 连续运行验收表和配电自动化系统主站接入规模表分别如表 9-4、表 9-5 和表 9-6 所示。

表 9-4　　　　　　　　　　　　　　配电主站工厂验收表

序号	验收项目		要　　求	备注
1	系统性能交接试验	安全性	安全分区、纵向认证措施及操作与控制是否符合二次系统安全防护要求	
2		冗余性	热备切换时间≤20s	
3			冷备切换时间≤5min	
4		计算机资源负载率	CPU 平均负载率（任意 5min 内）≤40%	
5			备用空间（根区）≥20%（或是 10G）	

序号	验收项目		要　　求	备注
6	系统节点分布		可接入工作站数≥40	
7			可接入分布式数据采集的片区数≥6片区	
8	Ⅰ、Ⅲ区数据同步		信息跨越正向物理隔离时的数据传输时延<3s	
9			信息跨越反向物理隔离时的数据传输时延<20s	
10	画面调阅响应时间		90%画面<4s	
11			其他画面<10s	
12	模拟量		遥测综合误差≤1.5%	
13			遥测合格率≥98%	
14			遥测越限由终端传递到主站：光纤通信方式<2s，载波通信方式<30s，无线通信方式<15s	
15	状态量		遥信动作正确率≥99%	
16			站内事件分辨率<10ms	
17			遥信变位由终端传递到主站：光纤通信方式<2s，载波通信方式<30s，无线通信方式<15s	
18	遥控		遥控正确率99.9%	
19			遥控命令选择、执行或撤销传输时间：光纤通信方式<2s，载波通信方式<30s，无线通信方式<15s	
20	配电SCADA		可接入实时数据容量≥200 000	
21			可接入终端数（每组分布式前置）≥2000	
22			可接入控制量≥6000	
23			实时数据变化更新时延≤3s	
24			主站遥控输出时延≤2s	
25			事件记录分辨率≤1ms	
26			历史数据保存周期≥2年	
27			事故推画面响应时间≤10s	
28			单次网络拓扑着色时延≤5s	
29	馈线故障处理		系统并发处理馈线故障个数≥20个	
30			单个馈线故障处理耗时（不含系统通信时间）≤5s	
31	负荷转供		单次转供策略分析耗时≤5s	

注：序号 6~31 验收项目的第一列分组为"系统性能交接试验"。

表 9-5　　　　　　　　　　配电主站 72h 连续运行验收表

序号	测试内容	测试结果	序号	测试内容	测试结果
1	系统设备运行状况		5	告警处理	
2	画面屏幕显示		6	数据运算处理及统计记录	
3	制表打印		7	状态量采集及显示	
4	模拟量采集、越限及显示		8	开关变位处理	

续表

序号	测试内容	测试结果	序号	测试内容	测试结果
9	在线修改参数		14	趋势曲线	
10	系统对时		15	事故追忆	
11	数字量采集及显示		16	事故顺序记录	
12	双机切换		17	多层图形	
13	遥控/遥调操作		18	用户特殊要求	

表 9-6 配电自动化系统主站接入规模表

序号	项目	检查规范	检查结果	备注
1	厂站数量	符合设计要求		
2	遥测数量	符合设计要求		
3	遥信数量	符合设计要求		
4	1秒采样数据	符合设计要求		
5	1分采样数据	符合设计要求		
6	遥控数量	符合设计要求		

（2）终端设备检测。

根据被验收产品特性，利用电阻仪、耐压仪、继电保护测试仪、通信规约分析仪、一次开关本体、测试电脑和软件以及各种连接线等设备，搭建终端功能检测平台，验收项目包括：

1）绝缘电阻、绝缘强度。

2）规约一致性。

3）功能。

4）接口。

5）出厂前系统整体。

具体的工厂验收检测内容和方法详表，可参考国家电网公司《配电自动化系统验收技术规范》。

（3）工厂验收评价标准。

1）配电主站、配电终端（子站）工厂验收按照本章验收内容及要求进行逐项检测，记录完善。

2）检测中发现的缺陷和偏差，允许 FAT 责任单位进行改进完善，但改进后应对所有相关项目重新检测。

3）FAT 责任单位所提供的系统说明书、使用手册等技术文档应完整，并符合实际；配电主站所有软、硬件设备型号、数量、配置均符合项目合同、技术协议要求；配电终端（子站）软硬件配置均符合项目合同、技术协议要求。

4）配电主站、配电终端（子站）的出厂验收测试结果应满足技术合同、项目技术文件和本标准要求，无缺陷项目；偏差项汇总数不应超过测试项目总数的2%。符合以上条件，即通过工程验收，否则要求进行修改直至满足要求。

9.2.2 现场验收（SAT）

现场验收，称 SAT，是系统现场安装调试完成后，由工程建设方组织的验收，分别检验主站系统、配电终端、配电通信系统在现场运用环境中的功能和性能是否满足项目合同文件的具体要求。验收对象包括主站系统、终端、一次设备以及通信系统组成的完整 DAS。内容包括主站与站端系统联调的 SCADA 功能及性能、现场 FA 验收以及配电自动化与其他系统接口检测等。此外，SAT 还需对主站硬件进行配置性验收和系统可用性评估。

1. 现场验收应具备条件

（1）配电终端（子站）已完成现场安装、调试并已接入配电主站。

（2）主站硬件设备和软件系统已在现场安装、调试完成，具备接入条件的配电子站、配电终端已接入系统，系统的各项功能正常。

（3）通信系统已完成现场安装并开通通道。

（4）相关辅助设备（电源、接地、防雷等）已安装调试并投运。

（5）SAT 责任单位已提交上述环节与现场安装一致的图纸/资料和调试报告，并经验收方（通常是建设单位）审核确认。

（6）SAT 责任单位依照项目技术文件及本规范进行自查核实，并提交现场验收申请报告。

（7）验收方和 SAT 责任单位共同完成现场验收大纲编制。

2. 现场验收测试流程

（1）现场验收条件具备后，验收方启动现场验收程序。

（2）现场验收工作小组按现场验收大纲所列测试内容进行逐项测试。

（3）验收中发现的缺陷和偏差，允许 SAT 责任单位进行修改完善，但修改后必须对所有相关项目重新检测；应有完整的偏差、缺陷索引表及偏差、缺陷记录报告。

（4）现场进行 72h 连续运行。验收结果证明某一设备、软件功能或性能不合格，SAT 责任单位必须更换不合格的设备或修改不合格的软件，对于第三方提供的设备或软件，同样适用。设备更换或软件修改完成后，与该设备及软件关联的功能及性能项目必须重新检测，包括 72h 连续运行验收。

（5）现场验收测试结束后，现场验收工作小组编制现场验收检测报告、偏差及缺陷报告、设备及文件资料核查报告，现场验收组织单位主持召开现场验收会，对测试结果和项目阶段建设成果进行评价，形成现场验收结论。

（6）对缺陷项目进行核查并限期整改，整改后需重新进行验收。

（7）现场验收通过后，进入验收试运行考核期。

3. 现场验收测试内容及要求

（1）主站系统测试。

主站系统现场测试包括系统平台服务测试、SCADA 功能测试、图模功能测试、拓扑分析应用测试、综合告警分析测试、馈线自动化功能测试、事故反演功能测试、接地故障分析测试、配电网运行趋势分析测试、数据质量管控测试、配电终端管理测试、配电自动化缺陷分析测试、设备（环境）状态监测测试、供电能力分析评估测试、信息共享与发布功能及其他扩展功能测试等。测试内容及要求与厂内测试及现场测试环节一致，这里不再重复。在 SAT 测试中，还需进行系统连续运行 72h 测试，系统各项功能性能正常，指标满足要求。SAT 测试的主要项目如下：

1）系统性能测试。① 安全性；② 冗余性；③ 计算机资源负载率；④ 系统节点分布；⑤ Ⅰ、Ⅳ区数据同步；⑥ 画面调阅响应时间；⑦ 模拟量；⑧ 状态量；⑨ 遥控；⑩ 配电 SCADA；⑪ 馈线故障处理。

2）配电主站 72h 连续运行测试（期间系统功能正常）。

（2）终端测试。

SAT 测试中，配电终端及其一次设备，与主站系统进行现场联调，测试终端能满足各项使用要求，包括对一次设备遥信、遥测量的采集及上送，接受主站下发的遥控等指令并正确响应，测试项目如下：

1）基本检查：包括安装位置、终端信息、一、二次设备接线、接地、封堵及通风、通信检查、终端出厂检测报告、终端外观及接口、程序版本、端子排及插头、二次回路接线、结构检查、开关面板及指示灯等。

2）绝缘检查：包括绝缘电阻、绝缘强度等。

3）通信检查。

4）遥信量检查：包括点表核对、公共遥信信号、现场操作遥信量、遥信告警信号等。

5）遥控检查：包括分合闸控制、蓄电池活化、装置远方复位、装置遥控闭锁等。

6）遥测量检查：包括电压采样值检查、蓄电池电压采样、电流/功率采样等。

7）电源性能。

8）遥控送电。

9）带负荷检查：包括电流检查、电压检查。

（3）现场验收评价标准。

1）硬件设备型号、数量、配置、性能符合项目合同要求，各设备的出厂编号与工厂验收记录一致。

2）被验收方提交的技术手册、使用手册和维护手册为根据系统实际情况修编后的最新版本，且正确有效；项目建设文档及相关资料齐全。

3）系统在现场传动过程中状态和数据正确。

4）硬件设备和软件系统验证运行正常；功能、性能检测及核对可通过人机界面进行。

5）现场验收结果满足技术合同、项目技术文件和本规范要求；无缺陷；偏差项汇总数不得超过测试项目总数的 2%。

配电自动化系统现场验收结束后，由配调值班人员通过配电主站遥控操作的形式送电，送电后完成遥信和遥测回路带负荷检查。

SAT 之后，系统在运行期间要继续对各项性能指标做周期性检测，确保系统在运行过程中保持功能稳定、性能完善。系统试运行时间一般在半年以上。

9.2.3　工程化验收

SAT 之后平稳试运行半年以上可安排系统工程化验收。工程化验收重点对整个项目建设的过程文件进行审核，包括应用单位配电自动化的职责、分工是否明确，相关建设、运维的管理体系是否建立等。

工程化验收主要审查工程建设有关资料；查阅 DAS 基本功能检测报告；现场查证主站系统功能；随机抽查配电终端接入及在线情况等。

（1）工程验收主要内容。工程验收内容包括管理体系、技术体系、运维体系、验收资料四个分项。管理体系主要包括组织保障、项目管理、项目完成情况；技术体系主要包括主站、通信、终端运行工况、信息交互、安全防护、性能评估；运维体系主要包括运行制度、运维机构、人员配置；验收资料主要包括工作报告、技术报告、用户报告、检测报告。

（2）工程验收评价。评价体系包括管理体系、技术体系、运维体系、验收资料的合理性、规范性、项目管理的执行水平等。

9.2.4　实用化验收

实用化验收的重点是检查项目应用单位的运维体系是否能满足系统持续应用的要求，相关的设备台账、运行巡视、设备缺陷处理记录是否完整可查。检查用户应用 DAS 的熟练程度、使用频度、依赖性、可用性及其是否产生了效益等。

实用化验收的主要内容包括：验收资料、运维体系、考核指标、实用化应用等四个分项。验收资料主要包括技术报告、运行报告、用户报告、自查报告、配电自动化设备台账等；运维体系主要包括运维制度、职责分工、运维人员、配电自动化缺陷处理响应情况等；考核指标主要包括配电终端覆盖率、系统运行指标等；实用化应用评价主要包括基本功能、馈线自动化使用情况、数据维护情况、配电线路图完整率等，详情可见国家电网公司《配电自动化系统验收技术规范》。

9.2.5　检验验收常用仪器设备

配电自动化系统检验、验收仪器设备主要包括：绝缘摇表、万用表、钳形电流表、三相交直流标准源（继电保护测试仪）、光功率计、光时域反射分析仪（OTDR）等。

（1）绝缘摇表。

绝缘摇表大多采用手摇发电机供电，因而得名，它的刻度是以兆欧（MΩ）为单位的，故又称兆欧表。摇表主要用来检查二次回路之间及对地的绝缘电阻，以保证设备、回路工作在正常状态，避免发生触电及设备损坏等事故。摇表有手摇式摇表、电动式摇表。如表 9-6 所示。

（2）万用表和钳形电流表。

万用表满足对现场二次回路及配电终端交流电压、电流、直流电压、电阻及通路通断等测量。钳形电流表是一种用于测量正在运行的电气线路的电流大小的仪表，可在不断电的情况下测量电流，满足对一次电流的测试需求。分别如图 9-7 和图 9-8 所示。

（3）三相交直流标准源（继电保护测试仪）。

三相交直流标准源可以输出三相工频（40Hz～65Hz）频率、相位及幅度可调高精度电压电流，方便对配电终端遥测采集、遥信防抖、故障处理等功能开展测试。如图 9-9 所示。

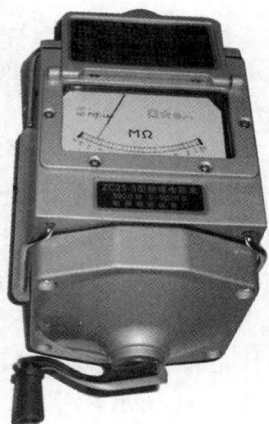

图 9-6　摇式摇表

图 9-7　万用表

图 9-8　钳形电流表

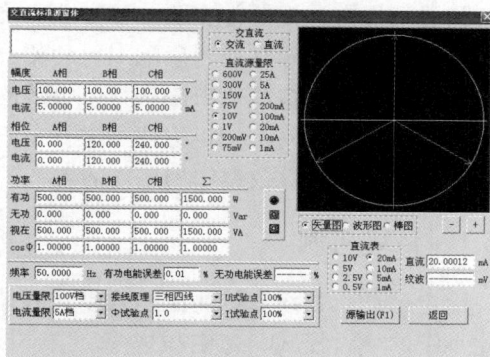

图 9-9　三相交直流标准源

（4）光功率计。

光功率计主要用于测量光功率的大小和变化。目前，EPON 系统测试中常用的为手持式光功率计，如图 9-10 所示。

（5）光时域反射分析仪（OTDR）。

光时域反射分析仪（OTDR）是通过测量光纤线路的损耗来确定故障点的测试仪表，测试的理论基础是光纤的后向散射理论。OTDR 除了能够对光纤衰减、连接器损耗、链路器件反射损耗等进行测试以外，其最大的优点在于可以实现绘制沿长度的光纤特性分布图，直观地反应光纤链路的总体情况。主要应用包括光纤的内视图并且能够计算光纤长度、衰减、断裂、总回损及熔接、连接器和总损耗等。如图 9-11 所示。

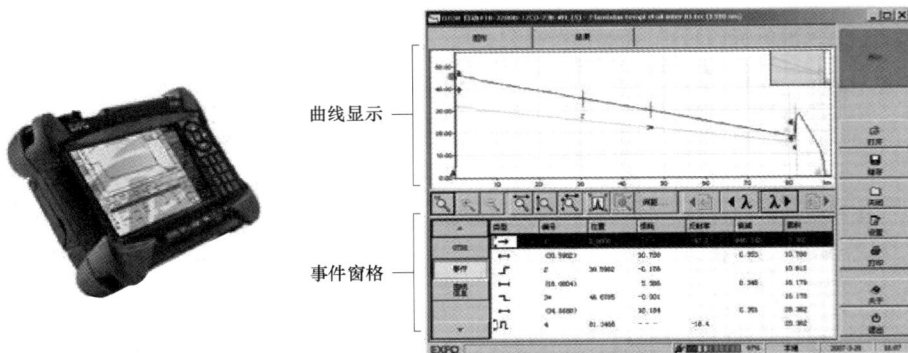

图 9-10　光功率计

曲线显示

事件窗格

图 9-11　光时域反射分析仪及测试曲线图

9.3　配电自动化系统运维技术管理

配电自动化系统作为一个整体，从配电自动化系统运维模式、运行维护、检修检验、缺陷处理和评价考核等工作是运维的核心内容，也是管理的重点。配电自动化一次设备、终端、通信和主站日常巡视非常重要，各专业应协同制定巡视计划和方案，提升巡视效率；配电自动化检修和缺陷管理需要明确配电自动化分级管控体系，对配电主站及终端版本要加强管控严格归档。对配电自动化缺陷进行了大致的分级并对典型缺陷和缺陷处理进行了建议；对现有配电自动化运行与维护指标体系进行了归纳，给出八项反映配电自动化运维水平的指标定义、计算公式和计算依据作为工作的参考。

9.3.1　运维机制

配电自动化系统运维是配电自动化系统正常运行的基本保障，各运行单位应根据配电自动化系统的建设模式、范围与规模，结合设备状况、人员配备和管理模式等条件，形成职责明确、界面清晰、流程合理、运转高效的配电自动化系统运维机制。目前，国内常见的配电自动化运维机制主要包括独立运维、分专业外包运维。

1. 独立运维

分专业自行运维是由供电公司各专业部门分别承担，负责本专业所管辖部分的巡视、消缺和检修等工作。优点是人员稳定、响应及时、作业规范和易于管控；缺点是人员足额配备困难、人员技术水平要求高、运维手段专业化程度不高、运维效率不高。分专业自行运维适用于配电自动化系统规模不大、专业人员配置基本到位、人员技术水平较高的供电公司。另外也有供电公司统一成立运维中心，将分专业运维人员集中组织和调配，对配电自动化系统进行整体运维。优点是消缺速度快、人员综合能力强、运维效率高；缺点是需建立新的工作流程和工作界面、跨部门协调工作量大。适用于配电自动化系统规模大、专业人员相对分散、人员技术水平较高的供电公司。

2. 分专业外包运维

分专业外包运维是指供电公司各专业部门将所负责的配电自动化非核心运维工作外包，由外包单位承担具体运维工作。优点是运维专业化水平高、基本不存在技术问题；缺点是人员不稳定、人员管理困难且运维过程难以管控。分专业外包运维适用于配电自动化系统规模较大、专业人员严重不足、人员技术水平不高的供电公司。

9.3.2　巡视维护

1. 定期常态巡视

配电主站、通信与终端运维人员应按要求定期开展运行巡视，巡视方案应包含巡视对象、巡视项目、判别依据和巡视要求。配电主站运行维护人员应定期对配电主站设备、机房进行巡视、检查、记录，做好运行值班、交接班管理等工作；配电终端运维人员应结合一次设备同步对配电终端等进行巡视和检查，巡视周期与一次设备或线路相同；配电自动化通信系统运维人员应定期对通信骨干网和 10kV 通信接入网相关设备进行巡视。各运维单位可根据实际情况，在不影响人身、设备安全前提下，开展一、二次及配电网通信设备的综合巡视。巡视人员发现运行异常或故障时，应及时通知专业运行维护部门进行处理，同时启动缺陷管理流程并按规定上报。

2. 故障专项巡视

配电自动化设备、终端及通信设备应按要求采用免维护设计，日常运行中通常不需要特别维护。运维单位应完善各类配电自动化设备现场操作规程，提升标准化水平。进行配电自动化系统维护时，如影响系统正常运行或调度员正常工作时，应提前通知当值调度员，获得准许并办理有关手续后方可进行。在现场维护期间，主站监控人员应对被维护设备挂相应操作牌。配电网调控人员应通过配电主站加强系统整体运行监控，积极开展遥控操作提升实用化水平。

9.3.3　检修检验

1. 检修管理

配电自动化检修管理应遵循以下要求：

（1）配电自动化检修管理设备包括配电主站、配电子站、配电终端、配电通信设备等。

（2）配电自动化系统各运行维护部门应针对可能出现的故障，应制定相应的应急方案和处理流程。

（3）运行中的配电自动化设备，运行维护部门应根据设备的实际运行状况和缺陷分类及处理响应要求，结合配电网状态检修相关规定，合理安排、制定配电终端、配电通信系统的检修计划和检修方式。

2. 检验管理

配电自动化系统应按照相应检验规程或技术规定进行检验工作，设备检验分为两种：新安装设备的验收检验、运行中设备的补充检验。当运行中的设备发生异常并处理、事故处理、发生改进或运行软件修改、设备更换等情况时，应安排补充检验。新安装的配电自动化设备的验收检验按 Q/GDW 576—2010《配电自动化系统验收技术规范》要求进行，运行中的配电自动化设备，运维部门应根据设备的实际运行情况，制定检验计划，对有特殊要求的设备安排组织专业机构或人员进行设备定验。

配电自动化系统检验前应做充分准备，如图纸资料、备品备件、测试仪器、测试记录、检修工具等均应齐备，明确检验的内容和要求，在批准的时间内完成检验工作。设备检验应采用专用仪器，相关仪器应具备相关检验合格证。开展配电自动化系统检验时，如影响配电网调度正常的监视，应将相应的配终端退出运行，并通知相应设备的调度人员。设备检验完毕后，应通知相应设备的调度人员，经确认无误后方可投入运行。

配电终端质量管控实行三级质量检测，一是由中国电力科学研究院院开展专项检测，确认产品功能和性能指标符合相关技术标准和规范的要求，检测样品由厂家送样；二是由各省级电科院对已中标的配电终端型号进行供货前检测，检测样品由厂家送样，确认终端功能与性能指标满足相关标准和招标技术规范的要求；三是由省级电科院对供货终端进行抽样检测，确认厂家批量供货的终端与送检样品不存在差异。

3. 系统软件版本升级管控

配电自动化专业部门应统一发布主站系统及终端的软件版本。新软件版本投入运行前，必须进行入网检测，通过检测试验的软件版本方能投入使用。根据检测报告对有关程序进行修改后形成的新版本，应重新检测，确保不存在衍生问题。入网检测工作由省公司职能管理部门、省电科院统一组织实施。运行中的配电自动化系统相关设备、数据网络配置、软件或数据库等做重大修改，均应经过技术论证，提出书面改进方案，经主管领导批准和相关职能管理部门确认后方可实施。主站或终端软件版本发现严重缺陷，相应管理部门组织厂家进行版本升级，并对新升级版本进行全面测试和试运行。

主站或终端软件版本正式升级前，由厂家向相应职能管理部门提出升级申请。升级申请包括升级装置名称、型号、升级原因、新老版本功能区别以及新软件的版本号、试验证明、功能说明和使用说明等，详细描述系统升级工作的风险，提出防范措施及应急预案，并同步提交升级操作指导书，详细写明升级操作步骤。配电自动化职能管理部门收到升级申请后，经过审核、确认后统一安排升级工作。

4. 定期试验

为保证配电自动化系统正常运行和备用冗余设备的完好，必须按期、按规定要求进行有关设备的切换试验、轮换工作。定期试验切换工作，一般应安排系统运行正常的时候进行，并加强监护，做好事故预想，制订安全对策。所有定期切换试验的进行情况和检查结果均应记入运行日志。如发现异常情况应及时处理、汇报。

　　主站定期试验、切换的项目和周期的要求：主站 SCADA 系统多数据源（主备模拟/数字通道、网络通道等）切换测试每季度一次；主站 UPS 电源主备进线电源切换试验每季度一次；各系统主备服务器切换每季度一次；会影响 DMS 其他系统业务或正常配电网调度员工作的切换试验，必须征得相关专职人员同意或批准后方可进行。终端定期试验、切换的项目和周期的要求：终端传动试验应结合一次设备检修或单独进行，每两年一次；具备双通道的终端每季度应至少进行一次双通道切换测试。

9.3.4　缺陷分类

　　1. 缺陷分类

　　按照对电网一、二次设备及主站、终端运行的影响程度，配电自动化缺陷分为危急缺陷、严重缺陷和一般缺陷三类。

　　（1）危急缺陷。

　　危急缺陷是指威胁人身或设备安全，严重影响设备运行、使用寿命及可能造成自动化系统失效，危及电力系统安全、稳定和经济运行，必须立即进行处理的缺陷。危急缺陷必须在24h 内消除。

　　主站部分危急缺陷主要包括：配电主站故障停用或主要监控功能失效、调度台全部监控工作站故障停用、配电自动化主站专用 UPS 电源故障、遥控误操作其他设备、自动化装置发生误动等。

　　通信部分危急缺陷主要包括：配电通信系统变电站侧通信节点故障，引起大面积通信中断；配电通信系统变电所侧通信节点故障，引起系统区片中断；配电无线公用通信系统服务商侧通信故障，引起大面积通信中断；配电网通信光缆因外力破坏、老化断裂，引起大面积通信中断等。

　　终端部分危急缺陷主要包括自动化装置发生误动、开关弹簧未储能等。

　　（2）严重缺陷。

　　严重缺陷是指对设备功能、使用寿命及系统正常运行有一定影响或可能发展成为危急缺陷，但允许其带缺陷继续运行或动态跟踪一段时间，必须限期安排进行处理的缺陷。严重缺陷必须在 5 个工作日内消除。

　　主站部分严重缺陷主要包括：配电主站重要功能失效或异常；遥控拒动等；对调度员监控、判断有影响的重要遥测量、遥信量故障；配电主站核心设备（数据服务器、SCADA 服务器、前置服务器、GPS 天文时钟）单机停用、单网运行、单电源运行；EMS 与配电自动化接口错误，造成变电站内设备"三遥"信息错误；主站图形与现场设备不一致，影响调度监控；遥控返校三次以上超时等。

　　终端部分严重缺陷主要包括：设备遥控返校正常，遥控拒动；终端长期离线、频繁上下线等通信异常；遥信错误、主要设备遥测错误，参数设置错误；电压、电流采集回路故障；交直流电源异常等。

　　（3）一般缺陷。

　　一般缺陷是指对人身和设备无威胁，对设备功能及系统稳定运行没有立即、明显的影响，且不至于发展成为严重缺陷，应结合检修计划尽快处理的缺陷。一般缺陷应列入检修计划尽快处理，时间一般不超过 5 个月。

主站部分一般缺陷主要包括：配电主站除核心主机外的其他设备的单网运行；主站图形设备命名不规范；主站图形未设置联络线路热点等。

终端部分一般缺陷主要包括：一般遥测量、遥信量故障；故障指示器掉线；蓄电池电压异常；设备表面有污秽，外壳破损；标识不正确、丢失；电缆进出口未封堵或封堵物脱落；设备无可靠接地等。

2. 缺陷分析处理

配电自动化缺陷应基于信息化平台进行全过程、在线和闭环管理，避免缺陷管理出现开环情况。运维单位发现缺陷后应立即启动缺陷处理流程，处理流程包括缺陷的发现、建档、消除、验收等环节。各运维单位做好缺陷的归纳、收集和整理工作，一旦发现家族性缺陷以及系统性缺陷及时上报运维检修部，进行相应处理，并制定后续防范措施，避免家族性缺陷引起系统整体运行不良情况发生。

运维单位应综合考虑电网和设备风险、设备负载水平、季节特点、新设备投运等因素，对设备缺陷进行动态管理，采取差异化的管控措施，并根据情况缩短配电自动化缺陷的处理时限。当发生的缺陷威胁到其他系统或一次设备正常运行时必须在第一时间采取有效的安全技术措施进行隔离。严重或危急缺陷消除前，设备运行维护部门应对该设备加强监视防止缺陷升级。

配电网监控单位是发现终端缺陷的主要部门，也是终端缺陷管理流程中的主要发起部门。这主要是由于终端缺陷中有比较大一部分在现场实际巡视中并不能发现，诸如频繁掉线，数据上传不准确等，需要调控中心在主站巡视过程当中发现并提报。

终端缺陷消除后，应在消缺记录中详细叙述缺陷发生的原因以及处理方法，若更换元件，需写明原元件型号以及更换后型号。凡涉及回路、配置变化有可能导致全部或部分信号采集和传输错误的缺陷，在每一次完成缺陷消除后，应按照调控中心有关要求，并结合现场条件进行传动试验，传动试验可以通过一次或者二次通流的方式进行，所有数据应当与调控中心实时确认，确保无误后方可投入运行。

配电自动化运维单位应做好缺陷统计和分析工作，通过生产管理信息系统实现缺陷闭环管理。配电自动化管理部门至少每季度开展一次运行分析工作，针对系统运行中存在的问题，及时制定解决方案。

9.3.5 评价考核管控

以配电自动化实用化指标为抓手，建立日分析、周通报、月考核的指标评价考核体系，是持续提升配电自动化系统运行与维护水平的重要措施。配电自动化评价考核按照"分级管理、逐级考核"原则开展，考核结果应纳入绩效考核和同业对标评价。配电自动化系统指标考核体系分为国网公司、省公司和市公司三级，自上而下各级指标应逐级分解和细化，前明确指标主责部门和配合部门。

根据目前配电自动化建设与运维水平，基于配电自动化实用化验收指标，通常选取 8 项反映配电自动化运维水平的参考指标，分别是主站运行率、图模一致率、终端在线率、遥信动作正确率、遥测正确率、遥控正确率、馈线自动化正确率和缺陷处理指数（包括消缺发起及时准确率、消缺及时率消和缺验收及时率 3 个子指标项），各单位可根据实际情况，对考核指标项、计算方法等指标比重等进行调整。8 项配电自化运维指标的定义、公式和计算依据如下：

（1）主站在线率。

　主站在线率 ＝（全月日历时间–配电主站停用时间）/（全月日历时间）×100%。

主站在线率计算以配电主站运行记录及日志作为统计计算依据，以配电终端的全月遥测曲线同时中断作为主站停用的认定依据。

（2）图模一致率。

　　　图模一致率=抽取线路中图模正确的线路数量/抽取线路总数量×100%。

图模一致率计算以生产管理信息系统中图模为数据源，从配电自动化主站系统中抽取一定数量的线路，人工核对析配电自动化与生产管理信息系统中图模是否存在差异。

（3）终端在线率。

终端在线率 ＝1–（各配电终端设备停用时间总和）/（全月日历时间×配电终端总数）×100%。

终端在线率计算依照配电终端的运行记录进行统计计算，以配电终端运行记录中出现"退出"状态后再恢复"投入"的时间间隔认定为终端停用时间。

（4）遥信动作正确率。

　遥信动作正确率 ＝（遥信正确动作次数）/（遥信正确动作次数+拒动误动次数）×100%。

遥信动作正确率计算依照配电主站遥信变位记录、终端 SOE 记录进行统计，以考核期内所有自动化开关设备的开关操作与事故情况下的遥信变位记录为分母，逐条与终端产生的相对应 SOE 变位记录进行匹配，若遥信变位记录的时标在其对应的 SOE 变位记录时标之后 15s 内时，认定该遥信变位记录为正确，所有正确遥信记录的总和统计为分子。

（5）遥测正确率。

　　　　　　遥测正确率=正确的遥测数量/遥测总数量×100%。

遥测正确率计算通过定期抽取的各地市配电自动化主站系统中的遥测截图，统计一定数量的遥测量，分析遥测是否合理正确，计算各公司的遥信动作正确率。

（6）遥控成功率。

　　　　遥控成功率=考核期内遥控成功次数/考核期内遥控次数总和×100%。

遥控成功率计算依照调度运行记录进行统计，以考核期内存在遥控成功与开关闭锁（针对电磁型开关）操作成功记录作为遥控成功次数，以考核期内遥控成功、开关闭锁（针对电磁型开关）操作成功记录以及遥控失败记录作为遥控次数总和。当预遥控命令下发返校成功但没有下发正式执行的遥控命令的情况不作统计。

（7）馈线自动化成功率。

　　　馈线自动化成功率=馈线自动化成功动作次数/馈线自动化启动次数×100%。

馈线自动化成功率依照所有具备馈线自动化功能的线路所启动过的馈线自动化记录进行统计，以考核期内所有投入馈线自动化功能的线路所启动的馈线自动化事件记录作为启动次数；以启动的馈线自动化功能正常执行结束认定为成功。

（8）缺陷处理指数。

缺陷处理指数=消缺发起及时准确率×0.3+消缺及时率×0.5+消缺验收及时率×0.2。

1）消缺发起及时准确率=及时且准确发起的缺陷数量/应发起的缺陷数量×100%。消缺发起及时准确率计算通过查看配电自动化 WEB 中事件记录及遥测曲线，抽查分析配电自动化主站、通信及终端的故障情况，从缺陷管理平台中查找相应缺陷处理记录，统计分析缺陷是否及时准确发起。

2）消缺及时率=按期消缺的缺陷数量/准确发起的缺陷数量×100%。消缺及时率计算通过查看配电自动化 WEB 中事件记录及遥测曲线，抽查分析配电自动化主站、通信及终端的故障情况，从缺陷管理平台中查找相应缺陷处理记录，统计分析发起缺陷是否及时消除。

3）消缺验收及时率= 已消缺陷中按期验收的缺陷数量/已消缺陷总数量×100%。消缺验收及时率计算依据缺陷管理平台中缺陷处理记录，统计分析消除缺陷是否及时验收，完成缺陷闭环管理。

参 考 文 献

[1] 郑毅，刘天琪. 配电自动化工程技术与应用［M］. 北京：中国电力出版社，2017 第二次印刷.

[2] 徐丙垠，等，配电网继电保护与自动化，［M］. 北京：中国电力出版社，2017.

[3] 王锡凡.电气工程基础［M］. 西安：西安交通大学出版社，2009.

[4] 苑舜，王承玉，海涛，等. 配电网自动化开关设备［M］. 北京：中国电力出版社，2007.

[5] 刘健，沈兵兵，赵江河，等. 现代配电自动化系统［M］. 北京：中国水利水电出版社，2013.

[6] 曹孟州.供配电设备运行维护与检修［M］. 北京：中国电力出版社，2011.

[7] 姚建国，严胜，杨胜春，等. 中国特色智能调度的实践与展望［J］. 电力系统自动化，2009，33（17）：16−19.

[8] 沈兵兵，吴琳，王鹏. 配电自动化试点工程技术特点及应用成效分析［J］. 电力系统自动化，2012，36（18）.

[9] 郭建成，钱静，陈光，等. 智能配电网调度控制系统技术方案［J］. 电力系统自动化，2015，（1）：206−212.

[10] 陆巍巍，于鸿，林庆农. 县级电网的电力自动化系统分析［J］. 电力信息化，2011，09（3）.

[11] 冷华，朱吉然，唐海国，等. 配电自动化调试技术［M］. 北京：中国电力出版社，2015.

[12] 张继刚. 浅析我国配电自动化的现状及发展趋势［J］. 城市建设与商业网点，2009，（27）：1−3.

[13] 刘健，沈兵兵，赵江河. 现代配电自动化系统［M］. 北京：中国水利水电出版社，2013.

[14] 钟清，余南华，宋旭东，等. 主动配电网知识读本［M］. 北京：中国电力出版社，2014.

[15] 贺家李，李永丽，董新洲，等. 电力系统继电保护原理［M］. 北京：中国电力出版社，2010.

[16] 顾欣欣，姜宁，季凯，等. 配电网自愈控制技术［M］. 北京：中国电力出版社，2012.

[17] 袁钦成. 配电系统故障处理自动化技术［M］. 北京：中国电力出版社，2007.

[18] 刘健，同向前，张小庆，等. 配电网继电保护与故障处理［M］. 北京：中国电力出版社，2014.

[19] 吴素农，范瑞祥，朱永强，等. 分布式电源控制与运行［M］. 北京：中国电力出版社，2012.

[20] 李宏仲，段建民，王承民. 智能电网中蓄电池储能技术及其价值评估［M］. 北京：机械工业出版社，2012.

[21] 张建华，黄伟. 微电网运行控制与保护技术［M］. 北京：中国电力出版社，2010.

[22] 赵江河，陈新，林涛，等. 基于智能电网的配电自动化建设［J］. 电力系统自动化，2012，（18）：2−5.

[23] 赵凯.10kV 配电自动化设备与一体化运维模式［J］. 城市建设理论研究，2011，（22）：1−3.

[24] 刘振亚. 全球能源互联网［M］. 北京：中国电力出版社，2015.

[25] 韦磊，蔡斌，韩际晖，等."十二五"期间 10kV 通信接入网建设探讨［J］. 电力系统通信，2011，32（5）：83−88.

[26] 蒋康明. 电力通信网络组网分析［M］. 北京：中国电力出版社，2014.

[27] 韦磊，刘锐，高雪. 电力 LTE 无线专网安全防护方案研究［J］. 江苏电机工程，2016，35（3）：29−33.

[28] 卞宝银. 变电站无线通信模型研究及应用分析［J］. 电气应用，2015，34（13）：170−174.

[29] 辛培哲，闫培丽，肖智宏，等. 新一代智能变电站通信网络技术应用研究［J］. 电力建设，2013，34（7）：17−23.

［30］ 孙毅，龚钢军，许刚. McWiLL 宽带无线技术在辽宁电力示范网的应用［J］. 电力系统保护与控制，2010，38（20）：201-204.

［31］ 邹巧明. 智能电网集成通信［J］. 电网与清洁能源，2012，28（7）：46-50.

［32］ 周建勇，陈宝仁，吴谦. 智能电网电力无线宽带专网建设若干关键问题探讨［J］. 南方电网技术，2014，8（1）：46-49.

［33］ 蔡昊，周欣，王宏延，等. LTE 电力无线专网业务安全风险分析及应对策略［J］. 电力信息与通信技术，2016，14（5）：137-141.

［34］ 张君艳，朱永利，彭伟. 大规模带状无线传感器网络 QoS 路由优化的研究［J］. 电力科学与工程，2010，26（4）：11-15.

［35］ 刘守豹，许安，王大兴，等. 基于雷击暂态特性分析的 220kV 线路避雷器通流容量研究［J］. 电瓷避雷器，2016，（3）：142-147.

［36］ 周云成，朴在林，付立思，等. 10kV 配电网无功优化自动化控制系统设计［J］. 电力系统保护与控制，2011，39（2）：125-130.

［37］ 王晓辉，熊海军，王强，等. 基于无线传感网络和 GPS 的电容器介损角的在线监测［J］. 华北电力大学学报，2013，40（3）：47-52.

［38］ ZHU Daohua, GUO Yajuan, WEI Lei, et al. Transceiver Optimization for Multi-Antenna Device-to-Device Communications［J］, China Communications, 2016, 13（5）：110-121.

［39］ 刘健，刘东，张小庆，等. 配电自动化系统测试技术［M］. 北京：中国水利水电出版社，2015.

［40］ 刘健，董新洲，陈星莺，等. 配电网故障定位与供电恢复［M］. 北京：中国电力出版社，2012.

［41］ 赵江河. IEC 61968 与智能电网-电力企业应用集成标准的应用［M］. 北京：中国电力出版社，2013.

［42］ IEC 61968-13, Application integration at electric utilities-System interfaces for distribution management-Part 13：CIM RDF Model exchange format for distribution［S］.

［43］ 苑舜，王诚玉，海涛，等. 配电网自动化开关设备［M］. 北京：中国电力出版社，2007.

［44］ 刘建，毕鹏翔，杨文宇. 配电网理论及应用［M］. 北京：中国水利水电出版社，2007.